科学出版社“十四五”普通高等教育本科规划教材

工科数学信息化教学丛书

线性代数

（第六版）

U0163638

蔡光兴　李家雄　主编

科 学 出 版 社

北 京

内 容 简 介

本书根据《工科类本科数学基础课程教学基本要求（修订稿）》（2019），并结合 21 世纪线性代数课程教学内容与课程体系改革发展要求编写而成. 全书分三篇：基础篇主要介绍线性代数基本内容；应用篇结合线性代数四个知识面，通过生动的实例介绍它们在经济、工程技术等方面的应用；实验篇简要介绍 MATLAB 软件及其在线性代数中的应用. 本书在基础篇的每章后配有习题与自测题，书末附有习题参考答案.

本书内容充实、体系新颖、选例灵活，可作为高等院校工科、理科和经济管理类学科的专业教材，也可作为信息与计算科学专业的教材，对报考硕士研究生的学生以及广大教师与科技人员，也具有较高参考价值.

图书在版编目（CIP）数据

线性代数/蔡光兴，李家雄主编. —6 版. —北京：科学出版社，2023.8
（工科数学信息化教学丛书）
科学出版社“十四五”普通高等教育本科规划教材
ISBN 978-7-03-075584-1

Ⅰ. ①线… Ⅱ. ①蔡…②李… Ⅲ. ①线性代数－高等学校－教材
Ⅳ. ①O151.2

中国国家版本馆 CIP 数据核字（2023）第 089787 号

责任编辑：吉正霞 / 责任校对：高 嵘
责任印制：赵 博 / 封面设计：无极书装

科 学 出 版 社 出版
北京东黄城根北街 16 号
邮政编码：100717
http://www.sciencep.com
天津市新科印刷有限公司印刷
科学出版社发行 各地新华书店经销
*
2023 年 8 月第 六 版 开本：787×1092 1/16
2024 年 3 月第二次印刷 印张：18 1/2
字数：469 000

定价：58.00 元

（如有印装质量问题，我社负责调换）

前　言

《线性代数》教材自 2002 年出版以来，深受广大师生欢迎. 在使用过程中，广大师生向我们提出了许多宝贵意见和建议，在此深表感谢.

本书在保持前版科学合理的体系结构的前提下，由多位长期处在教学一线的老师历经四年的时间反复修订而成. 此次修订认真贯彻落实党的二十大对教材建设与管理作出的新部署新要求，遵循《工科类本科数学基础课程教学基本要求（修订稿）》(2019)，反映国内外“线性代数”课程改革和学科建设的最新成果，体现创新教学理念，更有利于提高学生的综合素质和创新能力. 这次修订主要集中在基础篇，进一步完善与优化基础篇的知识体系；新添每一章的思维导图、重难点知识点讲解的微课视频、典型问题与求解方法归纳总结、在线习题等电子素材，供读者课余时间扫二维码或通过在线学习小程序辅助学习；此外还调整并增加部分例题、习题和自测题，其中有些选自近十年的考研真题. 本次修订使全书结构更加合理、完备，条理更加分明，论述更通俗易懂，再加上部分教学内容的数字化，使本书更易教易学，也更适应当前信息化时代的本科“线性代数”课程的教学.

本书内容分为三部分，第一部分为基础篇，共七章，主要内容有行列式、矩阵、消元法与初等变换、向量与矩阵的秩、线性方程组、特征值与特征向量、二次型，内容简洁严谨实用；第二部分为应用篇，共四章，主要讲述线性代数在计算机、经济、生物等方面的应用，供学生拓展阅读应用案例，使学生深刻理解理论知识；第三部分为实验篇，共两章，主要讲述如何应用 MATLAB 数学软件求解线性代数问题，旨在培养学生利用数学软件解决实际问题的意识和能力.

本书由蔡光兴、李家雄担任主编，李逢高、郑列、张凯凡担任副主编. 本次修订工作主要由下列老师完成：张凯凡（第一章）、李逢高（第二章）、蔡光兴（第三～第五章、第八～十一章）、郑列（第六、七章）、耿亮（第十二章）、常涛（第十三章）、李家雄（全书知识体系完善与优化、全书例题、习题及自测题的更新整理、全书思维导图的制作，基础篇重难点微课视频设计与开发、基础篇各章典型问题与求解方法归纳总结、基础篇在线习题的设计与开发等），其中重难点微课视频由李逢高、蔡振锋、胡超竹、李家雄录制完成. 此外，贺方超、朱莹、黄毅、胡二琴、陈华、李瀚芳、张吉超、董秀明对部分章节内容进行了整理.

由于编者水平所限，书中疏漏或不足之处在所难免，恳请广大读者指正.

编　者

2023 年 4 月

前言

目　录

基　础　篇

应 用 篇

实 验 篇

基　础　篇 >>>

第一章　行　列　式

第一章思维导图

行列式是为了求解线性方程组而引入的，它是研究线性代数的一个重要工具. 近代以来，它又被广泛运用到物理、工程技术等多个领域. 本章从解二元二式与三元三式方程组入手，引进二阶与三阶行列式的概念，并用排列的奇偶性将行列式的概念推广到 n 阶，同时讨论行列式的基本性质，并介绍 n 阶行列式的计算方法与一些技巧.

第一节　排　　列

在定义 n 阶行列式前，先来讨论一下排列的性质.

n 个数码 $1,2,\cdots,n$ 的一个排列（即一个 n 阶排列）指的是由这 n 个数码组成的一个有序数组. 例如，2341 是一个 4 个数码的排列，31524 是一个 5 个数码的排列. n 个数码的不同排列共有 $n\cdot(n-1)\cdot(n-2)\cdot\cdots\cdot2\cdot1=n!$ 个. 事实上，在作 n 个数码的一个排列时，第 1 个位置的数码可以取这 n 个数码中的任何一个，所以有 n 种可能；当这一个位置取定以后，第 2 个位置的数码只能在剩下的 $n-1$ 个数码中选取，所以只有 $n-1$ 种可能. 因此第 1 个位置和第 2 个位置的数码一共有 $n(n-1)$ 种不同的选法. 同样，如果第 1 个、第 2 个位置的数码都已取定，那么第 3 个位置的数码只能在剩下的 $n-2$ 个数码中选取. 因此，前三个位置的数码一共有 $n(n-1)(n-2)$ 种不同的选法. 依此类推，一共可以得到 $n(n-1)(n-2)\cdot\cdots\cdot2\cdot1=n!$ 个不同的排列.

笔记栏

例如，1，2，3 这 3 个数码不同的排列一共有 3！＝6 个，它们是

$$123，132，231，213，312，321$$

注意，在上面 3 个数码的排列里，除 123 的数码是按自然顺序排列，其余的排列中，都有较大的数码排在较小的数码前面的情况. 例如，在排列 132 里，3 比 2 大，但 3 排在 2 的前面；在 321 里，2 排在 1 的前面，3 排在 1 和 2 的前面. 一般地，在一个排列里，如果某一个较大的数码排在某一个较小的数码前面，就说这两个数码构成一个逆序. 例如，排列 132 有一个逆序；321 有三个逆序. 在一个排列里出现的逆序总数称为这个排列的逆序数.

例如，1432 这个 4 个数码的排列中，43、42、32 是逆序，1432 的逆序数就是 3；而 2431 排列的逆序数为 4.

逆序数为偶数的排列称为偶排列，逆序数为奇数的排列称为奇排列. 例如，1432 为奇排列，2431 为偶排列.

对任意一个排列，可以按照以下方法来计算它的逆序数：设任给排列为 $P_1P_2\cdots P_n$，其中 $P_i\ (1\leqslant i\leqslant n)$ 为正整数，考虑 P_i，如果比 P_i 大的且排在 P_i 前

面的元素有t_i个，就说P_i这个元素的逆序数是t_i，全体元素的逆序数之和

$$t = t_1 + t_2 + \cdots + t_n = \sum_{i=1}^{n} t_i$$

即为这个排列的逆序数.

例 1 求排列 45321 的逆序数.

解 在排列 45321 中，4 排在首位，逆序数为 0；在 5 之前比 5 大的数没有，逆序数也为 0；3 的前面比 3 大的数有 4 和 5，故逆序数为 2；2 的前面比 2 大的数有 4，5，3，故其逆序数为 3；1 的前面比 1 大的数有 4，5，3，2，故逆序数为 4. 于是，排列的逆序数为

$$t = 0 + 0 + 2 + 3 + 4 = 9$$

为叙述方便，以后一般将排列$j_1 j_2 \cdots j_n$的逆序数记为$\tau(j_1 j_2 \cdots j_n)$. 如例 1 中有

$$\tau(45321) = 9$$

定义 1 把一个排列中某两个数字 i 与 j 交换一下位置，而其余的数字不动，就得到另一个同阶的新排列，对排列施行的这样一个交换称为一个对换，并用符号（i, j）来表示.

例如，经过 1, 2 对换，排列 2431 就变成了 1432，排列 2134 就成了 1234. 又如，对排列 31542 陆续施行一系列对换，可以得出排列 12345：先把 5 换到第 5 个位置，即施行对换（5, 2）得 31245；4 已在第 4 个位置，不必动它；施行对换（3, 2）得 21345；最后再施行对换（2, 1），就得 12345.

上面由排列 31542 得出排列 12345 的方法显然具有一般性，即任一排列$j_1 j_2 \cdots j_n$通过一系列对换都能得到排列$1234\cdots n$，并且有：

定理 1 任意两个 n 阶排列$i_1 i_2 \cdots i_n$和$j_1 j_2 \cdots j_n$总可以通过一系列对换互变.

证 由上面讨论已知，通过一系列对换可以由$i_1 i_2 \cdots i_n$得到$12\cdots n$，由$j_1 j_2 \cdots j_n$得出$12\cdots n$，按照相反次序施行$j_1 j_2 \cdots j_n$变到$12\cdots n$的变换，就可以得出由$12\cdots n$变到$j_1 j_2 \cdots j_n$的变换，这样可以实现由$i_1 i_2 \cdots i_n$变到$12\cdots n$，再由$12\cdots n$变到$j_1 j_2 \cdots j_n$的变换.

定理 2 对换改变排列的奇偶性.

证 先证明相邻对换的情形，即对换的两个数在排列中是相邻的情形. 排列

$$\overbrace{\cdots}^{A} jk \overbrace{\cdots}^{B} \tag{1.1}$$

经过（j, k）对换变成

$$\overbrace{\cdots}^{A} kj \overbrace{\cdots}^{B} \tag{1.2}$$

其中：A 与 B 都代表若干个数码. 显然，在排列（1.1）中，如j，k与其他的数构成逆序，则在排列（1.2）中仍然构成逆序；如不构成逆序，则在排列（1.2）中也不构成逆序；不同的只是j，k的次序. 如果原来j，k组成逆序，那么经过对换，逆序数就减少一个；如果原来j，k不组成逆序，那么经过对换，逆序数就增加一个. 不论增加 1 还是减少 1，排列的逆序数的奇偶性总是变了. 因此，在这种情形下，定理成立.

再看一般情形，设排列为

$$\cdots j i_1 i_2 \cdots i_s k \cdots \tag{1.3}$$

经过（j, k）对换，排列（1.3）变成

$$\cdots k i_1 i_2 \cdots i_s j \cdots \tag{1.4}$$

易知，这样一个对换可以通过一系列的相邻数的对换来实现. 从排列（1.3）出发，把 k 与 i_s 对换，再与 i_{s-1} 对换，如此继续下去，把 k 一位一位地向左移动，经过 $s+1$ 次相邻位置的对

换，排列（1.3）就变成

$$\cdots kji_1i_2\cdots i_s\cdots \quad (1.5)$$

从排列（1.5）出发，再把 j 一位一位地向右对换，经过 s 次相邻位置的对换，排列（1.5）就变成了排列（1.4）. 因此，(j,k) 对换可以通过 $2s+1$ 次相邻位置的对换来实现. $2s+1$ 是奇数，相邻位置的对换改变排列的奇偶性，显然，奇数次这样对换的最终结果还是改变奇偶性.

由以上定理，可得下列定理.

定理 3 当 $n\geqslant 2$ 时，n 个数字的奇排列与偶排列的个数相等，各为 $\frac{1}{2}n!$ 个.

证 设 n 个数字的奇排列共有 p 个，而偶排列共有 q 个，对这 p 个奇排列施行同一个对换 (i,j)，那么由定理 2，得到 p 个偶排列. 由于对这 p 个偶排列施行对换 (i,j)，又可得到原来的 p 个奇排列，所以这 p 个偶排列各不相等，但一共只有 q 个偶排列，所以 $p\leqslant q$. 同理可得 $q\leqslant p$，所以 $p=q$.

第二节 n 阶行列式的概念

行列式起源于解 n 元 n 式方程组. 最简单、最基本的方程组是二元二式方程组，它的一般形式是

$$\begin{cases} a_{11}x_1+a_{12}x_2=b_1 \\ a_{21}x_1+a_{22}x_2=b_2 \end{cases}$$

在中学学解方程组时，利用加减消元法解之（当 $a_{11}a_{22}-a_{12}a_{21}\neq 0$ 时），可得

$$\begin{cases} x_1=\dfrac{b_1a_{22}-a_{12}b_2}{a_{11}a_{22}-a_{12}a_{21}} \\[2ex] x_2=\dfrac{a_{11}b_2-b_1a_{21}}{a_{11}a_{22}-a_{12}a_{21}} \end{cases}$$

但此公式不容易记忆，因此也就不便于应用. 针对这一缺点，萨吕（Sarrus）创造性地引入记号

$$\begin{vmatrix} a & b \\ c & d \end{vmatrix} \triangleq ad-bc \quad (1.6)$$

从而使上述公式变为容易记忆的形式

$$x_1=\frac{\begin{vmatrix} b_1 & a_{12} \\ b_2 & a_{22} \end{vmatrix}}{\begin{vmatrix} a_{11} & a_{12} \\ a_{21} & a_{22} \end{vmatrix}},\quad x_2=\frac{\begin{vmatrix} a_{11} & b_1 \\ a_{21} & b_2 \end{vmatrix}}{\begin{vmatrix} a_{11} & a_{12} \\ a_{21} & a_{22} \end{vmatrix}}$$

在引入的上述记号中，横排称为行，竖排称为列，因为共有 2 行 2 列，所以称为二阶行列式. 二阶行列式的定义本身也给出了它的计算方法

$$\begin{vmatrix} a & b \\ c & d \end{vmatrix} = ad-bc$$

从左上角到右下角的对角线称为主对角线，沿主对角线上的二元素之积取正号. 从右上角到左下角的对角线称为次对角线或副对角线，沿次对角线上的二元素之积取负号. 这种计算方法称为二阶行列式的对角线法则.

在解一般形式的三元三式方程组

$$\begin{cases} a_{11}x_1 + a_{12}x_2 + a_{13}x_3 = b_1 \\ a_{21}x_1 + a_{22}x_2 + a_{23}x_3 = b_2 \\ a_{31}x_1 + a_{32}x_2 + a_{33}x_3 = b_3 \end{cases}$$

时，暂把前两个方程中的 x_1 视为常数，利用二元二次方程组求解公式求出 x_2 与 x_3 后，再代入第三个方程求得 x_1 为

$$\frac{b_1a_{22}a_{33} + a_{12}a_{23}b_3 + a_{13}b_2a_{32} - a_{13}a_{22}b_3 - a_{12}b_2a_{33} - b_1a_{23}a_{22}}{a_{11}a_{22}a_{33} + a_{12}a_{23}a_{31} + a_{13}a_{21}a_{32} - a_{13}a_{22}a_{31} - a_{12}a_{21}a_{33} - a_{11}a_{23}a_{32}}$$

用同样的方法可求得 x_2 与 x_3.

与解二元一次二式方程组时遇到的问题一样，上述公式既不便于记忆也不便于应用. 为此，下面也像引入二阶行列式那样引入三阶行列式

$$\begin{vmatrix} a_{11} & a_{12} & a_{13} \\ a_{21} & a_{22} & a_{23} \\ a_{31} & a_{32} & a_{33} \end{vmatrix} \triangleq a_{11}a_{22}a_{33} + a_{12}a_{23}a_{31} + a_{13}a_{21}a_{32} - a_{13}a_{22}a_{31} - a_{12}a_{21}a_{33} - a_{11}a_{23}a_{32} \tag{1.7}$$

从而把解三元一次三式方程组的一般公式变为便于记忆的形式

$$x_1 = \frac{\begin{vmatrix} b_1 & a_{12} & a_{13} \\ b_2 & a_{22} & a_{23} \\ b_3 & a_{32} & a_{33} \end{vmatrix}}{\begin{vmatrix} a_{11} & a_{12} & a_{13} \\ a_{21} & a_{22} & a_{23} \\ a_{31} & a_{32} & a_{33} \end{vmatrix}}, \quad x_2 = \frac{\begin{vmatrix} a_{11} & b_1 & a_{13} \\ a_{21} & b_2 & a_{23} \\ a_{31} & b_3 & a_{33} \end{vmatrix}}{\begin{vmatrix} a_{11} & a_{12} & a_{13} \\ a_{21} & a_{22} & a_{23} \\ a_{31} & a_{32} & a_{33} \end{vmatrix}}, \quad x_3 = \frac{\begin{vmatrix} a_{11} & a_{12} & b_1 \\ a_{21} & a_{22} & b_2 \\ a_{31} & a_{32} & b_3 \end{vmatrix}}{\begin{vmatrix} a_{11} & a_{12} & a_{13} \\ a_{21} & a_{22} & a_{23} \\ a_{31} & a_{32} & a_{33} \end{vmatrix}}$$

以 D_1, D_2, D_3 和 D 分别代替 x_1, x_2, x_3 的分子和 x_1, x_2, x_3 的分母，则上式可简记为

$$x_1 = \frac{D_1}{D}, \quad x_2 = \frac{D_2}{D}, \quad x_3 = \frac{D_3}{D}$$

依此类推，有理由猜测解未知数更多的方程组时也有类似的结论，可以定义出更高阶的行列式，但随着阶数的增加，这样的做法计算量过大，显然是不可取的. 因此我们考虑通过对二阶、三阶行列式的特点进行归纳来猜测 n 阶行列式的一般规律. 下面研究一下三阶行列式的规律. 由式（1.7）易见三阶行列式有下列几个特点：

（1）三阶行列式是 3！个项的代数和；

（2）它的每项都是行列式中三个元素的乘积，这三个元素恰好是每行每列各一个；

（3）每项都带有确定的符号，且若把一般项记为 $a_{1j_1}a_{2j_2}a_{3j_3}$ 的形式，即行下标排成 123，则 $a_{1j_1}a_{2j_2}a_{3j_3}$ 的符号为 $(-1)^{\tau(j_1j_2j_3)}$.

这样式（1.7）就可写成下列形式

$$\begin{vmatrix} a_{11} & a_{12} & a_{13} \\ a_{21} & a_{22} & a_{23} \\ a_{31} & a_{32} & a_{33} \end{vmatrix} = \sum_{j_1j_2j_3} (-1)^{\tau(j_1j_2j_3)} a_{1j_1}a_{2j_2}a_{3j_3}$$

同样式（1.6）也可写成

$$\begin{vmatrix} a_{11} & a_{12} \\ a_{21} & a_{22} \end{vmatrix} = \sum_{j_1j_2} (-1)^{\tau(j_1j_2)} a_{1j_1}a_{2j_2}$$

由此给出一般 n 阶行列式的定义 2.

定义 2 由 n^2 个数（实或复数）排成一个 n 行 n 列的表，并在两边各画一条竖线记号

$$\begin{vmatrix} a_{11} & a_{12} & \cdots & a_{1n} \\ a_{21} & a_{22} & \cdots & a_{2n} \\ \vdots & \vdots & & \vdots \\ a_{n1} & a_{n2} & \cdots & a_{nn} \end{vmatrix} \tag{1.8}$$

（a_{ij} 表示位于第 i 行、第 j 列位置的数，其中 i、j 叫做 a_{ij} 的行标、列标）所表示的数 D 称为 n 阶行列式. 这个数 D（即 n 阶行列式）等于所有取自不同行不同列的 n 个元素的乘积

$$a_{1j_1}a_{2j_2}\cdots a_{nj_n} \tag{1.9}$$

的代数和. 这里 $j_1j_2\cdots j_n$ 是 $1,2,\cdots,n$ 的一个排列，式（1.9）的符号由 $(-1)^{\tau(j_1j_2\cdots j_n)}$ 来确定. 这一定义可以写成

$$\begin{vmatrix} a_{11} & a_{12} & \cdots & a_{1n} \\ a_{21} & a_{22} & \cdots & a_{2n} \\ \vdots & \vdots & & \vdots \\ a_{n1} & a_{n2} & \cdots & a_{nn} \end{vmatrix} = \sum_{j_1j_2\cdots j_n}(-1)^{\tau(j_1j_2\cdots j_n)}a_{1j_1}a_{2j_2}\cdots a_{nj_n} \tag{1.10}$$

这里 $\sum\limits_{j_1j_2\cdots j_n}$ 表示列标 $j_1j_2\cdots j_n$ 对所有不同 n 阶排列求和.

式(1.10)称为 n 阶行列式的展开式. 今后用符号 $\det(a_{ij})$ 来表示以 a_{ij} 为元素的 n 阶行列式，在不致混淆的时候也常用 $|A|,|B|$ 表示 n 阶行列式.

一个 n 阶行列式正是前面所说的二阶和三阶行列式的推广. 特别地，当 $n=1$ 时，一阶行列式 $|a|$ 就是数 a.

定义 2 表明，为了计算 n 阶行列式，首先作不同行不同列元素的乘积，把构成这些乘积的元素按行标排成自然顺序，然后由列标所排列的奇偶性来决定这一项的符号.

由定义 2 可以看出，n 阶行列式由 $n!$ 个项组成. 由于 $n!$ 是一个很大的数 $(4!=24, 5!=120,\cdots)$，此时用定义求行列式的值在一般情况下是十分困难的. 下面用定义来求两个特殊行列式的值.

例 2 计算下列四阶行列式的值：

$$D=\begin{vmatrix} a & 0 & 0 & b \\ 0 & c & d & 0 \\ 0 & e & f & 0 \\ g & 0 & 0 & h \end{vmatrix}$$

解 D 的一般项可以写为 $a_{1j_1}a_{2j_2}a_{3j_3}a_{4j_4}$，对于 j_1 只需取 1 或 4，因为，第 1 行的元素除第 1 列和第 4 列的元素外，其余元素均为零. 同理 j_4 也只需取 1 或 4，且 $j_1=j_4$. 于是

$$当 j_1=1 时，\quad \begin{cases} j_2=2, j_3=3, j_4=4 \\ j_2=3, j_3=2, j_4=4 \end{cases}$$

行列式定义及例 3 的讲解视频

笔记栏

$$\text{当 } j_1 = 4 \text{ 时，} \quad \begin{cases} j_2 = 2, j_3 = 3, j_4 = 1 \\ j_2 = 3, j_3 = 2, j_4 = 1 \end{cases}$$

所以这个四阶行列式的$4! = 24$项的乘积代数和只有以下4项不为零，即

$$a_{11}a_{22}a_{33}a_{44}, a_{11}a_{23}a_{32}a_{44}, a_{14}a_{22}a_{33}a_{41}, a_{14}a_{23}a_{32}a_{41}$$

这4项的符号分别由$(-1)^{\tau(1234)}$，$(-1)^{\tau(1324)}$，$(-1)^{\tau(4231)}$和$(-1)^{\tau(4321)}$来决定，故

$$D = acfh - adeh - bcfg + bdeg$$

例 3 计算下列n阶行列式的值：

$$D = \begin{vmatrix} a_{11} & a_{12} & a_{13} & \cdots & a_{1n} \\ 0 & a_{22} & a_{23} & \cdots & a_{2n} \\ \vdots & \vdots & \vdots & & \vdots \\ 0 & 0 & 0 & \cdots & a_{nn} \end{vmatrix}$$

分析 这个行列式的特点是在a_{11}元到a_{nn}元所成的对角线（称为行列式的主对角线）以下元素全为零，即当$i > j$时，$a_{ij} = 0$.

解 只需求出非零项即可，按行列式的定义，非零项的n个元素在第1列中只需取a_{11}（否则该项为零），第2列只需取a_{22}，第3列只需取$a_{33},\cdots$，第n列只需取a_{nn}为因子. 于是，此行列式除乘积$a_{11}a_{22}\cdots a_{nn}$外，其余各项均为零. 又因为它的列标的逆序数$\tau(123\cdots n) = 0$，故它带正号，所以所求行列式的值为

$$a_{11}a_{22}\cdots a_{nn}$$

这个行列式称为右上三角形行列式，或简称为上三角形行列式. 从上题的解中可得出，上三角形行列式的值等于其主对角线上各元素之积.

同理可得

$$\begin{vmatrix} a_{11} & 0 & \cdots & 0 \\ 0 & a_{22} & \cdots & 0 \\ \vdots & \vdots & & \vdots \\ 0 & 0 & \cdots & a_{nn} \end{vmatrix} = \begin{vmatrix} a_{11} & 0 & \cdots & 0 \\ a_{21} & a_{22} & \cdots & 0 \\ \vdots & \vdots & & \vdots \\ a_{n1} & a_{n2} & \cdots & a_{nn} \end{vmatrix} = a_{11}a_{22}\cdots a_{nn}$$

上述两个行列式从左到右分别称为主对角线行列式、左下三角形行列式，其值也等于主对角线上各元素之积.

类似地，有

$$\begin{vmatrix} 0 & \cdots & 0 & a_{1n} \\ 0 & \cdots & a_{2,n-1} & 0 \\ \vdots & & \vdots & \vdots \\ a_{n1} & \cdots & 0 & 0 \end{vmatrix} = \begin{vmatrix} a_{11} & a_{12} & \cdots & a_{1,n-1} & a_{1n} \\ a_{21} & a_{22} & \cdots & a_{2,n-1} & 0 \\ \vdots & \vdots & & \vdots & \vdots \\ a_{n1} & 0 & \cdots & 0 & 0 \end{vmatrix} = \begin{vmatrix} 0 & \cdots & 0 & a_{1n} \\ 0 & \cdots & a_{2,n-1} & a_{2n} \\ \vdots & & \vdots & \vdots \\ a_{n1} & \cdots & a_{n,n-1} & a_{nn} \end{vmatrix} = (-1)^{\frac{n(n-1)}{2}} a_{1n}a_{2,n-1}\cdots a_{n1}$$

上述三个行列式从左到右分别称为副对角线行列式、左上三角形行列式、右下三角形行列式，其值为副对角元素之积再乘以$(-1)^{\frac{n(n-1)}{2}}$.

例 4 证明：

$$\begin{vmatrix} a_{11} & 0 & 0 & \cdots & 0 \\ a_{21} & a_{22} & a_{23} & \cdots & a_{2n} \\ a_{31} & a_{32} & a_{33} & \cdots & a_{3n} \\ \vdots & \vdots & \vdots & & \vdots \\ a_{n1} & a_{n2} & a_{n3} & \cdots & a_{nn} \end{vmatrix} = a_{11} \begin{vmatrix} a_{22} & a_{23} & \cdots & a_{2n} \\ a_{32} & a_{33} & \cdots & a_{3n} \\ \vdots & \vdots & & \vdots \\ a_{n2} & a_{n3} & \cdots & a_{nn} \end{vmatrix} \tag{1.11}$$

分析 等式左端的 n 阶行列式的第一行除 a_{11} 外,其余元素均为零. 等式右边的 $n-1$ 阶行列式是原 n 阶行列式去掉第 1 行与第 1 列后所得的行列式.

证 由行列式的定义，式（1.11）的

$$\text{左边}=\sum_{j_1j_2\cdots j_n}(-1)^{\tau(j_1j_2\cdots j_n)}a_{1j_1}a_{2j_2}\cdots a_{nj_n}=\sum_{1j_2\cdots j_n}(-1)^{\tau(1j_2\cdots j_n)}a_{11}a_{2j_2}\cdots a_{nj_n}$$

$$=a_{11}\sum_{j_2\cdots j_n}(-1)^{\tau(j_2\cdots j_n)}a_{2j_2}\cdots a_{nj_n}=a_{11}\begin{vmatrix}a_{22}&a_{23}&\cdots&a_{2n}\\a_{32}&a_{33}&\cdots&a_{3n}\\\vdots&\vdots&&\vdots\\a_{n2}&a_{n3}&\cdots&a_{nn}\end{vmatrix}=\text{右边}$$

以上证明中只要注意 $j_1\neq 1$ 时，$a_{1j_1}=0, j_2\cdots j_n$ 是 $2,3,\cdots,n$ 的排列，且 $\tau(j_2\cdots j_n)=\tau(1j_2\cdots j_n)$，就易理解.

最后指出，由于行列式中每项的 n 个元素可按任意顺序排列，所以每项除写成式（1.9）的形式外，还可写成其他的形式. 事实上，数的乘法是交换的，因而这 n 个元素的次序是可以任意写的. 一般地，n 阶行列式中的项可以写成

$$a_{i_1j_1}a_{i_2j_2}\cdots a_{i_nj_n} \tag{1.12}$$

其中：$i_1i_2\cdots i_n, j_1j_2\cdots j_n$ 是两个 n 阶排列. 利用排列的性质，不难证明式（1.12）的符号等于

$$(-1)^{\tau(i_1i_2\cdots i_n)+\tau(j_1j_2\cdots j_n)} \tag{1.13}$$

事实上，为了根据定义来决定式（1.12）的符号，就要把这 n 个元素重新排列一下，使得它们的行标成自然顺序，也就是排列成

$$a_{1j_1'}a_{2j_2'}\cdots a_{nj_n'} \tag{1.14}$$

于是它的符号是

$$(-1)^{\tau(j_1'j_2'\cdots j_n')} \tag{1.15}$$

下面来证明式（1.13）与式（1.15）是一致的. 已知，由式（1.12）变到式（1.14）可以经过一系列元素的对换来实现. 每作一次对换，元素的行标与列标所成的排列 $i_1i_2\cdots i_n$ 与 $j_1j_2\cdots j_n$ 就都同时作一次对换，也就是 $\tau(i_1i_2\cdots i_n)$ 与 $\tau(j_1j_2\cdots j_n)$ 同时改变奇偶性，因而它们的和

$$\tau(i_1i_2\cdots i_n)+\tau(j_1j_2\cdots j_n)$$

的奇偶性不变. 这就是说，对式（1.12）作一次元素的对换不改变式（1.13）的值. 因此，在一系列对换之后有

$$(-1)^{\tau(i_1i_2\cdots i_n)+\tau(j_1j_2\cdots j_n)}=(-1)^{\tau(12\cdots n)+\tau(j_1'j_2'\cdots j_n')}=(-1)^{\tau(j_1'j_2'\cdots j_n')}$$

这就证明了式（1.13）与式（1.15）是一致的.

例如，$a_{21}a_{32}a_{14}a_{43}$ 是四阶行列式中的一项，$\tau(2314)=2$，$\tau(1243)=1$，于是它的符号为 $(-1)^{\tau(2314)+\tau(1243)}=(-1)^{2+1}=-1$. 如按行标排列起来，就是 $a_{14}a_{21}a_{32}a_{43}$，$\tau(4123)=3$，因而它的符号也是 $(-1)^3=-1$.

作为式（1.13）来决定行列式中每一项符号的特例，可以把每一项按列标排列起来，于是定义又可写成

$$\begin{vmatrix}a_{11}&a_{12}&\cdots&a_{1n}\\a_{21}&a_{22}&\cdots&a_{2n}\\\vdots&\vdots&&\vdots\\a_{n1}&a_{n2}&\cdots&a_{nn}\end{vmatrix}=\sum_{i_1i_2\cdots i_n}(-1)^{\tau(i_1i_2\cdots i_n)}a_{i_11}a_{i_22}\cdots a_{i_nn} \tag{1.16}$$

第三节　行列式的主要性质

为了解决高阶行列式的计算方法及应用，下面讨论行列式的一些重要性质.

性质 1　行列互换，行列式的值不变，即

$$\begin{vmatrix} a_{11} & a_{12} & \cdots & a_{1n} \\ a_{21} & a_{22} & \cdots & a_{2n} \\ \vdots & \vdots & & \vdots \\ a_{n1} & a_{n2} & \cdots & a_{nn} \end{vmatrix} = \begin{vmatrix} a_{11} & a_{21} & \cdots & a_{n1} \\ a_{12} & a_{22} & \cdots & a_{n2} \\ \vdots & \vdots & & \vdots \\ a_{1n} & a_{2n} & \cdots & a_{nn} \end{vmatrix} \tag{1.17}$$

证　式（1.17）的左边行列式位于第 i 行第 j 列的元素 a_{ij}，在右边行列式中位于第 j 行第 i 列，由行列式的定义知，式（1.17）的左右两边都等于

$$\sum_{\substack{i_1 i_2 \cdots i_n \\ j_1 j_2 \cdots j_n}} (-1)^{\tau(i_1 i_2 \cdots i_n)+\tau(j_1 j_2 \cdots j_n)} a_{i_1 j_1} a_{i_2 j_2} \cdots a_{i_n j_n}$$

故式（1.17）成立.

式（1.17）两边的两个行列式称为互为转置行列式. n 阶行列式 D 的转置行列式记为 D^{T} 或 D'，所以，性质 1 又可叙述为：行列式和它的转置行列式相等.

性质 1 表明，在行列式中行与列的地位是对称的，因此，行列式中，凡是有关行的性质，对列也同样成立. 以后讨论行列式时仅对行讨论，当然对列也同样成立，就不再重复了.

性质 2　交换行列式的两行（列），行列式的符号改变.

证　设 n 阶行列式为

$$D = \begin{vmatrix} & \vdots & & \vdots & \\ \cdots & a_{ij_i} & \cdots & a_{ij_k} & \cdots \\ & \vdots & & \vdots & \\ \cdots & a_{kj_i} & & a_{kj_k} & \cdots \\ & \vdots & & \vdots & \end{vmatrix} \begin{matrix} \\ (i) \\ \\ (k) \\ \\ \end{matrix}$$

（上方列标：(j_i)　(j_k)）

D 中其余元素均未写出，对 D 交换第 i 行与第 k 行后，有

$$D_1 = \begin{vmatrix} & \vdots & & \vdots & \\ \cdots & a_{kj_i} & \cdots & a_{kj_k} & \cdots \\ & \vdots & & \vdots & \\ \cdots & a_{ij_i} & & a_{ij_k} & \cdots \\ & \vdots & & \vdots & \end{vmatrix} \begin{matrix} \\ (i) \\ \\ (k) \\ \\ \end{matrix}$$

（上方列标：(j_i)　(j_k)）

D 的每一项可以写成

$$a_{1j_1} \cdots a_{ij_i} \cdots a_{kj_k} \cdots a_{nj_n} \tag{1.18}$$

这一项恰好对应 D_1 中的项

$$a_{1j_1} \cdots a_{kj_i} \cdots a_{ij_k} \cdots a_{nj_n} \tag{1.19}$$

这说明 D 中的每一项对应 D_1 中的一项；反之，可得 D_1 中的每一项也对应 D 中的一项. 并且相互对应的这两项除符号外数值上相等.

对于式（1.18）和式（1.19），这两项的符号分别由

$$(-1)^{\tau(1\cdots i\cdots k\cdots n)+\tau(j_1\cdots j_i\cdots j_k\cdots j_n)} \quad 和 \quad (-1)^{\tau(1\cdots k\cdots i\cdots n)+\tau(j_1\cdots j_i\cdots j_k\cdots j_n)}$$

来决定，所以，这两项符号相反，故由行列式的定义有 $D=-D_1$.

以 r_i 表示行列式的第 i 行，c_i 表示行列式的第 i 列，$r_i \leftrightarrow r_j$ 及 $c_i \leftrightarrow c_j$ 分别表示交换第 i 行与第 j 行及第 i 列与第 j 列.

推论 如果行列式有两行（列）完全相同，则此行列式等于零.

证 交换这两行，则 $D=-D$，故 $D=0$.

性质 3 行列式的某一行（列）中所有的元素都乘以同一个数 k 等于用数 k 乘以此行列式.

证 设把行列式 D 的第 i 行的元素 $a_{i1},a_{i2},\cdots,a_{in}$ 乘以 k 而得到行列式 D_1，那么 D_1 的第 i 行的元素是

$$ka_{i1},ka_{i2},\cdots,ka_{in}$$

D 的每一项可以写为

$$a_{1j_1}\cdots a_{ij_i}\cdots a_{nj_n} \tag{1.20}$$

D_1 中对应的项可以写为

$$a_{1j_1}\cdots(ka_{ij_i})\cdots a_{nj_n}=ka_{1j_1}\cdots a_{ij_i}\cdots a_{nj_n} \tag{1.21}$$

式（1.20）在 D 中的符号与式（1.21）在 D_1 中的符号都是 $(-1)^{\tau(j_1j_2\cdots j_n)}$，因此 $D_1=kD$.

推论 1 行列式中某一行（列）的所有元素的公因子可以提到行列式符号的外面.

推论 2 如果一个行列式中有一行（列）的元素全部是零，那么这个行列式等于零.

推论 3 如果一个行列式有两行（列）的对应元素成比例，那么这个行列式等于零.

性质 4 若行列式的某一列（行）的元素都是两数之和，如

$$D=\begin{vmatrix} a_{11} & a_{12} & \cdots & a_{1i}+a'_{1i} & \cdots & a_{1n} \\ a_{21} & a_{22} & \cdots & a_{2i}+a'_{2i} & \cdots & a_{2n} \\ \vdots & \vdots & & \vdots & & \vdots \\ a_{n1} & a_{n2} & \cdots & a_{ni}+a'_{ni} & \cdots & a_{nn} \end{vmatrix}$$

则 D 等于下列两个行列式之和

$$D=\begin{vmatrix} a_{11} & a_{12} & \cdots & a_{1i} & \cdots & a_{1n} \\ a_{21} & a_{22} & \cdots & a_{2i} & \cdots & a_{2n} \\ \vdots & \vdots & & \vdots & & \vdots \\ a_{n1} & a_{n2} & \cdots & a_{ni} & \cdots & a_{nn} \end{vmatrix}+\begin{vmatrix} a_{11} & a_{12} & \cdots & a'_{1i} & \cdots & a_{1n} \\ a_{21} & a_{22} & \cdots & a'_{2i} & \cdots & a_{2n} \\ \vdots & \vdots & & \vdots & & \vdots \\ a_{n1} & a_{n2} & \cdots & a'_{ni} & \cdots & a_{nn} \end{vmatrix}$$

请读者自证性质 4. 性质 4 显然可以推广到某一列（行）为多组数的和的情形.

性质 5 把行列式的某一行（列）的元素乘以同一个数后加到另一行（列）的对应元素上，行列式不变.

证 设给定行列式

$$D=\begin{vmatrix} a_{11} & a_{12} & \cdots & a_{1n} \\ a_{21} & a_{22} & \cdots & a_{2n} \\ \vdots & \vdots & & \vdots \\ a_{n1} & a_{n2} & \cdots & a_{nn} \end{vmatrix}$$

把 D 的第 j 行的元素乘以同一数 k 后，加到第 i 行 $(i\neq j)$ 的对应元素上，得到行列式

笔记栏

$$\overline{D}=\begin{vmatrix} a_{11} & a_{12} & \cdots & a_{1n} \\ \vdots & \vdots & & \vdots \\ a_{i1}+ka_{j1} & a_{i2}+ka_{j2} & \cdots & a_{in}+ka_{jn} \\ \vdots & \vdots & & \vdots \\ a_{j1} & a_{j2} & \cdots & a_{jn} \\ \vdots & \vdots & & \vdots \\ a_{n1} & a_{n2} & \cdots & a_{nn} \end{vmatrix}$$

由性质 4 得 $\overline{D}=D+D_1$，而此处

$$D_1=\begin{vmatrix} a_{11} & a_{12} & \cdots & a_{1n} \\ \vdots & \vdots & & \vdots \\ ka_{j1} & ka_{j2} & \cdots & ka_{jn} \\ \vdots & \vdots & & \vdots \\ a_{j1} & a_{j2} & \cdots & a_{jn} \\ \vdots & \vdots & & \vdots \\ a_{n1} & a_{n2} & \cdots & a_{nn} \end{vmatrix}$$

D_1 的第 i 行与第 j 行成比例，由性质 3 的推论 3 知 $D_1=0$，所以 $\overline{D}=D$.

利用以上行列式的性质可以简化行列式的计算.

为叙述方便，引入下列记号：第 i 行（列）乘以 k，记为 $r_i\times k(c_i\times k)$；第 i 行（列）提出公因子 k，记为 $r_i\div k(c_i\div k)$；数 k 乘以第 j 列加到第 i 列上，记为 c_i+kc_j；数 k 乘以第 j 行加到第 i 行上，记为 r_i+kr_j.

例 5、例 6 的讲解视频

例 5 计算行列式 $D=\begin{vmatrix} 3 & 1 & -1 & 2 \\ -5 & 1 & 3 & -4 \\ 2 & 0 & 1 & -1 \\ 1 & -5 & 3 & -3 \end{vmatrix}$.

解

$$D\xlongequal{c_1\leftrightarrow c_2}-\begin{vmatrix} 1 & 3 & -1 & 2 \\ 1 & -5 & 3 & -4 \\ 0 & 2 & 1 & -1 \\ -5 & 1 & 3 & -3 \end{vmatrix}\xlongequal[r_4+5r_1]{r_2-r_1}-\begin{vmatrix} 1 & 3 & -1 & 2 \\ 0 & -8 & 4 & -6 \\ 0 & 2 & 1 & -1 \\ 0 & 16 & -2 & 7 \end{vmatrix}$$

$$\xlongequal{r_2\leftrightarrow r_3}\begin{vmatrix} 1 & 3 & -1 & 2 \\ 0 & 2 & 1 & -1 \\ 0 & -8 & 4 & -6 \\ 0 & 16 & -2 & 7 \end{vmatrix}\xlongequal[r_4-8r_2]{r_3+4r_2}\begin{vmatrix} 1 & 3 & -1 & 2 \\ 0 & 2 & 1 & -1 \\ 0 & 0 & 8 & -10 \\ 0 & 0 & -10 & 15 \end{vmatrix}$$

$$\xlongequal{r_4+\frac{5}{4}r_3}\begin{vmatrix} 1 & 3 & -1 & 2 \\ 0 & 2 & 1 & -1 \\ 0 & 0 & 8 & -10 \\ 0 & 0 & 0 & \frac{5}{2} \end{vmatrix}=1\times 2\times 8\times\frac{5}{2}=40$$

上例的解法只是为了说明如何利用性质 2、性质 5 将行列式化成上三角形行列式. 在化简过程中，当然还可利用行列式的其他性质（如提公因子，化为两个行列式相加等）.

例 6 计算 n 阶行列式 $D=\begin{vmatrix} a & b & b & \cdots & b \\ b & a & b & \cdots & b \\ b & b & a & \cdots & b \\ \vdots & \vdots & \vdots & & \vdots \\ b & b & b & \cdots & a \end{vmatrix}$.

解法 1 行列式 D 的主对角线上的元素全为 a，其余的元素全为 b，将第 $2,3,\cdots,n$ 列都加到第 1 列，然后提出第 1 列的公因子 $a+(n-1)b$，得到

$$D=[a+(n-1)b]\begin{vmatrix} 1 & b & b & \cdots & b \\ 1 & a & b & \cdots & b \\ 1 & b & a & \cdots & b \\ \vdots & \vdots & \vdots & & \vdots \\ 1 & b & b & \cdots & a \end{vmatrix}$$

$$\xlongequal[i=2,3,\cdots,n]{r_i+(-1)r_1}[a+(n-1)b]\begin{vmatrix} 1 & b & b & \cdots & b \\ 0 & a-b & 0 & \cdots & 0 \\ 0 & 0 & a-b & \cdots & 0 \\ \vdots & \vdots & \vdots & & \vdots \\ 0 & 0 & 0 & \cdots & a-b \end{vmatrix}$$

$$=[a+(n-1)b](a-b)^{n-1}$$

解法 2

$$D\xlongequal[i=2,3,\cdots,n]{r_i+(-1)r_1}\begin{vmatrix} a & b & b & \cdots & b \\ b-a & a-b & 0 & \cdots & 0 \\ b-a & 0 & a-b & \cdots & 0 \\ \vdots & \vdots & \vdots & & \vdots \\ b-a & 0 & 0 & \cdots & a-b \end{vmatrix}$$

$$\xlongequal[i=2,3,\cdots,n]{c_1+c_i}\begin{vmatrix} a+(n-1)b & b & b & \cdots & b \\ 0 & a-b & 0 & \cdots & 0 \\ 0 & 0 & a-b & \cdots & 0 \\ \vdots & \vdots & \vdots & & \vdots \\ 0 & 0 & 0 & \cdots & a-b \end{vmatrix}$$

$$=[a+(n-1)b](a-b)^{n-1}$$

例 7 计算 $D=\begin{vmatrix} a & b & c & d \\ a & a+b & a+b+c & a+b+c+d \\ a & 2a+b & 3a+2b+c & 4a+3b+2c+d \\ a & 3a+b & 6a+3b+c & 10a+6b+3c+d \end{vmatrix}$.

解 从第 4 行开始，后行减前行，可得

$$D \xlongequal[r_2-r_1]{\substack{r_4-r_3\\ r_3-r_2}} \begin{vmatrix} a & b & c & d \\ 0 & a & a+b & a+b+c \\ 0 & a & 2a+b & 3a+2b+c \\ 0 & a & 3a+b & 6a+3b+c \end{vmatrix}$$

$$\xlongequal[r_3-r_2]{r_4-r_3} \begin{vmatrix} a & b & c & d \\ 0 & a & a+b & a+b+c \\ 0 & 0 & a & 2a+b \\ 0 & 0 & a & 3a+b \end{vmatrix}$$

$$\xlongequal{r_4-r_3} \begin{vmatrix} a & b & c & d \\ 0 & a & a+b & a+b+c \\ 0 & 0 & a & 2a+b \\ 0 & 0 & 0 & a \end{vmatrix} = a^4$$

上述诸例中都用到把几个运算写在一起的省略写法，这里要注意各个运算的次序一般不能颠倒，这是由于后一次运算是作用在前一次运算结果上的缘故，例如

$$\begin{vmatrix} a & b \\ c & d \end{vmatrix} \xlongequal{r_1+r_2} \begin{vmatrix} a+c & b+d \\ c & d \end{vmatrix} \xlongequal{r_2-r_1} \begin{vmatrix} a+c & b+d \\ -a & -b \end{vmatrix}$$

$$\begin{vmatrix} a & b \\ c & d \end{vmatrix} \xlongequal{r_2-r_1} \begin{vmatrix} a & b \\ c-a & d-b \end{vmatrix} \xlongequal{r_1+r_2} \begin{vmatrix} c & d \\ c-a & d-b \end{vmatrix}$$

可见两次运算当次序不同时所得结果不同. 忽视后一次运算是作用在前一次运算的结果上，就会出错，例如

$$\begin{vmatrix} a & b \\ c & d \end{vmatrix} \xlongequal[r_2-r_1]{r_1+r_2} \begin{vmatrix} a+c & b+d \\ c-a & d-b \end{vmatrix}$$

这样的运算是错误的，出错的原因在于第二次运算找错了对象.

此外还要注意运算 $r_i + r_j$ 与 $r_j + r_i$ 的区别，记号 $r_i + kr_j$ 不能写作 $kr_j + r_i$（这里不能套用加法的交换律）.

第四节　行列式按行（列）展开

一般说来，低阶行列式的计算要比高阶行列式的计算简单. 因此，本节介绍把高阶行列式的计算化为阶数较低的行列式的计算方法. 该方法不但能进一步简化行列式的计算，并且也有重要的理论价值.

首先引入余子式和代数余子式的概念.

定义 3　在 n 阶行列式中，把元素 a_{ij} 所在的第 i 行和第 j 列划去后，留下来的 $n-1$ 阶行列式叫元素 a_{ij} 的余子式，记为 M_{ij}. 记 $A_{ij} = (-1)^{i+j} M_{ij}$，$A_{ij}$ 叫元素 a_{ij} 的代数余子式.

例如，四阶行列式

$$D=\begin{vmatrix} a_{11} & a_{12} & a_{13} & a_{14} \\ a_{21} & a_{22} & a_{23} & a_{24} \\ a_{31} & a_{32} & a_{33} & a_{34} \\ a_{41} & a_{42} & a_{43} & a_{44} \end{vmatrix}$$

中元素 a_{23} 的余子式和代数余子式分别为

$$M_{23}=\begin{vmatrix} a_{11} & a_{12} & a_{14} \\ a_{31} & a_{32} & a_{34} \\ a_{41} & a_{42} & a_{44} \end{vmatrix}, \quad A_{23}=(-1)^{2+3}M_{23}=-M_{23}$$

引理 一个 n 阶行列式，如果其中第 i 行所有元素除 a_{ij} 外都为零，那么，这行列式等于 a_{ij} 与它的代数余子式的乘积，即 $D=a_{ij}A_{ij}$.

证 （1）先假设 a_{ij} 位于第 1 行第 1 列的情形，此时有

$$D=\begin{vmatrix} a_{11} & 0 & \cdots & 0 \\ a_{21} & a_{22} & \cdots & a_{2n} \\ \vdots & \vdots & & \vdots \\ a_{n1} & a_{n2} & \cdots & a_{nn} \end{vmatrix}$$

由例 4 的结论有 $D=a_{11}M_{11}$，而 $A_{11}=(-1)^{1+1}M_{11}=M_{11}$，故 $D=a_{11}A_{11}$.

（2）一般情形. 此时

$$D=\begin{vmatrix} a_{11} & \cdots & a_{1j} & \cdots & a_{1n} \\ \vdots & & \vdots & & \vdots \\ 0 & \cdots & a_{ij} & \cdots & 0 \\ \vdots & & \vdots & & \vdots \\ a_{n1} & \cdots & a_{nj} & \cdots & a_{nn} \end{vmatrix}$$

为利用（1）的结果，把 D 的第 i 行依次与第 $i-1$ 行，第 $i-2$ 行，…，第 1 行对调，这样 a_{ij} 就调到原来 a_{1j} 的位置上，对调的次数为 $i-1$. 再将第 j 列依次与第 $j-1$ 列，第 $j-2$ 列，…，第 1 列对调，则 a_{ij} 就调到左上角，对调次数为 $j-1$ 次，总共经 $i+j-2$ 次调换才将 a_{ij} 调到左上角，所得行列式 $D_1=(-1)^{i+j-2}D=(-1)^{i+j}D$. 而元素 a_{ij} 在 D_1 中的余子式仍然是 a_{ij} 在 D 中的余子式 M_{ij}，所以由（1）的结果有 $D_1=a_{ij}M_{ij}$，且有

$$D=(-1)^{i+j}D_1=(-1)^{i+j}a_{ij}M_{ij}=a_{ij}A_{ij}$$

定理 4 n 阶（$n\geqslant 2$）行列式等于它的任一行的各元素与其对应的代数余子式乘积之和，即

$$D=\begin{vmatrix} a_{11} & a_{12} & \cdots & a_{1n} \\ \vdots & \vdots & & \vdots \\ a_{i1} & a_{i2} & \cdots & a_{in} \\ \vdots & \vdots & & \vdots \\ a_{n1} & a_{n2} & \cdots & a_{nn} \end{vmatrix}=a_{i1}A_{i1}+a_{i2}A_{i2}+\cdots+a_{in}A_{in}=\sum_{k=1}^{n}a_{ik}A_{ik} \quad (i=1,2,\cdots,n)$$

证 将 D 中第 i 行的各元素表示为 n 项之和

$$a_{ik}=\underbrace{0+0+\cdots+0}_{k-1\text{个}}+a_{ik}+\underbrace{0+\cdots+0}_{n-k\text{个}}$$

由性质 4，有

$$D=\begin{vmatrix} a_{11} & a_{12} & \cdots & a_{1n} \\ \vdots & \vdots & & \vdots \\ a_{i1} & 0 & \cdots & 0 \\ \vdots & \vdots & & \vdots \\ a_{n1} & a_{n2} & \cdots & a_{nn} \end{vmatrix}+\begin{vmatrix} a_{11} & a_{12} & \cdots & a_{1n} \\ \vdots & \vdots & & \vdots \\ 0 & a_{i2} & \cdots & 0 \\ \vdots & \vdots & & \vdots \\ a_{n1} & a_{n2} & \cdots & a_{nn} \end{vmatrix}+\cdots+\begin{vmatrix} a_{11} & a_{12} & \cdots & a_{1n} \\ \vdots & \vdots & & \vdots \\ 0 & 0 & \cdots & a_{in} \\ \vdots & \vdots & & \vdots \\ a_{n1} & a_{n2} & \cdots & a_{nn} \end{vmatrix}$$

由引理，得

$$D=a_{i1}A_{i1}+a_{i2}A_{i2}+\cdots+a_{in}A_{in}=\sum_{k=1}^{n}a_{ik}A_{ik} \quad (i=1,2,\cdots,n)$$

定理 5 n 阶行列式等于它的任何一列各元素与其对应的代数余子式乘积之和，即

$$D=a_{1j}A_{1j}+a_{2j}A_{2j}+\cdots+a_{nj}A_{nj}=\sum_{k=1}^{n}a_{kj}A_{kj} \quad (j=1,2,\cdots,n)$$

定理 4 和定理 5 称为行列式按行（列）展开法则. 利用这一法则可将高阶行列式降阶，再结合行列式的性质，可简化行列式的计算.

以下两个定理在某种意义下与定理 4 和定理 5 平行.

定理 6 n 阶行列式

$$D=\begin{vmatrix} a_{11} & a_{12} & \cdots & a_{1n} \\ \vdots & \vdots & & \vdots \\ a_{i1} & a_{i2} & \cdots & a_{in} \\ \vdots & \vdots & & \vdots \\ a_{j1} & a_{j2} & \cdots & a_{jn} \\ \vdots & \vdots & & \vdots \\ a_{n1} & a_{n2} & \cdots & a_{nn} \end{vmatrix}$$

的任一行的元素与另外一行的对应元素的代数余子式的乘积的和等于零，即

$$a_{i1}A_{j1}+a_{i2}A_{j2}+\cdots+a_{in}A_{jn}=0\ (i\neq j) \quad \text{或} \quad \sum_{k=1}^{n}a_{ik}A_{jk}=0\ (i\neq j)$$

证 考虑下列 n 阶行列式

$$D_1=\begin{vmatrix} a_{11} & a_{12} & \cdots & a_{1n} \\ \vdots & \vdots & & \vdots \\ a_{i1} & a_{i2} & \cdots & a_{in} \\ \vdots & \vdots & & \vdots \\ a_{i1} & a_{i2} & \cdots & a_{in} \\ \vdots & \vdots & & \vdots \\ a_{n1} & a_{n2} & \cdots & a_{nn} \end{vmatrix}\begin{matrix} \\ \\ (i) \\ \\ (j) \\ \\ \\ \end{matrix}$$

D_1 的第 i 行与第 j 行完全一样，所以，$D_1=0$. 另一方面，D_1 与 D 仅有第 j 行不同，因此 D_1 的第 j 行的元素的代数余子式与 D 的第 j 行的对应元素的代数余子式相同. 将 D_1 依第 j 行展开，得

$$D_1=a_{i1}A_{j1}+a_{i2}A_{j2}+\cdots+a_{in}A_{jn}$$

所以

笔记栏

$$a_{i1}A_{j1}+a_{i2}A_{j2}+\cdots+a_{in}A_{jn}=0$$

同理可得以下定理.

定理 7 n 阶行列式的任一列中各元素与另一列对应元素的代数余子式乘积之和为零，即

$$a_{1j}A_{1i}+a_{2j}A_{2i}+\cdots+a_{nj}A_{ni}=0\ (i\neq j)\quad 或\quad \sum_{k=1}^{n}a_{kj}A_{ki}=0\ (i\neq j)$$

由定理 4～定理 7 可得行列式与其代数余子式的关系式

$$\left.\begin{aligned}a_{j1}A_{i1}+a_{j2}A_{i2}+\cdots+a_{jn}A_{in}&=\begin{cases}D, & j=i\\ 0, & j\neq i\end{cases}\\ a_{1j}A_{1i}+a_{2j}A_{2i}+\cdots+a_{nj}A_{ni}&=\begin{cases}D, & j=i\\ 0, & j\neq i\end{cases}\end{aligned}\right.\quad (i,j=1,2,\cdots,n)$$

定理4和定理5虽然把n阶行列式的计算归结为$n-1$阶行列式的计算，但是当行列式的某一行（列）的元素有很多不为零时，按这一行（列）展开并不能减少很多计算量. 因此，在已知行列式有一行（列）含有较多的零时，才应用定理 4 和定理 5. 更常用的方法是，先利用行列式的性质把行列式的某一行（列）化为只含一个非零元素的行（列），然后再用定理 4 或定理 5.

例 8 计算四阶行列式 $D=\begin{vmatrix}1&2&3&2\\1&2&0&-5\\1&0&1&2\\4&3&1&2\end{vmatrix}$.

解

$$D\xlongequal[c_4+5c_1]{c_2+(-2)c_1}\begin{vmatrix}1&0&3&7\\1&0&0&0\\1&-2&1&7\\4&-5&1&22\end{vmatrix}\xlongequal{按第2行展开}1\cdot(-1)^{2+1}\cdot\begin{vmatrix}0&3&7\\-2&1&7\\-5&1&22\end{vmatrix}$$

$$\xlongequal[r_3+(-1)r_2]{r_1+(-3)r_2}(-1)\begin{vmatrix}6&0&-14\\-2&1&7\\-3&0&15\end{vmatrix}$$

$$\xlongequal{按第2列展开}(-1)^{2+2}\cdot(-1)\times1\cdot\begin{vmatrix}6&-14\\-3&15\end{vmatrix}=-48$$

例 9 计算 n 阶行列式 $D_n=\begin{vmatrix}x&-1&0&\cdots&0&0\\0&x&-1&\cdots&0&0\\\vdots&\vdots&\vdots&&\vdots&\vdots\\0&0&0&\cdots&x&-1\\a_n&a_{n-1}&a_{n-2}&\cdots&a_2&x+a_1\end{vmatrix}$.

例 9 的讲解视频

解 按第 1 列展开

$$D_n=(-1)^{n+1}a_n\begin{vmatrix}-1 & 0 & \cdots & 0 & 0\\ x & -1 & \cdots & 0 & 0\\ \vdots & \vdots & & \vdots & \vdots\\ 0 & 0 & \cdots & x & -1\end{vmatrix}$$

$$+(-1)^{1+1}x\begin{vmatrix}x & -1 & \cdots & 0 & 0\\ \vdots & \vdots & & \vdots & \vdots\\ 0 & 0 & \cdots & x & -1\\ a_{n-1} & a_{n-2} & \cdots & a_2 & x+a_1\end{vmatrix}$$

$$=(-1)^{n+1}a_n(-1)^{n-1}+xD_{n-1}=xD_{n-1}+a_n$$

所以 $D_n=xD_{n-1}+a_n$，这就是递推公式，则有

$$\begin{aligned}D_n&=x(xD_{n-2}+a_{n-1})+a_n=x^2D_{n-2}+a_{n-1}x+a_n\\&=x^2(xD_{n-3}+a_{n-2})+a_{n-1}x+a_n\\&=x^3D_{n-3}+a_{n-2}x^2+a_{n-1}x+a_n\\&=\cdots=x^{n-1}D_1+a_2x^{n-2}+\cdots+a_{n-2}x^2+a_{n-1}x+a_n\\&=x^{n-1}(x+a_1)+a_2x^{n-2}+\cdots+a_{n-2}x^2+a_{n-1}x+a_n\\&=x^n+a_1x^{n-1}+a_2x^{n-2}+\cdots+a_{n-1}x+a_n\end{aligned}$$

这个行列式的计算方法的原则大致是：利用已给行列式的特性，建立起同类型的 n 阶行列式和 $n-1$ 阶（或更低阶）行列式间的关系，即导出递推公式，然后得出行列式的值. 这个原则很有效，下面再举一个运用这个原则的例子.

例 10 证明范德蒙德（Vandermonde）行列式

$$V(x_1,x_2,\cdots,x_n)=\begin{vmatrix}1 & 1 & 1 & \cdots & 1\\ x_1 & x_2 & x_3 & \cdots & x_n\\ x_1^2 & x_2^2 & x_3^2 & \cdots & x_n^2\\ \vdots & \vdots & \vdots & & \vdots\\ x_1^{n-1} & x_2^{n-1} & x_3^{n-1} & \cdots & x_n^{n-1}\end{vmatrix}=\prod_{1\leqslant j<i\leqslant n}(x_i-x_j)$$

其中：$\prod$ 是连乘号，右端表示下列各行的乘积

$$\begin{aligned}&(x_2-x_1)(x_3-x_1)(x_4-x_1)\cdots(x_n-x_1)\\&\qquad(x_3-x_2)(x_4-x_2)\cdots(x_n-x_2)\\&\qquad\qquad(x_4-x_3)\cdots(x_n-x_3)\\&\qquad\qquad\qquad\cdots\cdots\\&\qquad\qquad\qquad(x_n-x_{n-1})\end{aligned}$$

证 用数学归纳法证明. 当 $n=2$ 时，

$$V(x_1,x_2)=\begin{vmatrix}1 & 1\\ x_1 & x_2\end{vmatrix}=x_2-x_1$$

此时命题成立.

下面假定对 $n-1$ 阶范德蒙德行列式结论成立，来证明对 n 阶范德蒙德行列式结论也成立.

在 $V(x_1,x_2,\cdots,x_n)$ 中从末行起，每行减去其前一行的 x_1 倍，得

$$
\begin{aligned}
&V(x_1,x_2,\cdots,x_n)\\
&=\begin{vmatrix}1&1&1&\cdots&1\\0&x_2-x_1&x_3-x_1&\cdots&x_n-x_1\\0&x_2(x_2-x_1)&x_3(x_3-x_1)&\cdots&x_n(x_n-x_1)\\\vdots&\vdots&\vdots&&\vdots\\0&x_2^{n-2}(x_2-x_1)&x_3^{n-2}(x_3-x_1)&\cdots&x_n^{n-2}(x_n-x_1)\end{vmatrix}\\
&\xlongequal[\text{提出各列公因子}]{\text{按第1列展开}}(x_2-x_1)(x_3-x_1)\cdots(x_n-x_1)\begin{vmatrix}1&1&1&\cdots&1\\x_2&x_3&x_4&\cdots&x_n\\x_2^2&x_3^2&x_4^2&\cdots&x_n^2\\\vdots&\vdots&\vdots&&\vdots\\x_2^{n-2}&x_3^{n-2}&x_4^{n-2}&\cdots&x_n^{n-2}\end{vmatrix}\\
&\xlongequal{\text{由归纳假设}}(x_2-x_1)(x_3-x_1)\cdots(x_n-x_1)\prod_{2\leqslant j<i\leqslant n}(x_i-x_j)=\prod_{1\leqslant j<i\leqslant n}(x_i-x_j)
\end{aligned}
$$

范德蒙德行列式是一个十分重要的行列式，经常利用此行列式及其结论解题，如

$$
\begin{aligned}
\begin{vmatrix}b+c&a+c&a+b\\a&b&c\\a^2&b^2&c^2\end{vmatrix}&\xlongequal{r_1+r_2}\begin{vmatrix}a+b+c&a+b+c&a+b+c\\a&b&c\\a^2&b^2&c^2\end{vmatrix}\\
&=(a+b+c)\begin{vmatrix}1&1&1\\a&b&c\\a^2&b^2&c^2\end{vmatrix}=(a+b+c)(b-a)(c-a)(c-b)
\end{aligned}
$$

例 11 计算 n 阶行列式

$$
D_n=\begin{vmatrix}a_1+x_1&a_2&\cdots&a_n\\a_1&a_2+x_2&\cdots&a_n\\\vdots&\vdots&&\vdots\\a_1&a_2&\cdots&a_n+x_n\end{vmatrix}
$$

其中：$x_i\neq 0\ (i=1,2,\cdots,n)$.

解 将 D_n 增加一行和一列构成 $n+1$ 阶行列式，使其值不变，即

$$
\begin{aligned}
D_n=\begin{vmatrix}a_1+x_1&a_2&\cdots&a_n\\a_1&a_2+x_2&\cdots&a_n\\\vdots&\vdots&&\vdots\\a_1&a_2&\cdots&a_n+x_n\end{vmatrix}&=\begin{vmatrix}1&a_1&a_2&\cdots&a_n\\0&a_1+x_1&a_2&\cdots&a_n\\0&a_1&a_2+x_2&\cdots&a_n\\\vdots&\vdots&\vdots&&\vdots\\0&a_1&a_2&\cdots&a_n+x_n\end{vmatrix}\\
&\xlongequal{r_i-r_1\ (i=2,3,\cdots,n+1)}\begin{vmatrix}1&a_1&a_2&\cdots&a_n\\-1&x_1&0&\cdots&0\\-1&0&x_2&\cdots&0\\\vdots&\vdots&\vdots&&\vdots\\-1&0&0&\cdots&x_n\end{vmatrix}
\end{aligned}
$$

$$\xlongequal{c_1+\frac{1}{x_{i-1}}c_i\ (i=2,3,\cdots,n+1)}\begin{vmatrix}1+\sum_{i=1}^{n}\frac{a_i}{x_i} & a_1 & a_2 & \cdots & a_n\\ 0 & x_1 & 0 & \cdots & 0\\ 0 & 0 & x_2 & \cdots & 0\\ \vdots & \vdots & \vdots & & \vdots\\ 0 & 0 & 0 & \cdots & x_n\end{vmatrix}$$

$$=\left(1+\sum_{i=1}^{n}\frac{a_i}{x_i}\right)x_1x_2\cdots x_n$$

由这个例子可知，有时把行列式的阶增高反而容易求出行列式的值，而且在行列式的计算中，充分利用元素间的特性，才能简单地计算出行列式的值来.

以上介绍了行列式计算的一些技巧，希望读者能够举一反三，灵活运用行列式的性质和行列式按行（列）展开法则，掌握一些计算行列式的技巧.

例 12 设 $D=\begin{vmatrix}1&2&3&4\\2&3&4&1\\3&4&1&2\\2&2&2&2\end{vmatrix}$，$D$ 的第 i 行第 j 列的元素的余子式和代数余子式依次记作 M_{ij} 和 A_{ij}，求：

（1）$A_{11}+A_{12}+A_{13}+A_{14}$；

（2）$M_{12}+2M_{22}+3M_{32}-2M_{42}$.

解 （1）因为在 $A_{11}+A_{12}+A_{13}+A_{14}$ 中，行列式第一行元素 $1,2,3,4$ 的代数余子式 A_{11},A_{12},A_{13}，A_{14} 前面的系数全为 1，所以使用替换法计算 $A_{11}+A_{12}+A_{13}+A_{14}$，即去掉代数余子式 $A_{11},A_{12},A_{13},A_{14}$ 所在的第 1 行的所有元素 $1,2,3,4$，换成代数余子式 $A_{11},A_{12},A_{13},A_{14}$ 前面的系数 $1,1,1,1$，其余元素不变，按其原来的位置关系组装成一个新的四阶行列式，即

$$A_{11}+A_{12}+A_{13}+A_{14}=\begin{vmatrix}1&1&1&1\\2&3&4&1\\3&4&1&2\\2&2&2&2\end{vmatrix}=0\ \text{（由于第一行和第四行对应元素成比例）}$$

（2）因为 $A_{ij}=(-1)^{i+j}M_{ij}$，所以

$$M_{12}+2M_{22}+3M_{32}-2M_{42}=-A_{12}+2A_{22}-3A_{32}-2A_{42}$$

$$=\begin{vmatrix}1&-1&3&4\\2&2&4&1\\3&-3&1&2\\2&-2&2&2\end{vmatrix}\xlongequal{r_1\leftrightarrow r_4}-\begin{vmatrix}2&-2&2&2\\2&2&4&1\\3&-3&1&2\\1&-1&3&4\end{vmatrix}\xlongequal{r_1\div 2}-2\begin{vmatrix}1&-1&1&1\\2&2&4&1\\3&-3&1&2\\1&-1&3&4\end{vmatrix}$$

$$\xlongequal[r_4-r_1]{\substack{r_2-2r_1\\ r_3-3r_1}}-2\begin{vmatrix}1&-1&1&1\\0&4&2&-1\\0&0&-2&-1\\0&0&2&3\end{vmatrix}\xlongequal{r_4+r_3}-2\begin{vmatrix}1&-1&1&1\\0&4&2&-1\\0&0&-2&-1\\0&0&0&2\end{vmatrix}=32$$

第五节 克拉默法则

作为 n 阶行列式的一个应用，下面用 n 阶行列式来解含有 n 个未知数 n 个方程的线性方程组.

设给定了一个含有 n 个未知数 n 个方程的线性方程组

$$\begin{cases} a_{11}x_1+a_{12}x_2+\cdots+a_{1n}x_n=b_1 \\ a_{21}x_1+a_{22}x_2+\cdots+a_{2n}x_n=b_2 \\ \quad\cdots\cdots \\ a_{n1}x_1+a_{n2}x_2+\cdots+a_{nn}x_n=b_n \end{cases} \tag{1.22}$$

以 D 记式（1.22）的系数行列式，即

$$D=\begin{vmatrix} a_{11} & a_{12} & \cdots & a_{1n} \\ a_{21} & a_{22} & \cdots & a_{2n} \\ \vdots & \vdots & & \vdots \\ a_{n1} & a_{n2} & \cdots & a_{nn} \end{vmatrix}$$

定理 8 克拉默（Cramer）法则：一个含有 n 个未知数 n 个方程的线性方程组（1.22），当它的系数行列式 $D\neq 0$ 时，有且仅有一个解

$$x_1=\frac{D_1}{D},\quad x_2=\frac{D_2}{D},\quad \cdots,\quad x_n=\frac{D_n}{D} \tag{1.23}$$

此处 D_j 是把行列式 D 的第 j 列元素换为方程组的常数项 $b_1,b_2,\cdots,b_n$ 而得到的 n 阶行列式.

证 用 D 中第 j 列元素的代数余子式 $A_{1j},A_{2j},\cdots,A_{nj}$ 依次乘以方程组（1.22）的 n 个方程，然后相加，得

$$\begin{aligned} &(a_{11}A_{1j}+a_{21}A_{2j}+\cdots+a_{n1}A_{nj})x_1+\cdots+(a_{1j}A_{1j}+a_{2j}A_{2j}+\cdots+a_{nj}A_{nj})x_j \\ &+\cdots+(a_{1n}A_{1j}+a_{2n}A_{2j}+\cdots+a_{nn}A_{nj})x_n \\ =&\, b_1A_{1j}+b_2A_{2j}+\cdots+b_nA_{nj} \end{aligned}$$

由前面行列式与其代数余子式关系可知，x_j 的系数为 D，而 $x_i\ (i\neq j)$ 的系数都是零. 因此，上面等式左端等于 Dx_j，而等式右端刚好是 n 阶行列式

$$D_j=\begin{vmatrix} a_{11} & \cdots & b_1 & \cdots & a_{1n} \\ a_{21} & \cdots & b_2 & \cdots & a_{2n} \\ \vdots & & \vdots & & \vdots \\ a_{n1} & \cdots & b_n & \cdots & a_{nn} \end{vmatrix}$$

得到 $Dx_j=D_j\ (j=1,2,\cdots,n)$，即

$$Dx_1=D_1,\quad Dx_2=D_2,\quad \cdots,\quad Dx_n=D_n \tag{1.24}$$

当 $D\neq 0$ 时，方程组（1.24）有唯一解，其解为式（1.23）.

由于方程组（1.24）是由方程组（1.22）经乘数与相加两种运算而得，所以式（1.22）的解一定是式（1.24）的解. 式（1.24）仅有一个解，即式（1.23），故式（1.22）如果有解，就只可能是式（1.23）.

为证式（1.23）是方程组（1.22）的唯一解，剩下的只需验证式（1.23）的确是方程组（1.22）的解，也就是要证明

$$a_{i1}\frac{D_1}{D}+a_{i2}\frac{D_2}{D}+\cdots+a_{in}\frac{D_n}{D}=b_i \quad (i=1,2,\cdots,n)$$

为此，把式（1.23）代入方程组（1.22），那么式（1.22）的第 $i\,(i=1,2,\cdots,n)$ 个方程的左端变为

$$a_{i1}\frac{D_1}{D}+a_{i2}\frac{D_2}{D}+\cdots+a_{in}\frac{D_n}{D}$$

而

$$D_j=b_1A_{1j}+b_2A_{2j}+\cdots+b_nA_{nj} \quad (j=1,2,\cdots,n)$$

则

$$\begin{aligned}
&a_{i1}(b_1A_{11}+\cdots+b_iA_{i1}+\cdots+b_nA_{n1})\frac{1}{D}+a_{i2}(b_1A_{12}+\cdots+b_iA_{i2}+\cdots+b_nA_{n2})\frac{1}{D}\\
&\quad+\cdots+a_{in}(b_1A_{1n}+\cdots+b_iA_{in}+\cdots+b_nA_{nn})\frac{1}{D}\\
&=b_1(a_{i1}A_{11}+a_{i2}A_{12}+\cdots+a_{in}A_{1n})\frac{1}{D}+\cdots+b_i(a_{i1}A_{i1}+a_{i2}A_{i2}+\cdots+a_{in}A_{in})\frac{1}{D}+\cdots\\
&\quad+b_n(a_{i1}A_{n1}+a_{i2}A_{n2}+\cdots+a_{in}A_{nn})\frac{1}{D}=b_i
\end{aligned}$$

上面应用了行列式与其代数余子式的性质，所以式（1.23）是方程组（1.22）的解.

例 13 解线性方程组

$$\begin{cases}2x_1+x_2-5x_3+x_4=8\\ x_1-3x_2-6x_4=9\\ 2x_2-x_3+2x_4=-5\\ x_1+4x_2-7x_3+6x_4=0\end{cases}$$

解 系数行列式

$$D=\begin{vmatrix}2&1&-5&1\\1&-3&0&-6\\0&2&-1&2\\1&4&-7&6\end{vmatrix}=27$$

因为 $D\neq 0$，所以，可用克拉默法则来求解上述线性方程组.

$$D_1=\begin{vmatrix}8&1&-5&1\\9&-3&0&-6\\-5&2&-1&2\\0&4&-7&6\end{vmatrix}=81,\quad D_2=\begin{vmatrix}2&8&-5&1\\1&9&0&-6\\0&-5&-1&2\\1&0&-7&6\end{vmatrix}=-108$$

$$D_3=\begin{vmatrix}2&1&8&1\\1&-3&9&-6\\0&2&-5&2\\1&4&0&6\end{vmatrix}=-27,\quad D_4=\begin{vmatrix}2&1&-5&8\\1&-3&0&9\\0&2&-1&5\\1&4&-7&0\end{vmatrix}=27$$

由克拉默法则得原方程组的解为

$$x_1=\frac{D_1}{D}=3,\quad x_2=\frac{D_2}{D}=-4,\quad x_3=\frac{D_3}{D}=-1,\quad x_4=\frac{D_4}{D}=1$$

应该注意，克拉默规则只能应用于系数行列式不为零的 n 元 n 式线性方程组，至于方程组的行列式为零的情形，将在后面的一般情形中讨论.

常数项全为零的线性方程组称为齐次线性方程组. 显然，齐次线性方程组总是有解的，因为 $x_i = 0,\ i = 1,2,\cdots,n$ 就是它的一个解，称它为零解. 对于齐次线性方程组，需要讨论它是否有非零解？对于方程个数与未知量个数相同的齐次线性方程组，有如下定理.

定理 9 如果齐次线性方程组

$$\begin{cases} a_{11}x_1 + a_{12}x_2 + \cdots + a_{1n}x_n = 0 \\ a_{21}x_1 + a_{22}x_2 + \cdots + a_{2n}x_n = 0 \\ \qquad\cdots\cdots \\ a_{n1}x_1 + a_{n2}x_2 + \cdots + a_{nn}x_n = 0 \end{cases} \tag{1.25}$$

的系数行列式 $D \neq 0$，那么它只有零解.

证 应用克拉默规则. 因为 D_j 中有第 j 列为零，即 $D_j = 0\ (j = 1,2,\cdots,n)$，故它的唯一解是

$$x_1 = D_1 / D = 0 / D = 0,\quad x_2 = D_2 / D = 0 / D = 0,\quad \cdots,\quad x_n = D_n / D = 0 / D = 0$$

推论 齐次线性方程组（1.25）有非零解的必要条件是系数行列式 $D = 0$. 在第五章中将要证明这个条件也是充分的.

例 14 当 λ 取何值时，方程组

$$\begin{cases} \lambda x_1 + x_2 + x_3 = 0 \\ x_1 + \lambda x_2 + x_3 = 0 \\ x_1 + x_2 + \lambda x_3 = 0 \end{cases}$$

有非零解？

解 原方程组的系数行列式

$$D = \begin{vmatrix} \lambda & 1 & 1 \\ 1 & \lambda & 1 \\ 1 & 1 & \lambda \end{vmatrix} = (\lambda + 2)(\lambda - 1)^2$$

所以由推论得，当 $D = 0$，即 $\lambda = -2$ 或 1 时，原方程组有非零解.

第六节　拉普拉斯定理　行列式的乘法规则

将高阶行列式展开成较低阶行列式的一般公式是拉普拉斯（Laplace）定理，这个定理可以看成是行列式按一行展开公式的推广.

定义 4 在 n 阶行列式中，任意指定 r 行与 r 列（$1 \leqslant r \leqslant n$）. 位于这些行列交点处的 r^2 个元素构成的 r 阶行列式 M 称为原行列式的一个 r 阶子式. 在 n 阶行列式中，划去某个 r 阶子式 M 所在的行与列后，剩下的 $n-r$ 个行与 $n-r$ 个列上的元素也构成一个 $n-r$ 阶子式 N. 称这一对子式 M 与 N 互为余子式.

设 r 阶子式 M 是由行列式中第 $i_1, i_2, \cdots, i_r$ 行和第 $j_1, j_2, \cdots, j_r$ 列相交处的元素构成的，且 N 是 M 的余子式，则称带有正或负号 $(-1)^{\sum_{k=1}^{r} i_k + \sum_{k=1}^{r} j_k}$ 的余子式 N，即 $(-1)^{\sum_{k=1}^{r} i_k + \sum_{k=1}^{r} j_k} N$ 为 M 的代数余子式.

例如，在五阶行列式

$$\begin{vmatrix} a_{11} & a_{12} & a_{13} & a_{14} & a_{15} \\ a_{21} & a_{22} & a_{23} & a_{24} & a_{25} \\ a_{31} & a_{32} & a_{33} & a_{34} & a_{35} \\ a_{41} & a_{42} & a_{43} & a_{44} & a_{45} \\ a_{51} & a_{52} & a_{53} & a_{54} & a_{55} \end{vmatrix}$$

中，位于第 1，3 行与第 2，3 列处的元素构成的二阶子式

$$M=\begin{vmatrix} a_{12} & a_{13} \\ a_{32} & a_{33} \end{vmatrix}$$

则 M 的余子式是

$$N=\begin{vmatrix} a_{21} & a_{24} & a_{25} \\ a_{41} & a_{44} & a_{45} \\ a_{51} & a_{54} & a_{55} \end{vmatrix}$$

且 M 与 N 互为余子式.

M 的代数余子式为

$$A=(-1)^{1+3+2+3}N=-N=-\begin{vmatrix} a_{21} & a_{24} & a_{25} \\ a_{41} & a_{44} & a_{45} \\ a_{51} & a_{54} & a_{55} \end{vmatrix}$$

定理 10（拉普拉斯定理） 在 n 阶行列式中任意选定 k 行（列）（$1\leqslant k\leqslant n-1$），则 n 阶行列式等于位于这 k 行（列）中的一切 k 阶子式 $M_i\ (i=1,2,\cdots,C_n^k)$ 与其对应的代数余子式 A_i 乘积之和，即 $D=\sum\limits_{i=1}^{C_n^k}M_iA_i$.

证明从略.

显然前面讲的定理 4 和定理 5 是拉普拉斯定理中 $k=1$ 的特例.

例 15 计算四阶行列式 $D=\begin{vmatrix} 2 & 1 & 0 & 0 \\ 1 & 2 & 1 & 0 \\ 0 & 1 & 2 & 1 \\ 0 & 0 & 1 & 2 \end{vmatrix}$.

解 按前两行展开，两行元素共可组成 $C_4^2=6$ 个二阶行列式，即

$$M_1=\begin{vmatrix} 2 & 1 \\ 1 & 2 \end{vmatrix}=3,\quad M_2=\begin{vmatrix} 2 & 0 \\ 1 & 1 \end{vmatrix}=2,\quad M_3=\begin{vmatrix} 2 & 0 \\ 1 & 0 \end{vmatrix}=0$$

$$M_4=\begin{vmatrix} 1 & 0 \\ 2 & 1 \end{vmatrix}=1,\quad M_5=\begin{vmatrix} 1 & 0 \\ 2 & 0 \end{vmatrix}=0,\quad M_6=\begin{vmatrix} 0 & 0 \\ 1 & 0 \end{vmatrix}=0$$

因为 $M_3=M_5=M_6=0$，所以只要求出 M_1,M_2,M_4 的代数余子式：

$$A_1=(-1)^{1+2+1+2}\begin{vmatrix} 2 & 1 \\ 1 & 2 \end{vmatrix}=3$$

$$A_2=(-1)^{1+2+1+3}\begin{vmatrix} 1 & 1 \\ 0 & 2 \end{vmatrix}=-2$$

$$A_4=(-1)^{1+2+2+3}\begin{vmatrix}0&1\\0&2\end{vmatrix}=0$$

则

$$D=M_1A_1+M_2A_2+M_4A_4=3\times3+2\times(-2)=5$$

从上例可以看到，利用拉普拉斯定理来计算行列式，一般计算量较大，这个定理主要是在理论方面的应用.

利用拉普拉斯定理可以证明下列定理.

定理 11 两个 n 阶行列式

$$D_1=\begin{vmatrix}a_{11}&a_{12}&\cdots&a_{1n}\\a_{21}&a_{22}&\cdots&a_{2n}\\\vdots&\vdots&&\vdots\\a_{n1}&a_{n2}&\cdots&a_{nn}\end{vmatrix}\quad 和\quad D_2=\begin{vmatrix}b_{11}&b_{12}&\cdots&b_{1n}\\b_{21}&b_{22}&\cdots&b_{2n}\\\vdots&\vdots&&\vdots\\b_{n1}&b_{n2}&\cdots&b_{nn}\end{vmatrix}$$

的乘积等于一个 n 阶行列式

$$C=\begin{vmatrix}c_{11}&c_{12}&\cdots&c_{1n}\\c_{21}&c_{22}&\cdots&c_{2n}\\\vdots&\vdots&&\vdots\\c_{n1}&c_{n2}&\cdots&c_{nn}\end{vmatrix}$$

其中：c_{ij} 是 D_1 的第 i 行元素分别与 D_2 的第 j 列的对应元素乘积之和，即

$$c_{ij}=a_{i1}b_{1j}+a_{i2}b_{2j}+\cdots+a_{in}b_{nj}=\sum_{k=1}^{n}a_{ik}b_{kj}\quad(i,j=1,2,\cdots,n)$$

证 作一个 $2n$ 阶行列式

$$D=\begin{vmatrix}a_{11}&a_{12}&\cdots&a_{1n}&0&0&\cdots&0\\a_{21}&a_{22}&\cdots&a_{2n}&0&0&\cdots&0\\\vdots&\vdots&&\vdots&\vdots&\vdots&&\vdots\\a_{n1}&a_{n2}&\cdots&a_{nn}&0&0&\cdots&0\\-1&0&\cdots&0&b_{11}&b_{12}&\cdots&b_{1n}\\0&-1&\cdots&0&b_{21}&b_{22}&\cdots&b_{2n}\\\vdots&\vdots&&\vdots&\vdots&\vdots&&\vdots\\0&0&\cdots&-1&b_{n1}&b_{n2}&\cdots&b_{nn}\end{vmatrix}$$

由拉普拉斯定理，将 D 按前 n 行展开，则因 D 中前 n 行除去左上角那个 n 阶子式外，其余的 n 阶子式都等于零，所以

$$D=\begin{vmatrix}a_{11}&a_{12}&\cdots&a_{1n}\\a_{21}&a_{22}&\cdots&a_{2n}\\\vdots&\vdots&&\vdots\\a_{n1}&a_{n2}&\cdots&a_{nn}\end{vmatrix}\cdot\begin{vmatrix}b_{11}&b_{12}&\cdots&b_{1n}\\b_{21}&b_{22}&\cdots&b_{2n}\\\vdots&\vdots&&\vdots\\b_{n1}&b_{n2}&\cdots&b_{nn}\end{vmatrix}=D_1D_2$$

下面证明 D 也等于 C. 为此，对于 $i=1,2,\cdots,n$，将第 $n+1$ 行的 a_{i1} 倍，第 $n+2$ 行的 a_{i2} 倍，$\cdots$，第 $2n$ 行的 a_{in} 倍加到第 i 行，就得

$$D=\begin{vmatrix} 0 & 0 & \cdots & 0 & c_{11} & c_{12} & \cdots & c_{1n} \\ 0 & 0 & \cdots & 0 & c_{21} & c_{22} & \cdots & c_{2n} \\ \vdots & \vdots & & \vdots & \vdots & \vdots & & \vdots \\ 0 & 0 & \cdots & 0 & c_{n1} & c_{n2} & \cdots & c_{nn} \\ -1 & 0 & \cdots & 0 & b_{11} & b_{12} & \cdots & b_{1n} \\ 0 & -1 & \cdots & 0 & b_{21} & b_{22} & \cdots & b_{2n} \\ \vdots & \vdots & & \vdots & \vdots & \vdots & & \vdots \\ 0 & 0 & \cdots & -1 & b_{n1} & b_{n2} & \cdots & b_{nn} \end{vmatrix}$$

其中：$c_{ij}=\sum\limits_{k=1}^{n}a_{ik}b_{kj}(i,j=1,2,\cdots,n)$. 这个行列式的前 n 行除右上角的 n 阶子式，其余 n 阶子式也都等于零. 因此，由拉普拉斯定理，得

$$D=\begin{vmatrix} c_{11} & c_{12} & \cdots & c_{1n} \\ c_{21} & c_{22} & \cdots & c_{2n} \\ \vdots & \vdots & & \vdots \\ c_{n1} & c_{n2} & \cdots & c_{nn} \end{vmatrix}\cdot(-1)^{(1+2+\cdots+n)+[(n+1)+(n+2)+\cdots+2n]}\cdot\begin{vmatrix} -1 & 0 & \cdots & 0 \\ 0 & -1 & \cdots & 0 \\ \vdots & \vdots & & \vdots \\ 0 & 0 & \cdots & -1 \end{vmatrix}$$

$$=C\cdot(-1)^{\frac{2n(2n+1)}{2}}(-1)^{n}=C\cdot(-1)^{2n(n+1)}=C$$

上述定理也称为行列式的乘法定理，而 $C=D_1D_2$ 称为行列式的乘法公式.

例 16 求下列行列式的乘积：

$$A=\begin{vmatrix} p & 0 & r \\ p & q & 0 \\ 0 & q & r \end{vmatrix},\quad B=\begin{vmatrix} a & 0 & c \\ a & b & 0 \\ a & b & c \end{vmatrix}$$

解 A 与 B 的乘积为

$$C=\begin{vmatrix} p\times a+0\times a+r\times a & p\times 0+0\times b+r\times b & p\times c+0\times 0+r\times c \\ p\times a+q\times a+0\times a & p\times 0+q\times b+0\times b & p\times c+q\times 0+0\times c \\ 0\times a+q\times a+r\times a & 0\times 0+q\times b+r\times b & 0\times c+q\times 0+r\times c \end{vmatrix}$$

$$=\begin{vmatrix} pa+ra & rb & pc+rc \\ pa+qa & qb & pc \\ qa+ra & qb+rb & rc \end{vmatrix}=2abcpqr$$

当然本例也可先直接求出 A 与 B 的值，再将 A 与 B 的值作乘积，也可得出 A 与 B 两行列式的乘积，所得结果一样.

习　　题

A　　题

1. 排列 54321 的逆序数为________.
2. 已知 n 阶行列式 D 的每一列元素之和均为零，则 $D=$________.

3. 当 $i=$________，$j=$________时，下列乘积项在六阶行列式中同时带负号：

（1）$a_{14}a_{2i}a_{33}a_{41}a_{5j}a_{66}$　　（2）$a_{13}a_{26}a_{3j}a_{41}a_{5i}a_{64}$

4. 方程组 $\begin{cases} a_{11}x_1+a_{12}y=c_1, \\ a_{21}x_1+a_{22}y=c_2, \end{cases}$ 记 $D=\begin{vmatrix} a_{11} & a_{12} \\ a_{21} & a_{22} \end{vmatrix}, D_1=\begin{vmatrix} c_1 & a_{12} \\ c_2 & a_{22} \end{vmatrix}, D_2=\begin{vmatrix} a_{11} & c_1 \\ a_{21} & c_2 \end{vmatrix}$， 则 $D\neq 0$ 时，$x=$________，$y=$________.

5. 若 n 元 n 式齐次线性方程组有唯一解，则这个解是________.

6. $\begin{vmatrix} 1 & 2 \\ 3 & 4 \end{vmatrix}$ 中 $a_{21}=3$ 的代数余子式是（　　）.

A. 2　　B. -2　　C. 1　　D. 4

7. 四阶行列式中含因子 a_{23} 且带正号的项为（　　）.

A. $a_{11}a_{23}a_{32}a_{44}$　　B. $a_{12}a_{23}a_{34}a_{41}$　　C. $a_{12}a_{23}a_{31}a_{44}$　　D. $a_{14}a_{23}a_{31}a_{42}$

8. 设 A_{ij} 是 n 阶行列式 D 中元素 a_{ij} 的代数余子式，则（　　）成立.

A. $a_{11}A_{11}+a_{12}A_{12}+\cdots+a_{1n}A_{1n}=D$

B. $a_{11}A_{11}+a_{12}A_{21}+\cdots+a_{1n}A_{n1}=D$

C. $a_{11}A_{11}+a_{12}A_{12}+\cdots+a_{1n}A_{1n}=0$

D. $a_{11}A_{11}+a_{12}A_{21}+\cdots+a_{1n}A_{n1}=0$

9. 行列式 $\begin{vmatrix} 0 & a & b & 0 \\ a & 0 & 0 & b \\ 0 & c & d & 0 \\ c & 0 & 0 & d \end{vmatrix}=$（　　）.

A. $(ad-bc)^2$　　B. $-(ad-bc)^2$　　C. $a^2d^2-b^2c^2$　　D. $b^2c^2-a^2d^2$

10. 下列行列式中，值为零的是（　　）.

A. $\begin{vmatrix} 0 & 1 & 0 & \cdots & 0 \\ 0 & 0 & 2 & \cdots & 0 \\ \vdots & \vdots & \vdots & & \vdots \\ 0 & 0 & 0 & \cdots & n-1 \\ n & 0 & 0 & \cdots & 0 \end{vmatrix}$　　B. $\begin{vmatrix} 1 & 1 & 1 & 1 \\ 1 & 2 & 3 & 4 \\ 1 & 2^2 & 3^2 & 4^2 \\ 1 & 2^3 & 3^3 & 4^3 \end{vmatrix}$

C. $\begin{vmatrix} 0 & 1 & 2 & 3 & 4 \\ -1 & 0 & 1 & 2 & 3 \\ -2 & -1 & 0 & 1 & 2 \\ -3 & -2 & -1 & 0 & 1 \\ -4 & -3 & -2 & -1 & 0 \end{vmatrix}$　　D. $\begin{vmatrix} 0 & 0 & 0 & \cdots & 0 & 0 & 1 \\ 0 & 0 & 0 & \cdots & 0 & 2 & 2 \\ 0 & 0 & 0 & \cdots & 3 & 3 & 3 \\ \vdots & \vdots & \vdots & & \vdots & \vdots & \vdots \\ n & n & n & \cdots & n & n & n \end{vmatrix}$

B　题

1. 计算下列各排列的逆序数，并判定是奇排列还是偶排列：

（1）3421　　（2）217986354　　（3）$(2k)1(2k-1)2\cdots(k+1)k$

2. 如果 n 个数字的排列 $i_1i_2\cdots i_n$ 的逆序数是 k，那么排列 $i_ni_{n-1}\cdots i_2i_1$ 的逆序数是多少？

3. 确定下列各乘积是否是五阶行列式中的项？如果是，确定其应带的符号.

（1）$a_{51}a_{42}a_{33}a_{24}a_{51}$ （2）$a_{13}a_{52}a_{41}a_{35}a_{24}$

4. 计算下列行列式：

（1）$\begin{vmatrix} 0 & a & 0 & b \\ c & 0 & 0 & 0 \\ 0 & 0 & d & 0 \\ 0 & e & f & 0 \end{vmatrix}$ （2）$\begin{vmatrix} 3 & -2 & 1 & 4 \\ -7 & 5 & -3 & -6 \\ 2 & 1 & -1 & 3 \\ 4 & -3 & 2 & 8 \end{vmatrix}$

（3）$\begin{vmatrix} x & y & x+y \\ y & x+y & x \\ x+y & x & y \end{vmatrix}$ （4）$\begin{vmatrix} a^2 & (a+1)^2 & (a+2)^2 & (a+3)^2 \\ b^2 & (b+1)^2 & (b+2)^2 & (b+3)^2 \\ c^2 & (c+1)^2 & (c+2)^2 & (c+3)^2 \\ d^2 & (d+1)^2 & (d+2)^2 & (d+3)^2 \end{vmatrix}$

（5）$\begin{vmatrix} \sin^2\alpha & \cos^2\alpha & \cos 2\alpha \\ \sin^2\beta & \cos^2\beta & \cos 2\beta \\ \sin^2\gamma & \cos^2\gamma & \cos 2\gamma \end{vmatrix}$ （6）$\begin{vmatrix} a^2+1 & ab & ac \\ ab & b^2+1 & bc \\ ac & bc & c^2+1 \end{vmatrix}$

5. 计算下列行列式：

（1）$D_n = \begin{vmatrix} a & 0 & \cdots & 0 & 1 \\ 0 & a & \cdots & 0 & 0 \\ \vdots & \vdots & & \vdots & \vdots \\ 0 & 0 & \cdots & a & 0 \\ 1 & 0 & \cdots & 0 & a \end{vmatrix}$ （2）$D_n = \begin{vmatrix} x_1-m & x_2 & \cdots & x_n \\ x_1 & x_2-m & \cdots & x_n \\ \vdots & \vdots & & \vdots \\ x_1 & x_2 & \cdots & x_n-m \end{vmatrix}$

（3）$D_n = \begin{vmatrix} 1+a_1 & 1 & \cdots & 1 \\ 1 & 1+a_2 & \cdots & 1 \\ \vdots & \vdots & & \vdots \\ 1 & 1 & \cdots & 1+a_n \end{vmatrix}$，其中$a_1a_2\cdots a_n \neq 0$

（4）$D_{n+1} = \begin{vmatrix} a^n & (a-1)^n & \cdots & (a-n)^n \\ a^{n-1} & (a-1)^{n-1} & \cdots & (a-n)^{n-1} \\ \vdots & \vdots & & \vdots \\ a & a-1 & \cdots & a-n \\ 1 & 1 & \cdots & 1 \end{vmatrix}$

（5）$D_n = \begin{vmatrix} 1+x_1y_1 & 1+x_1y_2 & \cdots & 1+x_1y_n \\ 1+x_2y_1 & 1+x_2y_2 & \cdots & 1+x_2y_n \\ 1+x_3y_1 & 1+x_3y_2 & \cdots & 1+x_3y_n \\ \vdots & \vdots & & \vdots \\ 1+x_ny_1 & 1+x_ny_2 & \cdots & 1+x_ny_n \end{vmatrix}$

6. 证明：

(1) $\begin{vmatrix} a_n & & & & & & b_n \\ & \ddots & & & & \iddots & \\ & & \ddots & & \iddots & & \\ & & & a_1 & b_1 & & \\ & & & c_1 & d_1 & & \\ & & \iddots & & & \ddots & \\ & \iddots & & & & & \ddots \\ c_n & & & & & & d_n \end{vmatrix} = \prod_{i=1}^{n}(a_i d_i - b_i c_i)$

(2) $\begin{vmatrix} a_0 & -1 & 0 & \cdots & 0 & 0 \\ a_1 & x & -1 & \cdots & 0 & 0 \\ \vdots & \vdots & \vdots & & \vdots & \vdots \\ a_{n-2} & 0 & 0 & \cdots & x & -1 \\ a_{n-1} & 0 & 0 & \cdots & 0 & x \end{vmatrix} = a_0x^{n-1} + a_1x^{n-2} + \cdots + a_{n-1}$

(3) $\begin{vmatrix} 1 & 2 & 3 & \cdots & n \\ 2 & 3 & 4 & \cdots & 1 \\ 3 & 4 & 5 & \cdots & 2 \\ \vdots & \vdots & \vdots & & \vdots \\ n & 1 & 2 & \cdots & n-1 \end{vmatrix} = (-1)^{\frac{(n-1)n}{2}} \cdot \frac{n+1}{2} \cdot n^{n-1}$

(4) $\begin{vmatrix} \alpha+\beta & \alpha\beta & 0 & \cdots & 0 & 0 \\ 1 & \alpha+\beta & \alpha\beta & \cdots & 0 & 0 \\ 0 & 1 & \alpha+\beta & \cdots & 0 & 0 \\ \vdots & \vdots & \vdots & & \vdots & \vdots \\ 0 & 0 & 0 & \cdots & 1 & \alpha+\beta \end{vmatrix} = \frac{\alpha^{n+1} - \beta^{n+1}}{\alpha - \beta}$ (其中$\alpha \neq \beta$)

7. 解方程$\begin{vmatrix} 1 & 1 & 1 & \cdots & 1 \\ 1 & a_1 & a_2 & \cdots & a_n \\ 1 & a_1^2 & a_2^2 & \cdots & a_n^2 \\ \vdots & \vdots & \vdots & & \vdots \\ x & a_1^n & a_2^n & \cdots & a_n^n \end{vmatrix} = 0$.

8. 求下列行列式的乘积：

(1) $\begin{vmatrix} 1 & 1 & 0 \\ 0 & 2 & 0 \\ 1 & 1 & -1 \end{vmatrix} \cdot \begin{vmatrix} 2 & -4 & 1 \\ 1 & -5 & 2 \\ 1 & -1 & -1 \end{vmatrix}$ (2) $\begin{vmatrix} a & b & c \\ b & c & a \\ c & a & b \end{vmatrix} \cdot \begin{vmatrix} b & -a & 0 \\ -a & 0 & b \\ 0 & b & -a \end{vmatrix}$

9. 求证：

$$D = \begin{vmatrix} a & b & c & d \\ -b & a & -d & c \\ -c & d & a & -b \\ -d & -c & b & a \end{vmatrix} = (a^2+b^2+c^2+d^2)^2$$

(提示：可利用D与它的转置行列式D^{T}的乘积.)

10. 利用拉普拉斯定理计算下列行列式：

（1）$\begin{vmatrix} 1 & 2 & 1 & 4 \\ 0 & -1 & 2 & 1 \\ 1 & 0 & 1 & 3 \\ 0 & 1 & 3 & 1 \end{vmatrix}$　　（2）$\begin{vmatrix} 3 & 2 & 0 & 0 & 0 & 0 \\ 4 & 3 & 0 & 0 & 0 & 0 \\ 0 & 0 & 2 & 1 & 0 & 0 \\ 0 & 0 & 3 & 2 & 0 & 0 \\ 0 & 0 & 0 & 0 & 3 & 2 \\ 0 & 0 & 0 & 0 & 5 & 4 \end{vmatrix}$

11. 用克拉默法则解下列方程组：

（1）$\begin{cases} x_1 + x_2 + x_3 + x_4 = 5 \\ x_1 + 2x_2 - x_3 + 4x_4 = -2 \\ 2x_1 - 3x_2 - x_3 - 5x_4 = -2 \\ 3x_1 + x_2 + 2x_3 + 11x_4 = 0 \end{cases}$

（2）$\begin{cases} x + y + z = a + b + c \\ ax + by + cz = a^2 + b^2 + c^2 \\ bcx + cay + abz = 3abc \end{cases}$（$a$，$b$，$c$ 为互不相等的数）

12. 问 λ,μ 取何值时，齐次方程组

$$\begin{cases} \lambda x_1 + x_2 + x_3 = 0 \\ x_1 + \mu x_2 + x_3 = 0 \\ x_1 + 2\mu x_2 + x_3 = 0 \end{cases}$$

有非零解？

13. 设 $a_1,a_2,\cdots,a_n$ 是实数域 $\mathbf{R}$ 中互不相同的数，$b_1,b_2,\cdots,b_n$ 是 $\mathbf{R}$ 中任一组给定的数，用克拉默法则证明：存在唯一的 $\mathbf{R}$ 上次数小于 n 的多项式 $f(x)$，使

$$f(a_i) = b_i \quad (i = 1,2,\cdots,n)$$

14. 若三条直线 $l_1: a_1x + b_1y + c_1 = 0,\ l_2: a_2x + b_2y + c_2 = 0,\ l_3: a_3x + b_3y + c_3 = 0$ 有公共点，则有

$$D = \begin{vmatrix} a_1 & b_1 & c_1 \\ a_2 & b_2 & c_2 \\ a_3 & b_3 & c_3 \end{vmatrix} = 0$$

自　测　题

1. 填空题

（1）行列式 $\begin{vmatrix} a & 0 & -1 & 1 \\ 0 & a & 1 & -1 \\ -1 & 1 & a & 0 \\ 1 & -1 & 0 & a \end{vmatrix}$ = ________.

（2）行列式$\begin{vmatrix} \lambda & -1 & 0 & 0 \\ 0 & \lambda & -1 & 0 \\ 0 & 0 & \lambda & -1 \\ 4 & 3 & 2 & \lambda+1 \end{vmatrix}=$________.

（3）已知行列式$|\boldsymbol{A}|=\begin{vmatrix} 1 & -1 & 0 & 0 \\ -2 & 1 & -1 & 1 \\ 3 & -2 & 2 & -1 \\ 0 & 0 & 3 & 4 \end{vmatrix}$，$\boldsymbol{A}_{ij}$表示$|\boldsymbol{A}|$中元素$a_{ij}$的代数余子式，则$\boldsymbol{A}_{11}-\boldsymbol{A}_{12}=$________.

（4）n阶行列式$\begin{vmatrix} 2 & 0 & \cdots & 0 & 2 \\ -1 & 2 & \cdots & 0 & 2 \\ \vdots & \vdots & & \vdots & \vdots \\ 0 & 0 & \cdots & 2 & 2 \\ 0 & 0 & \cdots & -1 & 2 \end{vmatrix}=$____________.

（5）多项式$f(x)=\begin{vmatrix} x & x & 1 & 2x \\ 1 & x & 2 & -1 \\ 2 & 1 & x & 1 \\ 2 & -1 & 1 & x \end{vmatrix}$中$x^3$项的系数为________.

2. 选择题

（1）$\tau[(n-1)(n-2)\cdots 21n]=$（　　）.

A. $\frac{1}{2}n(n-1)$　　B. $n(n-1)$　　C. $\frac{1}{2}(n-1)(n-2)$　　D. $n(n+1)$

（2）n阶行列式D的元素a_{ij}的余子式M_{ij}与a_{ij}的代数余子式A_{ij}的关系是（　　）.

A. $A_{ij}=M_{ij}$　　B. $M_{ij}=(-1)^{i+j}A_{ij}$　　C. $-M_{ij}=A_{ij}$　　D. $M_{ij}=-A_{ij}$

（3）$\begin{vmatrix} 0 & \cdots & 0 & 0 & a_{1n} \\ 0 & \cdots & 0 & a_{2(n-1)} & a_{2n} \\ 0 & \cdots & a_{3(n-2)} & a_{3(n-1)} & a_{3n} \\ \vdots & & \vdots & \vdots & \vdots \\ a_{n1} & \cdots & a_{n(n-2)} & a_{n(n-1)} & a_{nn} \end{vmatrix}$的值为（　　）.

A. $a_{1n}a_{2(n-1)}a_{3(n-2)}\cdots a_{n1}$　　B. $-a_{1n}a_{2(n-1)}a_{3(n-2)}\cdots a_{n1}$

C. $(-1)^{\frac{n(n-1)}{2}}a_{1n}a_{2(n-1)}a_{3(n-2)}\cdots a_{n1}$　　D. $(-1)^{\frac{n(n+1)}{2}}a_{1n}a_{2(n-1)}a_{3(n-2)}\cdots a_{n1}$

（4）$\begin{vmatrix} 0 & 1 & 0 & \cdots & 0 \\ 0 & 0 & 2 & \cdots & 0 \\ \vdots & \vdots & \vdots & & \vdots \\ 0 & 0 & 0 & \cdots & n-1 \\ n & 0 & 0 & \cdots & 0 \end{vmatrix}$的值为（　　）.

A. $(n-1)!$　　B. 0　　C. $n!$　　D. $(-1)^{1+n}n!$

（5）若 n 阶行列式 $\det(a_{ij})$ 中为零的元素共 n^2-n+1 个，则 $\det(a_{ij})$ 的值（　　）.

A. 等于零　　　　　　　　　　B. 一定大于零

C. 有可能等于零，也可能不等于零　　D. 一定小于零

3. 计算下列各题：

（1）$\begin{vmatrix} 1 & i & 1+i \\ -i & 0 & 1 \\ 1-i & 0 & 1 \end{vmatrix}$（其中 $i^2=-1$）　　（2）$\begin{vmatrix} x & a & a & \cdots & a \\ -a & x & a & \cdots & a \\ -a & -a & x & \cdots & a \\ \vdots & \vdots & \vdots & & \vdots \\ -a & -a & -a & \cdots & x \end{vmatrix}$

4. 证明：

$$\begin{vmatrix} \cos\alpha & 1 & 0 & \cdots & 0 & 0 \\ 1 & 2\cos\alpha & 1 & \cdots & 0 & 0 \\ 0 & 1 & 2\cos\alpha & \cdots & 0 & 0 \\ \vdots & \vdots & \vdots & & \vdots & \vdots \\ 0 & 0 & 0 & \cdots & 1 & 2\cos\alpha \end{vmatrix} = \cos n\alpha$$

5. 利用行列式的性质求解下列方程：

$$\begin{vmatrix} 1 & 1 & 1 & \cdots & 1 \\ 1 & 1-x & 1 & \cdots & 1 \\ 1 & 1 & 2-x & \cdots & 1 \\ \vdots & \vdots & \vdots & & \vdots \\ 1 & 1 & 1 & \cdots & n-1-x \end{vmatrix} = 0 \quad (n>1)$$

6. 线性方程组 $\begin{cases} \alpha x_1 + x_2 + x_3 = 1, \\ x_1 + \alpha x_2 + x_3 = 2, \\ x_1 + x_2 + \alpha x_3 = 3 \end{cases}$ 当 α 取何值时有唯一解？并用克拉默法则求出其解.

第二章　矩　　阵

第二章思维导图

矩阵是数学中的一个重要内容，是解决许多实际问题的重要工具. 实际问题中的许多性质是完全不同的，表面上完全没有联系的问题，归结成矩阵问题以后却是相同的. 这一章的目的是介绍矩阵概念及其运算，并讨论它们的一些基本性质.

第一节　矩阵的概念

先讨论几个矩阵在实际问题中应用的例子.

例 1　在解析几何中，考虑坐标变换时，如果只考虑坐标系的转轴（反时针方向转轴），那么平面直角坐标变换的公式为

$$\begin{cases} x = x'\cos\theta - y'\sin\theta \\ y = x'\sin\theta + y'\cos\theta \end{cases} \tag{2.1}$$

其中：θ 为 x 轴与 x'轴的夹角. 显然，新旧坐标之间的关系完全可以通过公式中系数所排成的 2×2 矩形阵列（数表）

$$\begin{pmatrix} \cos\theta & -\sin\theta \\ \sin\theta & \cos\theta \end{pmatrix} \tag{2.2}$$

表示出来. 这个阵列决定坐标变换性质.

笔记栏

例 2　含有 n 个未知量 m 个线性方程构成的线性方程组

$$\begin{cases} a_{11}x_1 + a_{12}x_2 + \cdots + a_{1n}x_n = b_1 \\ a_{21}x_1 + a_{22}x_2 + \cdots + a_{2n}x_n = b_2 \\ \cdots\cdots \\ a_{m1}x_1 + a_{m2}x_2 + \cdots + a_{mn}x_n = b_m \end{cases} \tag{2.3}$$

的系数也可以排列成一个矩形阵列

$$\begin{pmatrix} a_{11} & a_{12} & \cdots & a_{1n} \\ a_{21} & a_{22} & \cdots & a_{2n} \\ \vdots & \vdots & & \vdots \\ a_{m1} & a_{m2} & \cdots & a_{mn} \end{pmatrix} \tag{2.4}$$

例 3　生产 m 种产品需用 n 种材料，如果以 a_{ij} 表示生产第 i（$i=1, 2, \cdots, m$）种产品耗用第 j（$j=1, 2, \cdots, n$）种材料的定额，则消耗定额可用一个矩形表表示，如表 2.1 所示. 这个由 m 行 n 列构成的消耗定额数表，也可以排成矩形阵列（2.4），它描述了生产过程中产品的产出与投入材料的数量关系，这种矩形阵列称为矩阵. 下面给出矩阵的定义.

表 2.1

产品	材料					
	1	2	…	j	…	n
1	a_{11}	a_{12}	…	a_{1j}	…	a_{1n}
2	a_{21}	a_{22}	…	a_{2j}	…	a_{2n}
⋮	⋮	⋮		⋮		⋮
i	a_{i1}	a_{i2}	…	a_{ij}	…	a_{in}
⋮	⋮	⋮		⋮		⋮
m	a_{m1}	a_{m2}	…	a_{mj}	…	a_{mn}

定义 1 由 $m\times n$ 个数 $a_{ij}(i=1,2,\cdots,m;\ j=1,2,\cdots,n)$ 排成 m 行 n 列的数表

$$\boldsymbol{A}=\begin{pmatrix} a_{11} & a_{12} & \cdots & a_{1n} \\ a_{21} & a_{22} & \cdots & a_{2n} \\ \vdots & \vdots & & \vdots \\ a_{m1} & a_{m2} & \cdots & a_{mn} \end{pmatrix} \tag{2.5}$$

称为 m 行 n 列矩阵，简称 $m\times n$ 矩阵. 这 $m\times n$ 个数称为矩阵 $\boldsymbol{A}$ 的元素，a_{ij} 称为矩阵 $\boldsymbol{A}$ 的第 i 行第 j 列元素. 元素是实数的矩阵称为实矩阵，元素是复数的矩阵称为复矩阵. 本书中的矩阵除特别说明外，都指实矩阵. 式（2.5）也简记为

$$\boldsymbol{A}=(a_{ij})_{m\times n} \quad 或 \quad \boldsymbol{A}=(a_{ij})$$

$m\times n$ 矩阵 $\boldsymbol{A}$ 也记为 $\boldsymbol{A}_{m\times n}$.

注意 矩阵表示与行列式是不一样的，不要混淆了它们的实质以及形式上的不同.

当行数 m 与列数 n 相等时，$\boldsymbol{A}$ 称为 n 阶方阵.

只有一行的矩阵 $\boldsymbol{A}=(a_1,a_2,a_3,\cdots,a_n)$ 称为行矩阵；只有一列的矩阵 $\boldsymbol{B}=\begin{pmatrix} b_1 \\ b_2 \\ \vdots \\ b_m \end{pmatrix}$ 称为列矩阵.

两个矩阵的行数和列数都相等时，就称它们是同型矩阵. 如果 $\boldsymbol{A}=(a_{ij})$ 与 $\boldsymbol{B}=(b_{ij})$ 是同型矩阵，并且它们的对应元素相等，即

$$a_{ij}=b_{ij} \quad (i=1,2,\cdots,m;\ j=1,2,\cdots,n)$$

那么就称矩阵 $\boldsymbol{A}$ 与矩阵 $\boldsymbol{B}$ 相等，记为 $\boldsymbol{A}=\boldsymbol{B}$.

元素都是零的矩阵称为零矩阵，记作 $\boldsymbol{0}$. **注意**：不同型的零矩阵是不同的.

n 阶方阵

$$\boldsymbol{E}_n=\begin{pmatrix} 1 & 0 & \cdots & 0 \\ 0 & 1 & \cdots & 0 \\ \vdots & \vdots & & \vdots \\ 0 & 0 & \cdots & 1 \end{pmatrix}$$

称为 n 阶单位矩阵，简记为 $\boldsymbol{E}$ 或 $\boldsymbol{I}$. 这个方阵的特点是：从左上角到右下角的直线（称为主对角线）上的元素都是 1，其他元素都是 0，即 $\boldsymbol{E}=(\delta_{ij})$，其中

$$\delta_{ij}=\begin{cases} 1, & 当 i=j \\ 0, & 当 i\neq j \end{cases} \quad (i,j=1,2,\cdots,n)$$

n 阶方阵

$$\boldsymbol{\Lambda}=\begin{pmatrix}\lambda_1 & 0 & \cdots & 0\\ 0 & \lambda_2 & \cdots & 0\\ \vdots & \vdots & & \vdots\\ 0 & 0 & \cdots & \lambda_n\end{pmatrix}$$

称为对角阵. 这个方阵的特点是：不在主对角线上的元素都是 0. 对角阵也记作 $\boldsymbol{\Lambda}=\mathrm{diag}(\lambda_1,\lambda_2,\cdots,\lambda_n)$.

n 阶方阵

$$\boldsymbol{A}=\begin{pmatrix}a & 0 & \cdots & 0\\ 0 & a & \cdots & 0\\ \vdots & \vdots & & \vdots\\ 0 & 0 & \cdots & a\end{pmatrix}$$

称为数量矩阵，这个方阵的特点是：主对角线上的元素都相等，其他元素都是 0.

n 阶方阵

$$\boldsymbol{A}=\begin{pmatrix}a_{11} & a_{12} & \cdots & a_{1n}\\ 0 & a_{22} & \cdots & a_{2n}\\ \vdots & \vdots & & \vdots\\ 0 & 0 & \cdots & a_{nn}\end{pmatrix}$$

称为上三角形矩阵，其特点是：位于主对角线下方的元素都是 0.

n 阶方阵

$$\boldsymbol{A}=\begin{pmatrix}b_{11} & 0 & \cdots & 0\\ b_{21} & b_{22} & \cdots & 0\\ \vdots & \vdots & & \vdots\\ b_{n1} & b_{n2} & \cdots & b_{nn}\end{pmatrix}$$

称为下三角形矩阵，其特点是：位于主对角线上方的元素都是 0.

注意 上面这些矩阵由于它的零元素集中的特点，通常我们将零元素省略不写.

第二节 矩阵的运算

一、矩阵的加法

定义 2 两个 m 行 n 列矩阵 $\boldsymbol{A}=(a_{ij})$，$\boldsymbol{B}=(b_{ij})$对应位置元素相加得到的 m 行 n 列矩阵，称为矩阵 $\boldsymbol{A}$ 与矩阵 $\boldsymbol{B}$ 的和，记为 $\boldsymbol{A}+\boldsymbol{B}$，即

$$\boldsymbol{A}+\boldsymbol{B}=(a_{ij})_{m\times n}+(b_{ij})_{m\times n}=(a_{ij}+b_{ij})_{m\times n}$$

注意 只有当两个矩阵是同型矩阵时，这两个矩阵才能进行加法运算.

矩阵加法满足下列运算规律（设 $\boldsymbol{A}$，$\boldsymbol{B}$，$\boldsymbol{C}$ 都是 $m\times n$ 矩阵）：

（1） $\boldsymbol{A}+\boldsymbol{B}=\boldsymbol{B}+\boldsymbol{A}$;

（2） $(\boldsymbol{A}+\boldsymbol{B})+\boldsymbol{C}=\boldsymbol{A}+(\boldsymbol{B}+\boldsymbol{C})$.

设矩阵 $\boldsymbol{A}=(a_{ij})$，记$-\boldsymbol{A}=(-a_{ij})$，$-\boldsymbol{A}$ 称为矩阵 $\boldsymbol{A}$ 的负矩阵，显然有

$$\boldsymbol{A}+(-\boldsymbol{A})=\boldsymbol{O}$$

由此规定矩阵的减法为

$$\boldsymbol{A}-\boldsymbol{B}=\boldsymbol{A}+(-\boldsymbol{B})$$

二、数与矩阵相乘

定义 3 以数 λ 乘矩阵 $\boldsymbol{A}$ 的每一个元素所得到的矩阵，称为数 λ 与矩阵 $\boldsymbol{A}$ 的积，记为 $\lambda\boldsymbol{A}$ 或 $\boldsymbol{A}\lambda$. 如果 $\boldsymbol{A}=(a_{ij})_{m\times n}$，那么

$$\lambda\boldsymbol{A}=\boldsymbol{A}\lambda=(\lambda a_{ij})_{m\times n}$$

数乘矩阵满足下列运算规律（设 $\boldsymbol{A}$，$\boldsymbol{B}$ 为同型矩阵，λ，μ 为数）：

（1） $(\lambda\mu)\boldsymbol{A}=\lambda(\mu\boldsymbol{A})$;

（2） $(\lambda+\mu)\boldsymbol{A}=\lambda\boldsymbol{A}+\mu\boldsymbol{A}$;

（3） $\lambda(\boldsymbol{A}+\boldsymbol{B})=\lambda\boldsymbol{A}+\lambda\boldsymbol{B}$.

注意 矩阵的数乘与行列式的数乘是不一样的，矩阵的数乘是数乘矩阵每一个元素，行列式的数乘是数乘行列式的某行（列）的每一个元素.

三、矩阵与矩阵相乘

例 4 某地区有 2 个工厂生产 3 种产品，矩阵 $\boldsymbol{A}$ 表示一年中各工厂生产各种产品的数量，矩阵 $\boldsymbol{B}$ 表示各种产品的单位价格（元）及单位利润（元），矩阵 $\boldsymbol{C}$ 表示各工厂的总收入及总利润.

$$\boldsymbol{A}=\begin{pmatrix}a_{11}&a_{12}&a_{13}\\a_{21}&a_{22}&a_{23}\end{pmatrix},\quad \boldsymbol{B}=\begin{pmatrix}b_{11}&b_{12}\\b_{21}&b_{22}\\b_{31}&b_{32}\end{pmatrix},\quad \boldsymbol{C}=\begin{pmatrix}c_{11}&c_{12}\\c_{21}&c_{22}\end{pmatrix}$$

其中：a_{ij}（$i=1,2$；$j=1,2,3$）是第 i 个工厂生产第 j 种产品的数量；b_{i1} 及 b_{i2}（$i=1,2,3$）分别是第 i 种产品的单位价格及单位利润；c_{i1} 及 c_{i2}（$i=1,2$）分别是第 i 个工厂生产 3 种产品的总收入及总利润. 则矩阵 $\boldsymbol{A}$，$\boldsymbol{B}$，$\boldsymbol{C}$ 的元素之间有下列关系：

$$\begin{pmatrix}a_{11}b_{11}+a_{12}b_{21}+a_{13}b_{31}&a_{11}b_{12}+a_{12}b_{22}+a_{13}b_{32}\\a_{21}b_{11}+a_{22}b_{21}+a_{23}b_{31}&a_{21}b_{12}+a_{22}b_{22}+a_{23}b_{32}\end{pmatrix}=\begin{pmatrix}c_{11}&c_{12}\\c_{21}&c_{22}\end{pmatrix}$$

其中：$c_{ij}=a_{i1}b_{1j}+a_{i2}b_{2j}+a_{i3}b_{3j}$（$i=1,2$；$j=1,2$），即矩阵 $\boldsymbol{C}$ 中第 i 行第 j 列的元素等于矩阵 $\boldsymbol{A}$ 第 i 行元素与矩阵 $\boldsymbol{B}$ 第 j 列对应元素乘积的和.

定义 4 设 $\boldsymbol{A}=(a_{ij})$是一个 $m\times s$ 矩阵，$\boldsymbol{B}=(b_{ij})$是一个 $s\times n$ 矩阵，那么规定矩阵 $\boldsymbol{A}$ 与矩阵 $\boldsymbol{B}$ 的乘积是一个 $m\times n$ 矩阵 $\boldsymbol{C}=(c_{ij})$，其中

$$c_{ij}=a_{i1}b_{1j}+a_{i2}b_{2j}+\cdots+a_{is}b_{sj}=\sum_{k=1}^{s}a_{ik}b_{kj}\quad(i=1,2,\cdots,m;j=1,2,\cdots,n)$$

并把此乘积记为

$$\boldsymbol{C}=\boldsymbol{A}\boldsymbol{B}$$

注意 （1）只有当第 1 个矩阵（左矩阵）的列数等于第 2 个矩阵（右矩阵）的行数时，两个矩阵才能相乘；

（2）乘积的第 i 行第 j 列元素等于左矩阵的第 i 行元素与右矩阵第 j 列对应元素的乘积的和.

依照矩阵的乘法，前例中矩阵关系为 $\boldsymbol{C}=\boldsymbol{AB}$. 同样，线性方程组（2.3）可以表示为 $\boldsymbol{Ax}=\boldsymbol{b}$，其中

$$\boldsymbol{A}=\begin{pmatrix} a_{11} & a_{12} & \cdots & a_{1n} \\ a_{21} & a_{22} & \cdots & a_{2n} \\ \vdots & \vdots & & \vdots \\ a_{m1} & a_{m2} & \cdots & a_{mn} \end{pmatrix}, \quad \boldsymbol{x}=\begin{pmatrix} x_1 \\ x_2 \\ \vdots \\ x_n \end{pmatrix}, \quad \boldsymbol{b}=\begin{pmatrix} b_1 \\ b_2 \\ \vdots \\ b_m \end{pmatrix}$$

例 5 求矩阵

$$\boldsymbol{A}=\begin{pmatrix} 1 & 0 & 3 & -1 \\ 2 & 1 & 0 & 2 \end{pmatrix} \quad 与 \quad \boldsymbol{B}=\begin{pmatrix} 4 & 1 & 0 \\ -1 & 1 & 3 \\ 2 & 0 & 1 \\ 1 & 3 & 4 \end{pmatrix}$$

的乘积 $\boldsymbol{AB}$.

解 因为 $\boldsymbol{A}$ 是 2×4 矩阵，$\boldsymbol{B}$ 是 4×3 矩阵，$\boldsymbol{A}$ 的列数等于 $\boldsymbol{B}$ 的行数，所以矩阵 $\boldsymbol{A}$ 与 $\boldsymbol{B}$ 可以相乘，其乘积 $\boldsymbol{AB}=\boldsymbol{C}$ 是一个 2×3 矩阵.

$$\boldsymbol{C}=\boldsymbol{AB}=\begin{pmatrix} 1 & 0 & 3 & -1 \\ 2 & 1 & 0 & 2 \end{pmatrix}\begin{pmatrix} 4 & 1 & 0 \\ -1 & 1 & 3 \\ 2 & 0 & 1 \\ 1 & 3 & 4 \end{pmatrix}=\begin{pmatrix} 9 & -2 & -1 \\ 9 & 9 & 11 \end{pmatrix}$$

例 6 求矩阵 $\boldsymbol{A}=\begin{pmatrix} 1 & 0 \\ 0 & 3 \end{pmatrix}$ 与 $\boldsymbol{B}=\begin{pmatrix} 3 & 0 \\ 2 & 1 \end{pmatrix}$ 的乘积 $\boldsymbol{AB}$ 及 $\boldsymbol{BA}$.

解 根据矩阵的乘法规则，有

$$\boldsymbol{AB}=\begin{pmatrix} 1 & 0 \\ 0 & 3 \end{pmatrix}\begin{pmatrix} 3 & 0 \\ 2 & 1 \end{pmatrix}=\begin{pmatrix} 3 & 0 \\ 6 & 3 \end{pmatrix}$$

$$\boldsymbol{BA}=\begin{pmatrix} 3 & 0 \\ 2 & 1 \end{pmatrix}\begin{pmatrix} 1 & 0 \\ 0 & 3 \end{pmatrix}=\begin{pmatrix} 3 & 0 \\ 2 & 3 \end{pmatrix}$$

应当注意，矩阵的乘法不满足交换律，即在一般情况下，$\boldsymbol{AB}\neq\boldsymbol{BA}$. 这表现在三个方面：首先，乘法规则要求左矩阵的列数等于右矩阵的行数，否则没有意义，即使当 $\boldsymbol{AB}$ 有意义时，$\boldsymbol{BA}$ 不一定有意义；其次，即使 $\boldsymbol{AB}$ 与 $\boldsymbol{BA}$ 都有意义，它们的阶数也不一定相等；最后，当相乘的矩阵都是 n 阶方阵，这时 $\boldsymbol{AB}$ 与 $\boldsymbol{BA}$ 都有意义，而且都是 n 阶方阵，但由例 6 可知它们也不一定相等.

另外，$\boldsymbol{AB}=\boldsymbol{O}$ 推不出 $\boldsymbol{A}=\boldsymbol{O}$ 或 $\boldsymbol{B}=\boldsymbol{O}$，如

$$\begin{pmatrix} 1 & 1 \\ 1 & 1 \end{pmatrix}\begin{pmatrix} 1 & 1 \\ -1 & -1 \end{pmatrix}=\begin{pmatrix} 0 & 0 \\ 0 & 0 \end{pmatrix}=\boldsymbol{O}$$

笔记栏

例 5、例 6 的讲解视频

但$\begin{pmatrix}1&1\\1&1\end{pmatrix}$与$\begin{pmatrix}1&1\\-1&-1\end{pmatrix}$都不是零矩阵，从而矩阵的乘法也不满足消去律，即 $\boldsymbol{AB}=\boldsymbol{AC}$ 且 $\boldsymbol{A}\neq\boldsymbol{O}$，推不出 $\boldsymbol{B}=\boldsymbol{C}$.

矩阵的乘法满足下列运算规律：

（1） $(\boldsymbol{AB})\boldsymbol{C}=\boldsymbol{A}(\boldsymbol{BC})$；

（2） $\boldsymbol{A}(\boldsymbol{B}+\boldsymbol{C})=\boldsymbol{AB}+\boldsymbol{AC}$，$(\boldsymbol{A}+\boldsymbol{B})\boldsymbol{C}=\boldsymbol{AC}+\boldsymbol{BC}$；

（3） $\lambda(\boldsymbol{AB})=(\lambda\boldsymbol{A})\boldsymbol{B}=\boldsymbol{A}(\lambda\boldsymbol{B})$（其中 λ 为数）.

对于单位矩阵 $\boldsymbol{E}$，容易验证

$$\boldsymbol{E}_m\boldsymbol{A}_{m\times n}=\boldsymbol{A}_{m\times n},\qquad \boldsymbol{A}_{m\times n}\boldsymbol{E}_n=\boldsymbol{A}_{m\times n}$$

或简写成

$$\boldsymbol{EA}=\boldsymbol{AE}=\boldsymbol{A}$$

有了矩阵的乘法，就可以定义 n 阶方阵的幂，设 $\boldsymbol{A}$ 是 n 阶方阵，定义

$$\boldsymbol{A}^1=\boldsymbol{A},\quad \boldsymbol{A}^2=\boldsymbol{A}^1\cdot\boldsymbol{A}^1,\quad \cdots,\quad \boldsymbol{A}^{k+1}=\boldsymbol{A}^k\cdot\boldsymbol{A}^1$$

其中：k 为正整数. 这就是说，$\boldsymbol{A}^k$ 就是 k 个 $\boldsymbol{A}$ 连乘，显然只有方阵的幂才有意义.

由于矩阵乘法满足结合律，所以方阵的幂满足以下运算规律：

$$\boldsymbol{A}^k\boldsymbol{A}^l=\boldsymbol{A}^{k+l},\qquad (\boldsymbol{A}^k)^l=\boldsymbol{A}^{kl}$$

其中：k，l 为正整数. 又因矩阵乘法一般不满足交换律，所以对于两个 n 阶方阵 $\boldsymbol{A}$ 与 $\boldsymbol{B}$，一般说来$(\boldsymbol{AB})^k\neq\boldsymbol{A}^k\boldsymbol{B}^k$.

例 7 试证：

$$\begin{pmatrix}1&\lambda\\0&1\end{pmatrix}^n=\begin{pmatrix}1&n\lambda\\0&1\end{pmatrix}\quad(n=1,2,3,\cdots)$$

证 用数学归纳法来证. 当 $n=1$ 时，等式显然成立. 设 $n=k$ 时，等式成立，即

$$\begin{pmatrix}1&\lambda\\0&1\end{pmatrix}^k=\begin{pmatrix}1&k\lambda\\0&1\end{pmatrix}$$

要证 $n=k+1$ 时成立，此时有

$$\begin{aligned}\begin{pmatrix}1&\lambda\\0&1\end{pmatrix}^{k+1}&=\begin{pmatrix}1&\lambda\\0&1\end{pmatrix}^k\begin{pmatrix}1&\lambda\\0&1\end{pmatrix}=\begin{pmatrix}1&k\lambda\\0&1\end{pmatrix}\begin{pmatrix}1&\lambda\\0&1\end{pmatrix}\\&=\begin{pmatrix}1\times1+k\lambda\times0&1\times\lambda+k\lambda\times1\\0\times1+1\times0&0\times\lambda+1\times1\end{pmatrix}=\begin{pmatrix}1&(k+1)\lambda\\0&1\end{pmatrix}\end{aligned}$$

于是等式得证.

四、矩阵的转置

定义 5 把矩阵 $\boldsymbol{A}$ 的行换成同序数的列得到一个新矩阵，称为 $\boldsymbol{A}$ 的转置矩阵，记为 $\boldsymbol{A}^{\mathrm{T}}$ 或 $\boldsymbol{A}'$. 例如矩阵 $\boldsymbol{A}=\begin{pmatrix}1&2&0\\3&-1&1\end{pmatrix}$的转置矩阵为 $\boldsymbol{A}^{\mathrm{T}}=\begin{pmatrix}1&3\\2&-1\\0&1\end{pmatrix}$.

矩阵的转置也是一种运算，满足下述运算规律（假设运算都是可行的）：

（1） $(A^{\mathrm{T}})^{\mathrm{T}}=A$；

（2） $(A+B)^{\mathrm{T}}=A^{\mathrm{T}}+B^{\mathrm{T}}$；

（3） $(\lambda A)^{\mathrm{T}}=\lambda A^{\mathrm{T}}$；

（4） $(AB)^{\mathrm{T}}=B^{\mathrm{T}}A^{\mathrm{T}}$.

下面只给出（4）的证明，设 $A=(a_{ij})_{m\times s}$，$B=(b_{ij})_{s\times n}$，记

$$AB=C=(c_{ij})_{m\times n},\qquad B^{\mathrm{T}}A^{\mathrm{T}}=D=(d_{ij})_{n\times m}$$

于是由矩阵的乘法规则，有

$$c_{ji}=\sum_{k=1}^{s}a_{jk}b_{ki}$$

而 B^{T} 的第 i 行为（$b_{1i},b_{2i},\cdots,b_{si}$），$A^{\mathrm{T}}$ 的第 j 列为（$a_{j1},a_{j2},\cdots,a_{js}$），因此

$$d_{ij}=\sum_{k=1}^{s}b_{ki}a_{jk}=\sum_{k=1}^{s}a_{jk}b_{ki}$$

所以

$$d_{ij}=c_{ji}\qquad(i=1,2,\cdots,n;\ j=1,2,\cdots,m)$$

即 $D=C^{\mathrm{T}}$，亦即

$$B^{\mathrm{T}}A^{\mathrm{T}}=(AB)^{\mathrm{T}}$$

例 8 设 $A=\begin{pmatrix}1&2&0\\3&-1&1\end{pmatrix}$，$B=\begin{pmatrix}2&-1&0\\1&1&3\\4&2&1\end{pmatrix}$，求$(AB)^{\mathrm{T}}$.

解法 1 因为

$$AB=\begin{pmatrix}1&2&0\\3&-1&1\end{pmatrix}\begin{pmatrix}2&-1&0\\1&1&3\\4&2&1\end{pmatrix}=\begin{pmatrix}4&1&6\\9&-2&-2\end{pmatrix}$$

所以

$$(AB)^{\mathrm{T}}=\begin{pmatrix}4&9\\1&-2\\6&-2\end{pmatrix}$$

解法 2 $(AB)^{\mathrm{T}}=B^{\mathrm{T}}A^{\mathrm{T}}=\begin{pmatrix}2&1&4\\-1&1&2\\0&3&1\end{pmatrix}\begin{pmatrix}1&3\\2&-1\\0&1\end{pmatrix}=\begin{pmatrix}4&9\\1&-2\\6&-2\end{pmatrix}$.

设 A 为 n 阶方阵，如果 $A^{\mathrm{T}}=A$，即

$$a_{ij}=a_{ji}\quad(i,j=1,2,\cdots,n)$$

那么 A 称为对称矩阵. 对称矩阵的特点是：它的元素以主对角线为对称轴对应相等，如 $\begin{pmatrix}1&4&5\\4&2&6\\5&6&3\end{pmatrix}$为对称矩阵. 如果 n 阶方阵 A 满足 $A^{\mathrm{T}}=-A$，即

$$a_{ij}=-a_{ji}\quad(i,j=1,2,\cdots,n)$$

那么称 $\boldsymbol{A}$ 为反对称矩阵. 反对称矩阵的特点是：它的主对角线元素为零，其余元素以主对角线为对称轴对应是相反数，如 $\begin{pmatrix} 0 & 1 & -2 \\ -1 & 0 & -3 \\ 2 & 3 & 0 \end{pmatrix}$ 为反对称矩阵.

五、方阵的行列式

定义 6 由 n 阶方阵 $\boldsymbol{A}$ 的元素所构成的行列式（各元素的位置不变），称为方阵 $\boldsymbol{A}$ 的行列式，记为$|\boldsymbol{A}|$或 $\det\boldsymbol{A}$.

应该注意，方阵与行列式是两个不同的概念，n 阶方阵是 n^2 个数按一定方式排成的数表，而 n 阶行列式则是这些数（也就是数表 $\boldsymbol{A}$）按一定的运算法则所确定的一个数.

由 $\boldsymbol{A}$ 确定$|\boldsymbol{A}|$的这个运算满足下述运算规律（设 $\boldsymbol{A}$，$\boldsymbol{B}$ 为 n 阶方阵，λ 为数）：

（1）$|\boldsymbol{A}^{\mathrm{T}}| = |\boldsymbol{A}|$;

（2）$|\lambda \boldsymbol{A}| = \lambda^n|\boldsymbol{A}|$;

（3）$|\boldsymbol{AB}| = |\boldsymbol{A}||\boldsymbol{B}|$.

由（3）可知，对于 n 阶方阵 $\boldsymbol{A}$，$\boldsymbol{B}$，一般来说 $\boldsymbol{AB}\neq\boldsymbol{BA}$，但总有

$$|\boldsymbol{AB}| = |\boldsymbol{BA}|$$

例 9 的讲解视频

例 9 由行列式$|\boldsymbol{A}|$的各个元素的代数余子式 A_{ij} 所构成的方阵

$$\boldsymbol{A}^* = \begin{pmatrix} A_{11} & A_{21} & \cdots & A_{n1} \\ A_{12} & A_{22} & \cdots & A_{n2} \\ \vdots & \vdots & & \vdots \\ A_{1n} & A_{2n} & \cdots & A_{nn} \end{pmatrix}$$

称为方阵 $\boldsymbol{A}$ 的伴随矩阵，简称伴随阵. 试证：$\boldsymbol{AA}^* = \boldsymbol{A}^*\boldsymbol{A} = |\boldsymbol{A}|\boldsymbol{E}$.

证 设 $\boldsymbol{A} = (a_{ij})$，记 $\boldsymbol{AA}^* = (b_{ij})$，则

$$b_{ij} = a_{i1}A_{j1} + a_{i2}A_{j2} + \cdots + a_{in}A_{jn} = |\boldsymbol{A}|\delta_{ij}$$

其中：$\delta_{ij} = \begin{cases} 1, i = j, \\ 0, i \neq j, \end{cases}$ 故 $\boldsymbol{AA}^* = (|\boldsymbol{A}|\delta_{ij}) = |\boldsymbol{A}|\boldsymbol{E}$. 类似地，有

$$\boldsymbol{A}^*\boldsymbol{A} = \left(\sum_{k=1}^{n} a_{kj}A_{ki}\right) = |\boldsymbol{A}|\delta_{ij} = |\boldsymbol{A}|\boldsymbol{E}$$

第三节　逆　矩　阵

解一元线性方程 $ax = b$，当 $a\neq0$ 时，存在一个数 a^{-1}，使 $x = a^{-1}b$ 为方程的解；那么在解矩阵方程（线性方程组）$\boldsymbol{Ax} = \boldsymbol{b}$ 时，是否存在一个矩阵，使这个矩阵乘 $\boldsymbol{b}$ 等于 $\boldsymbol{x}$，这就是下面要讨论的逆矩阵问题.

定义 7 对于 n 阶方阵 $\boldsymbol{A}$，如果有一个 n 阶方阵 $\boldsymbol{B}$，使 $\boldsymbol{AB} = \boldsymbol{BA} = \boldsymbol{E}$，

则称方阵 $\boldsymbol{A}$ 是可逆的，并把方阵 $\boldsymbol{B}$ 称为 $\boldsymbol{A}$ 的逆矩阵，简称逆阵.

如果方阵 $\boldsymbol{A}$ 是可逆的，那么 $\boldsymbol{A}$ 的逆阵是唯一的，这是因为：设 $\boldsymbol{B}$，$\boldsymbol{C}$ 都是 $\boldsymbol{A}$ 的逆阵，则有

$$\boldsymbol{B}=\boldsymbol{BE}=\boldsymbol{BAC}=(\boldsymbol{BA})\boldsymbol{C}=\boldsymbol{EC}=\boldsymbol{C}$$

所以 $\boldsymbol{A}$ 的逆阵是唯一的.

$\boldsymbol{A}$ 的逆阵记为 $\boldsymbol{A}^{-1}$，即若 $\boldsymbol{AB}=\boldsymbol{BA}=\boldsymbol{E}$，则 $\boldsymbol{B}=\boldsymbol{A}^{-1}$.

定理 1 若方阵 $\boldsymbol{A}$ 可逆，则$|\boldsymbol{A}|\neq 0$.

证 $\boldsymbol{A}$ 可逆，即有 $\boldsymbol{A}^{-1}$，使 $\boldsymbol{AA}^{-1}=\boldsymbol{E}$，故$|\boldsymbol{A}||\boldsymbol{A}^{-1}|=|\boldsymbol{E}|=1$，所以$|\boldsymbol{A}|\neq 0$.

定理 2 若$|\boldsymbol{A}|\neq 0$，则方阵 $\boldsymbol{A}$ 可逆，且 $\boldsymbol{A}^{-1}=\dfrac{1}{|\boldsymbol{A}|}\boldsymbol{A}^*$，其中 $\boldsymbol{A}^*$为方阵 $\boldsymbol{A}$ 的伴随阵.

证 由本章第二节例 9 知

$$\boldsymbol{AA}^*=\boldsymbol{A}^*\boldsymbol{A}=|\boldsymbol{A}|\boldsymbol{E}$$

由于$|\boldsymbol{A}|\neq 0$，所以

$$\boldsymbol{A}\left(\frac{1}{|\boldsymbol{A}|}\boldsymbol{A}^*\right)=\left(\frac{1}{|\boldsymbol{A}|}\boldsymbol{A}^*\right)\boldsymbol{A}=\boldsymbol{E}$$

按逆阵的定义，即有

$$\boldsymbol{A}^{-1}=\frac{1}{|\boldsymbol{A}|}\boldsymbol{A}^*$$

当$|\boldsymbol{A}|=0$ 时，$\boldsymbol{A}$ 称为奇异方阵，否则称为非奇异方阵. 由上述两个定理可知：$\boldsymbol{A}$ 是可逆方阵的充分必要条件是$|\boldsymbol{A}|\neq 0$，即可逆方阵就是非奇异方阵.

定理 2 给出了逆阵的一种求法，当方阵的阶数比较小时，这种方法是可行的，但当阶数较高时，这种方法就不适用. 在后面第三章第四节里还要介绍一种简便实用的求逆阵方法.

推论 $\boldsymbol{A}$ 是方阵，若 $\boldsymbol{AB}=\boldsymbol{E}$（或 $\boldsymbol{BA}=\boldsymbol{E}$），则 $\boldsymbol{B}=\boldsymbol{A}^{-1}$.

证 因$|\boldsymbol{A}||\boldsymbol{B}|=|\boldsymbol{E}|=1$，故$|\boldsymbol{A}|\neq 0$，则 $\boldsymbol{A}^{-1}$ 存在，于是

$$\boldsymbol{B}=\boldsymbol{EB}=(\boldsymbol{A}^{-1}\boldsymbol{A})\boldsymbol{B}=\boldsymbol{A}^{-1}(\boldsymbol{AB})=\boldsymbol{A}^{-1}\boldsymbol{E}=\boldsymbol{A}^{-1}$$

证毕.

方阵的逆阵满足下述运算规律：

（1）若 $\boldsymbol{A}$ 可逆，则 $\boldsymbol{A}^{-1}$ 亦可逆，且$(\boldsymbol{A}^{-1})^{-1}=\boldsymbol{A}$；

（2）若 $\boldsymbol{A}$ 可逆，数 $\lambda\neq 0$，则 $\lambda\boldsymbol{A}$ 可逆，且 $(\lambda\boldsymbol{A})^{-1}=\dfrac{1}{\lambda}\boldsymbol{A}^{-1}$；

（3）若 $\boldsymbol{A}$，$\boldsymbol{B}$ 为同阶方阵且均可逆，则 $\boldsymbol{AB}$ 亦可逆，且$(\boldsymbol{AB})^{-1}=\boldsymbol{B}^{-1}\boldsymbol{A}^{-1}$；

（4）若 $\boldsymbol{A}$ 可逆，则 $\boldsymbol{A}^{\mathrm{T}}$ 亦可逆，且$(\boldsymbol{A}^{\mathrm{T}})^{-1}=(\boldsymbol{A}^{-1})^{\mathrm{T}}$.

当$|\boldsymbol{A}|\neq 0$ 时，还可定义

$$\boldsymbol{A}^0=\boldsymbol{E},\qquad \boldsymbol{A}^{-k}=(\boldsymbol{A}^{-1})^k$$

其中：k 为正整数. 这样，当$|\boldsymbol{A}|\neq 0$，λ，μ 为整数时，有

$$\boldsymbol{A}^{\lambda}\boldsymbol{A}^{\mu}=\boldsymbol{A}^{\lambda+\mu},\qquad (\boldsymbol{A}^{\lambda})^{\mu}=\boldsymbol{A}^{\lambda\mu}$$

例 10 求二阶矩阵 $\boldsymbol{A}=\begin{pmatrix} a & b \\ c & d \end{pmatrix}$的逆阵，其中 $ad-bc\neq 0$.

解 因为$|\boldsymbol{A}|=\begin{vmatrix} a & b \\ c & d \end{vmatrix}=ad-bc\neq 0$，所以 $\boldsymbol{A}$ 可逆.

又 $A_{11}=d, A_{12}=-c, A_{21}=-b, A_{22}=a$，于是得

$$A^* = \begin{pmatrix} d & -b \\ -c & a \end{pmatrix}$$

所以

$$A^{-1} = \frac{1}{|A|} A^* = \frac{1}{ad-bc} \begin{pmatrix} d & -b \\ -c & a \end{pmatrix}$$

例 11 求方阵 $A = \begin{pmatrix} 2 & 2 & 3 \\ 1 & -1 & 0 \\ -1 & 2 & 1 \end{pmatrix}$ 的逆阵.

解 因为 $|A| = \begin{vmatrix} 2 & 2 & 3 \\ 1 & -1 & 0 \\ -1 & 2 & 1 \end{vmatrix} = -1 \neq 0$，所以 A 可逆. 又

$$A_{11} = \begin{vmatrix} -1 & 0 \\ 2 & 1 \end{vmatrix} = -1, \quad A_{12} = -\begin{vmatrix} 1 & 0 \\ -1 & 1 \end{vmatrix} = -1, \quad A_{13} = \begin{vmatrix} 1 & -1 \\ -1 & 2 \end{vmatrix} = 1$$

$$A_{21} = -\begin{vmatrix} 2 & 3 \\ 2 & 1 \end{vmatrix} = 4, \quad A_{22} = \begin{vmatrix} 2 & 3 \\ -1 & 1 \end{vmatrix} = 5, \quad A_{23} = -\begin{vmatrix} 2 & 2 \\ -1 & 2 \end{vmatrix} = -6$$

$$A_{31} = \begin{vmatrix} 2 & 3 \\ -1 & 0 \end{vmatrix} = 3, \quad A_{32} = -\begin{vmatrix} 2 & 3 \\ 1 & 0 \end{vmatrix} = 3, \quad A_{33} = \begin{vmatrix} 2 & 2 \\ 1 & -1 \end{vmatrix} = -4$$

于是得

$$A^{-1} = \frac{1}{|A|} A^* = \frac{1}{-1} \begin{pmatrix} -1 & 4 & 3 \\ -1 & 5 & 3 \\ 1 & -6 & -4 \end{pmatrix} = \begin{pmatrix} 1 & -4 & -3 \\ 1 & -5 & -3 \\ -1 & 6 & 4 \end{pmatrix}$$

类似地，可得以下常用结论：

（1）$\begin{pmatrix} \lambda_1 & & & \\ & \lambda_2 & & \\ & & \ddots & \\ & & & \lambda_n \end{pmatrix}^{-1} = \begin{pmatrix} \lambda_1^{-1} & & & \\ & \lambda_2^{-1} & & \\ & & \ddots & \\ & & & \lambda_n^{-1} \end{pmatrix}$，其中 $\lambda_1\lambda_2\cdots\lambda_n \neq 0$；

（2）$\begin{pmatrix} & & & \lambda_1 \\ & & \lambda_2 & \\ & \iddots & & \\ \lambda_n & & & \end{pmatrix}^{-1} = \begin{pmatrix} & & & \lambda_n^{-1} \\ & & \iddots & \\ & \lambda_2^{-1} & & \\ \lambda_1^{-1} & & & \end{pmatrix}$，其中 $\lambda_1\lambda_2\cdots\lambda_n \neq 0$.

例 12 设

$$A = \begin{pmatrix} 2 & 2 & 3 \\ 1 & -1 & 0 \\ -1 & 2 & 1 \end{pmatrix}, \quad B = \begin{pmatrix} 1 & 3 \\ 2 & 0 \\ 3 & 1 \end{pmatrix}$$

求矩阵 X，使其满足 $AX = B$.

解 $A^{-1}AX = A^{-1}B$，故 $X = A^{-1}B$，由例 11 知

$$A^{-1}=\begin{pmatrix}1&-4&-3\\1&-5&-3\\-1&6&4\end{pmatrix}$$

于是

$$X=\begin{pmatrix}1&-4&-3\\1&-5&-3\\-1&6&4\end{pmatrix}\begin{pmatrix}1&3\\2&0\\3&1\end{pmatrix}=\begin{pmatrix}-16&0\\-18&0\\23&1\end{pmatrix}$$

注意 解矩阵方程时，要区分矩阵的左乘和右乘. 因为矩阵的乘法不满足交换律，所以不能混淆左乘与右乘.

例 13 设 $P=\begin{pmatrix}1&2\\1&4\end{pmatrix}$，$\Lambda=\begin{pmatrix}1&0\\0&2\end{pmatrix}$，$AP=P\Lambda$，求 A^n.

解
$$|P|=2,\ P^{-1}=\frac{1}{2}\begin{pmatrix}4&-2\\-1&1\end{pmatrix}$$

$$A=P\Lambda P^{-1},\ A^2=P\Lambda P^{-1}P\Lambda P^{-1}=P\Lambda^2P^{-1},\cdots,\ A^n=P\Lambda^nP^{-1}$$

而
$$\Lambda=\begin{pmatrix}1&0\\0&2\end{pmatrix},\Lambda^2=\begin{pmatrix}1&0\\0&2\end{pmatrix}\begin{pmatrix}1&0\\0&2\end{pmatrix}=\begin{pmatrix}1&0\\0&2^2\end{pmatrix},\cdots,\Lambda^n=\begin{pmatrix}1&0\\0&2^n\end{pmatrix}$$

故
$$\Lambda^n=\begin{pmatrix}1&2\\1&4\end{pmatrix}\begin{pmatrix}1&0\\0&2^n\end{pmatrix}\frac{1}{2}\begin{pmatrix}4&-2\\-1&1\end{pmatrix}=\frac{1}{2}\begin{pmatrix}1&2^{n+1}\\1&2^{n+2}\end{pmatrix}\begin{pmatrix}4&-2\\-1&1\end{pmatrix}$$

$$=\frac{1}{2}\begin{pmatrix}4-2^{n+1}&2^{n+1}-2\\4-2^{n+2}&2^{n+2}-2\end{pmatrix}=\begin{pmatrix}2-2^n&2^n-1\\2-2^{n+1}&2^{n+1}-1\end{pmatrix}$$

设 $\varphi(x)=a_0+a_1x+\cdots+a_mx^m$ 为 x 的 m 次多项式，A 为 n 阶矩阵，记

$$\varphi(A)=a_0E+a_1A+\cdots+a_mA^m$$

$\varphi(A)$ 称为矩阵 A 的 m 次多项式.

因为矩阵 A^k,A^l 和 E 都是可交换的，所以矩阵 A 的两个多项式 $\varphi(A)$ 和 $f(A)$ 总是可交换的，即总有

$$\varphi(A)f(A)=f(A)\varphi(A)$$

从而 A 的几个多项式可以像数 x 的多项式一样相乘或分解因式. 例如

$$(E+A)(2E-A)=2E+A-A^2$$

$$(E-A)^3=E-3A+3A^2-A^3$$

常用例 13 中计算 A^k 的方法来计算 A 的多项式 $\varphi(A)$，示例如下.

（i）如果 $A=P\Lambda P^{-1}$，则 $A^k=P\Lambda^kP^{-1}$，从而

$$\begin{aligned}\varphi(A)&=a_0E+a_1A+\cdots+a_mA^m\\&=Pa_0EP^{-1}+Pa_1\Lambda P^{-1}+\cdots+Pa_m\Lambda^mP^{-1}\\&=P\varphi(\Lambda)P^{-1}\end{aligned}$$

（ii）如果 $\Lambda=\mathrm{diag}(\lambda_1,\lambda_2,\cdots,\lambda_n)$ 为对角阵，$\Lambda^k=\mathrm{diag}(\lambda_1^k,\lambda_2^k,\cdots,\lambda_n^k)$，从而

$$\varphi(\boldsymbol{\Lambda}) = a_0\boldsymbol{E} + a_1\boldsymbol{\Lambda} + \cdots + a_m\boldsymbol{\Lambda}^m$$
$$= a_0\begin{pmatrix}1 & & & \\ & 1 & & \\ & & \ddots & \\ & & & 1\end{pmatrix} + a_1\begin{pmatrix}\lambda_1 & & & \\ & \lambda_2 & & \\ & & \ddots & \\ & & & \lambda_n\end{pmatrix} + \cdots + a_m\begin{pmatrix}\lambda_1^m & & & \\ & \lambda_2^m & & \\ & & \ddots & \\ & & & \lambda_n^m\end{pmatrix}$$
$$= \begin{pmatrix}\varphi(\lambda_1) & & & \\ & \varphi(\lambda_2) & & \\ & & \ddots & \\ & & & \varphi(\lambda_n)\end{pmatrix}$$

例 14 设 $\boldsymbol{P} = \begin{pmatrix}-1 & 1 & 1 \\ 1 & 0 & 2 \\ 1 & 1 & -1\end{pmatrix}$，$\boldsymbol{\Lambda} = \begin{pmatrix}1 & & \\ & 2 & \\ & & -3\end{pmatrix}$，$\boldsymbol{AP} = \boldsymbol{P\Lambda}$，求 $\varphi(\boldsymbol{A}) = \boldsymbol{A}^3 + 2\boldsymbol{A}^2 - 3\boldsymbol{A}$.

解 $|\boldsymbol{P}| = \begin{vmatrix}-1 & 1 & 1 \\ 1 & 0 & 2 \\ 1 & 1 & -1\end{vmatrix} \xlongequal{r_1+r_3} \begin{vmatrix}0 & 2 & 0 \\ 1 & 0 & 2 \\ 1 & 1 & -1\end{vmatrix} = 6$，知 $\boldsymbol{P}$ 可逆，从而

$$\boldsymbol{A} = \boldsymbol{P\Lambda P}^{-1}，\quad \varphi(\boldsymbol{A}) = \boldsymbol{P}\varphi(\boldsymbol{\Lambda})\boldsymbol{P}^{-1}$$

而 $\varphi(1) = 0, \varphi(2) = 10, \varphi(-3) = 0$，故 $\varphi(\boldsymbol{\Lambda}) = \mathrm{diag}(0,10,0)$.

$$\varphi(\boldsymbol{A}) = \boldsymbol{P}\varphi(\boldsymbol{\Lambda})\boldsymbol{P}^{-1} = \begin{pmatrix}-1 & 1 & 1 \\ 1 & 0 & 2 \\ 1 & 1 & -1\end{pmatrix}\begin{pmatrix}0 & & \\ & 10 & \\ & & 0\end{pmatrix}\frac{1}{|\boldsymbol{P}|}\boldsymbol{P}^*$$
$$= \frac{10}{6}\begin{pmatrix}0 & 1 & 0 \\ 0 & 0 & 0 \\ 0 & 1 & 0\end{pmatrix}\begin{pmatrix}A_{11} & A_{21} & A_{31} \\ A_{12} & A_{22} & A_{32} \\ A_{13} & A_{23} & A_{33}\end{pmatrix} = \frac{5}{3}\begin{pmatrix}A_{12} & A_{22} & A_{32} \\ 0 & 0 & 0 \\ A_{12} & A_{22} & A_{32}\end{pmatrix}$$

而
$$A_{12} = -\begin{vmatrix}1 & 2 \\ 1 & -1\end{vmatrix} = 3，\quad A_{22} = \begin{vmatrix}-1 & 1 \\ 1 & -1\end{vmatrix} = 0，\quad A_{32} = -\begin{vmatrix}-1 & 1 \\ 1 & 2\end{vmatrix} = 3$$

于是
$$\varphi(\boldsymbol{A}) = 5\begin{pmatrix}1 & 0 & 1 \\ 0 & 0 & 0 \\ 1 & 0 & 1\end{pmatrix}$$

第四节　分 块 矩 阵

对于行数和列数较高的矩阵 $\boldsymbol{A}$，运算时常采用分块法，使大矩阵的运算化成小矩阵的运算. 将矩阵 $\boldsymbol{A}$ 用若干条纵线和横线分成许多个小矩阵，每一个小矩阵称为 $\boldsymbol{A}$ 的子块，以子块为元素形成的矩阵称为分块矩阵. 例如

$$\boldsymbol{A} = \begin{pmatrix}1 & 0 & 0 & 3 \\ 0 & 1 & 0 & -1 \\ 0 & 0 & 1 & 0 \\ 0 & 0 & 0 & 1\end{pmatrix}$$

如果令 $\boldsymbol{E}_3=\begin{pmatrix}1&0&0\\0&1&0\\0&0&1\end{pmatrix},\boldsymbol{A}_1=\begin{pmatrix}3\\-1\\0\end{pmatrix},\boldsymbol{O}=(0\ \ 0\ \ 0),\boldsymbol{A}_2=(1)$，则

$$\boldsymbol{A}=\left(\begin{array}{ccc:c}1&0&0&3\\0&1&0&-1\\0&0&1&0\\\hdashline 0&0&0&1\end{array}\right)=\begin{pmatrix}\boldsymbol{E}_3&\boldsymbol{A}_1\\\boldsymbol{O}&\boldsymbol{A}_2\end{pmatrix}$$

给出一个矩阵，可以根据需要把它写成不同的分块矩阵. 如上例中的 $\boldsymbol{A}$，也可以按其他方式分块，例如令 $\boldsymbol{E}_2=\begin{pmatrix}1&0\\0&1\end{pmatrix},\boldsymbol{A}_3=\begin{pmatrix}0&3\\0&-1\end{pmatrix},\boldsymbol{O}=\begin{pmatrix}0&0\\0&0\end{pmatrix}$，则

$$\boldsymbol{A}=\left(\begin{array}{cc:cc}1&0&0&3\\0&1&0&-1\\\hdashline 0&0&1&0\\0&0&0&1\end{array}\right)=\begin{pmatrix}\boldsymbol{E}_2&\boldsymbol{A}_3\\\boldsymbol{O}&\boldsymbol{E}_2\end{pmatrix}$$

分块矩阵的运算规则与普通矩阵的运算规则相类似，分别说明如下：

（1）设矩阵 $\boldsymbol{A}$ 与 $\boldsymbol{B}$ 是同型矩阵，采用相同的分块法，有

$$\boldsymbol{A}=\begin{pmatrix}\boldsymbol{A}_{11}&\cdots&\boldsymbol{A}_{1r}\\\vdots&&\vdots\\\boldsymbol{A}_{s1}&\cdots&\boldsymbol{A}_{sr}\end{pmatrix},\quad \boldsymbol{B}=\begin{pmatrix}\boldsymbol{B}_{11}&\cdots&\boldsymbol{B}_{1r}\\\vdots&&\vdots\\\boldsymbol{B}_{s1}&\cdots&\boldsymbol{B}_{sr}\end{pmatrix}$$

其中：$\boldsymbol{A}_{ij}$ 与 $\boldsymbol{B}_{ij}$ 是同型矩阵，那么

$$\boldsymbol{A}+\boldsymbol{B}=\begin{pmatrix}\boldsymbol{A}_{11}+\boldsymbol{B}_{11}&\cdots&\boldsymbol{A}_{1r}+\boldsymbol{B}_{1r}\\\vdots&&\vdots\\\boldsymbol{A}_{s1}+\boldsymbol{B}_{s1}&\cdots&\boldsymbol{A}_{sr}+\boldsymbol{B}_{sr}\end{pmatrix}$$

（2）设 $\boldsymbol{A}=\begin{pmatrix}\boldsymbol{A}_{11}&\cdots&\boldsymbol{A}_{1r}\\\vdots&&\vdots\\\boldsymbol{A}_{s1}&\cdots&\boldsymbol{A}_{sr}\end{pmatrix}$，$\lambda$ 为数，则 $\lambda\boldsymbol{A}=\begin{pmatrix}\lambda\boldsymbol{A}_{11}&\cdots&\lambda\boldsymbol{A}_{1r}\\\vdots&&\vdots\\\lambda\boldsymbol{A}_{s1}&\cdots&\lambda\boldsymbol{A}_{sr}\end{pmatrix}$.

（3）设 $\boldsymbol{A}$ 为 $m\times l$ 矩阵，$\boldsymbol{B}$ 为 $l\times n$ 矩阵，分块成

$$\boldsymbol{A}=\begin{pmatrix}\boldsymbol{A}_{11}&\cdots&\boldsymbol{A}_{1t}\\\vdots&&\vdots\\\boldsymbol{A}_{s1}&\cdots&\boldsymbol{A}_{st}\end{pmatrix},\quad \boldsymbol{B}=\begin{pmatrix}\boldsymbol{B}_{11}&\cdots&\boldsymbol{B}_{1r}\\\vdots&&\vdots\\\boldsymbol{B}_{t1}&\cdots&\boldsymbol{B}_{tr}\end{pmatrix}$$

其中：$\boldsymbol{A}_{i1},\boldsymbol{A}_{i2},\cdots,\boldsymbol{A}_{it}$ 的列数分别等于 $\boldsymbol{B}_{1j},\boldsymbol{B}_{2j},\cdots,\boldsymbol{B}_{tj}$ 的行数，那么

$$\boldsymbol{AB}=\begin{pmatrix}\boldsymbol{C}_{11}&\cdots&\boldsymbol{C}_{1r}\\\vdots&&\vdots\\\boldsymbol{C}_{s1}&\cdots&\boldsymbol{C}_{sr}\end{pmatrix}$$

其中

$$\boldsymbol{C}_{ij}=\sum_{k=1}^{t}\boldsymbol{A}_{ik}\boldsymbol{B}_{kj}\quad(i=1,2,\cdots,s;j=1,2,\cdots,r)$$

例 15 设矩阵

$$A=\begin{pmatrix}1&0&1&3\\0&1&2&4\\0&0&-1&0\\0&0&0&-1\end{pmatrix},\quad B=\begin{pmatrix}1&2&0&0\\2&0&0&0\\6&3&1&0\\0&-2&0&1\end{pmatrix}$$

计算 kA，$A+B$ 及 AB.

解 根据矩阵的特点将它们分块如下

$$A=\left(\begin{array}{cc:cc}1&0&1&3\\0&1&2&4\\\hdashline 0&0&-1&0\\0&0&0&-1\end{array}\right)=\begin{pmatrix}E&C\\O&-E\end{pmatrix}$$

$$B=\left(\begin{array}{cc:cc}1&2&0&0\\2&0&0&0\\\hdashline 6&3&1&0\\0&-2&0&1\end{array}\right)=\begin{pmatrix}D&O\\F&E\end{pmatrix}$$

则

$$kA=k\begin{pmatrix}E&C\\O&-E\end{pmatrix}=\begin{pmatrix}kE&kC\\O&-kE\end{pmatrix}$$

$$A+B=\begin{pmatrix}E&C\\O&-E\end{pmatrix}+\begin{pmatrix}D&O\\F&E\end{pmatrix}=\begin{pmatrix}E+D&C\\F&O\end{pmatrix}$$

$$AB=\begin{pmatrix}E&C\\O&-E\end{pmatrix}\begin{pmatrix}D&O\\F&E\end{pmatrix}=\begin{pmatrix}D+CF&C\\-F&-E\end{pmatrix}$$

然后再分别计算 kE，$E+D$，$D+CF$，代入上面三式，得

$$kA=\begin{pmatrix}k&0&k&3k\\0&k&2k&4k\\0&0&-k&0\\0&0&0&-k\end{pmatrix},\quad A+B=\begin{pmatrix}2&2&1&3\\2&1&2&4\\6&3&0&0\\0&-2&0&0\end{pmatrix}$$

$$AB=\begin{pmatrix}7&-1&1&3\\14&-2&2&4\\-6&-3&-1&0\\0&2&0&-1\end{pmatrix}$$

容易验证这个结果与直接用分块矩阵运算得到的结果相同.

（4）设 $A=\begin{pmatrix}A_{11}&\cdots&A_{1r}\\\vdots&&\vdots\\A_{s1}&\cdots&A_{sr}\end{pmatrix}$，则 $A^{\mathrm{T}}=\begin{pmatrix}A_{11}^{\mathrm{T}}&\cdots&A_{s1}^{\mathrm{T}}\\\vdots&&\vdots\\A_{1r}^{\mathrm{T}}&\cdots&A_{sr}^{\mathrm{T}}\end{pmatrix}$.

（5）设 A 为 n 阶方阵，若 A 的分块矩阵只有在主对角线上有非零子块，其余子块都是零矩阵，且非零子块都是方阵，即

$$A=\begin{pmatrix} A_1 & & & O \\ & A_2 & & \\ & & \ddots & \\ O & & & A_s \end{pmatrix}$$

其中：A_i（$i=1,2,\cdots,s$）都是方阵，那么称 A 为分块对角阵.

分块对角阵的行列式具有下述性质

$$|A|=|A_1|\cdot|A_2|\cdot\cdots\cdot|A_s|$$

由此性质可知，若$|A_i|\neq0$（$i=1,2,\cdots,s$），则$|A|\neq0$，并有

$$A^{-1}=\begin{pmatrix} A_1^{-1} & & & O \\ & A_2^{-1} & & \\ & & \ddots & \\ O & & & A_s^{-1} \end{pmatrix}$$

（6）$\begin{pmatrix} & & & A_1 \\ & & A_2 & \\ & \iddots & & \\ A_s & & & \end{pmatrix}^{-1}=\begin{pmatrix} & & & A_s^{-1} \\ & & \iddots & \\ & A_2^{-1} & & \\ A_1^{-1} & & & \end{pmatrix}$，其中 A_i（$i=1,2,\cdots,s$）都是可逆方阵.

（7）设 A 为 m 阶方阵，B 为 n 阶方阵，则

$$\begin{vmatrix} & A \\ B & \end{vmatrix}=(-1)^{mn}|A||B|$$

例 16 设 $A=\begin{pmatrix} 5 & 0 & 0 \\ 0 & 3 & 1 \\ 0 & 2 & 1 \end{pmatrix}$，求 A^{-1}.

解

$$A=\left(\begin{array}{c:cc} 5 & 0 & 0 \\ \hdashline 0 & 3 & 1 \\ 0 & 2 & 1 \end{array}\right)=\begin{pmatrix} A_1 & O \\ O & A_2 \end{pmatrix}$$

$$A_1=(5),\quad A_1^{-1}=\begin{pmatrix} \frac{1}{5} \end{pmatrix},\quad A_2=\begin{pmatrix} 3 & 1 \\ 2 & 1 \end{pmatrix},\quad A_2^{-1}=\begin{pmatrix} 1 & -1 \\ -2 & 3 \end{pmatrix}$$

所以

$$A^{-1}=\left(\begin{array}{c:cc} \frac{1}{5} & 0 & 0 \\ \hdashline 0 & 1 & -1 \\ 0 & -2 & 3 \end{array}\right)$$

例 17 设 m 阶矩阵 A 及 n 阶矩阵 B 都可逆，求 $\begin{pmatrix} A & O \\ C & B \end{pmatrix}^{-1}$.

解 设 $\begin{pmatrix} A & O \\ C & B \end{pmatrix}^{-1}=\begin{pmatrix} D & F \\ G & H \end{pmatrix}$，则 $\begin{pmatrix} A & O \\ C & B \end{pmatrix}\begin{pmatrix} D & F \\ G & H \end{pmatrix}=E_{mn}$，即

$$\begin{pmatrix} \boldsymbol{AD} & \boldsymbol{AF} \\ \boldsymbol{CD}+\boldsymbol{BG} & \boldsymbol{CF}+\boldsymbol{BH} \end{pmatrix} = \begin{pmatrix} \boldsymbol{E}_m & \boldsymbol{O} \\ \boldsymbol{O} & \boldsymbol{E}_n \end{pmatrix}$$

于是 $\boldsymbol{AD}=\boldsymbol{E}_m, \boldsymbol{AF}=\boldsymbol{O}, \boldsymbol{CD}+\boldsymbol{BG}=\boldsymbol{O}, \boldsymbol{CF}+\boldsymbol{BH}=\boldsymbol{E}_n$. 由于 $\boldsymbol{A},\boldsymbol{B}$ 都可逆，所以

$$\boldsymbol{D}=\boldsymbol{A}^{-1},\ \boldsymbol{F}=\boldsymbol{0},\ \boldsymbol{BG}=-\boldsymbol{B}^{-1}\boldsymbol{CA}^{-1},\ \boldsymbol{H}=\boldsymbol{B}^{-1}.$$

故

$$\begin{pmatrix} \boldsymbol{A} & \boldsymbol{O} \\ \boldsymbol{C} & \boldsymbol{B} \end{pmatrix}^{-1} = \begin{pmatrix} \boldsymbol{A}^{-1} & \boldsymbol{O} \\ -\boldsymbol{B}^{-1}\boldsymbol{CA}^{-1} & \boldsymbol{B}^{-1} \end{pmatrix}$$

对矩阵分块时，有两种分块法应予特别重视，这就是按行分块和按列分块.

$m\times n$ 矩阵 $\boldsymbol{A}$ 有 m 行，称为矩阵 $\boldsymbol{A}$ 的 m 个行向量. 若第 i 行记作

$$\boldsymbol{\alpha}_i^{\mathrm{T}}=(a_{i1},a_{i2},\cdots,a_{in})$$ [1]

则矩阵 $\boldsymbol{A}$ 便记为

$$\boldsymbol{A}=\begin{pmatrix} \boldsymbol{a}_1^{\mathrm{T}} \\ \boldsymbol{a}_2^{\mathrm{T}} \\ \vdots \\ \boldsymbol{a}_m^{\mathrm{T}} \end{pmatrix}$$

$m\times n$ 矩阵 $\boldsymbol{A}$ 有 n 列，称为矩阵 $\boldsymbol{A}$ 的 n 个列向量，若第 j 列记作

$$\boldsymbol{a}_j=\begin{pmatrix} \boldsymbol{a}_{1j} \\ \boldsymbol{a}_{2j} \\ \vdots \\ \boldsymbol{a}_{mj} \end{pmatrix}$$

则

$$\boldsymbol{A}=(\boldsymbol{a}_1,\boldsymbol{a}_2,\cdots,\boldsymbol{a}_n)$$

以对角阵 $\boldsymbol{\Lambda}_m$ 左乘矩阵 $\boldsymbol{A}_{m\times n}$ 时，把 $\boldsymbol{A}$ 按行分块，有

$$\boldsymbol{\Lambda}_m\boldsymbol{A}_{m\times n}=\begin{pmatrix} \lambda_1 & & & \\ & \lambda_2 & & \\ & & \ddots & \\ & & & \lambda_m \end{pmatrix}\begin{pmatrix} \boldsymbol{\alpha}_1^{\mathrm{T}} \\ \boldsymbol{\alpha}_2^{\mathrm{T}} \\ \vdots \\ \boldsymbol{\alpha}_m^{\mathrm{T}} \end{pmatrix}=\begin{pmatrix} \lambda_1\boldsymbol{\alpha}_1^{\mathrm{T}} \\ \lambda_2\boldsymbol{\alpha}_2^{\mathrm{T}} \\ \vdots \\ \lambda_m\boldsymbol{\alpha}_m^{\mathrm{T}} \end{pmatrix}$$

可见以对角阵 $\boldsymbol{\Lambda}_m$ 左乘 $\boldsymbol{A}$ 的结果是 $\boldsymbol{A}$ 的每一行乘以 $\boldsymbol{\Lambda}$ 中与该行对应的对角元.

以对角阵 $\boldsymbol{\Lambda}_n$ 右乘矩阵 $\boldsymbol{A}_{m\times n}$ 时，把 $\boldsymbol{A}$ 按列分块，有

$$\boldsymbol{A\Lambda}_n=(a_1,a_2,\cdots,a_n)\begin{pmatrix} \lambda_1 & & & \\ & \lambda_1 & & \\ & & \ddots & \\ & & & \lambda_n \end{pmatrix}=(\lambda_1 a_1,\lambda_2 a_2,\cdots,\lambda_n a_n)$$

可见以对角阵 $\boldsymbol{\Lambda}$ 右乘 $\boldsymbol{A}$ 的结果是 $\boldsymbol{A}$ 的每一列乘以 $\boldsymbol{\Lambda}$ 中与该列对应的对角元.

例 18 设 $\boldsymbol{A}$ 为三阶矩阵，$\boldsymbol{P}=(a_1,a_2,a_3)$ 可逆矩阵，使得 $\boldsymbol{P}^{-1}\boldsymbol{AP}=\begin{pmatrix} 0 & 0 & 0 \\ 0 & 1 & 0 \\ 0 & 0 & 2 \end{pmatrix}$，则

[1] 今后列向量（列矩阵）常用小写黑体字母表示，如 $\boldsymbol{a}$，$\boldsymbol{\alpha}$，$\boldsymbol{x}$ 等，而行向量（行矩阵）则用列向量的转置表示，如 $\boldsymbol{a}^{\mathrm{T}}$，$\boldsymbol{\alpha}^{\mathrm{T}}$，$\boldsymbol{x}^{\mathrm{T}}$ 等.

$A(a_1+a_2+a_3)=$（ ）.

A. a_1+a_2　　B. a_2+2a_3　　C. a_2+a_3　　D. a_1+2a_2

解 由 $P^{-1}AP=\begin{pmatrix}0&0&0\\0&1&0\\0&0&2\end{pmatrix}$得，$AP=P\begin{pmatrix}0&0&0\\0&1&0\\0&0&2\end{pmatrix}$，即

$$A(a_1,a_2,a_3)=(a_1,a_2,a_3)\begin{pmatrix}0&0&0\\0&1&0\\0&0&2\end{pmatrix}$$

也就是$(Aa_1,Aa_2,Aa_3)=(0,a_2,2a_3)$，于是 $Aa_1=0,Aa_2=a_2,Aa_3=2a_3$，所以

$$A(a_1+a_2+a_3)=Aa_1+Aa_2+Aa_3=a_2+2a_3$$

故选 B.

习　　题

A　　题

1. 设 A 为四阶方阵，且$|A|=2$，则$|2A^{-1}|=$________.

2. 设 A，B 是 n 阶方阵，$(AB)^k=A^kB^k$（$k\in\mathbf{N}$）成立的充分条件是________.

3. 设 $A=(a_1,a_2,\cdots,a_n)$，$B=(b_1,b_2,\cdots,b_n)$，则 $AB^{\mathrm{T}}=$________，$A^{\mathrm{T}}B=$________.

4. 若 A 满足：$A^3+2A^2-A+2I=O$，则 A 是可逆阵，且 A 的逆阵可表示为 A 的多项式为________.

5. 已知可逆阵 P 使 $P^{-1}AP=\begin{pmatrix}1&0&0\\0&2&0\\0&0&3\end{pmatrix}$，则对 $k\in\mathbf{N}$，$P^{-1}A^kP=$______.

6. 设 A,B 为三阶矩阵，且$|A|=3,|B|=2$，$|A^{-1}+B|=2$，$|A+B^{-1}|=$ ______.

7. 设 $A=(a_{ij})$ 是三阶非零矩阵，$|A|$ 为 A 的行列式，A_{ij} 为 a_{ij} 的代数余子式，若 $a_{ij}+A_{ij}=0\ (i,j=1,2,3)$，则$|A|=$_______.

8. 有矩阵 $A_{3\times2}$，$B_{2\times3}$，$C_{3\times3}$，下列（ ）运算可行.

A．AC　　B．BC　　C．ABC　　D．AB

9. 已知矩阵 $A_{m\times n}$，$B_{n\times m}$（$m\neq n$），则下列（ ）运算结果为 n 阶方阵.

A．BA　　B．AB　　C．$(BA)^{\mathrm{T}}$　　D．$A^{\mathrm{T}}B^{\mathrm{T}}$

10. A,B,C,I 为同阶方阵，I 为单位矩阵，若 $ABC=I$，则下列各式中总是成立的是（ ）.

A．$BCA=I$　　B．$ACB=I$　　C．$CAB=I$　　D．$CBA=I$

11. 若 A 是（ ），则必有 $A^{\mathrm{T}}=A$.

A．对角矩阵　　B．三角形矩阵　　C．可逆矩阵　　D．对称矩阵

12. 若 A 为非奇异上三角形矩阵，则（ ）仍为上三角形矩阵.

A．$2A$　　B．A^2　　C．A^{-1}　　D．A^{T}

13. 已知矩阵 $\boldsymbol{A}=\begin{pmatrix}1&0&-1\\2&-1&1\\-1&2&-5\end{pmatrix}$，若存在下三角可逆矩阵 $\boldsymbol{P}$ 和上三角可逆矩阵 $\boldsymbol{Q}$，使 $\boldsymbol{PAQ}$ 为对角矩阵，则 $\boldsymbol{P},\boldsymbol{Q}$ 可分别为（　　）.

A. $\begin{pmatrix}1&0&0\\0&1&0\\0&0&1\end{pmatrix},\begin{pmatrix}1&0&1\\0&1&3\\0&0&1\end{pmatrix}$　　B. $\begin{pmatrix}1&0&0\\2&-1&0\\-3&2&1\end{pmatrix},\begin{pmatrix}1&0&0\\0&1&0\\0&0&1\end{pmatrix}$

C. $\begin{pmatrix}1&0&0\\2&-1&0\\-3&2&1\end{pmatrix},\begin{pmatrix}1&0&1\\0&1&3\\0&0&1\end{pmatrix}$　　D. $\begin{pmatrix}1&0&0\\0&1&0\\1&3&1\end{pmatrix},\begin{pmatrix}1&2&-3\\0&-1&2\\0&0&1\end{pmatrix}$

B　题

1. 设 $\boldsymbol{A}=\begin{pmatrix}1&1&1\\1&1&-1\\1&-1&1\end{pmatrix}$，$\boldsymbol{B}=\begin{pmatrix}1&2&3\\-1&-2&4\\0&5&1\end{pmatrix}$，求：

（1）$3\boldsymbol{A}-2\boldsymbol{B}$　　（2）$\boldsymbol{A}^{\mathrm{T}}\boldsymbol{B}^{\mathrm{T}}$

2. 计算下列矩阵乘积：

（1）$\begin{pmatrix}3\\2\\1\end{pmatrix}(1\ 2\ 3)$　　（2）$(1\ 2\ 3)\begin{pmatrix}3\\2\\1\end{pmatrix}$

（3）$\begin{pmatrix}0&0&1\\0&1&0\\1&0&0\end{pmatrix}\begin{pmatrix}6&2&-1\\1&4&-6\\3&-5&4\end{pmatrix}$　　（4）$(x_1\quad x_2\quad x_3)\begin{pmatrix}a_{11}&a_{12}&a_{13}\\a_{12}&a_{22}&a_{23}\\a_{13}&a_{23}&a_{33}\end{pmatrix}\begin{pmatrix}x_1\\x_2\\x_3\end{pmatrix}$

（5）$\begin{pmatrix}3&1&2&-1\\0&3&1&0\end{pmatrix}\begin{pmatrix}1&0&5\\0&2&0\\1&0&1\\0&3&0\end{pmatrix}\begin{pmatrix}-1&0\\1&5\\0&2\end{pmatrix}$

3. 设 $\boldsymbol{A}=\begin{pmatrix}\lambda&1&0\\0&\lambda&1\\0&0&\lambda\end{pmatrix}$，求 $\boldsymbol{A}^k$.

4. 设 $\boldsymbol{A}$，$\boldsymbol{B}$ 为 n 阶方阵，且 $\boldsymbol{A}$ 为对称方阵，试证：$\boldsymbol{B}^{\mathrm{T}}\boldsymbol{AB}$ 也是对称阵.

5. 求下列方阵的逆阵：

（1）$\begin{pmatrix}\cos\theta&-\sin\theta\\\sin\theta&\cos\theta\end{pmatrix}$　　（2）$\begin{pmatrix}1&2&-1\\3&4&-2\\5&-4&1\end{pmatrix}$　　（3）$\begin{pmatrix}2&1&-1\\2&1&0\\1&-1&1\end{pmatrix}$

（4）$\begin{pmatrix} 5 & 2 & 0 & 0 \\ 2 & 1 & 0 & 0 \\ 0 & 0 & 8 & 3 \\ 0 & 0 & 5 & 2 \end{pmatrix}$　　（5）$\begin{pmatrix} n & 0 & 0 & \cdots & 0 & 0 & 0 \\ 0 & n-1 & 0 & \cdots & 0 & 0 & 0 \\ 0 & 0 & 0 & \cdots & 0 & 0 & 1 \\ 0 & 0 & 0 & \cdots & 0 & 2 & 0 \\ \vdots & \vdots & \vdots & & \vdots & \vdots & \vdots \\ 0 & 0 & n-2 & \cdots & 0 & 0 & 0 \end{pmatrix}$

6. 利用逆阵解下列线性方程组：

（1）$\begin{cases} x_1+2x_2-x_3=1 \\ 3x_1+4x_2-2x_3=2 \\ 5x_1-4x_2+x_3=3 \end{cases}$　　（2）$\begin{cases} 2x_1+2x_2+x_3=5 \\ 3x_1+x_2+5x_3=0 \\ 3x_1+2x_2+3x_3=0 \end{cases}$

7. 解下列矩阵方程：

（1）$\boldsymbol{X}\begin{pmatrix} 2 & 1 & -1 \\ 2 & 1 & 0 \\ 1 & -1 & 1 \end{pmatrix}=\begin{pmatrix} 1 & -1 & 3 \\ 4 & 3 & 2 \\ 1 & -2 & 5 \end{pmatrix}$　　（2）$\begin{pmatrix} 0 & 1 & 0 \\ 1 & 0 & 0 \\ 0 & 0 & 1 \end{pmatrix}\boldsymbol{X}\begin{pmatrix} 1 & 0 & 0 \\ 0 & 0 & 1 \\ 0 & 1 & 0 \end{pmatrix}=\begin{pmatrix} 1 & -4 & 3 \\ 2 & 0 & -1 \\ 1 & -2 & 0 \end{pmatrix}$

8. 设$\boldsymbol{A}=\begin{pmatrix} 4 & 2 & 3 \\ 1 & 1 & 0 \\ -1 & 2 & 3 \end{pmatrix}$，$\boldsymbol{AB}=\boldsymbol{A}+2\boldsymbol{B}$，求 $\boldsymbol{B}$.

9. 设 $\boldsymbol{P}^{-1}\boldsymbol{AP}=\boldsymbol{\Lambda}$，其中 $\boldsymbol{P}=\begin{pmatrix} -1 & -4 \\ 1 & 1 \end{pmatrix}$，$\boldsymbol{\Lambda}=\begin{pmatrix} 1 & 0 \\ 0 & 2 \end{pmatrix}$，求 $\boldsymbol{A}^{11}$.

10. 设方阵 $\boldsymbol{A}$ 满足 $\boldsymbol{A}^2-\boldsymbol{A}-2\boldsymbol{E}=\boldsymbol{O}$，试证明：$\boldsymbol{A}$ 及 $\boldsymbol{A}+2\boldsymbol{E}$ 都可逆，并求 $\boldsymbol{A}^{-1}$ 及 $(\boldsymbol{A}+2\boldsymbol{E})^{-1}$.

11. 设矩阵 $\boldsymbol{A}=\begin{pmatrix} a & 1 & 0 \\ 1 & a & -1 \\ 0 & 1 & a \end{pmatrix}$，且 $\boldsymbol{A}^3=0$.

（1）求 a 的值；

（2）若矩阵 $\boldsymbol{X}$ 满足 $\boldsymbol{X}-\boldsymbol{XA}^2-\boldsymbol{AX}+\boldsymbol{AXA}^2=\boldsymbol{E}$，$\boldsymbol{E}$ 为三阶单位矩阵，求 $\boldsymbol{X}$.

自 测 题

1. 填空题

（1）设 $\boldsymbol{\alpha}=(a_1, a_2,\cdots, a_n)$，$\boldsymbol{\beta}=(b_1, b_2,\cdots, b_n)$，$\boldsymbol{A}=\boldsymbol{\alpha}^{\mathrm{T}}\boldsymbol{\beta}$，则$|\boldsymbol{A}|=$________.

（2）设 $\boldsymbol{A}=\begin{pmatrix} 1 & 0 & 0 \\ 3 & 2 & 0 \\ 3 & 4 & 5 \end{pmatrix}$，则$(\boldsymbol{A}^*)^{-1}=$________.

（3）设四阶方阵 $\boldsymbol{A}=\begin{pmatrix} 5 & 2 & 0 & 0 \\ 2 & 1 & 0 & 0 \\ 0 & 0 & 1 & -2 \\ 0 & 0 & 1 & 1 \end{pmatrix}$，则 $\boldsymbol{A}^{-1}=$________.

2. 选择题

（1）设 $\boldsymbol{A}$ 和 $\boldsymbol{B}$ 均为 n 阶方阵，则必有（　　）.

A. $|A+B|=|A|+|B|$　　B. $AB=BA$　　C. $|AB|=|BA|$　　D. $(A+B)^{-1}=A^{-1}+B^{-1}$

（2）设A，B，$A+B$，$A^{-1}+B^{-1}$均为n阶可逆阵，则$(A^{-1}+B^{-1})^{-1}$等于（　　）.

A. $A^{-1}+B^{-1}$　　B. $A+B$　　C. $A(A+B)^{-1}B$　　D. $(A+B)^{-1}$

（3）设n（$n\geqslant 2$）阶矩阵A非奇异，A^*是A的伴随矩阵，则（　　）.

A. $(A^*)^*=|A|^{n-1}A$　　B. $(A^*)^*=|A|^{n+1}A$　　C. $(A^*)^*=|A|^{n-2}A$　　D. $(A^*)^*=|A|^{n+2}A$

（4）设A，B为n阶矩阵，A^*，B^*分别为A，B对应的伴随矩阵，分块矩阵$C=\begin{pmatrix} A & O \\ O & B \end{pmatrix}$，则$C$的伴随矩阵$C^*=$（　　）.

A. $\begin{pmatrix} |A|A^* & O \\ O & |B|B^* \end{pmatrix}$　　B. $\begin{pmatrix} |B|B^* & O \\ O & |A|A^* \end{pmatrix}$

C. $\begin{pmatrix} |A|B^* & O \\ O & |B|A^* \end{pmatrix}$　　D. $\begin{pmatrix} |B|A^* & O \\ O & |A|B^* \end{pmatrix}$

3. 设A是三阶方阵，A^*是A的伴随矩阵，A的行列式$|A|=\dfrac{1}{2}$，求行列式$|(3A)^{-1}-2A^*|$的值.

4. 已知实矩阵$A=(a_{ij})_{3\times 3}$满足条件：①$a_{ij}=A_{ij}$，其中A_{ij}是a_{ij}的代数余子式；②$a_{11}\neq 0$. 计算行列式$|A|$.

5. 已知$AP=PB$，其中

$$B=\begin{pmatrix} 1 & 0 & 0 \\ 0 & 0 & 0 \\ 0 & 0 & -1 \end{pmatrix},\quad P=\begin{pmatrix} 1 & 0 & 0 \\ 2 & -1 & 0 \\ 2 & 1 & 1 \end{pmatrix}$$

求A及A^5.

6. 设A是n阶矩阵，满足$AA^{\mathrm{T}}=E$，$|A|<0$，求$|A+E|$.

7. 设A为n阶非零方阵，当$A^*=A^{\mathrm{T}}$时，证明：$|A|\neq 0$.

8. 已知$\alpha=(1,2,3)$，$\beta=\left(1,\dfrac{1}{2},\dfrac{1}{3}\right)$，设$A=\alpha^{\mathrm{T}}\beta$，计算$A^n$.

9. 已知矩阵$A=\begin{pmatrix} 1 & 0 & 0 \\ 1 & 1 & 0 \\ 1 & 1 & 1 \end{pmatrix}$，$B=\begin{pmatrix} 0 & 1 & 1 \\ 1 & 0 & 1 \\ 1 & 1 & 0 \end{pmatrix}$，且矩阵$X$满足

$$AXA+BXB=AXB+BXA+E$$

其中：E是三阶单位阵，求X.

10. 已知A，B为三阶矩阵且满足$2A^{-1}B=B-4E$.

（1）证明：矩阵$A-2E$可逆；

（2）若$B=\begin{pmatrix} 1 & -2 & 0 \\ 1 & 2 & 0 \\ 0 & 0 & 2 \end{pmatrix}$，求矩阵$A$.

第三章　消元法与初等变换

第三章思维导图

本章通过实例介绍消元法，通过方程组的同解变换引入线性方程组初等变换、矩阵初等变换的概念，抽象初等变换过程以提出初等方阵概念，并介绍运用初等变换法求矩阵的逆阵及线性方程组的一般解.

第一节　消元法与线性方程组的初等变换

消元法是求解线性方程组的最直接、最有效的方法. 下面先用实例介绍高斯（Gauss）消元法求解线性方程组的基本过程与方法.

例 1　求解线性方程组

$$\begin{cases} \dfrac{1}{2}x_1+\dfrac{1}{3}x_2+x_3+\dfrac{1}{2}x_4=\dfrac{1}{2} \\ x_1+\dfrac{2}{3}x_2+3x_3=0 \\ 2x_1+\dfrac{4}{3}x_2+5x_3+2x_4=2 \end{cases} \tag{3.1}$$

解　第一步：在式（3.1）中交换第 1 个方程与第 2 个方程的位置，得

$$\xrightarrow{(①\leftrightarrow②)}\begin{cases} x_1+\dfrac{2}{3}x_2+3x_3=0 \\ \dfrac{1}{2}x_1+\dfrac{1}{3}x_2+x_3+\dfrac{1}{2}x_4=\dfrac{1}{2} \\ 2x_1+\dfrac{4}{3}x_2+5x_3+2x_4=2 \end{cases} \tag{3.2}$$

第二步：在式（3.2）中，保留第 1 个方程，消去第 2 个和第 3 个方程的 x_1，即把第 1 个方程乘$\left(-\dfrac{1}{2}\right)$和（−2）再分别加到第 2 个和第 3 个方程，得到

$$\xrightarrow[③+①\times(-2)]{②+①\times\left(-\frac{1}{2}\right)}\begin{cases} x_1+\dfrac{2}{3}x_2+3x_3=0 \\ -\dfrac{1}{2}x_3+\dfrac{1}{2}x_4=\dfrac{1}{2} \\ -x_3+2x_4=2 \end{cases} \tag{3.3}$$

第三步：为避免分数运算，把式（3.3）中第 2 个方程两边同乘以（−2），得

笔记栏

$$\textcircled{2}\times(-2)\begin{cases} x_1+\dfrac{2}{3}x_2+3x_3 \qquad\quad =0 \\ \qquad\qquad\quad x_3\ \ -x_4=-1 \\ \qquad\qquad -x_3+2x_4=2 \end{cases} \tag{3.4}$$

第四步：在式（3.4）中，将第 2 个方程加入第 3 个方程中，得

$$\textcircled{3}+\textcircled{2}\begin{cases} x_1+\dfrac{2}{3}x_2+3x_3 \qquad =0 \\ \qquad\qquad x_3-x_4=-1 \\ \qquad\qquad\qquad x_4=1 \end{cases} \tag{3.5}$$

最后，将方程组（3.5）依次从下往上代入，可得

$$\begin{cases} x_1=-\dfrac{2}{3}x_2 \\ x_3=0 \\ x_4=1 \end{cases}$$

未知量 x_2 称为自由未知量，它可取任意值，表明原方程组有无穷多解.

类似式（3.5）形式的方程组称为**阶梯形方程组**，在解方程组（3.1）的过程中，对方程组实施了以下三种变换：

（1）互换两个方程的位置；

（2）用一个非零数乘某一个方程；

（3）把一个方程的倍数加到另一个方程上去.

我们把这三种变换称为**线性方程组的初等变换**. 可验证线性方程组的初等变换是同解变换. 因此，经过初等变换，把原方程组变成阶梯形方程组，然后去解阶梯形方程组，求得的解就是原方程的解.

第二节　矩阵的初等变换

从例 1 看到，在将方程组（3.1）变为阶梯形方程组（3.5）的过程中，起变化作用的是方程组中未知量的系数和常数项，用 $\boldsymbol{A}$ 表示系数数阵，$\boldsymbol{B}$ 表示系数与常数项构成的增广矩阵，即 $\boldsymbol{B}=(\boldsymbol{A},\boldsymbol{b})$，则第一节例 1 中消元法的过程可表示如下

$$\boldsymbol{B}=(\boldsymbol{A}\,|\,\boldsymbol{b})=\left(\begin{array}{cccc|c} \frac{1}{2} & \frac{1}{3} & 1 & \frac{1}{2} & \frac{1}{2} \\ 1 & \frac{2}{3} & 3 & 0 & 0 \\ 2 & \frac{4}{3} & 5 & 2 & 2 \end{array}\right) \xrightarrow{r_1 \leftrightarrow r_2} \left(\begin{array}{cccc|c} 1 & \frac{2}{3} & 3 & 0 & 0 \\ \frac{1}{2} & \frac{1}{3} & 1 & \frac{1}{2} & \frac{1}{2} \\ 2 & \frac{4}{3} & 5 & 2 & 2 \end{array}\right)$$

$$\xrightarrow[r_3+r_1(-2)]{r_2+r_1\left(-\frac{1}{2}\right)} \left(\begin{array}{cccc|c} 1 & \frac{2}{3} & 3 & 0 & 0 \\ 0 & 0 & -\frac{1}{2} & \frac{1}{2} & \frac{1}{2} \\ 0 & 0 & -1 & 2 & 2 \end{array}\right)$$

$$\xrightarrow{r_2\times(-2)}\left(\begin{array}{cccc|c}1&\frac{2}{3}&3&0&0\\0&0&1&-1&-1\\0&0&-1&2&2\end{array}\right)\xrightarrow{r_3+r_2}\left(\begin{array}{cccc|c}1&\frac{2}{3}&3&0&0\\0&0&1&-1&-1\\0&0&0&1&1\end{array}\right)$$

上面对应的最后一个矩阵称为**阶梯形矩阵**，它所对应的方程组就是阶梯形方程组（3.5）. 类似方程的初等变换过程，把对应矩阵的行所作的三种变换也称为初等变换.

定义 1　下列三种变换称为矩阵的**初等行变换**：

（1）互换两行（互换 i，j 两行，记为 $r_i\leftrightarrow r_j$）；

（2）以非零数乘某一行（第 i 行乘数 $k\neq 0$，记为 $r_i\times k$）；

（3）把一行的倍数加到另一行上（第 j 行 k 倍加到第 i 行上，记为 r_i+kr_j）.

如果把定义中的"行"（r）换成"列"（c），可得矩阵的初等列变换.

把矩阵的初等行变换与初等列变换统称为**矩阵的初等变换**，即对矩阵作如下三种变换：

（1）对换两行（列）；

（2）用非零数乘某行（列）；

（3）某行（列）的倍数加到另一行（列）.

矩阵的初等变换都是可逆的，且其逆变换是与其属同一类型的初等变换，如：

（1）变换 $r_i\leftrightarrow r_j$ 的逆变换就是其本身；

（2）变换 $r_i\times k$ 的逆变换为 $r_i\times\left(\dfrac{1}{k}\right)$（或记为 $r_i\div k$）；

（3）变换 r_i+kr_j 的逆变换为 $r_i+(-k)r_j$（或记为 r_i-kr_j）.

定义 2　如果矩阵 $\boldsymbol{A}$ 经有限次初等变换变成矩阵 $\boldsymbol{B}$，就称**矩阵 $\boldsymbol{A}$ 与 $\boldsymbol{B}$ 等价**，记为 $\boldsymbol{A}\cong\boldsymbol{B}$.

定义 3　**行阶梯形矩阵**是指满足下列两条件的矩阵：

（1）如果有零行（元素全为零的行），那么零行全部位于该矩阵的下方；

（2）各个非零行（元素不全为零的行）的第一个不为零的元素（简称为首非零元），它们的列标随行标的递增而严格增大.

一般形如

$$\begin{pmatrix}* & * & \cdots & \cdots & \cdots & \cdots & \cdots & * \\ & * & * & \cdots & \cdots & \cdots & \cdots & * \\ & & & \cdots & \cdots & \cdots & \cdots & \cdots \\ & & & & * & \cdots & \cdots & * \\ & & & & & * & \cdots & *\end{pmatrix}$$

特别地，当行阶梯形矩阵满足：① 各个首非零元都是 1；② 各个首非零元所在列的其余元素全是零，这时称它为**行简化阶梯形矩阵**或称**行最简形矩阵**.

例如：矩阵

$$\boldsymbol{A}=\begin{pmatrix}1&\frac{1}{2}&0&0&-3\\0&0&1&0&2\\0&0&0&1&-3\\0&0&0&0&0\end{pmatrix},\quad \boldsymbol{B}=\begin{pmatrix}1&2&0&3\\0&2&1&4\\0&0&3&1\\0&0&0&0\end{pmatrix}$$

$\boldsymbol{A}$ 是一个行简化阶梯形矩阵，但阶梯形矩阵 $\boldsymbol{B}$ 不是行简化阶梯形矩阵.

例2的讲解视频

例 2 求 $\boldsymbol{A}$ 的一个行简化阶梯形矩阵

$$\boldsymbol{A}=\begin{pmatrix}1&-2&-1&0&2\\-2&4&2&6&-6\\2&-1&0&2&3\\3&3&3&3&4\end{pmatrix}$$

解 $$\boldsymbol{A}\xrightarrow[r_4-3r_1]{\substack{r_2+2r_1\\r_3-2r_1}}\begin{pmatrix}1&-2&-1&0&2\\0&0&0&6&-2\\0&3&2&2&-1\\0&9&6&3&-2\end{pmatrix}\xrightarrow[\substack{r_3\leftrightarrow r_4\\r_3-3r_2}]{r_2\leftrightarrow r_3}\begin{pmatrix}1&-2&-1&0&2\\0&3&2&2&-1\\0&0&0&-3&1\\0&0&0&6&-2\end{pmatrix}$$

$$\xrightarrow{r_4+2r_3}\begin{pmatrix}1&-2&-1&0&2\\0&3&2&2&-1\\0&0&0&-3&1\\0&0&0&0&0\end{pmatrix}\xrightarrow[r_3\times\left(-\frac{1}{3}\right)]{r_2\times\frac{1}{3}}\begin{pmatrix}1&-2&-1&0&2\\0&1&\frac{2}{3}&\frac{2}{3}&-\frac{1}{3}\\0&0&0&1&-\frac{1}{3}\\0&0&0&0&0\end{pmatrix}$$

$$\xrightarrow[r_1+2r_2]{r_2-\frac{2}{3}r_3}\begin{pmatrix}1&0&\frac{1}{3}&0&\frac{16}{9}\\0&1&\frac{2}{3}&0&-\frac{1}{9}\\0&0&0&1&-\frac{1}{3}\\0&0&0&0&0\end{pmatrix}$$

$m\times n$ 阶矩阵 $\boldsymbol{A}$ 经初等行变换可化为行阶梯形及行最简形，若再经初等列变换，还可化为如下的最简形式

笔记栏

$$\begin{pmatrix}1&0&\cdots&0&\cdots&0\\0&1&\cdots&0&\cdots&0\\\vdots&\vdots&&\vdots&&\vdots\\0&0&\cdots&1&\cdots&0\\0&0&\cdots&0&\cdots&0\\\vdots&\vdots&&\vdots&&\vdots\\0&0&\cdots&0&\cdots&0\end{pmatrix}_{m\times n}\quad 简记\begin{pmatrix}\boldsymbol{E}_r&\boldsymbol{O}\\\boldsymbol{O}&\boldsymbol{O}\end{pmatrix}_{m\times n}\quad（\boldsymbol{E}_r 为 r 阶单位阵）$$

矩阵$\begin{pmatrix}\boldsymbol{E}_r&\boldsymbol{O}\\\boldsymbol{O}&\boldsymbol{O}\end{pmatrix}$称为 **$\boldsymbol{A}$ 的等价标准形**，其特点是：其左上角是一个 r 阶单位阵，其他元素都是 0.

矩阵的等价关系具有如下性质：

（1）反身性：$\boldsymbol{A}\cong\boldsymbol{A}$；

（2）对称性：若 $\boldsymbol{A}\cong\boldsymbol{B}$，则 $\boldsymbol{B}\cong\boldsymbol{A}$；

（3）传递性：若 $\boldsymbol{A}\cong\boldsymbol{B}$，$\boldsymbol{B}\cong\boldsymbol{C}$，则 $\boldsymbol{A}\cong\boldsymbol{C}$.

由此可见，若 $\boldsymbol{A}\cong\boldsymbol{B}$，则 $\boldsymbol{A}$ 与 $\boldsymbol{B}$ 有相同的标准形.

第三节 初等矩阵

矩阵的初等变换是矩阵的一种基本运算，为了研究矩阵初等变换的内在关系，先看单位矩阵进行一次初等变换与一般矩阵进行一次初等变换的关系.

定义 4 单位矩阵 $\boldsymbol{E}$ 经过一次初等变换所得的方阵称为初等方阵或初等矩阵.

三种初等变换对应着三种初等方阵.

1. 对换两行或对换两列

把单位阵中第 i，j 两行对换（$r_i \leftrightarrow r_j$），或第 i，j 两列对换（$c_i \leftrightarrow c_j$），得初等方阵如下

$$E \xrightarrow[\text{或} c_i \leftrightarrow c_j]{r_i \leftrightarrow r_j} \begin{pmatrix} 1 & & & & & & & & \\ & \ddots & & & & & & & \\ & & 1 & & & & & & \\ & & & 0 & \cdots & \cdots & \cdots & 1 & & & \\ & & & \vdots & 1 & & & \vdots & & & \\ & & & \vdots & & \ddots & & \vdots & & & \\ & & & \vdots & & & 1 & \vdots & & & \\ & & & 1 & \cdots & \cdots & \cdots & 0 & & & \\ & & & & & & & & 1 & & \\ & & & & & & & & & \ddots & \\ & & & & & & & & & & 1 \end{pmatrix} \xlongequal{(\text{记为})} E(i,j)$$

用 m 阶初等方阵 $\boldsymbol{E}_m(i,j)$ 左乘矩阵 $\boldsymbol{A}=(a_{ij})_{m\times n}$，得

$$\boldsymbol{E}_m(i,j)\boldsymbol{A}=\begin{pmatrix} a_{11} & a_{12} & \cdots & a_{1n} \\ \cdots & \cdots & \cdots & \cdots \\ a_{j1} & a_{j2} & \cdots & a_{jn} \\ \cdots & \cdots & \cdots & \cdots \\ a_{i1} & a_{i2} & \cdots & a_{in} \\ \cdots & \cdots & \cdots & \cdots \\ a_{m1} & a_{m2} & \cdots & a_{mn} \end{pmatrix} \begin{matrix} \\ \\ \leftarrow \text{第} i \text{行} \\ \\ \leftarrow \text{第} j \text{行} \\ \\ \\ \end{matrix}$$

其结果相当于对 $\boldsymbol{A}$ 施行第一种初等行变换，把 $\boldsymbol{A}$ 的第 i 行与第 j 行对换.

类似地，以 n 阶初等方阵 $\boldsymbol{E}_n(i,j)$ 右乘矩阵 $\boldsymbol{A}$，其结果相当于对矩阵 $\boldsymbol{A}$ 施行第一种初等列变换，把 $\boldsymbol{A}$ 的第 i 列与第 j 列对换（$c_i \leftrightarrow c_j$）.

2. 以数 $k\neq 0$ 乘某行或某列

以数 $k\neq 0$ 乘单位矩阵的第 i 行（$r_i\times k$）或第 i 列（$c_i\times k$），得初等方阵如下：

$$\boldsymbol{E}\xrightarrow[\text{或}c_i\times k]{r_i\times k}\begin{pmatrix}1&&&&&&\\&\ddots&&&&&\\&&1&&&&\\&&&k&&&\\&&&&1&&\\&&&&&\ddots&\\&&&&&&1\end{pmatrix}\xlongequal{\text{(记为)}}\boldsymbol{E}(i(k))$$

可验知：以 $\boldsymbol{E}_m(i(k))$ 左乘矩阵 $\boldsymbol{A}$，其结果相当于以数 k 乘 $\boldsymbol{A}$ 的第 i 行（$r_i\times k$）；以 $\boldsymbol{E}_n(i(k))$ 右乘矩阵 $\boldsymbol{A}$，其结果相当于以数 k 乘 $\boldsymbol{A}$ 的第 i 列（$c_i\times k$）.

3\. 以数 k 乘某行（列）加到另一行（列）上去

以 k 乘 $\boldsymbol{E}$ 的第 j 行加到第 i 行上（r_i+kr_j），或以 k 乘 $\boldsymbol{E}$ 的第 i 列加到第 j 列上（c_j+kc_i），得初等方阵

$$\boldsymbol{E}\xrightarrow[\text{或}c_j+kc_i]{r_i+kr_j}\begin{pmatrix}1&&&&&\\&\ddots&&&&\\&&1&\cdots&k&&\\&&&\ddots&\vdots&&\\&&&&1&&\\&&&&&\ddots&\\&&&&&&1\end{pmatrix}\xlongequal{\text{(记为)}}\boldsymbol{E}(j(k),i)$$

可以验知：以 $\boldsymbol{E}_m(j(k),i)$ 左乘矩阵 $\boldsymbol{A}$，其结果相当于把 $\boldsymbol{A}$ 的第 j 行乘 k 加到第 i 行上（r_i+kr_j）；以 $\boldsymbol{E}_n(j(k),i)$ 右乘矩阵 $\boldsymbol{A}$，其结果相当于把 $\boldsymbol{A}$ 的第 i 列乘 k 加到第 j 列上（c_j+kc_i）.

综上所述，可得定理 1.

定理 1　设 $\boldsymbol{A}$ 是一个 $m\times n$ 矩阵，对 $\boldsymbol{A}$ 施行一次初等行变换，相当于在 $\boldsymbol{A}$ 的左边乘以相应的 m 阶初等方阵，对 $\boldsymbol{A}$ 施行一次初等列变换，相当于在 $\boldsymbol{A}$ 的右边乘以相应的 n 阶初等方阵.

具体表现形式如下：$m\times n$ 阶矩阵 $\boldsymbol{A}$ 进行初等变换 $r_i\leftrightarrow r_j$ 相当于 $\boldsymbol{E}_m(i,j)$ 左乘 $\boldsymbol{A}$，即 $\boldsymbol{A}_{m\times n}\xrightarrow{r_i\leftrightarrow r_j}\boldsymbol{E}_m(i,j)\boldsymbol{A}$；$\boldsymbol{A}$ 进行初等变换 $c_i\leftrightarrow c_j$ 相当于 $\boldsymbol{E}_n(i,j)$ 右乘 $\boldsymbol{A}$，即

$$\boldsymbol{A}\xrightarrow[c_i\leftrightarrow c_j]{}\boldsymbol{A}\boldsymbol{E}_n(i,j)$$

类似有

$$\boldsymbol{A}\xrightarrow{r_i\times k}\boldsymbol{E}_m(i(k))\boldsymbol{A}\qquad \boldsymbol{A}\xrightarrow{c_i\times k}\boldsymbol{A}\boldsymbol{E}_n(i(k))$$

$$\boldsymbol{A}\xrightarrow{r_i+kr_j}\boldsymbol{E}_m(j(k),i)\boldsymbol{A}\qquad \boldsymbol{A}\xrightarrow{c_j+kc_i}\boldsymbol{A}\boldsymbol{E}(j(k),i)$$

初等变换对应初等方阵，由初等变换可逆，可知初等方阵可逆，且此初等变换的逆变换也就对应此初等方阵的逆阵.

（1）由变换 $r_i\leftrightarrow r_j$ 的逆变换就是其本身，有

$$\boldsymbol{E}^{-1}(i,j)=\boldsymbol{E}(i,j)$$

（2）由变换 $r_i\times k$ 的逆变换为 $r_i\times\dfrac{1}{k}$，有

$$\boldsymbol{E}^{-1}(i(k))=\boldsymbol{E}\left(i\left(\frac{1}{k}\right)\right)$$

（3）由变换 $r_i + kr_j$ 的逆变换为 $r_i + (-k)r_j$，有

$$\boldsymbol{E}^{-1}(j(k),i) = \boldsymbol{E}(j(-k),i)$$

例 3　设

例 3 的讲解视频

$$\boldsymbol{A} = \begin{pmatrix} a_{11} & a_{12} & a_{13} \\ a_{21} & a_{22} & a_{23} \\ a_{31} & a_{32} & a_{33} \end{pmatrix}, \quad \boldsymbol{B} = \begin{pmatrix} a_{21} & a_{22} & a_{23} \\ a_{11} & a_{12} & a_{13} \\ a_{31}+a_{11} & a_{32}+a_{12} & a_{33}+a_{13} \end{pmatrix}$$

$$\boldsymbol{P}_1 = \begin{pmatrix} 0 & 1 & 0 \\ 1 & 0 & 0 \\ 0 & 0 & 1 \end{pmatrix}, \quad \boldsymbol{P}_2 = \begin{pmatrix} 1 & 0 & 0 \\ 0 & 1 & 0 \\ 1 & 0 & 1 \end{pmatrix}$$

则必有（　　）.

A．$\boldsymbol{AP}_1\boldsymbol{P}_2 = \boldsymbol{B}$　　B．$\boldsymbol{AP}_2\boldsymbol{P}_1 = \boldsymbol{B}$　　C．$\boldsymbol{P}_1\boldsymbol{P}_2\boldsymbol{A} = \boldsymbol{B}$　　D．$\boldsymbol{P}_2\boldsymbol{P}_1\boldsymbol{A} = \boldsymbol{B}$

解　因 $\boldsymbol{P}_1$ 表示 $r_1 \leftrightarrow r_2$ 对换或 $c_1 \leftrightarrow c_2$ 对换所得初等方阵，$\boldsymbol{P}_2$ 表示第 1 行加到第 3 行或第 3 列加到第 1 列所得初等方阵，从矩阵 $\boldsymbol{A}$ 变到矩阵 $\boldsymbol{B}$ 主要用的变换是行变换，由初等矩阵左乘进行行变换，右乘进行列变换知，选项 A，B 答案不正确. 又由于选项 C，D 答案中，$\boldsymbol{P}_1\boldsymbol{P}_2\boldsymbol{A}$ 表示 $\boldsymbol{A}$ 先左乘 $\boldsymbol{P}_2$ 再左乘 $\boldsymbol{P}_1$，它表示 $\boldsymbol{A}$ 的第 1 行加至第 3 行，再进行第 1，2 行对换，所以有 $\boldsymbol{P}_1\boldsymbol{P}_2\boldsymbol{A} = \boldsymbol{B}$，则选项 C 答案正确. 选项 D 答案表示 $\boldsymbol{A}$ 先进行第 1，2 行对换，再进行第 1 行加入第 3 行的变换，它的结果不是 $\boldsymbol{B}$ 矩阵. 为明确起见，下面将 A，B，D 的答案结果用矩阵表示出来，有

$$\boldsymbol{AP}_1\boldsymbol{P}_2 = \begin{pmatrix} a_{12}+a_{13} & a_{11} & a_{13} \\ a_{22}+a_{23} & a_{21} & a_{23} \\ a_{32}+a_{33} & a_{31} & a_{33} \end{pmatrix}, \quad \boldsymbol{AP}_2\boldsymbol{P}_1 = \begin{pmatrix} a_{12} & a_{11}+a_{13} & a_{13} \\ a_{22} & a_{21}+a_{23} & a_{23} \\ a_{32} & a_{31}+a_{33} & a_{33} \end{pmatrix}$$

$$\boldsymbol{P}_2\boldsymbol{P}_1\boldsymbol{A} = \begin{pmatrix} a_{21} & a_{22} & a_{23} \\ a_{11} & a_{12} & a_{13} \\ a_{31}+a_{21} & a_{32}+a_{22} & a_{33}+a_{23} \end{pmatrix}$$

笔记栏

第四节　初等变换法求逆阵

在第二章中介绍了 n 阶方阵 $\boldsymbol{A}$ 可逆时，用求伴随阵的方法可求得 $\boldsymbol{A}$ 的逆，同时也知道 $\boldsymbol{A}$ 可逆时，$\boldsymbol{A}$ 的行列式不为 0. 本节首先阐明初等变换不改变可逆阵 $\boldsymbol{A}$ 的可逆性，可逆阵 $\boldsymbol{A}$ 等价单位阵，再介绍用初等变换法求矩阵 $\boldsymbol{A}$ 的逆阵的方法.

定理 2　设 $\boldsymbol{A}$ 为 n 阶可逆方阵，则 $\boldsymbol{A}$ 经过一次初等变换后所得矩阵 $\boldsymbol{A}_1$ 也是可逆方阵.

证　$\boldsymbol{A}$ 经一次初等变换变成矩阵 $\boldsymbol{A}_1$，即相当于 $\boldsymbol{A}$ 左乘或右乘了一个初等方阵 $\boldsymbol{P}$，即

$$\boldsymbol{A}_1 = \boldsymbol{PA} \quad 或 \quad \boldsymbol{A}_1 = \boldsymbol{AP}$$

显然 $|\boldsymbol{A}_1| = |\boldsymbol{P}||\boldsymbol{A}| \neq 0$，从而 $\boldsymbol{A}_1$ 可逆.

由此可知，当 $\boldsymbol{A}$ 为可逆阵时，$\boldsymbol{A}$ 的等价标准形为单位矩阵 $\boldsymbol{E}$，也就是

笔记栏

说 $\boldsymbol{A}$ 可经过一系列初等变换化为单位阵.

定理 3 设 $\boldsymbol{A}$ 为可逆方阵，则 $\boldsymbol{A}$ 经有限次初等行变换化为单位阵 $\boldsymbol{E}$，也就是说存在有限个初等方阵 $\boldsymbol{P}_1, \boldsymbol{P}_2, \cdots, \boldsymbol{P}_l$，使

$$\boldsymbol{P}_l \cdots \boldsymbol{P}_2 \boldsymbol{P}_1 \boldsymbol{A} = \boldsymbol{E}$$

证 因 $\boldsymbol{A}$ 为可逆方阵，则 $\boldsymbol{A} \cong \boldsymbol{E}$，由等价对称性知 $\boldsymbol{E} \cong \boldsymbol{A}$，于是，$\boldsymbol{E}$ 可经有限次初等变换变为 $\boldsymbol{A}$，也就是存在有限个初等方阵 $\boldsymbol{Q}_1, \boldsymbol{Q}_2, \cdots, \boldsymbol{Q}_l$，使

$$\boldsymbol{Q}_1 \boldsymbol{Q}_2 \cdots \boldsymbol{Q}_r \boldsymbol{E} \boldsymbol{Q}_{r+1} \cdots \boldsymbol{Q}_l = \boldsymbol{A}$$

即 $\boldsymbol{A} = \boldsymbol{Q}_1 \boldsymbol{Q}_2 \cdots \boldsymbol{Q}_l$，此式表明：可逆阵 $\boldsymbol{A}$ 可表示成有限个初等方阵之积.

上式两边分别左乘 $\boldsymbol{Q}_1^{-1}, \boldsymbol{Q}_2^{-1}, \cdots, \boldsymbol{Q}_l^{-1}$，得

$$\boldsymbol{Q}_l^{-1} \cdots \boldsymbol{Q}_2^{-1} \boldsymbol{Q}_1^{-1} \boldsymbol{A} = \boldsymbol{E}$$

由初等方阵逆阵仍为初等方阵，记 $\boldsymbol{P}_i = \boldsymbol{Q}_i^{-1}\ (i = 1, 2, \cdots, l)$，有 $\boldsymbol{P}_l \cdots \boldsymbol{P}_2 \boldsymbol{P}_1 \boldsymbol{A} = \boldsymbol{E}$，其中 $\boldsymbol{P}_i$ 为初等方阵.

由定理 3，得

$$\boldsymbol{P}_l \boldsymbol{P}_{l-1} \cdots \boldsymbol{P}_2 \boldsymbol{P}_1 \boldsymbol{A} = \boldsymbol{E}$$

两边右乘 $\boldsymbol{A}^{-1}$，得

$$\boldsymbol{A}^{-1} = \boldsymbol{P}_l \boldsymbol{P}_{l-1} \cdots \boldsymbol{P}_2 \boldsymbol{P}_1 \boldsymbol{E}$$

于是，可得用初等变换求逆阵的方法，设 $\boldsymbol{A}$ 可逆，作分块阶矩阵 $(\boldsymbol{A} \mid \boldsymbol{E})$，作初等行变换，当 $\boldsymbol{A}$ 经一系列初等行变换变成单位阵 $\boldsymbol{E}$ 时，相应地单位阵 $\boldsymbol{E}$ 经这同一系列初等行变换变成 $\boldsymbol{A}^{-1}$，即

$$\boldsymbol{P}_l \cdots \boldsymbol{P}_2 \boldsymbol{P}_1 (\boldsymbol{A} \mid \boldsymbol{E}) = (\boldsymbol{P}_l \cdots \boldsymbol{P}_2 \boldsymbol{P}_1 \boldsymbol{A} \mid \boldsymbol{P}_l \cdots \boldsymbol{P}_2 \boldsymbol{P}_1 \boldsymbol{E}) = (\boldsymbol{E} \mid \boldsymbol{A}^{-1})$$

在定理 3 的证明过程中看到，可逆矩阵可表示成有限个初等方阵的乘积，这个结论反过来也成立，于是有如下推论.

推论 1 方阵 $\boldsymbol{A}$ 可逆的充分必要条件是存在有限个初等方阵 $\boldsymbol{P}_1, \boldsymbol{P}_2, \cdots, \boldsymbol{P}_l$，使 $\boldsymbol{A} = \boldsymbol{P}_1 \boldsymbol{P}_2 \cdots \boldsymbol{P}_l$.

由于矩阵 $\boldsymbol{A}$ 与 $\boldsymbol{B}$ 等价指的是矩阵 $\boldsymbol{A}$ 经有限次初等变换变成 $\boldsymbol{B}$，当把这有限次初等变换细分成若干次初等行变换和若干次初等列变换，就得到矩阵 $\boldsymbol{A}$ 与 $\boldsymbol{B}$ 等价相当于在 $\boldsymbol{A}$ 的左边乘以若干个初等方阵和在 $\boldsymbol{A}$ 的右边乘以若干个初等方阵，再结合推论 1，得

推论 2 $m \times n$ 矩阵 $\boldsymbol{A}$ 与 $\boldsymbol{B}$ 等价的充分必要条件是存在 m 阶可逆矩阵 $\boldsymbol{P}$ 和 n 阶可逆矩阵 $\boldsymbol{Q}$，使 $\boldsymbol{PAQ} = \boldsymbol{B}$.

例 4 试用初等变换求 $\boldsymbol{A} = \begin{pmatrix} 1 & 2 & 3 \\ 2 & 2 & 1 \\ 3 & 4 & 3 \end{pmatrix}$ 的逆阵.

例 4 的讲解视频

解 作 $(\boldsymbol{A} \mid \boldsymbol{E})$，用初等行变换把 $\boldsymbol{A}$ 化为 $\boldsymbol{E}$，方法如下

$$
(\boldsymbol{A}\mid\boldsymbol{E})=\left(\begin{array}{ccc|ccc}1&2&3&1&0&0\\2&2&1&0&1&0\\3&4&3&0&0&1\end{array}\right)\xrightarrow[r_3-3r_1]{r_2-2r_1}\left(\begin{array}{ccc|ccc}1&2&3&1&0&0\\0&-2&-5&-2&1&0\\0&-2&-6&-3&0&1\end{array}\right)
$$

$$
\xrightarrow[r_3-r_2]{r_1+r_2}\left(\begin{array}{ccc|ccc}1&0&-2&-1&1&0\\0&-2&-5&-2&1&0\\0&0&-1&-1&-1&1\end{array}\right)
$$

$$
\xrightarrow[r_2-5r_3]{r_1-2r_3}\left(\begin{array}{ccc|ccc}1&0&0&1&3&-2\\0&-2&0&3&6&-5\\0&0&-1&-1&-1&1\end{array}\right)
$$

$$
\xrightarrow[r_3\times(-1)]{r_2\times\left(-\frac{1}{2}\right)}\left(\begin{array}{ccc|ccc}1&0&0&1&3&-2\\0&1&0&-\dfrac{3}{2}&-3&\dfrac{5}{2}\\0&0&1&1&1&-1\end{array}\right)
$$

于是

$$
\boldsymbol{A}^{-1}=\begin{pmatrix}1&3&-2\\-\dfrac{3}{2}&-3&\dfrac{5}{2}\\1&1&-1\end{pmatrix}
$$

第五节 消元法求解线性方程组

通过前面的学习，已知消元法求解线性方程组的一般过程可以用矩阵的初等行变换表示，下面叙述用矩阵初等行变换解线性方程组的一般原理和方法.

设 m 个 n 元线性方程组

$$
\begin{cases}a_{11}x_1+a_{12}x_2+\cdots+a_{1n}x_n=b_1\\a_{21}x_1+a_{22}x_2+\cdots+a_{2n}x_n=b_2\\\qquad\cdots\cdots\\a_{m1}x_1+a_{m2}x_2+\cdots+a_{mn}x_n=b_m\end{cases}\tag{3.6}
$$

系数矩阵与增广矩阵分别为

$$
\boldsymbol{A}=\begin{pmatrix}a_{11}&\cdots&a_{1n}\\\vdots&&\vdots\\a_{m1}&\cdots&a_{mn}\end{pmatrix},\quad \boldsymbol{B}=(\boldsymbol{A},\boldsymbol{b})=\left(\begin{array}{ccc|c}a_{11}&\cdots&a_{1n}&b_1\\a_{21}&\cdots&a_{2n}&b_2\\\vdots&&\vdots&\vdots\\a_{m1}&\cdots&a_{mn}&b_m\end{array}\right)
$$

对增广矩阵 $\boldsymbol{B}$ 进行初等行变换，且不妨设第一列不全为零（否则，方程组（3.6）仅仅视为是 $x_2,x_3,\cdots,x_n$ 的方程组），且不失一般性，可设 $a_{11}\neq 0$，显然，当 $m=1$ 时，$\boldsymbol{B}=(a_{11},a_{12},\cdots,a_{1n},b_1)$ 是行阶梯形矩阵，又假定行数小于等于 $m-1$ 时矩阵可以经过初等行变换变成行阶梯形矩阵，那么，行数为 m 时，利用初等行变换，即 $r_i+\left(-\dfrac{a_{i1}}{a_{11}}\right)r_1\ (i=2,3,\cdots,m)$，可得

$$B \xrightarrow{\text{初等行变换}} \left(\begin{array}{cccc|c} a_{11} & a_{12} & \cdots & a_{1n} & b_1 \\ 0 & a'_{22} & \cdots & a'_{2n} & b'_2 \\ \vdots & \vdots & & \vdots & \vdots \\ 0 & a'_{m2} & \cdots & a'_{mn} & b'_m \end{array}\right)$$

记

$$B'_1 = \left(\begin{array}{ccc|c} a'_{22} & \cdots & a'_{2n} & b'_2 \\ \vdots & & \vdots & \vdots \\ a'_{m2} & \cdots & a'_{mn} & b'_m \end{array}\right)$$

其中

$$a'_{ij} = a_{ij} - \frac{a_{i1}}{a_{11}} a_{1j}, \quad b'_i = b_i - \frac{a_{i1}}{a_{11}} b_1 \qquad (i = 2, \cdots, m; j = 2, \cdots, n)$$

由归纳假设，按上述方法继续对 B'_1 作初等行变换，它可化为行阶梯形矩阵，从而，也就是对 B_1 继续作初等行变换，它化为行阶梯形矩阵，从而知 B 经过初等行变换化成行阶梯形矩阵.

按上面方法作增广矩阵的初等行变换，必要时调动 B 的前 n 列次序（相应地改变未知量的序号）便可得到行阶梯形矩阵

$$B \xrightarrow{\text{初等行变换}} B_r = \left(\begin{array}{ccccccc|c} b_{11} & b_{12} & \cdots & b_{1r} & b_{1,r+1} & \cdots & b_{1n} & d_1 \\ 0 & b_{22} & \cdots & b_{2r} & b_{2,r+1} & \cdots & b_{2n} & d_2 \\ \vdots & \vdots & & \vdots & \vdots & & \vdots & \vdots \\ \hdashline 0 & 0 & \cdots & b_{rr} & b_{r,r+1} & \cdots & b_{rn} & d_r \\ 0 & 0 & \cdots & 0 & 0 & \cdots & 0 & d_{r+1} \\ 0 & 0 & \cdots & 0 & 0 & \cdots & 0 & 0 \\ \vdots & \vdots & & \vdots & \vdots & & \vdots & \vdots \\ 0 & 0 & \cdots & 0 & 0 & \cdots & 0 & 0 \end{array}\right)$$

其中：$b_{11} \cdots b_{rr} \neq 0$.

由于经过初等变换得到的阶梯形方程组与原方程组同解，所以，讨论原方程组解的问题转化为其对应增广矩阵 B 经初等行变换化为行阶梯形矩阵 B_r 对应阶梯形方程组解的情形.

情形 1　行阶梯形矩阵 B_r 中，若 $d_{r+1} \neq 0$，则对应的阶梯形方程组中出现“$0 = d_{r+1}$”的错误，此时，原方程组（3.6）无解.

情形 2　行阶梯形矩阵 B_r 中，$d_{r+1} = 0$，若原方程组（3.6）有解，这时，又分如下两种情况：

（1）当 $r = n$ 时（注意：$r \leqslant n$），则对应 B_r 的阶梯形方程组中方程的个数 r（不包括“$0 = 0$”这些恒等式）等于未知量个数 n，对应阶梯形方程组形如

$$\begin{cases} b_{11}x_1 + b_{12}x_2 + \cdots + b_{1n}x_n = d_1 \\ \qquad\quad b_{22}x_2 + \cdots + b_{2n}x_n = d_2 \\ \qquad\qquad\quad \cdots\cdots \\ \qquad\qquad\qquad\quad b_{nn}x_n = d_n \end{cases}$$

其中：$b_{11}b_{22} \cdots b_{nn} \neq 0$. 因为此阶梯形方程组对应的系数行列式

$$\Delta=\begin{vmatrix} b_{11} & b_{12} & \cdots & b_{1n} \\ 0 & b_{22} & \cdots & b_{2n} \\ \vdots & \vdots & & \vdots \\ 0 & 0 & \cdots & b_{nn} \end{vmatrix}=b_{11}b_{22}\cdots b_{nn}\neq 0$$

根据克拉默法则，它有唯一解，从而原方程组（3.6）有唯一解.

（2）当 $r<n$ 时，将行阶梯形矩阵 $\boldsymbol{B}_r$ 进一步化为行简化阶梯形矩阵

$$\tilde{\boldsymbol{B}}_r=\left(\begin{array}{ccccccc:c} 1 & 0 & \cdots & 0 & -c_{1,r+1} & \cdots & -c_{1n} & h_1 \\ 0 & 1 & \cdots & 0 & -c_{2,r+1} & \cdots & -c_{2n} & h_2 \\ \vdots & \vdots & & \vdots & \vdots & & \vdots & \vdots \\ 0 & 0 & \cdots & 1 & -c_{r,r+1} & \cdots & -c_{rn} & h_r \\ 0 & 0 & \cdots & 0 & 0 & \cdots & 0 & 0 \\ \vdots & \vdots & & \vdots & \vdots & & \vdots & \vdots \\ 0 & 0 & \cdots & 0 & 0 & \cdots & 0 & 0 \end{array}\right)\begin{array}{l} \left.\begin{array}{l} \\ \\ \\ \\ \end{array}\right\} r\text{个非零行} \\ \left.\begin{array}{l} \\ \\ \\ \end{array}\right\} m-r\text{个零行} \end{array}$$

则与 $\tilde{\boldsymbol{B}}_r$ 对应的且与原方程组（3.6）同解的方程组可表为

$$\begin{cases} x_1=c_{1,r+1}x_{r+1}+\cdots+c_{1n}x_n+h_1 \\ x_2=c_{2,r+1}x_{r+1}+\cdots+c_{2n}x_n+h_2 \\ \qquad\cdots\cdots \\ x_r=c_{r,r+1}x_{r+1}+\cdots+c_{rn}x_n+h_r \end{cases} \tag{3.7}$$

任给 $x_{r+1},\cdots,x_n$ 一组值，就可以决定 $x_1,x_2,\cdots,x_r$ 的值，因此（3.6）的通解是

$$\begin{cases} x_1=c_{1,r+1}x_{r+1}+\cdots+c_{1n}x_n+h_1 \\ \qquad\cdots\cdots \\ x_r=c_{r,r+1}x_{r+1}+\cdots+c_{rn}x_n+h_r \\ x_{r+1}=x_{r+1} \\ \qquad\cdots\cdots \\ x_n=x_n \end{cases} \tag{3.8}$$

此外也可在方程组（3.7）后注明“$x_{r+1},\cdots,x_n$ 任意”来代替方程组（3.8），通解中的 $x_{r+1},x_{r+2},\cdots,x_n$ 称为自由未知量.

对于齐次线性方程组

$$\begin{cases} a_{11}x_1+\cdots+a_{1n}x_n=0 \\ \qquad\cdots\cdots \\ a_{m1}x_1+\cdots+a_{mn}x_n=0 \end{cases} \tag{3.9}$$

根据上面讨论可得，当 $r=n$ 时，式（3.9）只有零解（$x_1=0,x_2=0,\cdots,x_n=0$）；当 $r<n$ 时，通解为

$$\begin{cases} x_1=c_{1,r+1}x_{r+1}+\cdots+c_{1n}x_n \\ \qquad\cdots\cdots \\ x_r=c_{r,r+1}x_{r+1}+\cdots+c_{rn}x_n \end{cases}$$

其中：$x_{r+1},\cdots,x_n$ 为自由未知量. 因此，齐次线性方程组（3.9）这时有非零解.

由于 $r\leqslant\min\{m,n\}$，所以，若 $m<n$，则 $r<n$，于是，得到一个非常有用的定理.

定理 4 方程个数小于未知量个数的线性齐次方程组一定有非零解.

例 5 的讲解视频

例 5 当 a 为何值时，下列线性方程组有解？当有解时，求它的通解.

$$\begin{cases} 2x_1+3x_2-\ x_3-2x_4=\ 2 \\ \ x_1-4x_2+2x_3-\ x_4=-1 \\ 3x_1-\ x_2+\ x_3-3x_4=\ a \\ \ x_1+7x_2-3x_3-\ x_4=\ 3 \end{cases}$$

解 增广矩阵

$$\boldsymbol{B}=\left(\begin{array}{cccc|c} 2 & 3 & -1 & -2 & 2 \\ 1 & -4 & 2 & -1 & -1 \\ 3 & -1 & 1 & -3 & a \\ 1 & 7 & -3 & -1 & 3 \end{array}\right) \xrightarrow{r_1 \leftrightarrow r_2} \left(\begin{array}{cccc|c} 1 & -4 & 2 & -1 & -1 \\ 2 & 3 & -1 & -2 & 2 \\ 3 & -1 & 1 & -3 & a \\ 1 & 7 & -3 & -1 & 3 \end{array}\right)$$

$$\xrightarrow[\substack{r_3-3r_1 \\ r_4-r_1}]{r_2-2r_1} \left(\begin{array}{cccc|c} 1 & -4 & 2 & -1 & -1 \\ 0 & 11 & -5 & 0 & 4 \\ 0 & 11 & -5 & 0 & a+3 \\ 0 & 11 & -5 & 0 & 4 \end{array}\right)$$

$$\xrightarrow[r_4-r_2]{r_3-r_2} \left(\begin{array}{cccc|c} 1 & -4 & 2 & -1 & -1 \\ 0 & 11 & -5 & 0 & 4 \\ 0 & 0 & 0 & 0 & a-1 \\ 0 & 0 & 0 & 0 & 0 \end{array}\right)$$

显然，当 $a-1\neq 0$ 时，方程组无解；当 $a=1$ 时，上述线性方程组有解. 此时，增广矩阵 $\boldsymbol{B}$ 可进一步化为行简化阶梯形

$$\boldsymbol{B}\longrightarrow \left(\begin{array}{cccc|c} 1 & -4 & 2 & -1 & -1 \\ 0 & 11 & -5 & 0 & 4 \\ 0 & 0 & 0 & 0 & 0 \\ 0 & 0 & 0 & 0 & 0 \end{array}\right) \xrightarrow{r_2\times\left(\frac{1}{11}\right)} \left(\begin{array}{cccc|c} 1 & -4 & 2 & -1 & -1 \\ 0 & 1 & -\frac{5}{11} & 0 & \frac{4}{11} \\ 0 & 0 & 0 & 0 & 0 \\ 0 & 0 & 0 & 0 & 0 \end{array}\right)$$

$$\xrightarrow{r_1+4r_2} \left(\begin{array}{cccc|c} 1 & 0 & \frac{2}{11} & -1 & \frac{5}{11} \\ 0 & 1 & -\frac{5}{11} & 0 & \frac{4}{11} \\ 0 & 0 & 0 & 0 & 0 \\ 0 & 0 & 0 & 0 & 0 \end{array}\right)$$

从行简化阶梯形矩阵知原方程通解为

$$\begin{cases} x_1=-\dfrac{2}{11}x_3+x_4+\dfrac{5}{11} \\ x_2=\dfrac{5}{11}x_3+\dfrac{4}{11} \end{cases}$$

其中：x_3, x_4 为自由未知量.

笔记栏

习　　题

A　　题

1. 设 $\boldsymbol{A}$ 是三阶方阵，将 $\boldsymbol{A}$ 的第 1 列与第 2 列交换得 $\boldsymbol{B}$，再把 $\boldsymbol{B}$ 的第 2 列加到第 3 列得 $\boldsymbol{C}$，则满足 $\boldsymbol{AQ}=\boldsymbol{C}$ 的可逆矩阵 $\boldsymbol{Q}$ 为（　　）.

A. $\begin{pmatrix}0&1&0\\1&0&0\\1&0&1\end{pmatrix}$　　B. $\begin{pmatrix}0&1&0\\1&0&1\\0&0&1\end{pmatrix}$　　C. $\begin{pmatrix}0&1&0\\1&0&0\\0&1&1\end{pmatrix}$　　D. $\begin{pmatrix}0&1&1\\1&0&0\\0&0&1\end{pmatrix}$

2. 设 $\boldsymbol{A}$ 是三阶矩阵，将 $\boldsymbol{A}$ 的第 2 列加到第 1 列上得 $\boldsymbol{B}$，将 $\boldsymbol{B}$ 的第 1 列的-1 倍加到第 2 列上得 $\boldsymbol{C}$，记 $\boldsymbol{P}=\begin{pmatrix}1&1&0\\0&1&0\\0&0&1\end{pmatrix}$，则（　　）.

A. $\boldsymbol{C}=\boldsymbol{P}^{-1}\boldsymbol{AP}$　　B. $\boldsymbol{C}=\boldsymbol{AP}^{\mathrm{T}}\boldsymbol{P}^{-1}$　　C. $\boldsymbol{C}=\boldsymbol{P}^{\mathrm{T}}\boldsymbol{AP}$　　D. $\boldsymbol{C}=\boldsymbol{PAP}^{\mathrm{T}}$

3. 设 $\boldsymbol{A}=\begin{pmatrix}a_{11}&a_{12}&a_{13}&a_{14}\\a_{21}&a_{22}&a_{23}&a_{24}\\a_{31}&a_{32}&a_{33}&a_{34}\\a_{41}&a_{42}&a_{43}&a_{44}\end{pmatrix}$，$\boldsymbol{B}=\begin{pmatrix}a_{14}&a_{13}&a_{12}&a_{11}\\a_{24}&a_{23}&a_{22}&a_{21}\\a_{34}&a_{33}&a_{32}&a_{31}\\a_{44}&a_{43}&a_{42}&a_{41}\end{pmatrix}$，$\boldsymbol{P}_1=\begin{pmatrix}0&0&0&1\\0&1&0&0\\0&0&1&0\\1&0&0&0\end{pmatrix}$，$\boldsymbol{P}_2=\begin{pmatrix}1&0&0&0\\0&0&1&0\\0&1&0&0\\0&0&0&1\end{pmatrix}$，其中 $\boldsymbol{A}$ 可逆，则 $\boldsymbol{B}^{-1}$ 等于（　　）.

A. $\boldsymbol{A}^{-1}\boldsymbol{P}_1\boldsymbol{P}_2$　　B. $\boldsymbol{P}_1\boldsymbol{A}^{-1}\boldsymbol{P}_2$　　C. $\boldsymbol{P}_1\boldsymbol{P}_2\boldsymbol{A}^{-1}$　　D. $\boldsymbol{P}_2\boldsymbol{A}^{-1}\boldsymbol{P}_1$

4. 矩阵 $\boldsymbol{A}=\begin{pmatrix}1&2&3&4\\0&2&1&3\\0&4&2&6\end{pmatrix}$ 的行简化阶梯形矩阵为________.

5. 已知 $\boldsymbol{A}=\begin{pmatrix}1&2&3&4\\2&3&4&1\\3&4&1&2\end{pmatrix}$，则

（1）初等矩阵 $\boldsymbol{E}(1,3)$左乘 $\boldsymbol{A}$ 的结果 $\boldsymbol{A}_1=$________，这时 $\boldsymbol{E}(1,3)=$________；

（2）初等矩阵 $\boldsymbol{E}(1,3)$右乘 $\boldsymbol{A}$ 的结果 $\boldsymbol{A}_2=$________，这时 $\boldsymbol{E}(1,3)=$________；

（3）初等矩阵 $\boldsymbol{E}(1(-2),3)$左乘 $\boldsymbol{A}$ 的结果 $\boldsymbol{A}_3=$________，这时 $\boldsymbol{E}(1(-2),3)=$________；

（4）初等矩阵 $\boldsymbol{E}(1(-2),3)$右乘 $\boldsymbol{A}$ 的结果 $\boldsymbol{A}_4=$________，这时 $\boldsymbol{E}(1(-2),3)=$________.

6. 设 $\boldsymbol{A}=\begin{pmatrix}a_1&a_2&a_3&a_4\\b_1&b_2&b_3&b_4\\c_1&c_2&c_3&c_4\end{pmatrix}$，则

（1）初等矩阵 $\boldsymbol{E}(2,3),\boldsymbol{E}(2(-2),3),\boldsymbol{E}(2(3))$左乘 $\boldsymbol{A}$ 的结果分别为________；

（2）初等矩阵 $\boldsymbol{E}(2,3),\boldsymbol{E}(2(-2),3),\boldsymbol{E}(2(3))$右乘 $\boldsymbol{A}$ 的结果分别为________.

7. 求下列四阶初等矩阵的逆阵：

（1）$\boldsymbol{E}(1,3)$逆阵为________；

（2）$\boldsymbol{E}(2(-2),3)$逆阵为________；

（3）$\boldsymbol{E}(2(3))$逆阵为________.

8. 已知 $\boldsymbol{A}=\boldsymbol{E}(1,2)\,\boldsymbol{E}(2(3))\,\boldsymbol{E}(2(-2),3)$是 3 个四阶初等矩阵之积，则 $\boldsymbol{A}=$ ________，用初等方阵表示 $\boldsymbol{A}$ 的逆阵的表达式为 $\boldsymbol{A}^{-1}=$ ________.

9. 设 $\boldsymbol{A}=\begin{pmatrix}1&3&3\\1&4&3\\1&3&4\end{pmatrix}$，$\boldsymbol{A}$ 表示为初等矩阵乘积的表达式为________.

B　　题

1. 验证线性方程组的初等变换（3）：把一个方程的倍数加到另一个方程上去是同解变换，即下列方程组（1）与（2）同解：

$$(1)\ \begin{cases}a_{11}x_1+a_{12}x_2+\cdots+a_{1n}x_n=b_1\\ \qquad\cdots\cdots\\ a_{i1}x_1+a_{i2}x_2+\cdots+a_{in}x_n=b_i\\ \qquad\cdots\cdots\\ a_{j1}x_1+a_{j2}x_2+\cdots+a_{jn}x_n=b_j\\ \qquad\cdots\cdots\\ a_{m1}x_1+a_{m2}x_2+\cdots+a_{mn}x_n=b_m\end{cases}$$

$$(2)\ \begin{cases}a_{11}x_1+a_{12}x_2+\cdots+a_{1n}x_n=b_1\\ \qquad\cdots\cdots\\ a_{i1}x_1+a_{i2}x_2+\cdots+a_{in}x_n=b_i\\ \qquad\cdots\cdots\\ (a_{j1}+ka_{i1})x_1+(a_{j2}+ka_{i2})x_2+\cdots+(a_{jn}+ka_{in})x_n=b_j+kb_i\\ \qquad\cdots\cdots\\ a_{m1}x_1+a_{m2}x_2+\cdots+a_{mn}x_n=b_m\end{cases}$$

2. 讨论$\begin{cases}(ma)x+(mb)y=c,\\(ka)x+(kb)y=d\end{cases}$的解的情况，其中 a, b, c, d, m, k（$ab\neq0$）都是常数.

3. 用初等变换求下列矩阵 $\boldsymbol{A}$ 的逆阵：

（1）$\boldsymbol{A}=\begin{pmatrix}1&2&3\\4&5&8\\3&4&6\end{pmatrix}$　　（2）$\boldsymbol{A}=\begin{pmatrix}1&2&3&4\\2&3&1&2\\1&1&1&-1\\1&0&-2&-6\end{pmatrix}$

（3）$\boldsymbol{A}=\begin{pmatrix}1&1&1&1\\1&1&-1&-1\\1&-1&1&-1\\1&-1&-1&1\end{pmatrix}$　　（4）$\boldsymbol{A}=\begin{pmatrix}1&3&-5&7\\0&1&2&-3\\0&0&1&2\\0&0&0&1\end{pmatrix}$

（5）$A=\begin{pmatrix}2&1&0&0&0\\0&2&1&0&0\\0&0&2&1&0\\0&0&0&2&1\\0&0&0&0&2\end{pmatrix}$　　（6）$A=\begin{pmatrix}2&2&2&\cdots&2\\0&1&1&\cdots&1\\0&0&1&\cdots&1\\\vdots&\vdots&\vdots&&\vdots\\0&0&0&\cdots&1\end{pmatrix}_{n\times n}$

4. 将下列矩阵 A 及其逆阵 A^{-1} 表示成有限个初等方阵之积：

（1）$A=\begin{pmatrix}1&0&0\\2&0&-1\\0&-1&0\end{pmatrix}$　　（2）$A=\begin{pmatrix}a&0\\0&a^{-1}\end{pmatrix}\ (a\neq 0)$

（3）$A=\begin{pmatrix}0&0&0&0&1\\0&0&0&2&0\\0&0&3&0&0\\0&4&0&0&0\\5&0&0&0&0\end{pmatrix}$

5. 设 $A=\begin{pmatrix}0&a_1&0&\cdots&0&0\\0&0&a_2&\cdots&0&0\\\vdots&\vdots&\vdots&&\vdots&\vdots\\0&0&0&\cdots&0&a_{n-1}\\a_n&0&0&\cdots&0&0\end{pmatrix}$，其中 $a_i\neq 0\ (i=1,2,\cdots,n)$，求 A^{-1}，并用初等方阵之积分别表示 A 及 A^{-1}.

6. 设 P 为与 A 同阶的初等矩阵，试证 $P^{T}AP$ 相当于对 A 作一次初等行变换与一次相同的初等列变换.

7. 对矩阵方程 $AX=B$，若 A 可逆，则 A 经一系列初等行变换变为单位阵 E，即

$$A\xrightarrow{P_1}A_1\xrightarrow{P_2}A_2\xrightarrow{P_3}\cdots\xrightarrow{P_k}A_k=E$$

将初等行变换 P_i 对应的初等方阵仍记为 P_i，则

$$P_kP_{k-1}\cdots P_2P_1A=E$$

从而，矩阵方程的解为

$$X=A^{-1}B=P_kP_{k-1}\cdots P_2P_1B$$

故有

$$(A\mid B)\xrightarrow{\text{初等行变换}}(E\mid A^{-1}B)$$

用初等变换法，求下列矩阵 X：

（1）$\begin{pmatrix}2&5\\1&3\end{pmatrix}X=\begin{pmatrix}4&-6\\2&1\end{pmatrix}$　　（2）$\begin{pmatrix}1&1&-1\\0&2&2\\1&-1&0\end{pmatrix}X=\begin{pmatrix}1&-1&1\\1&1&0\\2&1&1\end{pmatrix}$

（3）$\begin{pmatrix}1&1&\cdots&1&1\\0&1&\cdots&1&1\\\vdots&\vdots&&\vdots&\vdots\\0&0&\cdots&0&1\end{pmatrix}_{n\times n}X=\begin{pmatrix}2&1&0&\cdots&0&0\\1&2&1&\cdots&0&0\\\vdots&\vdots&\vdots&&\vdots&\vdots\\0&0&0&\cdots&1&2\end{pmatrix}_{n\times n}$

8. 用高斯消元法解下列线性方程组：

（1）$\begin{cases} x_1 - x_2 + 2x_3 - 3x_4 = 1 \\ x_1 + 3x_2 + x_4 = 1 \\ x_2 - x_3 + x_4 = -3 \\ x_1 - 4x_2 + 3x_3 + 2x_4 = -2 \end{cases}$　（2）$\begin{cases} x_1 - 2x_2 + 3x_3 - x_4 - 2x_5 = 2 \\ 4x_1 - 2x_2 + 8x_3 - 4x_4 - 3x_5 = 8 \\ 2x_1 + x_2 + 2x_3 - 2x_4 - 3x_5 = 8 \end{cases}$

（3）$\begin{cases} 2x_1 - \dfrac{1}{2}x_2 - \dfrac{1}{2}x_3 = 0 \\ -\dfrac{1}{2}x_1 + 2x_2 - \dfrac{1}{2}x_4 = 3 \\ -\dfrac{1}{2}x_1 + 2x_3 - \dfrac{1}{2}x_4 = 3 \\ -\dfrac{1}{2}x_2 - \dfrac{1}{2}x_3 + 2x_4 = 0 \end{cases}$　（4）$\begin{cases} 3x_1 + 4x_2 - 5x_3 + 7x_4 = 0 \\ 6x_1 + 8x_2 - 10x_3 + 14x_4 = 0 \\ 4x_1 + 11x_2 - 13x_3 + 16x_4 = 0 \\ 3x_1 - 13x_2 + 14x_3 - 13x_4 = 0 \end{cases}$

（5）$\begin{cases} x_2 + 2x_3 - x_5 = 0 \\ x_1 + x_2 + 5x_3 - 2x_4 = 0 \\ 2x_1 - 2x_2 + 3x_3 - 5x_4 - 5x_5 = 0 \\ 3x_1 + x_2 + 5x_4 + 9x_5 = 0 \\ 6x_1 - x_2 + 6x_3 - 2x_4 + 3x_5 = 0 \end{cases}$

9. 求一个四次多项式 $f(x) = a_0x^4 + a_1x^3 + a_2x^2 + a_3x + a_4$，使它通过（0, 5），（2, –13），（3, –10），（1, –2），（–1, 14）五点.

10. 有三种原料 A，B，C，它们的比重分别为 1，0.8，1.1，价格分别为 8 元/kg、9.7 元/kg、5 元/kg. 欲配成它们的混合物 20 kg，支付成本 150 元，同时比重为 1，应如何配法？

自　测　题

1. 填空和选择题

（1）设

$$\boldsymbol{A} = \begin{pmatrix} a_{11} & a_{12} & a_{13} \\ a_{21} & a_{22} & a_{23} \\ a_{31} & a_{32} & a_{33} \end{pmatrix}, \quad \boldsymbol{B} = \begin{pmatrix} a_{21} & a_{22} + ka_{23} & a_{23} \\ a_{31} & a_{32} + ka_{33} & a_{33} \\ a_{11} & a_{12} + ka_{13} & a_{13} \end{pmatrix}$$

$$\boldsymbol{P}_1 = \begin{pmatrix} 0 & 1 & 0 \\ 0 & 0 & 1 \\ 1 & 0 & 0 \end{pmatrix}, \quad \boldsymbol{P}_2 = \begin{pmatrix} 1 & 0 & 0 \\ 0 & 1 & 0 \\ 0 & k & 1 \end{pmatrix}$$

则 $\boldsymbol{A}$ 等于（　　）.

A. $\boldsymbol{P}_1^{-1}\boldsymbol{B}\boldsymbol{P}_2^{-1}$　B. $\boldsymbol{P}_2^{-1}\boldsymbol{B}\boldsymbol{P}_1^{-1}$　C. $\boldsymbol{P}_1^{-1}\boldsymbol{P}_2^{-1}\boldsymbol{B}$　D. $\boldsymbol{B}\boldsymbol{P}_1^{-1}\boldsymbol{P}_2^{-1}$

（2）写出四阶初等矩阵 $\boldsymbol{E}(3(-2), 1)$的值________及其逆阵________.

（3）设 $\boldsymbol{B} = (b_{ij})_{3\times 3}$，则矩阵方程 $\begin{pmatrix} 0 & 1 & 0 \\ 1 & 0 & 0 \\ 0 & 0 & 1 \end{pmatrix} \boldsymbol{X} \begin{pmatrix} 1 & 0 & 0 \\ 0 & 0 & 1 \\ 0 & 1 & 0 \end{pmatrix} = \boldsymbol{B}$ 的解 $\boldsymbol{X} =$ ________.

（4）方程 $\boldsymbol{AX}=\boldsymbol{b}$ 作

$$(\boldsymbol{A}\,\vdots\,\boldsymbol{b})\xrightarrow{\text{初等行变换}}\left(\begin{array}{ccc:c}1&0&1&2\\0&1&0&2\\0&0&0&1-2a\end{array}\right)$$

则________时，方程组无解；________时，方程组有无穷多解，其一般解为________.

（5）设 $\boldsymbol{A}=\begin{pmatrix}0&0&2&0\\0&0&0&3\\4&0&0&0\\0&5&0&0\end{pmatrix}$，则 $\boldsymbol{A}$ 的逆阵表示成初等方阵之积的形式为（　　）.

A．$\boldsymbol{E}\left(1\left(\frac{1}{2}\right)\right)\boldsymbol{E}\left(2\left(\frac{1}{3}\right)\right)\boldsymbol{E}\left(3\left(\frac{1}{4}\right)\right)\boldsymbol{E}\left(4\left(\frac{1}{5}\right)\right)\boldsymbol{E}(1,3)\boldsymbol{E}(2,4)$

B．$\boldsymbol{E}(1,3)\boldsymbol{E}(2,4)\boldsymbol{E}\left(1\left(\frac{1}{2}\right)\right)\boldsymbol{E}\left(2\left(\frac{1}{3}\right)\right)\boldsymbol{E}\left(3\left(\frac{1}{4}\right)\right)\boldsymbol{E}\left(4\left(\frac{1}{5}\right)\right)$

C．$\boldsymbol{E}\left(4\left(\frac{1}{5}\right)\right)\boldsymbol{E}\left(3\left(\frac{1}{4}\right)\right)\boldsymbol{E}\left(2\left(\frac{1}{3}\right)\right)\boldsymbol{E}\left(1\left(\frac{1}{2}\right)\right)\boldsymbol{E}(2,4)\boldsymbol{E}(1,3)$

D．$\boldsymbol{E}(1,3)\boldsymbol{E}\left(1\left(\frac{1}{2}\right)\right)\boldsymbol{E}\left(3\left(\frac{1}{4}\right)\right)\boldsymbol{E}(2,4)\boldsymbol{E}\left(2\left(\frac{1}{5}\right)\right)\boldsymbol{E}\left(4\left(\frac{1}{3}\right)\right)$

（6）设 $\boldsymbol{A}$ 为三阶矩阵，$|\boldsymbol{A}|=3$，$\boldsymbol{A}^*$ 为 $\boldsymbol{A}$ 的伴随矩阵，若交换 $\boldsymbol{A}$ 的第 1 行与第 2 行得到矩阵 $\boldsymbol{B}$，则 $|\boldsymbol{BA}^*|=$________.

（7）设 $\boldsymbol{A}$ 为三阶矩阵，将 $\boldsymbol{A}$ 的第 2 列加到第 1 列得矩阵 $\boldsymbol{B}$，再交换 $\boldsymbol{B}$ 的第 2 行与第 3 行得单位矩阵，记 $\boldsymbol{P}_1=\begin{pmatrix}1&0&0\\1&1&0\\0&0&1\end{pmatrix}$，$\boldsymbol{P}_2=\begin{pmatrix}1&0&0\\0&0&1\\0&1&0\end{pmatrix}$，则 $\boldsymbol{A}=$（　　）.

A．$\boldsymbol{P}_1\boldsymbol{P}_2$　　B．$\boldsymbol{P}_1^{-1}\boldsymbol{P}_2$　　C．$\boldsymbol{P}_2\boldsymbol{P}_1$　　D．$\boldsymbol{P}_2\boldsymbol{P}_1^{-1}$

（8）若矩阵 $\boldsymbol{A}$ 经初等列变换化成 $\boldsymbol{B}$，则（　　）.

A．存在矩阵 $\boldsymbol{P}$，使得 $\boldsymbol{PA}=\boldsymbol{B}$　　B．存在矩阵 $\boldsymbol{p}$，使得 $\boldsymbol{BP}=\boldsymbol{A}$

C．存在矩阵 $\boldsymbol{P}$，使得 $\boldsymbol{PB}=\boldsymbol{A}$　　D．方程组 $\boldsymbol{Ax}=0$ 与 $\boldsymbol{Bx}=0$ 同解

（9）设 $\boldsymbol{A}$ 为三阶矩阵，$\boldsymbol{P}$ 为三阶可逆矩阵，且 $\boldsymbol{P}^{-1}\boldsymbol{AP}=\begin{pmatrix}1&0&0\\0&1&0\\0&0&2\end{pmatrix}$，若 $\boldsymbol{P}=(\alpha_1,\alpha_2,\alpha_3)$，$\boldsymbol{Q}=(\alpha_1+\alpha_2,\alpha_2,\alpha_3)$，则 $\boldsymbol{Q}^{-1}\boldsymbol{AQ}=$（　　）.

A．$\begin{pmatrix}1&0&0\\0&2&0\\0&0&1\end{pmatrix}$　　B．$\begin{pmatrix}1&0&0\\0&1&0\\0&0&2\end{pmatrix}$　　C．$\begin{pmatrix}2&0&0\\0&1&0\\0&0&2\end{pmatrix}$　　D．$\begin{pmatrix}2&0&0\\0&2&0\\0&0&1\end{pmatrix}$

2. 用高斯消元法解下列线性方程组：

（1）$\begin{cases} x_1+2x_2+3x_3+4x_4=4 \\ x_2+x_3+x_4=3 \\ x_1-3x_2+3x_4=1 \\ 7x_2+3x_3-x_4=-3 \end{cases}$　　（2）$\begin{cases} x_1+x_2-3x_4-x_5=0 \\ x_1-x_2+2x_3-x_4+x_5=0 \\ 4x_1-2x_2+6x_3-5x_4+x_5=0 \\ 2x_1+4x_2-2x_3+4x_4-16x_5=0 \end{cases}$

3. 用初等变换求矩阵 $\boldsymbol{A}=\begin{pmatrix} 2 & 2 & 3 \\ 1 & -1 & 0 \\ -1 & 2 & 1 \end{pmatrix}$ 的逆阵.

4. 设 $\boldsymbol{A}=\begin{pmatrix} 1 & 4 & 3 \\ 1 & 3 & 3 \\ 1 & 3 & 4 \end{pmatrix}$，试将 $\boldsymbol{A}$ 表示为初等矩阵之积.

5. 设 $\boldsymbol{A}$ 是 n 阶可逆方阵，将 $\boldsymbol{A}$ 的第 i 行和第 j 行对换后得到的矩阵记为 $\boldsymbol{B}$.

（1）证明：$\boldsymbol{B}$ 可逆；

（2）求 $\boldsymbol{AB}^{-1}$.

第四章　向量与矩阵的秩

第四章思维导图

本章介绍向量、向量空间概念，讨论向量的线性相关性、最大无关组、向量组的秩、矩阵的秩等概念和问题，并给出用初等变换求向量组秩、矩阵秩的一种有效方法.

第一节　向 量 概 述

定义 1　如果数的集合 F 包含数 0 和 1，并且 F 中任何两个数的和、差、积、商（除数不为 0）仍在 F 中，那么称 F 是一个**数域**.

容易验证，全体有理数集 **Q** 构成数域，通常称为有理数域 Q. 同样，全体实数集 **R** 构成实数域 R，全体复数集 **C** 构成复数域 C. 又如：$F=\{a+b\sqrt{2}\mid a,b\in\mathbf{Q}\}$ 构成数域，而自然数集 **N**、整数集 **Z** 不能构成数域.

一、向量的定义

定义 2　数域 F 上 n 个数 $a_1, a_2, \cdots, a_n$ 所组成的有序数组 $\boldsymbol{\alpha}=(a_1, a_2, \cdots, a_n)$ 称为数域 F 上的 n 维向量，其中 a_i（$i=1, 2, \cdots, n$）称为向量 $\boldsymbol{\alpha}$ 的第 i 个分量（或坐标）.

向量通常是写成一行：

$$\boldsymbol{\alpha}=(a_1,a_2,\cdots,a_n)$$

有时候也可以写成一列：

$$\boldsymbol{\alpha}=\begin{pmatrix} a_1 \\ a_2 \\ \vdots \\ a_n \end{pmatrix} \quad 或 \quad (a_1,a_2,\cdots,a_n)^{\mathrm{T}}$$

为了区别，前者称为行向量，后者称为列向量. 它们的区别只是写法上的不同.

注意　无特别说明，本章数域中的数均指实数.

在空间解析几何中，以坐标原点 O（0, 0, 0）为起点，以点 P（x, y, z）为终点的有向线段所表示的向量 $\overrightarrow{OP}=\{x, y, z\}$ 就是一个三维向量，这里点（x, y, z）与向量 $\{x, y, z\}$ 用两种不同括弧以示点与向量之区别，而在代数中，向量常用圆括弧表示，在不致混淆的情况下，可用（x, y, z）表示 $\overrightarrow{OP}$. 又如工程上研究导弹飞行状态，用导弹质量 m、空间坐标（x, y, z）和速度分量（v_x, v_y, v_z）等 7 个分量组成的一个七维向量（$m, x, y, z, v_x, v_y, v_z$）来表示.

笔记栏

例 1 线性方程组

$$\begin{cases} a_{11}x_1 + a_{12}x_2 + \cdots + a_{1n}x_n = b_1 \\ a_{21}x_1 + a_{22}x_2 + \cdots + a_{2n}x_n = b_2 \\ \qquad\cdots\cdots \\ a_{m1}x_1 + a_{m2}x_2 + \cdots + a_{mn}x_n = b_n \end{cases} \tag{4.1}$$

中第 i 个方程

$$a_{i1}x_1 + a_{i2}x_2 + \cdots + a_{in}x_n = b_i$$

可用 $n+1$ 维向量（$a_{i1}, a_{i2}, \cdots, a_{in}, b_i$）与其对应表示.

矩阵

$$\boldsymbol{A} = \begin{pmatrix} a_{11} & a_{12} & \cdots & a_{1n} \\ a_{21} & a_{22} & \cdots & a_{2n} \\ \vdots & \vdots & & \vdots \\ a_{m1} & a_{m2} & \cdots & a_{mn} \end{pmatrix}$$

的第 i 行 $\boldsymbol{\alpha}_i = (a_{i1}, a_{i2}, \cdots, a_{in})$称为矩阵 $\boldsymbol{A}$ 的第 i（$i = 1, 2, \cdots, m$）行向量，它是一个 n 维向量.

矩阵 $\boldsymbol{A}$ 的第 j 列 $\boldsymbol{\beta}_j = \begin{pmatrix} a_{1j} \\ \vdots \\ a_{mj} \end{pmatrix} = (a_{1j}, a_{2j}, \cdots, a_{mj})^{\mathrm{T}}$ $(j = 1, 2, \cdots, n)$ 称为矩阵 $\boldsymbol{A}$ 的第 j 列向量，它是一个 m 维向量.

定义 3 向量相等：设向量 $\boldsymbol{\alpha} = (a_1, a_2, \cdots, a_n)$，$\boldsymbol{\beta} = (b_1, b_2, \cdots, b_n)$都是 n 维向量，向量 $\boldsymbol{\alpha}$ 和向量 $\boldsymbol{\beta}$ 相等是指它们各个对应分量相等，即 $a_1 = b_1, \cdots, a_n = b_n$，记为 $\boldsymbol{\alpha} = \boldsymbol{\beta}$.

零向量：指分量都为 0 的向量，记作 $\mathbf{0}$，即 $\mathbf{0} = (0, 0, \cdots, 0)$. 需要指出的是，维数不同的零向量是不相同的.

负向量：向量 $\boldsymbol{\alpha} = (a_1, a_2, \cdots, a_n)$的负向量是指（$-a_1, -a_2, \cdots, -a_n$），记为 $-\boldsymbol{\alpha}$，即 $-\boldsymbol{\alpha} = (-a_1, -a_2, \cdots, -a_n)$.

二、向量运算及性质

定义 4（向量加法） 设 n 维向量 $\boldsymbol{\alpha} = (a_1, a_2, \cdots, a_n)$，$\boldsymbol{\beta} = (b_1, b_2, \cdots, b_n)$，定义向量 $\boldsymbol{\alpha}$ 与 $\boldsymbol{\beta}$ 的加法为

$$\boldsymbol{\alpha} + \boldsymbol{\beta} = (a_1 + b_1, a_2 + b_2, \cdots, a_n + b_n)$$

称 $\boldsymbol{\alpha} + \boldsymbol{\beta}$ 为向量 $\boldsymbol{\alpha}$ 与 $\boldsymbol{\beta}$ 之和.

由向量加法与负向量定义可得向量减法

$$\boldsymbol{\alpha} - \boldsymbol{\beta} = \boldsymbol{\alpha} + (-\boldsymbol{\beta}) = (a_1 - b_1, a_2 - b_2, \cdots, a_n - b_n)$$

定义 5（数乘向量） 设 $\boldsymbol{\alpha} = (a_1, a_2, \cdots, a_n)$为数域 F 上的 n 维向量，数 λ 是数域 F 中的数，那么数 λ 与向量 $\boldsymbol{\alpha}$ 的乘积定义为

$$(\lambda a_1, \lambda a_2, \cdots, \lambda a_n)$$

记为 $\lambda\boldsymbol{\alpha}$ 或 $\boldsymbol{\alpha}\lambda$.

例 2 设 $\boldsymbol{\alpha}_1 = (2, 3, 1, -2)$，$\boldsymbol{\alpha}_2 = (10, 2, 3, -1)$，$\boldsymbol{\alpha}_3 = (2, 1, 3, -2)$，求

$$\frac{1}{2}\boldsymbol{\alpha}_1+\frac{1}{3}\boldsymbol{\alpha}_2-\frac{1}{6}\boldsymbol{\alpha}_3$$

解　根据定义及运算性质

$$\begin{aligned}\frac{1}{2}\boldsymbol{\alpha}_1+\frac{1}{3}\boldsymbol{\alpha}_2-\frac{1}{6}\boldsymbol{\alpha}_3&=\frac{1}{6}(3\boldsymbol{\alpha}_1+2\boldsymbol{\alpha}_2-\boldsymbol{\alpha}_3)\\&=\frac{1}{6}(6+20-2,9+4-1,3+6-3,-6-2+2)\\&=\frac{1}{6}(24,12,6,-6)=(4,2,1,-1)\end{aligned}$$

第二节　向 量 空 间

数域 F 上全体 n 维向量所组成的集合

$$F^n=\{(a_1,a_2,\cdots,a_n)\,|\,a_1,a_2,\cdots,a_n\in F\}$$

F^n 中向量加法与数乘向量运算称为 F^n 中向量线性运算，它满足下列 8 条运算规律.

设向量 $\boldsymbol{\alpha},\boldsymbol{\beta},\boldsymbol{\gamma}\in F^n$，数 $\lambda,l\in F$，则向量加法满足：

（1）$\boldsymbol{\alpha}+\boldsymbol{\beta}=\boldsymbol{\beta}+\boldsymbol{\alpha}$（交换律）；

（2）$(\boldsymbol{\alpha}+\boldsymbol{\beta})+\boldsymbol{\gamma}=\boldsymbol{\alpha}+(\boldsymbol{\beta}+\boldsymbol{\gamma})$（结合律）；

（3）$\boldsymbol{\alpha}+\mathbf{0}=\boldsymbol{\alpha}$（$\mathbf{0}$ 为零向量）；

（4）$\boldsymbol{\alpha}+(-\boldsymbol{\alpha})=\mathbf{0}$（$-\boldsymbol{\alpha}$ 为 $\boldsymbol{\alpha}$ 的负向量）.

数乘向量满足：

（5）$1\cdot\boldsymbol{\alpha}=\boldsymbol{\alpha}$（1 为数域数 1）；

（6）$\lambda(l\boldsymbol{\alpha})=(\lambda l)\boldsymbol{\alpha}$（结合律）.

加法与数乘满足分配律：

（7）$\lambda(\boldsymbol{\alpha}+\boldsymbol{\beta})=\lambda\boldsymbol{\alpha}+\lambda\boldsymbol{\beta}$;

（8）$(\lambda+l)\boldsymbol{\alpha}=\lambda\boldsymbol{\alpha}+l\boldsymbol{\alpha}$.

另外，根据线性运算定义还可得出如下性质：

（1）$0\cdot\boldsymbol{\alpha}=\mathbf{0}$，$(-1)\cdot\boldsymbol{\alpha}=-\boldsymbol{\alpha}$，$\lambda\cdot\mathbf{0}=\mathbf{0}$;

（2）$k\cdot\boldsymbol{\alpha}=\mathbf{0}$，得 $k=0$ 或 $\boldsymbol{\alpha}=\mathbf{0}$;

（3）$\boldsymbol{\alpha}+\boldsymbol{\beta}=\boldsymbol{\gamma}$，得 $\boldsymbol{\beta}=\boldsymbol{\gamma}-\boldsymbol{\alpha}$.

定义 6　设 V 是数域 F 上 n 维向量的集合，且满足：①V 非空；②V 对于向量加法与数乘向量这两种运算是封闭的（所谓封闭就是：任意取 V 中向量 $\boldsymbol{\alpha},\boldsymbol{\beta}$ 及数域 F 中数 λ，有 $\boldsymbol{\alpha}+\boldsymbol{\beta}\in V$，同时，$\lambda\boldsymbol{\alpha}\in V$），则称 V 为数域 F 上的向量空间. 若 F 为实数域，则称 V 为实向量空间；若 F 为复数域，则称 V 为复向量空间.

根据这一定义，易知：全体三维向量的集合 $R^3=\{(a_1,a_2,a_3)|a_1,a_2,a_3\in\mathbf{R}\}$ 构成一个向量空间. 部分三维向量集合

$$S_1=\{(a_1,a_2,0)|a_1,a_2\in\mathbf{R}\},\qquad S_2=\{(a_1,0,0)|a_1\in\mathbf{R}\}$$

也都构成向量空间，但部分三维向量集合

$$S_3=\{(a_1,a_2,a_3)|a_1+a_2+a_3=1,a_1,a_2,a_3\in\mathbf{R}\}$$

不构成向量空间，因它不满足定义 6 第②点.

一般地，数域 F 上全体 n 维向量所成集合

$$F^n=\{(a_1,a_2,\cdots,a_n)|a_1,a_2,\cdots,a_n\in F\}$$

对其定义的向量加法与数乘向量运算满足：

（1）向量加法封闭，即若 $\boldsymbol{\alpha},\boldsymbol{\beta}\in F^n$，有 $\boldsymbol{\alpha}+\boldsymbol{\beta}\in F^n$；

（2）数乘向量封闭，即若 $\boldsymbol{\alpha}\in F^n$，$\lambda\in F$，有 $\lambda\boldsymbol{\alpha}\in F^n$，故称非空集合 F^n 为向量空间 F^n.

例 3 验证 n 维向量集合

$$V_1=\{(a_1,a_2,\cdots,a_n)|a_1+a_2+\cdots+a_n=0,a_1,\cdots,a_n\in\mathbf{R}\}$$
$$V_2=\{(a_1,a_2,\cdots,a_n)|a_1+a_2+\cdots+a_n=1,a_1,\cdots,a_n\in\mathbf{R}\}$$

集合 V_1 构成向量空间，集合 V_2 不构成向量空间.

解 （1）V_1 非空，又若 $\boldsymbol{\alpha}=(a_1,\cdots,a_n)\in V_1$，$\boldsymbol{\beta}=(b_1,\cdots,b_n)\in V_1$，则 $a_1+a_2+\cdots+a_n=0$，$b_1+b_2+\cdots+b_n=0$，于是$(a_1+b_1)+\cdots+(a_n+b_n)=0$，从而

$$\boldsymbol{\alpha}+\boldsymbol{\beta}=(a_1+b_1,a_2+b_2,\cdots,a_n+b_n)\in V_1$$

同样，任给 $\lambda\in\mathbf{R}$，$\lambda\boldsymbol{\alpha}=(\lambda a_1,\lambda a_2,\cdots,\lambda a_n)$，有

$$\lambda a_1+\lambda a_2+\cdots+\lambda a_n=\lambda(a_1+a_2+\cdots+a_n)=\lambda\cdot 0=0$$

从而，$\lambda\boldsymbol{\alpha}\in V_1$，故 V_1 构成向量空间.

（2）由于 $\boldsymbol{\alpha}=(a_1,a_2,\cdots,a_n)\in V_2$，则 $a_1+a_2+\cdots+a_n=1$，那么 $2\boldsymbol{\alpha}=(2a_1,2a_2,\cdots,2a_n)$，但 $2a_1+2a_2+\cdots+2a_n=2$，得 $2\boldsymbol{\alpha}\notin V_2$，所以数乘运算不封闭，$V_2$ 不构成向量空间.

对 n 分别取 1, 2, 3 时，V_1 分别表示数轴 R 上一个原点，平面 R^2 上一条过原点的直线（二、四象限对角线），空间 R^3 中过原点的一个平面；而 V_2 分别表示数轴 R 上点 1，平面 R^2 上不过原点的直线 $x+y=1$，空间 R^3 上不过原点的平面且在三坐标轴截距为 1 的平面 $x+y+z=1$.

例 4 设 $\boldsymbol{\alpha}_1,\boldsymbol{\alpha}_2$ 为两个已知的 n 维向量，集合 $L=\left\{k_1\boldsymbol{\alpha}_1+k_2\boldsymbol{\alpha}_2\left|k_1,k_2\in\mathbf{R}\right.\right\}$（$L$ 代表所有能表示成 $k_1\boldsymbol{\alpha}_1+k_2\boldsymbol{\alpha}_2$ 的向量的集合，其中 k_1,k_2 为任意实数）是一个向量空间. 因为

（1）$\boldsymbol{\alpha}_1=1\cdot\boldsymbol{\alpha}_1+0\cdot\boldsymbol{\alpha}_2\in L$，即 L 非空；

（2）若 $\boldsymbol{\alpha}=k_{11}\boldsymbol{\alpha}_1+k_{21}\boldsymbol{\alpha}_2$，$\boldsymbol{\beta}=k_{12}\boldsymbol{\alpha}_1+k_{22}\boldsymbol{\alpha}_2$，其中 $k_{11},k_{21},k_{12},k_{22}\in\mathbf{R}$，则有 $\boldsymbol{\alpha}+\boldsymbol{\beta}=(k_{11}+k_{12})\boldsymbol{\alpha}_1+(k_{21}+k_{22})\boldsymbol{\alpha}_2\in L$，且对任意的 $k\in\mathbf{R}$，$k\boldsymbol{\alpha}=(kk_{11})\boldsymbol{\alpha}_1+(kk_{21})\boldsymbol{\alpha}_2\in L$，所以 L 对加法和数乘两种运算封闭. 这个向量空间称为由向量 $\boldsymbol{\alpha}_1,\boldsymbol{\alpha}_2$ 所生成的向量空间.

一般地，由向量组 $\boldsymbol{\alpha}_1,\boldsymbol{\alpha}_2,\cdots,\boldsymbol{\alpha}_m$ 所生成的向量空间为

$$L=\left\{k_1\boldsymbol{\alpha}_1+k_2\boldsymbol{\alpha}_2+\cdots+k_m\boldsymbol{\alpha}_m\left|k_1,k_2,\cdots,k_m\in\mathbf{R}\right.\right\}$$

由向量组 $\boldsymbol{\alpha}_1,\boldsymbol{\alpha}_2,\cdots,\boldsymbol{\alpha}_m$ 所生成的向量空间有时候也表示为 $L(\boldsymbol{\alpha}_1,\boldsymbol{\alpha}_2,\cdots,\boldsymbol{\alpha}_m)$.

第三节　向量组的线性相关性

在第一节例 2 中，向量 $\frac{1}{2}\boldsymbol{\alpha}_1+\frac{1}{3}\boldsymbol{\alpha}_2-\frac{1}{6}\boldsymbol{\alpha}_3$ 就是向量 $\boldsymbol{\alpha}_1,\boldsymbol{\alpha}_2,\boldsymbol{\alpha}_3$ 的一个线性组合，又 $\frac{1}{2}\boldsymbol{\alpha}_1+\frac{1}{3}\boldsymbol{\alpha}_2-\frac{1}{6}\boldsymbol{\alpha}_3=(4,2,1,-1)$，这时又称向量（4, 2, 1, −1）可由 $\boldsymbol{\alpha}_1,\boldsymbol{\alpha}_2,\boldsymbol{\alpha}_3$ 线性表示.

定义 7 设 n 维向量 $\boldsymbol{\alpha}_1,\boldsymbol{\alpha}_2,\cdots,\boldsymbol{\alpha}_m,\boldsymbol{\alpha}$，如果有一组数 $\lambda_1,\lambda_2,\cdots,\lambda_m$，使

$$\boldsymbol{\alpha}=\lambda_1\boldsymbol{\alpha}_1+\lambda_2\boldsymbol{\alpha}_2+\cdots+\lambda_m\boldsymbol{\alpha}_m$$

则说向量 $\boldsymbol{\alpha}$ 是 $\boldsymbol{\alpha}_1,\boldsymbol{\alpha}_2,\cdots,\boldsymbol{\alpha}_m$ 的线性组合，或说 $\boldsymbol{\alpha}$ 可由 $\boldsymbol{\alpha}_1,\boldsymbol{\alpha}_2,\cdots,\boldsymbol{\alpha}_m$ 线性表示.

例 5 线性方程组

$$\begin{cases}2x_1+3x_2-x_3-2x_4=2\\ x_1-4x_2+2x_3-x_4=-1\\ 3x_1-x_2+x_3-3x_4=1\\ x_1+7x_2-3x_3-x_4=3\end{cases}$$

4 个方程分别用向量可表示为

$$\boldsymbol{\alpha}_1=(2,3,-1,-2,2),\qquad \boldsymbol{\alpha}_2=(1,-4,2,-1,-1)$$
$$\boldsymbol{\alpha}_3=(3,-1,1,-3,1),\qquad \boldsymbol{\alpha}_4=(1,7,-3,-1,3)$$

由于 $\boldsymbol{\alpha}_3=\boldsymbol{\alpha}_1+\boldsymbol{\alpha}_2, \boldsymbol{\alpha}_4=\boldsymbol{\alpha}_1-\boldsymbol{\alpha}_2$，即 $\boldsymbol{\alpha}_3$ 可由 $\boldsymbol{\alpha}_1, \boldsymbol{\alpha}_2$ 表示，$\boldsymbol{\alpha}_4$ 也可由 $\boldsymbol{\alpha}_1, \boldsymbol{\alpha}_2$ 表示，那么原方程组与 $\boldsymbol{\alpha}_1, \boldsymbol{\alpha}_2$ 对应组成的方程组

$$\begin{cases}2x_1+3x_2-x_3-2x_4=2\\ x_1-4x_2+2x_3-x_4=-1\end{cases}$$

同解，有了这一关系，今后在不改变原方程组系数情况下，可简化方程的求解.

例 6 线性方程组

$$\begin{cases}a_{11}x_1+a_{12}x_2+\cdots+a_{1n}x_n=b_1\\ a_{21}x_1+a_{22}x_2+\cdots+a_{2n}x_n=b_2\\ \qquad\cdots\cdots\\ a_{m1}x_1+a_{m2}x_2+\cdots+a_{mn}x_n=b_m\end{cases}\tag{4.2}$$

可写成

$$x_1\begin{pmatrix}a_{11}\\a_{21}\\\vdots\\a_{m1}\end{pmatrix}+x_2\begin{pmatrix}a_{12}\\a_{22}\\\vdots\\a_{m2}\end{pmatrix}+\cdots+x_n\begin{pmatrix}a_{1n}\\a_{2n}\\\vdots\\a_{mn}\end{pmatrix}=\begin{pmatrix}b_1\\b_2\\\vdots\\b_m\end{pmatrix}$$

由上式可见，方程组（4.2）有解的充要条件是：右端常数列向量可由系数矩阵的列向量线性表示.

例 7 n 维向量组 $\boldsymbol{\varepsilon}_1=(1,0,\cdots,0), \boldsymbol{\varepsilon}_2=(0,1,\cdots,0),\cdots,\boldsymbol{\varepsilon}_n=(0,0,\cdots,1)$ 称为 F^n 中 n 维单位向量组，显然，F^n 中任一向量 $\boldsymbol{\alpha}=(a_1,a_2,\cdots,a_n)$可表示为

$$\boldsymbol{\alpha}=a_1\boldsymbol{\varepsilon}_1+a_2\boldsymbol{\varepsilon}_2+\cdots+a_n\boldsymbol{\varepsilon}_n$$

即向量 $\boldsymbol{\alpha}$ 可由 $\boldsymbol{\varepsilon}_1,\boldsymbol{\varepsilon}_2,\cdots,\boldsymbol{\varepsilon}_n$ 线性表示，且表示系数就是向量 $\boldsymbol{\alpha}$ 的各分量. 又若有数 $k_1,k_2,\cdots,k_n$，使 $k_1\boldsymbol{\varepsilon}_1+k_2\boldsymbol{\varepsilon}_2+\cdots+k_n\boldsymbol{\varepsilon}_n=\mathbf{0}$，则$(k_1,k_2,\cdots,k_n)=\mathbf{0}$，即 $k_1=k_2=\cdots=k_n=0$. 这时，将具有这种性质的向量组 $\boldsymbol{\varepsilon}_1,\boldsymbol{\varepsilon}_2,\cdots,\boldsymbol{\varepsilon}_n$ 称为线性无关向量组. 下面给出一般定义.

定义 8 设有向量组：$\boldsymbol{\alpha}_1,\boldsymbol{\alpha}_2,\cdots,\boldsymbol{\alpha}_m$，如果存在一组不全为零的数 $k_1,k_2,\cdots,k_m$，使

$$k_1\boldsymbol{\alpha}_1+k_2\boldsymbol{\alpha}_2+\cdots+k_m\boldsymbol{\alpha}_m=\mathbf{0}$$

则称向量组 $\boldsymbol{\alpha}_1,\boldsymbol{\alpha}_2,\cdots,\boldsymbol{\alpha}_m$ **线性相关**；否则，称它们**线性无关**.

向量组（同维向量组成的集合）不是线性相关就是线性无关，所谓线性无关，见定义 9.

定义 9 设有向量组 $\boldsymbol{\alpha}_1,\boldsymbol{\alpha}_2,\cdots,\boldsymbol{\alpha}_m$，若

$$k_1\boldsymbol{\alpha}_1+k_2\boldsymbol{\alpha}_2+\cdots+k_m\boldsymbol{\alpha}_m=\mathbf{0}$$

只有在 $k_1=k_2=\cdots=k_m=0$ 时才成立，这时称向量组 $\boldsymbol{\alpha}_1,\boldsymbol{\alpha}_2,\cdots,\boldsymbol{\alpha}_m$ **线性无关**.

例 8 讨论向量组 $\boldsymbol{\alpha}_1=(1,1,1)$，$\boldsymbol{\alpha}_2=(0,2,5)$，$\boldsymbol{\alpha}_3=(1,3,6)$的线性相关性.

解 设有数 k_1,k_2,k_3，使 $k_1\boldsymbol{\alpha}_1+k_2\boldsymbol{\alpha}_2+k_3\boldsymbol{\alpha}_3=\mathbf{0}$，即

例 8、例 9 的讲解视频

$$(k_1+k_3, k_1+2k_2+3k_3, k_1+5k_2+6k_3)=\mathbf{0}$$

于是

$$\begin{cases} k_1+k_3=0 \\ k_1+2k_2+3k_3=0 \\ k_1+5k_2+6k_3=0 \end{cases}$$

解之得

$$\begin{cases} k_1=-k_3 \\ k_2=-k_3 \end{cases}$$

令 $k_3=-1$，得 $k_1=k_2=1$，从而得一组不全为 0 的数，使

$$1\cdot\boldsymbol{\alpha}_1+1\cdot\boldsymbol{\alpha}_2+(-1)\cdot\boldsymbol{\alpha}_3=\mathbf{0}$$

故 $\boldsymbol{\alpha}_1, \boldsymbol{\alpha}_2, \boldsymbol{\alpha}_3$ 线性相关（或由于 $\boldsymbol{\alpha}_3=\boldsymbol{\alpha}_1+\boldsymbol{\alpha}_2$，所以 $\boldsymbol{\alpha}_1+\boldsymbol{\alpha}_2-\boldsymbol{\alpha}_3=\mathbf{0}$，$\boldsymbol{\alpha}_1, \boldsymbol{\alpha}_2, \boldsymbol{\alpha}_3$ 线性相关）.

例 9 齐次线性方程组

$$\begin{cases} a_{11}x_1+\cdots+a_{1n}x_n=0 \\ \qquad\cdots\cdots \\ a_{m1}x_1+\cdots+a_{mn}x_n=0 \end{cases} \tag{4.3}$$

可写成

$$x_1\begin{pmatrix} a_{11} \\ \vdots \\ a_{m1} \end{pmatrix}+\cdots+x_n\begin{pmatrix} a_{1n} \\ \vdots \\ a_{mn} \end{pmatrix}=\begin{pmatrix} 0 \\ \vdots \\ 0 \end{pmatrix}$$

它有非零解的充要条件是系数矩阵的列向量组线性相关.

由例 9 知，n 个 n 维向量 $\begin{pmatrix} a_{11} \\ a_{21} \\ \vdots \\ a_{n1} \end{pmatrix}, \begin{pmatrix} a_{12} \\ a_{22} \\ \vdots \\ a_{n2} \end{pmatrix}, \cdots, \begin{pmatrix} a_{1n} \\ a_{2n} \\ \vdots \\ a_{nn} \end{pmatrix}$ 线性无关的充要条件是齐次线性方程组 $x_1\begin{pmatrix} a_{11} \\ a_{21} \\ \vdots \\ a_{n1} \end{pmatrix}+x_2\begin{pmatrix} a_{12} \\ a_{22} \\ \vdots \\ a_{n2} \end{pmatrix}+\cdots+x_n\begin{pmatrix} a_{1n} \\ a_{2n} \\ \vdots \\ a_{nn} \end{pmatrix}=0$ 只有零解，而由克拉默法则知，n 个方程 n 个未知元的齐次线性方程组只有零解的充要条件是系数行列式不等于 0，故 n 个 n 维向量 $\begin{pmatrix} a_{11} \\ a_{21} \\ \vdots \\ a_{n1} \end{pmatrix}, \begin{pmatrix} a_{12} \\ a_{22} \\ \vdots \\ a_{n2} \end{pmatrix}, \cdots, \begin{pmatrix} a_{1n} \\ a_{2n} \\ \vdots \\ a_{nn} \end{pmatrix}$ 线性无关的充要条件是 $\begin{vmatrix} a_{11} & a_{12} & \cdots & a_{1n} \\ a_{21} & a_{22} & \cdots & a_{2n} \\ \vdots & \vdots & & \vdots \\ a_{n1} & a_{n2} & \cdots & a_{nn} \end{vmatrix}\neq 0$.

笔记栏

笔记栏

例 10 设 $\boldsymbol{\alpha}_1, \boldsymbol{\alpha}_2, \boldsymbol{\alpha}_3$ 线性无关，$\boldsymbol{\beta}_1=\boldsymbol{\alpha}_1+\boldsymbol{\alpha}_2+\boldsymbol{\alpha}_3$，$\boldsymbol{\beta}_2=\boldsymbol{\alpha}_2+\boldsymbol{\alpha}_3$，$\boldsymbol{\beta}_3=\boldsymbol{\alpha}_3$. 试证：$\boldsymbol{\beta}_1, \boldsymbol{\beta}_2, \boldsymbol{\beta}_3$ 也线性无关.

证 设有数 k_1, k_2, k_3，使 $k_1\boldsymbol{\beta}_1+k_2\boldsymbol{\beta}_2+k_3\boldsymbol{\beta}_3=\mathbf{0}$，即

$$k_1(\boldsymbol{\alpha}_1+\boldsymbol{\alpha}_2+\boldsymbol{\alpha}_3)+k_2(\boldsymbol{\alpha}_2+\boldsymbol{\alpha}_3)+k_3\boldsymbol{\alpha}_3=\mathbf{0}$$

也就是

$$k_1\boldsymbol{\alpha}_1+(k_1+k_2)\boldsymbol{\alpha}_2+(k_1+k_2+k_3)\boldsymbol{\alpha}_3=\mathbf{0}$$

由于 $\boldsymbol{\alpha}_1, \boldsymbol{\alpha}_2, \boldsymbol{\alpha}_3$ 线性无关，则

$$\begin{cases} k_1=0 \\ k_1+k_2=0 \\ k_1+k_2+k_3=0 \end{cases}$$

解之得

$$\begin{cases} k_1=0 \\ k_2=0 \\ k_3=0 \end{cases}$$

所以 $\boldsymbol{\beta}_1, \boldsymbol{\beta}_2, \boldsymbol{\beta}_3$ 线性无关.

定理 1 设向量组 $\boldsymbol{\alpha}_1, \boldsymbol{\alpha}_2, \cdots, \boldsymbol{\alpha}_r$ 线性无关，而向量组 $\boldsymbol{\alpha}_1, \boldsymbol{\alpha}_2, \cdots, \boldsymbol{\alpha}_r, \boldsymbol{\beta}$ 线性相关，则 $\boldsymbol{\beta}$ 能由 $\boldsymbol{\alpha}_1, \boldsymbol{\alpha}_2, \cdots, \boldsymbol{\alpha}_r$ 线性表示，且表示式是唯一的.

证 因向量组 $\boldsymbol{\alpha}_1, \boldsymbol{\alpha}_2, \cdots, \boldsymbol{\alpha}_r, \boldsymbol{\beta}$ 线性相关，故有数 $k_1, k_2, \cdots, k_r, k$ 不全为零，使得

$$k_1\boldsymbol{\alpha}_1+k_2\boldsymbol{\alpha}_2+\cdots+k_r\boldsymbol{\alpha}_r+k\boldsymbol{\beta}=\mathbf{0}$$

下面可证 $k\neq 0$.假设 $k=0$，则 $k_1, k_2, \cdots, k_r$ 不全为 0，且有

$$k_1\boldsymbol{\alpha}_1+k_2\boldsymbol{\alpha}_2+\cdots+k_r\boldsymbol{\alpha}_r+0\boldsymbol{\beta}=\mathbf{0}$$

即 $k_1\boldsymbol{\alpha}_1+k_2\boldsymbol{\alpha}_2+\cdots+k_r\boldsymbol{\alpha}_r=\mathbf{0}$，这与 $\boldsymbol{\alpha}_1, \boldsymbol{\alpha}_2, \cdots, \boldsymbol{\alpha}_r$ 线性无关矛盾，此矛盾表明 $k\neq 0$.

由 $k\neq 0$，则

$$\boldsymbol{\beta}=\left(-\frac{k_1}{k}\right)\boldsymbol{\alpha}_1+\left(-\frac{k_2}{k}\right)\boldsymbol{\alpha}_2+\cdots+\left(-\frac{k_r}{k}\right)\boldsymbol{\alpha}_r$$

即 $\boldsymbol{\beta}$ 可由 $\boldsymbol{\alpha}_1, \boldsymbol{\alpha}_2, \cdots, \boldsymbol{\alpha}_r$ 线性表示.

再证表示式是唯一的. 若有两个表示式

$$\boldsymbol{\beta}=\lambda_1\boldsymbol{\alpha}_1+\cdots+\lambda_r\boldsymbol{\alpha}_r \quad 及 \quad \boldsymbol{\beta}=\mu_1\boldsymbol{\alpha}_1+\cdots+\mu_r\boldsymbol{\alpha}_r$$

两式相减，可得

$$(\lambda_1-\mu_1)\boldsymbol{\alpha}_1+\cdots+(\lambda_r-\mu_r)\boldsymbol{\alpha}_r=\mathbf{0}$$

因 $\boldsymbol{\alpha}_1, \boldsymbol{\alpha}_2, \cdots, \boldsymbol{\alpha}_r$ 线性无关，所以 $\lambda_1-\mu_1=0, \cdots, \lambda_r-\mu_r=0$，即 $\lambda_1=\mu_1, \cdots, \lambda_r=\mu_r$，则表示式唯一.

定理 2 向量组 $\boldsymbol{\alpha}_1, \boldsymbol{\alpha}_2, \cdots, \boldsymbol{\alpha}_s$（$s\geqslant 2$）线性相关，则向量组中至少有一向量可由其余 $s-1$ 个向量线性表示.

这个定理仿定理 1 可证，读者不妨试证.

定理 3 若向量组 $\boldsymbol{\alpha}_1, \boldsymbol{\alpha}_2, \cdots, \boldsymbol{\alpha}_m$ 的一个部分向量组线性相关，则向量组 $\boldsymbol{\alpha}_1, \boldsymbol{\alpha}_2, \cdots, \boldsymbol{\alpha}_m$ 亦线性相关；反之，若向量组 $\boldsymbol{\alpha}_1, \boldsymbol{\alpha}_2, \cdots, \boldsymbol{\alpha}_m$ 线性无关，则它的任一部分向量组都线性无关.

定理 3 的讲解视频

证 设向量组 $\boldsymbol{\alpha}_1,\boldsymbol{\alpha}_2,\cdots,\boldsymbol{\alpha}_m$ 中存在 r（$r\leqslant m$）个向量构成线性相关的部分向量组，不妨设 $\boldsymbol{\alpha}_1,\boldsymbol{\alpha}_2,\cdots,\boldsymbol{\alpha}_r$ 线性相关，则存在一组不全为零的数 $k_1,k_2,\cdots,k_r$，使 $k_1\boldsymbol{\alpha}_1+k_2\boldsymbol{\alpha}_2+\cdots+k_r\boldsymbol{\alpha}_r=\mathbf{0}$ 成立，因而存在一组不全为零的数 $k_1,k_2,\cdots,k_r,0,\cdots,0$，使 $k_1\boldsymbol{\alpha}_1+k_2\boldsymbol{\alpha}_2+\cdots+k_r\boldsymbol{\alpha}_r+0\cdot\boldsymbol{\alpha}_{r+1}+\cdots+0\cdot\boldsymbol{\alpha}_m=\mathbf{0}$ 成立，即 $\boldsymbol{\alpha}_1,\boldsymbol{\alpha}_2,\cdots,\boldsymbol{\alpha}_m$ 线性相关.

反之，若向量组 $\boldsymbol{\alpha}_1,\boldsymbol{\alpha}_2,\cdots,\boldsymbol{\alpha}_m$ 线性无关，则由线性无关的定义可知它的任一部分向量组都线性无关.

注意 一个向量 $\boldsymbol{\alpha}$ 线性相关当且仅当 $\boldsymbol{\alpha}$ 为零向量，含零向量的向量组线性相关.

由方程个数小于未知量个数的齐次线性方程组一定有非零解可得，$m>n$ 时，m 个 n 维向量线性相关.

定理 4 当 $m>n$ 时，任意 m 个 n 维向量线性相关.

证 设 m 个 n 维向量为

$$\boldsymbol{\alpha}_1=\begin{pmatrix}a_{11}\\a_{21}\\\vdots\\a_{n1}\end{pmatrix},\quad\cdots,\quad\boldsymbol{\alpha}_m=\begin{pmatrix}a_{1m}\\a_{2m}\\\vdots\\a_{nm}\end{pmatrix}$$

考察齐次线性方程组

$$x_1\boldsymbol{\alpha}_1+x_2\boldsymbol{\alpha}_2+\cdots+x_m\boldsymbol{\alpha}_m=\mathbf{0}$$

可以看出它是一个含 m 个（$m>n$）未知量的 n 个方程组成的方程组，它有非零解，从而知 $\boldsymbol{\alpha}_1,\boldsymbol{\alpha}_2,\cdots,\boldsymbol{\alpha}_m$ 一定线性相关.

推论 取 $m=n+1$ 可得，任意 $n+1$ 个 n 维向量一定线性相关.

由推论知，在几何空间 R^3 中任意 4 个向量线性相关，在平面 R^2 中任何 3 个向量线性相关.

定理 5 设 $\boldsymbol{\alpha}_1,\boldsymbol{\alpha}_2,\cdots,\boldsymbol{\alpha}_r$ 与 $\boldsymbol{\beta}_1,\boldsymbol{\beta}_2,\cdots,\boldsymbol{\beta}_s$ 是两个向量组，如果

（1）向量组 $\boldsymbol{\alpha}_1,\boldsymbol{\alpha}_2,\cdots,\boldsymbol{\alpha}_r$ 可以经 $\boldsymbol{\beta}_1,\boldsymbol{\beta}_2,\cdots,\boldsymbol{\beta}_s$ 线性表出；

（2）$r>s$.

那么向量组 $\boldsymbol{\alpha}_1,\boldsymbol{\alpha}_2,\cdots,\boldsymbol{\alpha}_r$ 必线性相关.

证 由（1）有

$$\boldsymbol{\alpha}_i=\sum_{j=1}^{s}t_{ji}\boldsymbol{\beta}_j\quad(i=1,2,\cdots,r)$$

为了证明 $\boldsymbol{\alpha}_1,\boldsymbol{\alpha}_2,\cdots,\boldsymbol{\alpha}_r$ 线性相关，只要证可以找到不全为零的数 $k_1,k_2,\cdots,k_r$，使

$$k_1\boldsymbol{\alpha}_1+k_2\boldsymbol{\alpha}_2+\cdots+k_r\boldsymbol{\alpha}_r=\mathbf{0}$$

为此，作线性组合

$$x_1\boldsymbol{\alpha}_1+x_2\boldsymbol{\alpha}_2+\cdots+x_r\boldsymbol{\alpha}_r=\sum_{i=1}^{r}\left(x_i\sum_{j=1}^{s}t_{ji}\boldsymbol{\beta}_j\right)=\sum_{i=1}^{r}\sum_{j=1}^{s}t_{ji}x_i\boldsymbol{\beta}_j=\sum_{j=1}^{s}\left(\sum_{i=1}^{r}t_{ji}x_i\right)\boldsymbol{\beta}_j$$

如果找到不全为零的数 $x_1,x_2,\cdots,x_r$ 使 $\boldsymbol{\beta}_1,\boldsymbol{\beta}_2,\cdots,\boldsymbol{\beta}_s$ 的系数全为零，那就证明了 $\boldsymbol{\alpha}_1,\boldsymbol{\alpha}_2,\cdots,\boldsymbol{\alpha}_r$ 的线性相关性. 这一点是能够做到的，因为由（2），即 $r>s$，齐次方程组

$$\begin{cases}t_{11}x_1+t_{12}x_2+\cdots+t_{1r}x_r=0\\t_{21}x_1+t_{22}x_2+\cdots+t_{2r}x_r=0\\\qquad\cdots\cdots\\t_{s1}x_1+t_{s2}x_2+\cdots+t_{sr}x_r=0\end{cases}$$

中未知量的个数大于方程的个数，它有非零解.

把定理 5 换个说法，即得如下推论.

推论　如果向量组 $\boldsymbol{\alpha}_1, \boldsymbol{\alpha}_2, \cdots, \boldsymbol{\alpha}_r$ 可以经向量组 $\boldsymbol{\beta}_1, \boldsymbol{\beta}_2, \cdots, \boldsymbol{\beta}_s$ 线性表出，且 $\boldsymbol{\alpha}_1, \boldsymbol{\alpha}_2, \cdots, \boldsymbol{\alpha}_r$ 线性无关，那么 $r \leqslant s$.

第四节　向量组等价

在几何空间 R^3 中，向量组 $\boldsymbol{A}$ 为单位向量组：$\boldsymbol{\varepsilon}_1 = (1, 0, 0)$，$\boldsymbol{\varepsilon}_2 = (0, 1, 0)$，$\boldsymbol{\varepsilon}_3 = (0, 0, 1)$；向量组 $\boldsymbol{B}$ 为：$\boldsymbol{\alpha}_1 = \boldsymbol{\varepsilon}_1 + \boldsymbol{\varepsilon}_2 + \boldsymbol{\varepsilon}_3$，$\boldsymbol{\alpha}_2 = \boldsymbol{\varepsilon}_2 + \boldsymbol{\varepsilon}_3$，$\boldsymbol{\alpha}_3 = \boldsymbol{\varepsilon}_3$. 向量组 $\boldsymbol{A}$ 与向量组 $\boldsymbol{B}$ 有关系：

（1）向量组 $\boldsymbol{B}$ 中向量 $\boldsymbol{\alpha}_i$ 都可由向量组 $\boldsymbol{A}$ 中向量线性表出；

（2）向量组 $\boldsymbol{A}$ 中向量 $\boldsymbol{\varepsilon}_i$ 也都可由向量组 $\boldsymbol{B}$ 中向量线性表出，且表出关系为

$$\boldsymbol{\varepsilon}_1 = \boldsymbol{\alpha}_1 - \boldsymbol{\alpha}_2, \quad \boldsymbol{\varepsilon}_2 = \boldsymbol{\alpha}_2 - \boldsymbol{\alpha}_3, \quad \boldsymbol{\varepsilon}_3 = \boldsymbol{\alpha}_3$$

像这种能相互线性表出的向量组称为等价向量组.

定义 10　设有两个 n 维向量组

$$\boldsymbol{A}: \boldsymbol{\alpha}_1, \boldsymbol{\alpha}_2, \cdots, \boldsymbol{\alpha}_r \quad \text{和} \quad \boldsymbol{B}: \boldsymbol{\beta}_1, \boldsymbol{\beta}_2, \cdots, \boldsymbol{\beta}_s$$

如果向量组 $\boldsymbol{A}$ 中的每个向量都能由向量组 $\boldsymbol{B}$ 的向量线性表示，则称向量组 $\boldsymbol{A}$ 能由向量组 $\boldsymbol{B}$ 线性表示. 如果向量组 $\boldsymbol{A}$ 能由向量组 $\boldsymbol{B}$ 线性表示，且向量组 $\boldsymbol{B}$ 也能由向量组 $\boldsymbol{A}$ 线性表示，则称向量组 $\boldsymbol{A}$ 与向量组 $\boldsymbol{B}$ 等价，记为 $\boldsymbol{A} \cong \boldsymbol{B}$.

向量组之间的等价关系具有下述性质：

（1）反身性：$\boldsymbol{A}$ 组与 $\boldsymbol{A}$ 组自身等价，即 $\boldsymbol{A} \cong \boldsymbol{A}$；

（2）对称性：若 $\boldsymbol{A}$ 组与 $\boldsymbol{B}$ 组等价，则 $\boldsymbol{B}$ 组与 $\boldsymbol{A}$ 组等价，即若 $\boldsymbol{A} \cong \boldsymbol{B}$，则 $\boldsymbol{B} \cong \boldsymbol{A}$；

（3）传递性：若 $\boldsymbol{A}$ 组与 $\boldsymbol{B}$ 组等价，$\boldsymbol{B}$ 组与 $\boldsymbol{C}$ 组等价，则 $\boldsymbol{A}$ 组与 $\boldsymbol{C}$ 组等价，即若 $\boldsymbol{A} \cong \boldsymbol{B}$，$\boldsymbol{B} \cong \boldsymbol{C}$，则 $\boldsymbol{A} \cong \boldsymbol{C}$.

数学中，把具有反身性、对称性、传递性这三条性质的关系称为等价关系.

例 11　设 $\boldsymbol{A} = \begin{pmatrix} a_{11} & a_{12} & a_{13} & a_{14} \\ a_{21} & a_{22} & a_{23} & a_{24} \\ a_{31} & a_{32} & a_{33} & a_{34} \end{pmatrix}$，$\boldsymbol{P}_1 = \begin{pmatrix} 0 & 1 & 0 \\ 1 & 0 & 0 \\ 0 & 0 & 1 \end{pmatrix}$，$\boldsymbol{P}_2 = \begin{pmatrix} 1 & 0 & 0 \\ 0 & 1 & 0 \\ 1 & 0 & 1 \end{pmatrix}$，$\boldsymbol{P}_3 = \begin{pmatrix} 2 & 0 & 0 \\ 0 & 1 & 0 \\ 0 & 0 & 1 \end{pmatrix}$，

记 $\boldsymbol{A}$ 的行向量为 $\boldsymbol{\alpha}_1, \boldsymbol{\alpha}_2, \boldsymbol{\alpha}_3$，则

$$\boldsymbol{B}_1 = \boldsymbol{P}_1\boldsymbol{A} = \begin{pmatrix} \boldsymbol{\alpha}_2 \\ \boldsymbol{\alpha}_1 \\ \boldsymbol{\alpha}_3 \end{pmatrix}, \quad \boldsymbol{B}_2 = \boldsymbol{P}_2\boldsymbol{A} = \begin{pmatrix} \boldsymbol{\alpha}_1 \\ \boldsymbol{\alpha}_2 \\ \boldsymbol{\alpha}_3 + \boldsymbol{\alpha}_1 \end{pmatrix}, \quad \boldsymbol{B}_3 = \boldsymbol{P}_3\boldsymbol{A} = \begin{pmatrix} 2\boldsymbol{\alpha}_1 \\ \boldsymbol{\alpha}_2 \\ \boldsymbol{\alpha}_3 \end{pmatrix}$$

易知，$\boldsymbol{B}_1, \boldsymbol{B}_2, \boldsymbol{B}_3$ 中行向量组均与 $\boldsymbol{A}$ 的行向量组 $\boldsymbol{\alpha}_1, \boldsymbol{\alpha}_2, \boldsymbol{\alpha}_3$ 等价.

由例 11 可以得到更一般的结论：用初等方阵左乘矩阵 $\boldsymbol{A}$，所得矩阵的行向量组与 $\boldsymbol{A}$ 的行向量组等价.

定理 6　$m \times n$ 矩阵 $\boldsymbol{A}$ 经有限次初等行变换变成矩阵 $\boldsymbol{B}$，则矩阵 $\boldsymbol{A}$ 的行向量组与矩阵 $\boldsymbol{B}$ 的行向量组等价，而且 $\boldsymbol{A}$ 中的任意 k 个列向量与 $\boldsymbol{B}$ 中对应的 k 个列向量有相同的线性相关性.

证　矩阵 $\boldsymbol{A}$ 经有限次初等行变换变成矩阵 $\boldsymbol{B}$，相当于在 $\boldsymbol{A}$ 的左边乘以相应的初等方阵得到 $\boldsymbol{B}$，即存在初等方阵 $\boldsymbol{P}_1, \boldsymbol{P}_2, \cdots, \boldsymbol{P}_l$ 使 $\boldsymbol{P}_l \cdots \boldsymbol{P}_2\boldsymbol{P}_1\boldsymbol{A} = \boldsymbol{B}$. 由例 11 知，$\boldsymbol{P}_1\boldsymbol{A}$ 的行向量组与 $\boldsymbol{A}$ 的行向量组等价，$\boldsymbol{P}_2(\boldsymbol{P}_1\boldsymbol{A})$ 的行向量组与 $\boldsymbol{P}_1\boldsymbol{A}$ 的行向量组等价，根据等价的传递性知 $\boldsymbol{P}_2\boldsymbol{P}_1\boldsymbol{A}$ 的行向量组与 $\boldsymbol{A}$ 的行向量组等价，以此类推可得，$\boldsymbol{P}_l \cdots \boldsymbol{P}_2\boldsymbol{P}_1\boldsymbol{A}$ 的行向量组与 $\boldsymbol{A}$ 的行向量组等价. 即 $\boldsymbol{B}$ 的行

向量组与 $\boldsymbol{A}$ 的行向量组等价.

记 $\boldsymbol{P}=\boldsymbol{P}_l\cdots\boldsymbol{P}_2\boldsymbol{P}_1$， $\boldsymbol{A}=(\boldsymbol{\alpha}_1,\boldsymbol{\alpha}_2,\cdots,\boldsymbol{\alpha}_n)$， $\boldsymbol{B}=(\boldsymbol{\beta}_1,\boldsymbol{\beta}_2,\cdots,\boldsymbol{\beta}_n)$， 其中 $\boldsymbol{\alpha}_i$ 和 $\boldsymbol{\beta}_i\ (i=1,2,\cdots,n)$ 分别为 $\boldsymbol{A}$ 和 $\boldsymbol{B}$ 的列向量， 则 $\boldsymbol{P}$ 为可逆矩阵， 且 $\boldsymbol{P}(\boldsymbol{\alpha}_1,\boldsymbol{\alpha}_2,\cdots,\boldsymbol{\alpha}_n)=(\boldsymbol{\beta}_1,\boldsymbol{\beta}_2,\cdots,\boldsymbol{\beta}_n)$． 于是 $(\boldsymbol{P\alpha}_1,\boldsymbol{P\alpha}_2,\cdots,\boldsymbol{P\alpha}_n)=(\boldsymbol{\beta}_1,\boldsymbol{\beta}_2,\cdots,\boldsymbol{\beta}_n)$， $\boldsymbol{P\alpha}_i=\boldsymbol{\beta}_i\ (i=1,2,\cdots,n)$.

设 $\boldsymbol{\alpha}_1',\boldsymbol{\alpha}_2',\cdots,\boldsymbol{\alpha}_k'$ 与 $\boldsymbol{\beta}_1',\boldsymbol{\beta}_2',\cdots,\boldsymbol{\beta}_k'$ 分别是 $\boldsymbol{A}$ 中的任取的 k 个列向量与 $\boldsymbol{B}$ 中对应的 k 个列向量，则 $\boldsymbol{P\alpha}_i'=\boldsymbol{\beta}_i'\ (i=1,2,\cdots,k)$.设有数 $\lambda_1,\lambda_2,\cdots,\lambda_k$ 使

$$\lambda_1\boldsymbol{\alpha}_1'+\lambda_2\boldsymbol{\alpha}_2'+\cdots+\lambda_k\boldsymbol{\alpha}_k'=0 \tag{4.4}$$

则 $\boldsymbol{P}\left(\lambda_1\boldsymbol{\alpha}_1'+\lambda_2\boldsymbol{\alpha}_2'+\cdots+\lambda_k\boldsymbol{\alpha}_k'\right)=\boldsymbol{P}\cdot\boldsymbol{0}=\boldsymbol{0}$，即 $\lambda_1\boldsymbol{P\alpha}_1'+\lambda_2\boldsymbol{P\alpha}_2'+\cdots+\lambda_k\boldsymbol{P\alpha}_k'=\boldsymbol{0}$，也就是

$$\lambda_1\boldsymbol{\beta}_1'+\lambda_2\boldsymbol{\beta}_2'+\cdots+\lambda_k\boldsymbol{\beta}_k'=0 \tag{4.5}$$

由于式（4.4）与式（4.5）左边线性组合的系数完全相同，所以当 $\lambda_1,\lambda_2,\cdots,\lambda_k$ 不全为零时，向量组 $\boldsymbol{\alpha}_1',\boldsymbol{\alpha}_2',\cdots,\boldsymbol{\alpha}_k'$ 与 $\boldsymbol{\beta}_1',\boldsymbol{\beta}_2',\cdots,\boldsymbol{\beta}_k'$ 都线性相关；当 $\lambda_1,\lambda_2,\cdots,\lambda_k$ 全为零时，向量组 $\boldsymbol{\alpha}_1',\boldsymbol{\alpha}_2',\cdots,\boldsymbol{\alpha}_k'$ 与 $\boldsymbol{\beta}_1',\boldsymbol{\beta}_2',\cdots,\boldsymbol{\beta}_k'$ 都线性无关，故向量组 $\boldsymbol{\alpha}_1',\boldsymbol{\alpha}_2',\cdots,\boldsymbol{\alpha}_k'$ 与 $\boldsymbol{\beta}_1',\boldsymbol{\beta}_2',\cdots,\boldsymbol{\beta}_k'$ 有相同的线性相关性，即 $\boldsymbol{A}$ 中的任意 k 个列向量与 $\boldsymbol{B}$ 中对应的 k 个列向量有相同的线性相关性.

又由矩阵 $\boldsymbol{A}$ 与 $\boldsymbol{B}$ 的行向量组等价，可知方程组 $\boldsymbol{Ax}=\boldsymbol{0}$ 与 $\boldsymbol{Bx}=\boldsymbol{0}$ 同解，故 $\boldsymbol{A}$ 的任意 k 个列向量与 $\boldsymbol{B}$ 的对应的 k 个列向量有相同的线性相关性.

类似可有以下推论：

推论 矩阵 $\boldsymbol{A}$ 经有限次初等列变换变成 $\boldsymbol{B}$，则矩阵 $\boldsymbol{A}$ 的列向量组与矩阵 $\boldsymbol{B}$ 的列向量组等价，而 $\boldsymbol{A}$ 的任意 k 个行向量与 $\boldsymbol{B}$ 中对应的 k 个行向量有相同的线性相关性.

例 12 设 $\boldsymbol{A}=(a_{ij})_{m\times n}$，$\boldsymbol{B}=(b_{ij})_{m\times n}$，$\boldsymbol{P}=(p_{ij})_{m\times m}$ 满足：$\boldsymbol{A}=\boldsymbol{PB}$，$\boldsymbol{P}$ 为 m 阶可逆矩阵，则矩阵 $\boldsymbol{A}$ 的行向量组与矩阵 $\boldsymbol{B}$ 的行向量组等价.

证 $\boldsymbol{P}$ 为 m 阶可逆矩阵，则 $\boldsymbol{P}$ 可表示成有限次初等方阵之积，即

$$\boldsymbol{P}=\boldsymbol{P}_l\boldsymbol{P}_{l-1}\cdots\boldsymbol{P}_2\boldsymbol{P}_1$$

于是

$$\boldsymbol{A}=\boldsymbol{PB}=\boldsymbol{P}_l\boldsymbol{P}_{l-1}\cdots\boldsymbol{P}_2\boldsymbol{P}_1\boldsymbol{B}$$

相当于 $\boldsymbol{B}$ 经有限次初等行变换 $\boldsymbol{P}_1,\boldsymbol{P}_2,\cdots,\boldsymbol{P}_l$ 变成矩阵 $\boldsymbol{A}$，由定理 6 得，矩阵 $\boldsymbol{A}$ 与 $\boldsymbol{B}$ 的两行向量组等价.

第五节 极大无关组与向量空间的基、坐标

在向量空间 F^n 中，已知单位向量组 $\boldsymbol{\varepsilon}_1,\boldsymbol{\varepsilon}_2,\cdots,\boldsymbol{\varepsilon}_n$ 线性无关，且对 F^n 中任一向量 $\boldsymbol{\alpha}$，均可由 $\boldsymbol{\varepsilon}_1,\boldsymbol{\varepsilon}_2,\cdots,\boldsymbol{\varepsilon}_n$ 线性表示，那么，称向量组 $\boldsymbol{\varepsilon}_1,\boldsymbol{\varepsilon}_2,\cdots,\boldsymbol{\varepsilon}_n$ 为向量集 F^n 的一个极大无关组. 一般地，我们可定义向量组 $\boldsymbol{T}$ 的一个极大无关组如下：

定义 11 向量组 $\boldsymbol{T}$ 中有 r 个向量 $\boldsymbol{\alpha}_1,\boldsymbol{\alpha}_2,\cdots,\boldsymbol{\alpha}_r$，满足：

（1）向量组 $\boldsymbol{\alpha}_1,\boldsymbol{\alpha}_2,\cdots,\boldsymbol{\alpha}_r$ 线性无关；

（2）向量组 $\boldsymbol{T}$ 中任意一个向量均可由 $\boldsymbol{\alpha}_1,\boldsymbol{\alpha}_2,\cdots,\boldsymbol{\alpha}_r$ 线性表示.

这时，称向量组 $\boldsymbol{\alpha}_1,\boldsymbol{\alpha}_2,\cdots,\boldsymbol{\alpha}_r$ 是向量组 $\boldsymbol{T}$ 的一个极大线性无关向量组，简称极大无关组，也可称为最大无关组.

从定义可知，向量组 $\boldsymbol{T}$ 与它的极大无关组等价.

例 13　(1) n 维向量空间 F^n 中的单位向量组 $\varepsilon_1, \varepsilon_2, \cdots, \varepsilon_n$ 是空间 F^n 的一个极大无关组.

(2) 设向量组 $\boldsymbol{T}$ 为 $\boldsymbol{\alpha}_1=(1,0,0)$，$\boldsymbol{\alpha}_2=(0,1,0)$，$\boldsymbol{\alpha}_3=(1,1,0)$，则可验证 $\boldsymbol{\alpha}_1, \boldsymbol{\alpha}_2$ 线性无关，$\boldsymbol{\alpha}_3=\boldsymbol{\alpha}_1+\boldsymbol{\alpha}_2$，即 $\boldsymbol{\alpha}_3$ 可由 $\boldsymbol{\alpha}_1, \boldsymbol{\alpha}_2$ 线性表示，从而 $\boldsymbol{\alpha}_1, \boldsymbol{\alpha}_2$ 为向量组 $\boldsymbol{T}$ 的一个极大无关组. 同样，$\boldsymbol{\alpha}_1, \boldsymbol{\alpha}_3$ 也是向量组 $\boldsymbol{T}$ 的一个极大无关组. 读者思考 $\boldsymbol{\alpha}_2, \boldsymbol{\alpha}_3$ 是否为向量组 $\boldsymbol{T}$ 的一个极大无关组？

例 14　设 V_1 是三维向量空间 R^3 中以原点为起点，终点落在平面 π：$x_1+x_2+x_3=0$ 上所有向量的集合，求 V_1 的一个极大无关组.

解　由于 $V_1=\{(x_1,x_2,x_3)|x_1+x_2+x_3=0, x_i\in\mathbf{R}，i=1,2,3\}$，显然，$\boldsymbol{\alpha}_1=(1,-1,0)$，$\boldsymbol{\alpha}_2=(1,0,-1)$是 V_1 中向量，$\boldsymbol{\alpha}_1, \boldsymbol{\alpha}_2$ 线性无关. 又设 $\boldsymbol{\alpha}=(k_1,k_2,k_3)$是 V_1 中任一向量，则 $k_1+k_2+k_3=0$，有 $k_1=-k_2-k_3$. 于是 $\boldsymbol{\alpha}$ 可由 $\boldsymbol{\alpha}_1, \boldsymbol{\alpha}_2$ 线性表出，且表出关系式为

$$\boldsymbol{\alpha}=(-k_2)\boldsymbol{\alpha}_1+(-k_3)\boldsymbol{\alpha}_2$$

所以向量 $\boldsymbol{\alpha}_1, \boldsymbol{\alpha}_2$ 为向量集 V_1 的一个极大无关组.

从上两例可知，一向量组 $\boldsymbol{T}$ 的极大无关组不一定是唯一的，但向量组 $\boldsymbol{T}$ 的每个极大无关组所含向量个数是否相等呢？答案是肯定的. 为了回答这个问题，下面先证一个重要的定理.

定理 7　设有两个 n 维向量组

$$\boldsymbol{A}：\boldsymbol{\alpha}_1, \boldsymbol{\alpha}_2, \cdots, \boldsymbol{\alpha}_r \quad 和 \quad \boldsymbol{B}：\boldsymbol{\beta}_1, \boldsymbol{\beta}_2, \cdots, \boldsymbol{\beta}_s$$

(1) 若 $\boldsymbol{A}$ 组线性无关，且可由 $\boldsymbol{B}$ 组线性表示，则 $r\leqslant s$；

(2) 若 $\boldsymbol{A}$ 组线性无关，$\boldsymbol{B}$ 组也线性无关，且 $\boldsymbol{A}$ 组与 $\boldsymbol{B}$ 组等价，则 $r=s$.

证　(1) 由定理 5 的推论知结论成立.

(2) 由 $\boldsymbol{A}$ 组与 $\boldsymbol{B}$ 组等价知，$\boldsymbol{A}$ 组可由 $\boldsymbol{B}$ 组线性表示，利用 (1) 可得，$r\leqslant s$；同样，由 $\boldsymbol{A}$ 组与 $\boldsymbol{B}$ 组等价知，$\boldsymbol{B}$ 组可由 $\boldsymbol{A}$ 组线性表示，利用 (1) 可得 $s\leqslant r$，从而 $r=s$.

定理 8　设向量组 $\boldsymbol{A}$ 与向量组 $\boldsymbol{B}$ 是向量组 $\boldsymbol{T}$ 的两个极大无关组，则向量组 $\boldsymbol{A}$ 与向量组 $\boldsymbol{B}$ 等价，且 $\boldsymbol{A}$ 组所含向量个数等于 $\boldsymbol{B}$ 组所含向量个数.

证　设 $\boldsymbol{A}$ 组为 $\boldsymbol{\alpha}_1, \boldsymbol{\alpha}_2, \cdots, \boldsymbol{\alpha}_r$，$\boldsymbol{B}$ 组为 $\boldsymbol{\beta}_1, \boldsymbol{\beta}_2, \cdots, \boldsymbol{\beta}_s$. 由 $\boldsymbol{A}$ 组、$\boldsymbol{B}$ 组为向量组 $\boldsymbol{T}$ 的极大无关组知 $\boldsymbol{A}$ 组$\cong$向量组 $\boldsymbol{T}$，$\boldsymbol{B}$ 组$\cong$向量组 $\boldsymbol{T}$. 由等价性质得：$\boldsymbol{A}$ 组$\cong\boldsymbol{B}$ 组.

又 $\boldsymbol{A}$ 组与 $\boldsymbol{B}$ 组均为线性无关向量组，那么据定理 7 知，$r=s$.

由定理 8 知，若一个向量组 $\boldsymbol{T}$ 含有两个或两个以上极大无关组，它的每个极大无关组所含向量个数相同.

定义 12　向量组 $\boldsymbol{T}$ 的极大无关组所含向量个数称为向量组 $\boldsymbol{T}$ 的秩，记为秩($\boldsymbol{T}$)或 rank($\boldsymbol{T}$)，简记 $R(\boldsymbol{T})$. 这里规定仅含有零向量的向量组的秩为零.

例 15　设向量组 $\boldsymbol{A}$：

$\boldsymbol{\alpha}_1=(1,2,-1,3)$，　$\boldsymbol{\alpha}_2=(1,-1,2,-2)$，　$\boldsymbol{\alpha}_3=(3,3,0,4)$，　$\boldsymbol{\alpha}_4=(1,5,-4,8)$，求向量组 $\boldsymbol{A}$ 的秩.

解　因易知 $\boldsymbol{\alpha}_1, \boldsymbol{\alpha}_2$ 线性无关，而

$$\boldsymbol{\alpha}_3=2\boldsymbol{\alpha}_1+\boldsymbol{\alpha}_2, \qquad \boldsymbol{\alpha}_4=2\boldsymbol{\alpha}_1-\boldsymbol{\alpha}_2$$

故知，$\boldsymbol{\alpha}_1, \boldsymbol{\alpha}_2$ 为向量组 $\boldsymbol{A}$ 的一个极大无关组，从而知 $R(\boldsymbol{A})=2$.

定理 9　两个 n 维向量组 $\boldsymbol{A}, \boldsymbol{B}$，有：

(1) 如果组 $\boldsymbol{A}$ 可由组 $\boldsymbol{B}$ 线性表示，则 $R(\boldsymbol{A})\leqslant R(\boldsymbol{B})$；

(2) 如果组 $\boldsymbol{A}$ 与组 $\boldsymbol{B}$ 等价，则 $R(\boldsymbol{A})=R(\boldsymbol{B})$.

证　设向量组 $\boldsymbol{A}_1, \boldsymbol{B}_1$ 分别是向量组 $\boldsymbol{A}, \boldsymbol{B}$ 的极大无关组，则 $\boldsymbol{A}\cong\boldsymbol{A}_1$，$\boldsymbol{B}\cong\boldsymbol{B}_1$，且

$$R(\boldsymbol{A})=R(\boldsymbol{A}_1), \qquad R(\boldsymbol{B})=R(\boldsymbol{B}_1)$$

（1）如果 $\boldsymbol{A}$ 组可由 $\boldsymbol{B}$ 组线性表出，则向量组 $\boldsymbol{A}_1$ 可由向量组 $\boldsymbol{B}_1$ 线性表出，由 $\boldsymbol{A}_1$ 是极大无关组，由定理 7 知 $R(\boldsymbol{A}_1)\leqslant R(\boldsymbol{B}_1)$，从而 $R(\boldsymbol{A})\leqslant R(\boldsymbol{B})$；

（2）如果组 $\boldsymbol{A}$ 与组 $\boldsymbol{B}$ 等价，则由 $\boldsymbol{A}_1\cong\boldsymbol{A}$，$\boldsymbol{A}\cong\boldsymbol{B}$，$\boldsymbol{B}\cong\boldsymbol{B}_1$ 等价的传递性可得 $\boldsymbol{A}_1\cong\boldsymbol{B}_1$，再由定理 7 知 $R(\boldsymbol{A}_1)=R(\boldsymbol{B}_1)$，即 $R(\boldsymbol{A})=R(\boldsymbol{B})$.

定义 13 设 V 为向量空间，如果 r 个向量 $\boldsymbol{\alpha}_1,\boldsymbol{\alpha}_2,\cdots,\boldsymbol{\alpha}_r\in V$ 且满足：

（1）$\boldsymbol{\alpha}_1,\boldsymbol{\alpha}_2,\cdots,\boldsymbol{\alpha}_r$ 线性无关；

（2）V 中任一向量都可由 $\boldsymbol{\alpha}_1,\boldsymbol{\alpha}_2,\cdots,\boldsymbol{\alpha}_r$ 线性表示.

那么，向量组 $\boldsymbol{\alpha}_1,\boldsymbol{\alpha}_2,\cdots,\boldsymbol{\alpha}_r$ 就称为向量空间 V 的一个基，r 称为向量空间 V 的维数，并称 V 为 r 维向量空间.

如果向量空间 V 没有基，那么 V 的维数为 0．0 维向量空间只含一个零向量.

若把向量空间 V 看作向量组，则 V 的基就是向量组的极大无关组，V 的维数就是向量组的秩；V 的基不唯一，V 的任意 r 个线性无关的向量构成的向量组都能作为 r 维向量空间 V 的基.

例如，由例 13 知，n 维向量空间 F^n 中的单位向量组 $\boldsymbol{\varepsilon}_1,\boldsymbol{\varepsilon}_2,\cdots,\boldsymbol{\varepsilon}_n$ 是空间 F^n 的一组基；由例 14 知，$\boldsymbol{\alpha}_1=(1,-1,0),\boldsymbol{\alpha}_2=(1,0,-1)$ 是向量空间 $V_1=\{(x_1,x_2,x_3)\,|\,x_1+x_2+x_3=0,x_i\in\mathbf{R},i=1,2,3\}$ 的一组基，并由此可知 V_1 的维数是 2.

又如，向量空间 $V=\{(0,x_2,\cdots,x_n)^{\mathrm{T}}\,|\,x_2,\cdots,x_n\in\mathbf{R}\}$ 的一个基可取为：$\boldsymbol{\varepsilon}_2=(0,1,0,\cdots,0)^{\mathrm{T}},\cdots,$ $\boldsymbol{\varepsilon}_n=(0,0,\cdots,0,1)^{\mathrm{T}}$．并由此可知它是 $n-1$ 维向量空间.

由向量组 $\boldsymbol{\alpha}_1,\boldsymbol{\alpha}_2,\cdots,\boldsymbol{\alpha}_m$ 所生成的向量空间为

$$L=\{k_1\boldsymbol{\alpha}_1+k_2\boldsymbol{\alpha}_2+\cdots+k_m\boldsymbol{\alpha}_m\,|\,k_1,k_2,\cdots,k_m\in\mathbf{R}\}$$

显然向量空间 L 与向量组 $\boldsymbol{\alpha}_1,\boldsymbol{\alpha}_2,\cdots,\boldsymbol{\alpha}_m$ 等价，所以向量组 $\boldsymbol{\alpha}_1,\boldsymbol{\alpha}_2,\cdots,\boldsymbol{\alpha}_m$ 的极大无关组就是 L 的一个基，向量组 $\boldsymbol{\alpha}_1,\boldsymbol{\alpha}_2,\cdots,\boldsymbol{\alpha}_m$ 的秩就是 L 的维数.

若向量组 $\boldsymbol{\alpha}_1,\boldsymbol{\alpha}_2,\cdots,\boldsymbol{\alpha}_r$ 是向量空间 V 的一个基，则 V 可表示为

$$V=\{k_1\boldsymbol{\alpha}_1+k_2\boldsymbol{\alpha}_2+\cdots+k_r\boldsymbol{\alpha}_r\,|\,k_1,k_2,\cdots,k_r\in\mathbf{R}\}$$

即 V 是基所生成的向量空间，这就较清楚地显示出向量空间 V 的构造.

对于 n 维向量空间 V_n，若 $\boldsymbol{\alpha}_1,\boldsymbol{\alpha}_2,\cdots,\boldsymbol{\alpha}_n$ 是 V_n 的一个基，则对任何 $\boldsymbol{\alpha}\in V_n$，都有唯一的一组有序数 $x_1,x_2,\cdots,x_n$ 使

$$\boldsymbol{\alpha}=x_1\boldsymbol{\alpha}_1+x_2\boldsymbol{\alpha}_2+\cdots+x_n\boldsymbol{\alpha}_n$$

反之，任给一组有序数 $x_1,x_2,\cdots,x_n$，总有唯一的元素 $\boldsymbol{\alpha}=x_1\boldsymbol{\alpha}_1+x_2\boldsymbol{\alpha}_2+\cdots+x_n\boldsymbol{\alpha}_n\in V_n$.

这样 V_n 的元素 $\boldsymbol{\alpha}$ 与有序数组 $(x_1,x_2,\cdots,x_n)^{\mathrm{T}}$ 之间存在着一种一一对应的关系，因此可以用这组有序数来表示元素 $\boldsymbol{\alpha}$．于是有如下定义.

定义 14 设 $\boldsymbol{\alpha}_1,\boldsymbol{\alpha}_2,\cdots,\boldsymbol{\alpha}_n$ 是 n 维向量空间 V_n 的一个基. 对于任一向量 $\alpha\in V_n$，总有且仅有一组有序数 $x_1,x_2,\cdots,x_n$ 使

$$\boldsymbol{\alpha}=x_1\boldsymbol{\alpha}_1+x_2\boldsymbol{\alpha}_2+\cdots+x_n\boldsymbol{\alpha}_n$$

$x_1,x_2,\cdots,x_n$ 这组有序数就称为向量 $\boldsymbol{\alpha}$ 在 $\boldsymbol{\alpha}_1,\boldsymbol{\alpha}_2,\cdots,\boldsymbol{\alpha}_n$ 这个基下的坐标，并记作

$$\boldsymbol{\alpha}=(x_1,x_2,\cdots,x_n)^{\mathrm{T}}\quad\text{或}\quad\boldsymbol{\alpha}=(x_1,x_2,\cdots,x_n)$$

特别地，在实数域 n 维向量空间 $\mathbf{R}^n$ 中取单位坐标向量组 $\boldsymbol{\varepsilon}_1=(1,0,0,\cdots,0)^{\mathrm{T}}$，$\boldsymbol{\varepsilon}_2=(0,1,0,\cdots,0)^{\mathrm{T}},\cdots,\boldsymbol{\varepsilon}_n=(0,0,\cdots,0,1)^{\mathrm{T}}$ 为基，则以 $a_1,a_2,\cdots,a_n$ 为分量的向量 $\boldsymbol{\alpha}$ 可表示为

$$\boldsymbol{\alpha}=a_1\boldsymbol{\varepsilon}_1+a_2\boldsymbol{\varepsilon}_2+\cdots+a_n\boldsymbol{\varepsilon}_n$$

可见向量在 $\mathbf{R}^n$ 中基 $\boldsymbol{\varepsilon}_1,\boldsymbol{\varepsilon}_2,\cdots,\boldsymbol{\varepsilon}_n$ 下的坐标就是该向量的分量. 因此 $\boldsymbol{\varepsilon}_1,\boldsymbol{\varepsilon}_2,\cdots,\boldsymbol{\varepsilon}_n$ 叫做 $\mathbf{R}^n$ 中的自然基. 注意，实数域 n 维向量空间 $\mathbf{R}^n$ 中的自然基也常用 $\boldsymbol{e}_1,\boldsymbol{e}_2,\cdots,\boldsymbol{e}_n$ 表示.

例 16　设 $\boldsymbol{A}=(\boldsymbol{\alpha}_1,\boldsymbol{\alpha}_2,\boldsymbol{\alpha}_3)=\begin{pmatrix}2&2&-1\\2&-1&2\\-1&2&2\end{pmatrix}$，$\boldsymbol{B}=(\boldsymbol{\beta}_1,\boldsymbol{\beta}_2)=\begin{pmatrix}1&4\\0&3\\-4&2\end{pmatrix}$. 验证 $\boldsymbol{\alpha}_1,\boldsymbol{\alpha}_2,\boldsymbol{\alpha}_3$ 是 $\mathbf{R}^3$ 的一个基，并求 $\boldsymbol{\beta}_1,\boldsymbol{\beta}_2$ 在这个基下的坐标.

解　要证 $\boldsymbol{\alpha}_1,\boldsymbol{\alpha}_2,\boldsymbol{\alpha}_3$ 是 $\mathbf{R}^3$ 的一个基，只要证 $\boldsymbol{\alpha}_1,\boldsymbol{\alpha}_2,\boldsymbol{\alpha}_3$ 线性无关即可. 由例 9 知，3 个三维向量 $\boldsymbol{\alpha}_1,\boldsymbol{\alpha}_2,\boldsymbol{\alpha}_3$ 线性无关的充要条件是齐次线性方程组 $x_1\boldsymbol{\alpha}_1+x_2\boldsymbol{\alpha}_2+x_3\boldsymbol{\alpha}_3=0$ 的系数行列式 $|\boldsymbol{A}|=|(\boldsymbol{\alpha}_1,\boldsymbol{\alpha}_2,\boldsymbol{\alpha}_3)|\neq 0$，即 $\boldsymbol{\alpha}_1,\boldsymbol{\alpha}_2,\boldsymbol{\alpha}_3$ 线性无关等价于 $|\boldsymbol{A}|=|(\boldsymbol{\alpha}_1,\boldsymbol{\alpha}_2,\boldsymbol{\alpha}_3)|\neq 0$.

因为

$$|\boldsymbol{A}|=|(\boldsymbol{\alpha}_1,\boldsymbol{\alpha}_2,\boldsymbol{\alpha}_3)|=\begin{vmatrix}2&2&-1\\2&-1&2\\-1&2&2\end{vmatrix}\xlongequal{c_1\leftrightarrow c_3}-\begin{vmatrix}-1&2&2\\2&-1&2\\2&2&-1\end{vmatrix}=-3\cdot(-1-2)^2=-27\neq 0$$

所以 $\boldsymbol{\alpha}_1,\boldsymbol{\alpha}_2,\boldsymbol{\alpha}_3$ 线性无关，从而 $\boldsymbol{\alpha}_1,\boldsymbol{\alpha}_2,\boldsymbol{\alpha}_3$ 是 $\mathbf{R}^3$ 的一个基.

设 $\boldsymbol{\beta}_1=x_{11}\boldsymbol{\alpha}_1+x_{21}\boldsymbol{\alpha}_2+x_{31}\boldsymbol{\alpha}_3,\boldsymbol{\beta}_2=x_{12}\boldsymbol{\alpha}_1+x_{22}\boldsymbol{\alpha}_2+x_{32}\boldsymbol{\alpha}_3$，即

$$(\boldsymbol{\beta}_1,\boldsymbol{\beta}_2)=(\boldsymbol{\alpha}_1,\boldsymbol{\alpha}_2,\boldsymbol{\alpha}_3)\begin{pmatrix}x_{11}&x_{12}\\x_{21}&x_{22}\\x_{31}&x_{32}\end{pmatrix}$$

记作 $\boldsymbol{B}=\boldsymbol{A}\boldsymbol{X}$.

由于 $|\boldsymbol{A}|\neq 0$，即 $\boldsymbol{A}$ 可逆，所以 $\boldsymbol{X}=\boldsymbol{A}^{-1}\boldsymbol{B}$. 根据第三章习题 B 题的第 7 题知，可用初等变换法求 $\boldsymbol{A}^{-1}\boldsymbol{B}$，过程如下：

$$(\boldsymbol{A}\vdots\boldsymbol{B})=\begin{pmatrix}2&2&-1&1&4\\2&-1&2&0&3\\-1&2&2&-4&2\end{pmatrix}\xrightarrow[r_1+r_3]{r_1+r_2}\begin{pmatrix}3&3&3&-3&9\\2&-1&2&0&3\\-1&2&2&-4&2\end{pmatrix}\xrightarrow[\substack{r_2-2r_1\\r_3+r_1}]{r_1\times\frac{1}{3}}\begin{pmatrix}1&1&1&-1&3\\0&-3&0&2&-3\\0&3&3&-5&5\end{pmatrix}$$

$$\xrightarrow{r_3+r_2}\begin{pmatrix}1&1&1&-1&3\\0&-3&0&2&-3\\0&0&3&-3&2\end{pmatrix}\xrightarrow[r_3\times\frac{1}{3}]{r_2\times\left(-\frac{1}{3}\right)}\begin{pmatrix}1&1&1&-1&3\\0&1&0&-\frac{2}{3}&1\\0&0&1&-1&\frac{2}{3}\end{pmatrix}$$

$$\xrightarrow[r_1-r_3]{r_1-r_2}\begin{pmatrix}1&0&0&\frac{2}{3}&\frac{4}{3}\\0&1&0&-\frac{2}{3}&1\\0&0&1&-1&\frac{2}{3}\end{pmatrix}=(\boldsymbol{E}\vdots\boldsymbol{A}^{-1}\boldsymbol{B})$$

所以，$X=A^{-1}B=\begin{pmatrix}\frac{2}{3} & \frac{4}{3}\\ -\frac{2}{3} & 1\\ -1 & \frac{2}{3}\end{pmatrix}$，即 β_1,β_2 在这个基 $\alpha_1,\alpha_2,\alpha_3$ 下的坐标分别为 $\left(\frac{2}{3},-\frac{2}{3},-1\right)$ 和 $\left(\frac{4}{3},1,\frac{2}{3}\right)$.

注意 $|A|\neq 0$ 即 A 可逆也可以通过 $A\xrightarrow{\text{初等行变换}}E$ 来证明，这样利用 $(A\vdots E)\xrightarrow{\text{初等行变换}}(E\vdots A^{-1}B)$ 求 $A^{-1}B$ 的同时就能证明 A 可逆. 也就是说此题解答过程中单独计算 $|A|$ 显得多余.

例 17 在 $\mathbf{R}^3$ 中取定一个基 $\alpha_1,\alpha_2,\alpha_3$，再取一个新基 β_1,β_2,β_3，设 $A=(\alpha_1,\alpha_2,\alpha_3)$，$B=(\beta_1,\beta_2,\beta_3)$. 求用 $\alpha_1,\alpha_2,\alpha_3$ 表示 β_1,β_2,β_3 的表示式（基变换公式），并求向量在两个基下的坐标之间的关系式（坐标变换公式）.

解 设 $\varepsilon_1,\varepsilon_2,\varepsilon_3$ 为 $\mathbf{R}^3$ 的自然基，则 $(\alpha_1,\alpha_2,\alpha_3)=(\varepsilon_1,\varepsilon_2,\varepsilon_3)A$，从而

$$(\varepsilon_1,\varepsilon_2,\varepsilon_3)=(\alpha_1,\alpha_2,\alpha_3)A^{-1}$$

故

$$(\beta_1,\beta_2,\beta_3)=(\varepsilon_1,\varepsilon_2,\varepsilon_3)B=(\alpha_1,\alpha_2,\alpha_3)A^{-1}B$$

即基变换公式为

$$(\beta_1,\beta_2,\beta_3)=(\alpha_1,\alpha_2,\alpha_3)P$$

其中表示式的系数矩阵 $P=A^{-1}B$ 称为从旧基 $\alpha_1,\alpha_2,\alpha_3$ 到新基 β_1,β_2,β_3 的过渡矩阵.

设向量 α 在旧基和新基下的坐标分别为 (x_1,x_2,x_3) 和 (y_1,y_2,y_3)，即

$$\alpha=x_1\alpha_1+x_2\alpha_2+x_3\alpha_3=(\alpha_1,\alpha_2,\alpha_3)\begin{pmatrix}x_1\\x_2\\x_3\end{pmatrix}=A\begin{pmatrix}x_1\\x_2\\x_3\end{pmatrix}$$

$$\alpha=y_1\beta_1+y_2\beta_2+y_3\beta_3=(\beta_1,\beta_2,\beta_3)\begin{pmatrix}y_1\\y_2\\y_3\end{pmatrix}=B\begin{pmatrix}y_1\\y_2\\y_3\end{pmatrix}$$

故

$$A\begin{pmatrix}x_1\\x_2\\x_3\end{pmatrix}=B\begin{pmatrix}y_1\\y_2\\y_3\end{pmatrix}$$

得

$$\begin{pmatrix}y_1\\y_2\\y_3\end{pmatrix}=B^{-1}A\begin{pmatrix}x_1\\x_2\\x_3\end{pmatrix}$$

即

$$\begin{pmatrix}y_1\\y_2\\y_3\end{pmatrix}=P^{-1}\begin{pmatrix}x_1\\x_2\\x_3\end{pmatrix}$$

这就是从旧坐标到新坐标的坐标变换公式.

第六节　矩 阵 的 秩

矩阵的秩是刻画矩阵内在特性的重要概念，它能使人们深刻认识矩阵确定向量的相关性或无关性，建立线性方程组的理论等.

定义 15 矩阵 $A=\begin{pmatrix} a_{11} & a_{12} & \cdots & a_{1n} \\ a_{21} & a_{22} & \cdots & a_{2n} \\ \vdots & \vdots & & \vdots \\ a_{m1} & a_{m2} & \cdots & a_{mn} \end{pmatrix}$ 的行向量组成的向量组的秩，称为矩阵 A 的行秩，记为 $R(A)$；它的列向量组成的向量组的秩，称为矩阵 A 的列秩，记为 $c(A)$.

如矩阵 $A=\begin{pmatrix} 1 & 0 & 0 \\ 1 & 0 & 1 \\ 0 & 0 & 1 \end{pmatrix}$，它的行向量组 $\alpha_1=(1,0,0)$，$\alpha_2=(1,0,1)$，$\alpha_3=(0,0,1)$，易知 α_1,α_2 为一个极大无关组，从而 $R(A)=2$. 它的列向量组 $\beta_1=(1,1,0)^{\mathrm{T}}$，$\beta_2=(0,0,0)^{\mathrm{T}}$，$\beta_3=(0,1,1)^{\mathrm{T}}$，同样可知 β_1,β_3 为极大无关组，故 $c(A)=2$. 对矩阵 A 有

$$R(A)=c(A)=2$$

定义 16 在一个 $m\times n$ 矩阵 A 中任意选定 k 行和 k 列（$k\leqslant\min(m,n)$），位于这些选定的行列的交叉点上的 k^2 个元素按原来的次序所组成的 $k\times k$ 矩阵的行列式称为 A 的一个 k 阶子式.

例如，$A=\begin{pmatrix} 1 & 3 & 4 & 5 \\ -1 & 0 & 2 & 3 \\ 0 & 1 & -1 & 0 \end{pmatrix}$ 的第 1, 2 两行，第 2, 4 两列交叉点上的元素所构成的一个二阶子式为 $\begin{vmatrix} 3 & 5 \\ 0 & 3 \end{vmatrix}$.

定义 17 设 A 为 $m\times n$ 矩阵，如果 A 中不为零的子式最高阶数为 r，即存在 r 阶子式不为零，而任何 $r+1$ 阶子式（若有的话）皆为零，则称 r 为矩阵 A 的秩，记为 $R(A)$，即 $R(A)=r$.

当 $A=0$ 时，规定 $R(A)=0$. 显然：

$$R(A)=R(A^{\mathrm{T}}),\qquad 0\leqslant R(A)\leqslant\min(m,n)$$

当 $R(A)=\min(m,n)$ 时，称矩阵 A 为满秩矩阵. 例如，$A=\begin{pmatrix} 1 & 2 & 3 & 0 \\ 0 & 1 & 2 & 1 \\ 2 & 4 & 6 & 0 \end{pmatrix}$ 中有二阶子式 $\begin{vmatrix} 1 & 2 \\ 0 & 1 \end{vmatrix}=1\neq 0$，但它的任何三阶子式皆为零，所以 $R(A)=2$；而 $B=\begin{pmatrix} 1 & 2 & 3 & 0 \\ 0 & 1 & 0 & 1 \\ 0 & 0 & 1 & 0 \end{pmatrix}$ 是满秩矩阵.

如在定义 15 之后列举的矩阵 $A=\begin{pmatrix} 1 & 0 & 0 \\ 1 & 0 & 1 \\ 0 & 0 & 1 \end{pmatrix}$ 中，有二阶子式 $\begin{vmatrix} 1 & 0 \\ 1 & 1 \end{vmatrix}=1\neq 0$，而三阶子式 $|A|=0$，故 A 的秩 $R(A)=2$，所以，对此矩阵 A，它的行秩、列秩、秩都等于 2，即 $r(A)=c(A)=R(A)=2$. 那么，对任何一个矩阵，它们三秩关系如何呢？

定理 10 任一矩阵 A 的行秩 $r(A)$、列秩 $c(A)$、秩 $R(A)$三秩相等，即

$$r(A)=c(A)=R(A)$$

以后，将这三秩统称为矩阵 A 的秩，记为 $R(A)$.

证 按定义易知，$R(A)=R(A^{\mathrm{T}})$，$r(A)=c(A^{\mathrm{T}})$. 欲证 $r(A)=c(A)=R(A)$，只要证 $c(A)=R(A)$ 即可. 下面证明 $c(A)=R(A)$.

1° 若 $R(A)=0$，则 $A=0$，从而 $c(A)=0$，故 $c(A)=R(A)$.

2° 若 $R(\boldsymbol{A})=r\neq 0$，对于矩阵

$$\boldsymbol{A}=\begin{pmatrix} a_{11} & \cdots & a_{1n} \\ \vdots & & \vdots \\ a_{m1} & \cdots & a_{mn} \end{pmatrix}$$

则 $\boldsymbol{A}$ 中至少有一 r 阶子式不等于零，而所有 $r+1$ 阶子式全为零. 不妨设 $\boldsymbol{A}$ 的左上角 r 阶子式不为零，即

$$D=\begin{vmatrix} a_{11} & \cdots & a_{1r} \\ \vdots & & \vdots \\ a_{r1} & \cdots & a_{rr} \end{vmatrix}\neq 0$$

下证 $\boldsymbol{A}$ 的前 r 列向量是 $\boldsymbol{A}$ 的列向量组的一个最大无关组.

（1）$\boldsymbol{A}$ 的前 r 列向量

$$\boldsymbol{\alpha}_1=\begin{pmatrix} a_{11} \\ \vdots \\ a_{r1} \\ \vdots \\ a_{m1} \end{pmatrix},\quad \cdots,\quad \boldsymbol{\alpha}_r=\begin{pmatrix} a_{1r} \\ \vdots \\ a_{rr} \\ \vdots \\ a_{mr} \end{pmatrix}$$

线性无关. 这是因为 $D\neq 0$ 时，齐次线性方程组 $\begin{cases} a_{11}x_1+a_{12}x_2+\cdots+a_{1r}x_r=0 \\ a_{r1}x_1+a_{r2}x_2+\cdots+a_{rr}x_r=0 \end{cases}$ 只有零解，从而齐次线性方程组 $\begin{cases} a_{11}x_1+a_{12}x_2+\cdots+a_{1r}x_r=0 \\ \cdots\cdots \\ a_{r1}x_1+a_{r2}x_2+\cdots+a_{rr}x_r=0 \\ a_{r+1,1}x_1+a_{r+1,2}x_2+\cdots+a_{r+1,r}x_r=0 \\ \cdots\cdots \\ a_{m1}x_1+a_{m2}x_2+\cdots+a_{mr}x_r=0 \end{cases}$ 也只有零解，故向量组 $\alpha_1=\begin{pmatrix} a_{11} \\ \vdots \\ a_{r1} \\ \vdots \\ a_{m1} \end{pmatrix},\cdots,\alpha_r=\begin{pmatrix} a_{1r} \\ \vdots \\ a_{rr} \\ \vdots \\ a_{mr} \end{pmatrix}$ 线性无关.

（2）$\boldsymbol{A}$ 中后 $n-r$ 列向量中任一向量 $\boldsymbol{\alpha}_l$ 可由前 r 列向量 $\boldsymbol{\alpha}_1,\boldsymbol{\alpha}_2,\cdots,\boldsymbol{\alpha}_r$ 线性表示. 由定理 1 知，只要证 $\boldsymbol{\alpha}_1,\cdots,\boldsymbol{\alpha}_r,\boldsymbol{\alpha}_l$ 线性相关. 令

$$D_i=\begin{vmatrix} a_{11} & \cdots & a_{1r} & a_{1l} \\ \vdots & & \vdots & \vdots \\ a_{r1} & \cdots & a_{rr} & a_{rl} \\ a_{i1} & \cdots & a_{ir} & a_{il} \end{vmatrix}\quad (i=1,2,\cdots,m)$$

显然，在 $i=1,2,\cdots,r$ 时，D_i 中有两行相同，从而 $D_i=0$. 而当 $i=r+1,\cdots,m$ 时，D_i 为 $\boldsymbol{A}$ 的 $r+1$ 阶子式，因此 $D_i=0$. 把 D_i 按 $r+1$ 行展开，得

$$D_i=a_{i1}(-1)^{r+1+1}\begin{vmatrix} a_{12} & \cdots & a_{1r} & a_{1l} \\ \vdots & & \vdots & \vdots \\ a_{r2} & \cdots & a_{rr} & a_{rl} \end{vmatrix}+\cdots+a_{il}(-1)^{r+1+r+1}\begin{vmatrix} a_{11} & \cdots & a_{1r} \\ \vdots & & \vdots \\ a_{r1} & \cdots & a_{rr} \end{vmatrix}$$

记

$$k_1=(-1)^{r+1+1}\begin{vmatrix}a_{12} & \cdots & a_{1r} & a_{1l}\\ \vdots & & \vdots & \vdots\\ a_{r2} & \cdots & a_{rr} & a_{rl}\end{vmatrix},\quad \cdots,\quad k_r=(-1)^{r+1+r}\begin{vmatrix}a_{11} & \cdots & a_{1,r-1} & a_{1l}\\ \vdots & & \vdots & \vdots\\ a_{r1} & \cdots & a_{r,r-1} & a_{rl}\end{vmatrix}$$

显然，$k_1, k_2, \cdots, k_r, D$ 是一组不全为零的数，且

$$D_i = k_i a_{i1} + k_2 a_{i2} + \cdots + k_r a_{ir} + D a_{il}$$

由 $D_i = 0$，$i = 1, 2, \cdots, r, r+1, \cdots, m$，得

$$k_1\begin{pmatrix}a_{11}\\ a_{21}\\ \vdots\\ a_{m1}\end{pmatrix}+k_2\begin{pmatrix}a_{12}\\ a_{22}\\ \vdots\\ a_{m2}\end{pmatrix}+\cdots+k_r\begin{pmatrix}a_{1r}\\ a_{2r}\\ \vdots\\ a_{mr}\end{pmatrix}+D\begin{pmatrix}a_{1l}\\ a_{2l}\\ \vdots\\ a_{ml}\end{pmatrix}=\begin{pmatrix}0\\ 0\\ \vdots\\ 0\end{pmatrix}$$

即 $k_1\boldsymbol{\alpha}_1 + k_2\boldsymbol{\alpha}_2 + \cdots + k_r\boldsymbol{\alpha}_r + D\boldsymbol{\alpha}_l = \mathbf{0}$，故 $\boldsymbol{\alpha}_1, \boldsymbol{\alpha}_2, \cdots, \boldsymbol{\alpha}_r, \boldsymbol{\alpha}_l$ 线性相关.

综上可知，$\boldsymbol{\alpha}_1, \boldsymbol{\alpha}_2, \cdots, \boldsymbol{\alpha}_r$ 为 $\boldsymbol{A}$ 的列向量组的一个最大无关组，从而 $c(\boldsymbol{A}) = r = R(\boldsymbol{A})$，定理证毕.

根据定理 10 和向量组的秩的定义，马上就可以得到如下推论.

推论　向量组 $\boldsymbol{\alpha}_1,\boldsymbol{\alpha}_2,\cdots,\boldsymbol{\alpha}_m$ 向量组线性无关的充分必要条件是以它们为列构成的矩阵 $\boldsymbol{A}=(\boldsymbol{\alpha}_1,\boldsymbol{\alpha}_2,\cdots,\boldsymbol{\alpha}_m)$ 的秩等于向量个数 m；向量组 $\boldsymbol{\alpha}_1,\boldsymbol{\alpha}_2,\cdots,\boldsymbol{\alpha}_m$ 线性相关的充分必要条件是 $R(\boldsymbol{A})<m$.

定理 11　设 $\boldsymbol{\alpha}_j = (a_{1j}, a_{2j}, \cdots, a_{rj})^{\mathrm{T}}$，$\boldsymbol{\beta}_j = (a_{1j}, a_{2j}, \cdots, a_{rj}, a_{r+1,j})^{\mathrm{T}}$（$j = 1, 2, 3, \cdots, m$），即向量 $\boldsymbol{\alpha}_j$ 添上一个分量后得向量 $\boldsymbol{\beta}_j$. 若向量组 $\boldsymbol{A}$：$\boldsymbol{\alpha}_1, \boldsymbol{\alpha}_2, \cdots, \boldsymbol{\alpha}_m$ 线性无关，则向量组 $\boldsymbol{B}$：$\boldsymbol{\beta}_1, \boldsymbol{\beta}_2, \cdots, \boldsymbol{\beta}_m$ 也线性无关；反之，若向量组 $\boldsymbol{B}$ 线性相关，则向量组 $\boldsymbol{A}$ 也线性相关.

证　记

$$\boldsymbol{A}_{r\times m} = (\boldsymbol{\alpha}_1, \boldsymbol{\alpha}_2, \cdots, \boldsymbol{\alpha}_m),\qquad \boldsymbol{B}_{(r+1)\times m} = (\boldsymbol{\beta}_1, \boldsymbol{\beta}_2, \cdots, \boldsymbol{\beta}_m)$$

有 $R(\boldsymbol{A})\leqslant R(\boldsymbol{B})$. 若向量组 $\boldsymbol{A}$ 线性无关，则 $R(\boldsymbol{A}) = m$，从而 $R(\boldsymbol{B})\geqslant m$，但 $R(\boldsymbol{B})\leqslant m$（因 $\boldsymbol{B}$ 只有 m 列），故 $R(\boldsymbol{B}) = m$. 因此向量组 $\boldsymbol{B}$ 线性无关.

本结论是对向量增加一个分量（即维数增加一维）而言的，如果增加多个分量，结论也仍然成立.

例 18　设矩阵 $\boldsymbol{A} = (a_{ij})_{m\times k}$，$\boldsymbol{B} = (b_{ij})_{k\times n}$. 证明：$R(\boldsymbol{AB})\leqslant\min\{R(\boldsymbol{A}), R(\boldsymbol{B})\}$.

证　记 $\boldsymbol{C}_{m\times n} = \boldsymbol{A}_{m\times k}\boldsymbol{B}_{k\times n}$，则矩阵 $\boldsymbol{C}$ 的列向量可由 $\boldsymbol{A}$ 的列向量线性表示，即

$$(\boldsymbol{c}_1,\boldsymbol{c}_2,\cdots,\boldsymbol{c}_n)=(\boldsymbol{\alpha}_1,\boldsymbol{\alpha}_2,\cdots,\boldsymbol{\alpha}_k)\begin{pmatrix}b_{11} & b_{12} & \cdots & b_{1n}\\ \vdots & \vdots & & \vdots\\ b_{k1} & b_{k2} & \cdots & b_{kn}\end{pmatrix}$$

这里 $\boldsymbol{c}_j, \boldsymbol{\alpha}_i$（$j = 1, 2, \cdots, n$；$i = 1, 2, \cdots, k$）分别是 $\boldsymbol{C}$ 及 $\boldsymbol{A}$ 的列向量. 上式表明，$\boldsymbol{C}$ 的列向量可由 $\boldsymbol{A}$ 的列向量性表示，由定理 9 知，$\boldsymbol{C}$ 的列秩$\leqslant\boldsymbol{A}$ 的列秩，也就是 $c(\boldsymbol{C})\leqslant c(\boldsymbol{A})$.

同理可证，矩阵 $\boldsymbol{C}$ 的行向量可由矩阵 $\boldsymbol{B}$ 的行向量线性表示，$r(\boldsymbol{C})\leqslant r(\boldsymbol{B})$. 从而，$R(\boldsymbol{C})\leqslant\min\{R(\boldsymbol{A}), R(\boldsymbol{B})\}$，即 $R(\boldsymbol{AB})\leqslant\min\{R(\boldsymbol{A}), R(\boldsymbol{B})\}$.

由定理 6 知，矩阵 $\boldsymbol{A}$ 经初等行变换所得矩阵 $\boldsymbol{B}$ 后，矩阵 $\boldsymbol{A}$ 与矩阵 $\boldsymbol{B}$ 的行向量组等价；再由定理 9 知，矩阵 $\boldsymbol{A}$ 的行秩等于矩阵 $\boldsymbol{B}$ 的行秩. 从而知，矩阵 $\boldsymbol{A}$ 经初等行变换不改变矩阵的行秩. 同样，矩阵 $\boldsymbol{A}$ 经初等列变换不改变矩阵的列秩，于是可得如下定理.

定理 12　矩阵 $\boldsymbol{A}$ 经有限次初等变换变成矩阵 $\boldsymbol{B}$，则 $R(\boldsymbol{A}) = R(\boldsymbol{B})$.

推论 1　若矩阵 $\boldsymbol{A}$ 与矩阵 $\boldsymbol{B}$ 等价，则 $R(\boldsymbol{A}) = R(\boldsymbol{B})$.

推论 2 若 $\boldsymbol{P},\boldsymbol{Q}$ 为可逆矩阵，则

$$R(\boldsymbol{PA})=R(\boldsymbol{AQ})=R(\boldsymbol{PAQ})=R(\boldsymbol{A}).$$

定理 13 矩阵 $\boldsymbol{A}$ 经初等行变换化为行阶梯形矩阵 $\boldsymbol{B}$，则

（1）$R(\boldsymbol{A})$等于阶梯形矩阵 $\boldsymbol{B}$ 中非零行个数 r；

（2）行阶梯形矩阵 $\boldsymbol{B}$ 中首非零元所在的 r 列对应 $\boldsymbol{A}$ 中的 r 列向量是 $\boldsymbol{A}$ 的列向量的一个极大无关组.

证 （1）设矩阵 $\boldsymbol{A}$ 经初等变换化为行阶梯形矩阵 $\boldsymbol{B}$，由定理 12 得

$$R(\boldsymbol{A})=R(\boldsymbol{B}).$$

$\boldsymbol{B}$ 的非零行的个数为 r，以 $\boldsymbol{B}$ 的这 r 个行的首非零元所在的行、列的交叉点上的 r^2 个元素按原来的次序排列，构成 $\boldsymbol{B}$ 的一个 r 阶子式，这个 r 阶子式不为 0，因为它恰好等于 $\boldsymbol{B}$ 的 r 个行首非零元的乘积；但由于 $\boldsymbol{B}$ 的所有 $r+1$ 阶子式必含全是零元素的一行，从而 $\boldsymbol{B}$ 的所有 $r+1$ 阶子式全为 0，所以 $R(\boldsymbol{B})=r$. 可得 $R(\boldsymbol{A})=r$.

（2）由定理 6，只要证：行阶梯形矩阵 $\boldsymbol{B}$ 中首非零元所在的 r 列为 $\boldsymbol{B}$ 的列向量组的一个极大无关组即可. 由于易知这 r 列向量线性无关，又 $R(\boldsymbol{B})=r$，从而 $\boldsymbol{B}$ 中任一列向量与这 r 列向量构成向量组线性相关（因 $\boldsymbol{B}$ 的列秩为 r）. 由定理 1 则知，$\boldsymbol{B}$ 中任一列向量可由这个 r 列向量线性表示，故 $\boldsymbol{B}$ 中首非零元所在的 r 列为 $\boldsymbol{B}$ 的列向量组的极大无关组.

例 19 已知 $\boldsymbol{\alpha}_1=\begin{pmatrix}1\\1\\1\end{pmatrix},\boldsymbol{\alpha}_2=\begin{pmatrix}0\\2\\5\end{pmatrix},\boldsymbol{\alpha}_3=\begin{pmatrix}2\\4\\7\end{pmatrix}$，试讨论向量组 $\boldsymbol{\alpha}_1,\boldsymbol{\alpha}_2,\boldsymbol{\alpha}_3$ 及向量组 $\boldsymbol{\alpha}_1,\boldsymbol{\alpha}_2$ 的线性相关性.

解 对矩阵 $(\boldsymbol{\alpha}_1,\boldsymbol{\alpha}_2,\boldsymbol{\alpha}_3)$ 施行初等行变换变成行阶梯形矩阵，即可同时看出矩阵 $(\boldsymbol{\alpha}_1,\boldsymbol{\alpha}_2,\boldsymbol{\alpha}_3)$ 及 $(\boldsymbol{\alpha}_1,\boldsymbol{\alpha}_2)$ 的秩，利用定理 10 的推论即可得出结论.

$$(\boldsymbol{\alpha}_1,\boldsymbol{\alpha}_2,\boldsymbol{\alpha}_3)=\begin{pmatrix}1&0&2\\1&2&4\\1&5&7\end{pmatrix}\xrightarrow[r_3-r_1]{r_2-r_1}\begin{pmatrix}1&0&2\\0&2&2\\0&5&5\end{pmatrix}\xrightarrow{r_3-\frac{5}{2}r_2}\begin{pmatrix}1&0&2\\0&2&2\\0&0&0\end{pmatrix}$$

可见 $R(\boldsymbol{\alpha}_1,\boldsymbol{\alpha}_2,\boldsymbol{\alpha}_3)=2$，故向量组 $\boldsymbol{\alpha}_1,\boldsymbol{\alpha}_2,\boldsymbol{\alpha}_3$ 线性相关；同时可见 $R(\boldsymbol{\alpha}_1,\boldsymbol{\alpha}_2)=2$，故向量组 $\boldsymbol{\alpha}_1,\boldsymbol{\alpha}_2$ 线性无关.

例 20 设 $\boldsymbol{A}=\begin{pmatrix}1&-2&2&-1\\2&-4&8&0\\-2&4&-2&3\\3&-6&0&-6\end{pmatrix},\boldsymbol{b}=\begin{pmatrix}1\\2\\3\\4\end{pmatrix}$，求矩阵 $\boldsymbol{A}$ 及矩阵 $\boldsymbol{B}=(\boldsymbol{A},\boldsymbol{b})$ 的秩.

解 对 $\boldsymbol{B}$ 作初等行变换变为行阶梯形矩阵，设 $\boldsymbol{B}$ 的行阶梯形矩阵为 $\tilde{\boldsymbol{B}}=(\tilde{\boldsymbol{A}},\tilde{\boldsymbol{b}})$，则 $\tilde{\boldsymbol{A}}$ 就是 $\boldsymbol{A}$ 的行阶梯形矩阵，故从 $\tilde{\boldsymbol{B}}=(\tilde{\boldsymbol{A}},\tilde{\boldsymbol{b}})$ 中可同时看出 $R(\boldsymbol{A})$及 $R(\boldsymbol{B})$.

$$\boldsymbol{B}=\begin{bmatrix}1&-2&2&-1&1\\2&-4&8&0&2\\-2&4&-2&3&3\\3&-6&0&-6&4\end{bmatrix}\xrightarrow[r_4-3r_1]{\substack{r_2-2r_1\\r_3+2r_1}}\begin{pmatrix}1&-2&2&-1&1\\0&0&4&2&0\\0&0&2&1&5\\0&0&-6&-3&1\end{pmatrix}$$

$$\xrightarrow[\substack{r_3-r_2\\ r_4+3r_2}]{r_2\times\frac{1}{2}}\begin{pmatrix}1&-2&2&-1&1\\0&0&2&1&0\\0&0&0&0&5\\0&0&0&0&1\end{pmatrix}\xrightarrow[r_4-r_3]{r_3\times\frac{1}{5}}\begin{pmatrix}1&-2&2&-1&1\\0&0&2&1&0\\0&0&0&0&1\\0&0&0&0&0\end{pmatrix}$$

因此

$$R(\boldsymbol{A})=2,\quad R(\boldsymbol{B})=3$$

例 21　设 $\boldsymbol{A}=\begin{pmatrix}1&2&-1&1\\3&2&\lambda&-1\\5&6&3&\mu\end{pmatrix}$，已知 $R(\boldsymbol{A})=2$，求 λ 与 μ 的值.

解

$$\boldsymbol{A}\xrightarrow[r_3-5r_1]{r_2-3r_1}\begin{pmatrix}1&2&-1&1\\0&-4&\lambda+3&-4\\0&-4&8&\mu-5\end{pmatrix}\xrightarrow{r_3-r_2}\begin{pmatrix}1&2&-1&1\\0&-4&\lambda+3&-4\\0&0&5-\lambda&\mu-1\end{pmatrix}$$

因 $R(\boldsymbol{A})=2$，故

$$\begin{cases}5-\lambda=0,\\ \mu-1=0,\end{cases}\quad 即\quad \begin{cases}\lambda=5\\ \mu=1\end{cases}$$

例 22　求向量组

$$\boldsymbol{\alpha}_1=\begin{pmatrix}1\\-1\\0\\0\end{pmatrix},\quad \boldsymbol{\alpha}_2=\begin{pmatrix}-1\\2\\1\\-1\end{pmatrix},\quad \boldsymbol{\alpha}_3=\begin{pmatrix}0\\1\\1\\-1\end{pmatrix},\quad \boldsymbol{\alpha}_4=\begin{pmatrix}-1\\3\\2\\1\end{pmatrix},\quad \boldsymbol{\alpha}_5=\begin{pmatrix}-2\\6\\4\\1\end{pmatrix}$$

的秩及其极大无关组.

解　把所给向量组视为矩阵 $\boldsymbol{A}$ 的列向量组，那么向量组的秩等于矩阵的秩，对应的极大无关组也就是 $\boldsymbol{A}$ 的列向量组的极大无关组. 对 $\boldsymbol{A}$ 施行行初等变换，有

$$\boldsymbol{A}=(\boldsymbol{\alpha}_1,\boldsymbol{\alpha}_2,\boldsymbol{\alpha}_3,\boldsymbol{\alpha}_4,\boldsymbol{\alpha}_5)=\begin{pmatrix}1&-1&0&-1&-2\\-1&2&1&3&6\\0&1&1&2&4\\0&-1&-1&1&1\end{pmatrix}$$

$$\xrightarrow{r_2+r_1}\begin{pmatrix}1&-1&0&-1&-2\\0&1&1&2&4\\0&1&1&2&4\\0&-1&-1&1&1\end{pmatrix}\xrightarrow[r_4+r_2]{r_3-r_2}\begin{pmatrix}1&-1&0&-1&-2\\0&1&1&2&4\\0&0&0&0&0\\0&0&0&3&5\end{pmatrix}$$

$$\xrightarrow{r_3\leftrightarrow r_4}\begin{pmatrix}1&-1&0&-1&-2\\0&1&1&2&4\\0&0&0&3&5\\0&0&0&0&0\end{pmatrix}$$

从阶梯形矩阵可看出，$R(\boldsymbol{A})=3$，且阶梯形矩阵首非零元所在列为第 1, 2, 4 列，据定理 13 知 $\boldsymbol{A}$ 的第 1, 2, 4 列向量是 $\boldsymbol{A}$ 的列向量组的一个极大无关组，故所求向量的秩为 3，且 $\boldsymbol{\alpha}_1,\boldsymbol{\alpha}_2,\boldsymbol{\alpha}_4$ 为它的一个极大无关组.

由定理 6 及其证明过程知，当 $\boldsymbol{A}=(\boldsymbol{\alpha}_1,\boldsymbol{\alpha}_2,\cdots,\boldsymbol{\alpha}_n)$ 经初等行变换变成 $\boldsymbol{B}=(\boldsymbol{\beta}_1,\boldsymbol{\beta}_2,\cdots,\boldsymbol{\beta}_n)$ 时，

$\boldsymbol{A}$ 中的任意 k 个列向量 $\boldsymbol{\alpha}_1',\boldsymbol{\alpha}_2',\cdots,\boldsymbol{\alpha}_k'$ 与 $\boldsymbol{B}$ 中对应的 k 个列向量 $\boldsymbol{\beta}_1',\boldsymbol{\beta}_2',\cdots,\boldsymbol{\beta}_k'$ 有相同的线性相关性，且 $\lambda_1\boldsymbol{\alpha}_1'+\lambda_2\boldsymbol{\alpha}_2'+\cdots+\lambda_k\boldsymbol{\alpha}_k'=0$ 与 $\lambda_1\boldsymbol{\beta}_1'+\lambda_2\boldsymbol{\beta}_2'+\cdots+\lambda_k\boldsymbol{\beta}_k'=0$ 左边线性组合的系数完全相同，于是如果 $\boldsymbol{\beta}_k'$ 能由 $\boldsymbol{\beta}_1',\boldsymbol{\beta}_2',\cdots,\boldsymbol{\beta}_{k-1}'$ 线性表示，且表示式是 $\boldsymbol{\beta}_k'=-\dfrac{\lambda_1}{\lambda_k}\boldsymbol{\beta}_1'-\dfrac{\lambda_2}{\lambda_k}\boldsymbol{\beta}_2'-\cdots-\dfrac{\lambda_{k-1}}{\lambda_k}\boldsymbol{\beta}_{k-1}'$，则 $\boldsymbol{\alpha}_k'$ 必能由 $\boldsymbol{\alpha}_1',\boldsymbol{\alpha}_2',\cdots,\boldsymbol{\alpha}_{k-1}'$ 线性表示，且表示式一定是 $\boldsymbol{\alpha}_k'=-\dfrac{\lambda_1}{\lambda_k}\boldsymbol{\alpha}_1'-\dfrac{\lambda_2}{\lambda_k}\boldsymbol{\alpha}_2'-\cdots-\dfrac{\lambda_{k-1}}{\lambda_k}\boldsymbol{\alpha}_{k-1}'$，请注意这里 $\boldsymbol{\beta}_k'=-\dfrac{\lambda_1}{\lambda_k}\boldsymbol{\beta}_1'-\dfrac{\lambda_2}{\lambda_k}\boldsymbol{\beta}_2'-\cdots-\dfrac{\lambda_{k-1}}{\lambda_k}\boldsymbol{\beta}_{k-1}'$ 与 $\boldsymbol{\alpha}_k'=-\dfrac{\lambda_1}{\lambda_k}\boldsymbol{\alpha}_1'-\dfrac{\lambda_2}{\lambda_k}\boldsymbol{\alpha}_2'-\cdots-\dfrac{\lambda_{k-1}}{\lambda_k}\boldsymbol{\alpha}_{k-1}'$ 线性表示的对应系数相等.

例 23 的讲解视频

例 23 求向量组 $\boldsymbol{\alpha}_1=(1,2,1)^{\mathrm{T}}$，$\boldsymbol{\alpha}_2=(2,4,3)^{\mathrm{T}}$，$\boldsymbol{\alpha}_3=(1,0,2)^{\mathrm{T}}$，$\boldsymbol{\alpha}_4=(0,2,-1)^{\mathrm{T}}$，$\boldsymbol{\alpha}_5=(0,1,0)^{\mathrm{T}}$ 的极大无关组与秩，并将其余向量用该极大无关组线性表示.

解

$$(\boldsymbol{\alpha}_1,\boldsymbol{\alpha}_2,\boldsymbol{\alpha}_3,\boldsymbol{\alpha}_4,\boldsymbol{\alpha}_5)=\begin{pmatrix}1&2&1&0&0\\2&4&0&2&1\\1&3&2&-1&0\end{pmatrix}\xrightarrow[r_3-r_1]{r_2-2r_1}\begin{pmatrix}1&2&1&0&0\\0&0&-2&2&1\\0&1&1&-1&0\end{pmatrix}$$

$$\xrightarrow{r_2\leftrightarrow r_3}\begin{pmatrix}1&2&1&0&0\\0&1&1&-1&0\\0&0&-2&2&1\end{pmatrix}$$

$$\xrightarrow[r_3\times\left(-\frac{1}{2}\right)]{r_1-2r_2}\begin{pmatrix}1&0&-1&2&0\\0&1&1&-1&0\\0&0&1&-1&-\dfrac{1}{2}\end{pmatrix}$$

$$\xrightarrow[r_2-r_3]{r_1+r_3}\begin{pmatrix}1&0&0&1&-\dfrac{1}{2}\\0&1&0&0&\dfrac{1}{2}\\0&0&1&-1&-\dfrac{1}{2}\end{pmatrix}$$

所以 $R(\boldsymbol{\alpha}_1,\boldsymbol{\alpha}_2,\boldsymbol{\alpha}_3,\boldsymbol{\alpha}_4,\boldsymbol{\alpha}_5)=3$，$\boldsymbol{\alpha}_1,\boldsymbol{\alpha}_2,\boldsymbol{\alpha}_3$ 为一个极大无关组.

为把 $\boldsymbol{\alpha}_4,\boldsymbol{\alpha}_5$ 用 $\boldsymbol{\alpha}_1,\boldsymbol{\alpha}_2,\boldsymbol{\alpha}_3$ 线性表示，把上面的行最简形矩阵记作 $(\boldsymbol{\beta}_1,\boldsymbol{\beta}_2,\boldsymbol{\beta}_3,\boldsymbol{\beta}_4,\boldsymbol{\beta}_5)$，可以看出

$$\boldsymbol{\beta}_4=\begin{pmatrix}1\\0\\-1\end{pmatrix}=1\cdot\begin{pmatrix}1\\0\\0\end{pmatrix}+0\cdot\begin{pmatrix}0\\1\\0\end{pmatrix}+(-1)\cdot\begin{pmatrix}0\\0\\1\end{pmatrix}=1\cdot\boldsymbol{\beta}_1+0\cdot\boldsymbol{\beta}_2+(-1)\boldsymbol{\beta}_3$$

$$\boldsymbol{\beta}_5=-\frac{1}{2}\boldsymbol{\beta}_1+\frac{1}{2}\boldsymbol{\beta}_2+\left(-\frac{1}{2}\right)\boldsymbol{\beta}_3$$

笔记栏

因此　$\boldsymbol{\alpha}_4 = 1\cdot\boldsymbol{\alpha}_1 + 0\cdot\boldsymbol{\alpha}_2 + (-1)\boldsymbol{\alpha}_3$，　$\boldsymbol{\alpha}_5 = -\frac{1}{2}\boldsymbol{\alpha}_1 + \frac{1}{2}\boldsymbol{\alpha}_2 + \left(-\frac{1}{2}\right)\boldsymbol{\alpha}_3$

下面讨论矩阵的秩的性质. 前面已经提出了矩阵秩的一些最基本的性质，归纳起来有：

①$0 \leqslant R(\boldsymbol{A}_{m\times n}) \leqslant \min\{m,n\}$.

②$R(\boldsymbol{A}^{\mathrm{T}}) = R(\boldsymbol{A})$.

③若 $\boldsymbol{A} \cong \boldsymbol{B}$，则 $R(\boldsymbol{A}) = R(\boldsymbol{B})$.

④若 $\boldsymbol{P},\boldsymbol{Q}$ 可逆，则 $R(\boldsymbol{PA}) = R(\boldsymbol{AQ}) = R(\boldsymbol{PAQ}) = R(\boldsymbol{A})$.

⑤$R(\boldsymbol{AB}) \leqslant \min\{R(\boldsymbol{A}), R(\boldsymbol{B})\}$.

下面再介绍几个常用的矩阵秩的性质：

⑥$\max\{R(\boldsymbol{A}),R(\boldsymbol{B})\} \leqslant R(\boldsymbol{A},\boldsymbol{B}) \leqslant R(\boldsymbol{A}) + R(\boldsymbol{B})$，特别地，当 $\boldsymbol{B} = \boldsymbol{b}$ 为非零列向量时，有 $R(\boldsymbol{A}) \leqslant R(\boldsymbol{A},\boldsymbol{b}) \leqslant R(\boldsymbol{A}) + 1$.

证　因为 $\boldsymbol{A}$ 的最高阶非零子式总是（$\boldsymbol{A},\boldsymbol{B}$）的非零子式，所以 $R(\boldsymbol{A}) \leqslant R(\boldsymbol{A},\boldsymbol{B})$. 同理有 $R(\boldsymbol{B}) \leqslant R(\boldsymbol{A},\boldsymbol{B})$. 两式合起来，即为

$$\max\{R(\boldsymbol{A}), R(\boldsymbol{B})\} \leqslant R(\boldsymbol{A},\boldsymbol{B})$$

设 $R(\boldsymbol{A}) = r$，$R(\boldsymbol{B}) = t$. 把 $\boldsymbol{A}$ 和 $\boldsymbol{B}$ 分别作列变换化为列阶梯形 $\tilde{\boldsymbol{A}}$ 和 $\tilde{\boldsymbol{B}}$，则 $\tilde{\boldsymbol{A}}$ 和 $\tilde{\boldsymbol{B}}$ 中分别含 r 个和 t 个非零列，故可设

$$\boldsymbol{A} \xrightarrow{\text{初等列变换}} \tilde{\boldsymbol{A}} = (\tilde{a}_1,\cdots,\tilde{a}_r,0,\cdots,0), \boldsymbol{B} \xrightarrow{\text{初等列变换}} \tilde{\boldsymbol{B}} = (\tilde{b}_1,\cdots,\tilde{b}_t,0,\cdots,0)$$

从而

$$(\boldsymbol{A},\boldsymbol{B}) \xrightarrow{\text{初等列变换}} (\tilde{\boldsymbol{A}},\tilde{\boldsymbol{B}})$$

由于 $(\tilde{\boldsymbol{A}},\tilde{\boldsymbol{B}})$ 中只含 $r+t$ 个非零列，因此 $R(\tilde{\boldsymbol{A}},\tilde{\boldsymbol{B}}) \leqslant r+t$，而 $R(\boldsymbol{A},\boldsymbol{B}) = R(\tilde{\boldsymbol{A}},\tilde{\boldsymbol{B}})$，故 $R(\boldsymbol{A},\boldsymbol{B}) \leqslant r+t$，即

$$R(\boldsymbol{A},\boldsymbol{B}) \leqslant R(\boldsymbol{A}) + R(\boldsymbol{B})$$

⑦$R(\boldsymbol{A}+\boldsymbol{B}) \leqslant R(\boldsymbol{A}) + R(\boldsymbol{B})$.

证　无妨设 $\boldsymbol{A}$，$\boldsymbol{B}$ 为 $m\times n$ 矩阵. 对矩阵（$\boldsymbol{A}+\boldsymbol{B},\boldsymbol{B}$）作列变换 $c_i - c_{n+i}$（$i = 1,\cdots,n$），即得

$$(\boldsymbol{A}+\boldsymbol{B},\boldsymbol{B}) \xrightarrow{\text{初等列变换}} (\boldsymbol{A},\boldsymbol{B})$$

于是

$$R(\boldsymbol{A}+\boldsymbol{B}) \leqslant R(\boldsymbol{A}+\boldsymbol{B},\boldsymbol{B}) = R(\boldsymbol{A},\boldsymbol{B}) \leqslant R(\boldsymbol{A}) + R(\boldsymbol{B})$$

后面还要介绍两条常用的性质，现先罗列如下.

⑧若 $\boldsymbol{A}_{m\times n}\boldsymbol{B}_{n\times l} = \boldsymbol{O}$，则 $R(\boldsymbol{A}) + R(\boldsymbol{B}) \leqslant n$（见第五章例 3）.

⑨设 $\boldsymbol{A}$ 为 n 阶矩阵（$n \geqslant 2$），$\boldsymbol{A}^*$ 为 $\boldsymbol{A}$ 的伴随矩阵，则

$$R(\boldsymbol{A}^*) = \begin{cases} n, & \text{当} R(\boldsymbol{A}) = n \\ 1, & \text{当} R(\boldsymbol{A}) = n-1 \\ 0, & \text{当} R(\boldsymbol{A}) \leqslant n-2 \end{cases}$$

（见第五章例 4）

习　　题

A　　题

1. 设 $\boldsymbol{v}_1 = (1, 2, 0)$，$\boldsymbol{v}_2 = (0, 1, 2)$，$\boldsymbol{v}_3 = (2, 2, 1)$，则 $2\boldsymbol{v}_1 - \boldsymbol{v}_2 + \boldsymbol{v}_3 =$ ______.

2. 向量 $\boldsymbol{v}_1 = (1, a, 2)$与 $\boldsymbol{v}_2 = (2, 4, b)$线性相关，则 $a =$ ________，$b =$ ________.

3. 判断下列命题是否正确（正确打“√”，错误打“×”）：

（1）$F=\{a+b\sqrt{3}\mid a,b\in Q\}$ 构成数域； （ ）

（2）$M=\{a+b\sqrt{2}+c\sqrt{3}\mid a,b,c\in Q\}$ 构成数域； （ ）

（3）若有数 $\lambda_1,\lambda_2,\cdots,\lambda_n$，使 $\lambda_1\boldsymbol{\alpha}_1+\lambda_2\boldsymbol{\alpha}_2+\cdots+\lambda_n\boldsymbol{\alpha}_n=\mathbf{0}$，则 $\boldsymbol{\alpha}_1,\boldsymbol{\alpha}_2,\cdots,\boldsymbol{\alpha}_n$ 线性相关； （ ）

（4）若有不全为 0 的数 $\lambda_1,\lambda_2,\cdots,\lambda_m$，使 $\lambda_1\boldsymbol{\alpha}_1+\lambda_2\boldsymbol{\alpha}_2+\cdots+\lambda_m\boldsymbol{\alpha}_m+\lambda_1\boldsymbol{\beta}_1+\lambda_2\boldsymbol{\beta}_2+\cdots+\lambda_m\boldsymbol{\beta}_m=\mathbf{0}$ 则 $\boldsymbol{\alpha}_1,\boldsymbol{\alpha}_2,\cdots,\boldsymbol{\alpha}_m$ 线性相关，$\boldsymbol{\beta}_1,\boldsymbol{\beta}_2,\cdots,\boldsymbol{\beta}_m$ 线性相关； （ ）

（5）单向量 $\boldsymbol{\alpha}$ 一定线性无关； （ ）

（6）三维几何空间 R^3 中向量 $\boldsymbol{\alpha}_1,\boldsymbol{\alpha}_2,\boldsymbol{\alpha}_3,\boldsymbol{\alpha}_4$ 一定线性相关； （ ）

（7）若数 $\lambda_1,\lambda_2,\cdots,\lambda_m$ 使 $\lambda_1\boldsymbol{\alpha}_1+\lambda_2\boldsymbol{\alpha}_2+\cdots+\lambda_m\boldsymbol{\alpha}_m=\mathbf{0}$ 一定有 $\lambda_1=\lambda_2=\cdots=\lambda_m=0$，那么，$\boldsymbol{\alpha}_1,\boldsymbol{\alpha}_2,\cdots,\boldsymbol{\alpha}_m$ 线性无关； （ ）

（8）$\boldsymbol{\alpha}_1,\boldsymbol{\alpha}_2,\boldsymbol{\alpha}_3,\boldsymbol{\alpha}_4$ 线性无关，则 $\boldsymbol{\alpha}_1+\boldsymbol{\alpha}_2,\boldsymbol{\alpha}_2+\boldsymbol{\alpha}_3,\boldsymbol{\alpha}_3+\boldsymbol{\alpha}_4,\boldsymbol{\alpha}_4+\boldsymbol{\alpha}_1$ 也线性无关. （ ）

4. 设向量组 $\boldsymbol{\alpha}_1=(a,0,c)$，$\boldsymbol{\alpha}_2=(b,c,0)$，$\boldsymbol{\alpha}_3=(0,a,b)$线性无关，则 a,b,c 必满足关系式________.

5. n 维向量组 $\boldsymbol{\alpha}_1,\boldsymbol{\alpha}_2,\boldsymbol{\alpha}_3$ 线性无关，则下列向量组线性相关的是（ ）.

A．$\boldsymbol{\alpha}_1+\boldsymbol{\alpha}_2$，$\boldsymbol{\alpha}_2+\boldsymbol{\alpha}_3$，$\boldsymbol{\alpha}_3+\boldsymbol{\alpha}_1$

B．$\boldsymbol{\alpha}_1$，$\boldsymbol{\alpha}_1+\boldsymbol{\alpha}_2$，$\boldsymbol{\alpha}_1+\boldsymbol{\alpha}_2+\boldsymbol{\alpha}_3$

C．$\boldsymbol{\alpha}_1-\boldsymbol{\alpha}_2$，$\boldsymbol{\alpha}_2-\boldsymbol{\alpha}_3$，$\boldsymbol{\alpha}_3-\boldsymbol{\alpha}_1$

D．$\boldsymbol{\alpha}_1+\boldsymbol{\alpha}_2$，$2\boldsymbol{\alpha}_2+\boldsymbol{\alpha}_3$，$3\boldsymbol{\alpha}_3+\boldsymbol{\alpha}_1$

6. 设有 m 个 n 维向量（$m>n$），则（ ）成立.

A．必定线性相关

B．必定线性无关

C．不一定

D．无法判定

7. 设方阵 $\boldsymbol{A}$ 的行列式$|\boldsymbol{A}|=0$，则 $\boldsymbol{A}$ 中（ ）.

A．必有一列元素为 0

B．必有两列成比例

C．必有一列向量是其余列向量的线性组合

D．任一列向量是其余列向量的线性组合

8. 方程组$\begin{cases}a_1x+b_1y+c_1z=d_1\\a_2x+b_2y+c_2z=d_2\\a_3x+b_3y+c_3z=d_3\end{cases}$，表示空间三平面，若系数矩阵的秩为 3，则三平面的位置关系是（ ）.

A．三平面重合

B．三平面无公共交点

C．三平面交于一点

D．位置关系无法确定

9. 某矩阵 $\boldsymbol{A}=(\boldsymbol{\alpha}_1,\boldsymbol{\alpha}_2,\boldsymbol{\alpha}_3,\boldsymbol{\alpha}_4,\boldsymbol{\alpha}_5)$经行初等变换变为 $\boldsymbol{A}_1=\begin{pmatrix}1&1&1&3&-2\\0&1&1&2&1\\0&0&1&1&3\end{pmatrix}$，则矩阵 $\boldsymbol{A}$ 的秩

为 3，$\boldsymbol{\alpha}_i$ 为 $\boldsymbol{A}$ 的第 i 列向量，且（　　）成立.

A. $\boldsymbol{\alpha}_4=\boldsymbol{\alpha}_1+\boldsymbol{\alpha}_2+\boldsymbol{\alpha}_3$　　B. $\boldsymbol{\alpha}_4=3\boldsymbol{\alpha}_1+2\boldsymbol{\alpha}_2+\boldsymbol{\alpha}_3$

C. $\boldsymbol{\alpha}_5=-2\boldsymbol{\alpha}_1+\boldsymbol{\alpha}_2+\boldsymbol{\alpha}_3$　　D. 列向量组线性无关

10. 设 $\boldsymbol{A},\boldsymbol{B}$ 为满足 $\boldsymbol{AB}=\boldsymbol{O}$ 的任意两个非零矩阵，则必有（　　）.

A. $\boldsymbol{A}$ 的列向量线性相关，$\boldsymbol{B}$ 的行向量线性相关

B. $\boldsymbol{A}$ 的列向量线性相关，$\boldsymbol{B}$ 的列向量线性相关

C. $\boldsymbol{A}$ 的行向量线性相关，$\boldsymbol{B}$ 的行向量线性相关

D. $\boldsymbol{A}$ 的行向量线性相关，$\boldsymbol{B}$ 的列向量线性相关

11. 设 $\boldsymbol{\alpha}_1,\boldsymbol{\alpha}_2,\cdots,\boldsymbol{\alpha}_s$ 都是 n 维向量，$\boldsymbol{A}$ 是 $m\times n$ 矩阵，则（　　）成立.

A. 若 $\boldsymbol{\alpha}_1,\boldsymbol{\alpha}_2,\cdots,\boldsymbol{\alpha}_s$ 线性相关，则 $\boldsymbol{A\alpha}_1,\boldsymbol{A\alpha}_2,\cdots,\boldsymbol{A\alpha}_s$ 线性相关

B. 若 $\boldsymbol{\alpha}_1,\boldsymbol{\alpha}_2,\cdots,\boldsymbol{\alpha}_s$ 线性相关，则 $\boldsymbol{A\alpha}_1,\boldsymbol{A\alpha}_2,\cdots,\boldsymbol{A\alpha}_s$ 线性无关

C. 若 $\boldsymbol{\alpha}_1,\boldsymbol{\alpha}_2,\cdots,\boldsymbol{\alpha}_s$ 线性无关，则 $\boldsymbol{A\alpha}_1,\boldsymbol{A\alpha}_2,\cdots,\boldsymbol{A\alpha}_s$ 线性相关

D. 若 $\boldsymbol{\alpha}_1,\boldsymbol{\alpha}_2,\cdots,\boldsymbol{\alpha}_s$ 线性无关，则 $\boldsymbol{A\alpha}_1,\boldsymbol{A\alpha}_2,\cdots,\boldsymbol{A\alpha}_s$ 线性无关

12. 设向量组 I：$\boldsymbol{\alpha}_1,\boldsymbol{\alpha}_2,\cdots,\boldsymbol{\alpha}_r$ 可由向量组 II：$\boldsymbol{\beta}_1,\boldsymbol{\beta}_2,\cdots,\boldsymbol{\beta}_s$ 线性表示，则（　　）.

A. 当 $r<s$ 时，向量组 II 必线性相关

B. 当 $r>s$ 时，向量组 II 必线性相关

C. 当 $r<s$ 时，向量组 I 必线性相关

D. 当 $r>s$ 时，向量组 I 必线性相关

13. 设 $\boldsymbol{\alpha}_1=\begin{pmatrix}0\\0\\c_1\end{pmatrix},\boldsymbol{\alpha}_2=\begin{pmatrix}0\\1\\c_2\end{pmatrix},\boldsymbol{\alpha}_3=\begin{pmatrix}1\\-1\\c_3\end{pmatrix},\boldsymbol{\alpha}_4=\begin{pmatrix}-1\\1\\c_4\end{pmatrix}$，其中 c_1,c_2,c_3,c_4 为任意常数，则下列向量组线性相关的是（　　）.

A. $\boldsymbol{\alpha}_1,\boldsymbol{\alpha}_2,\boldsymbol{\alpha}_3$　　B. $\boldsymbol{\alpha}_1,\boldsymbol{\alpha}_2,\boldsymbol{\alpha}_4$　　C. $\boldsymbol{\alpha}_1,\boldsymbol{\alpha}_3,\boldsymbol{\alpha}_4$　　D. $\boldsymbol{\alpha}_2,\boldsymbol{\alpha}_3,\boldsymbol{\alpha}_4$

14. 设 $\boldsymbol{\alpha}_1,\boldsymbol{\alpha}_2,\boldsymbol{\alpha}_3$ 均为三维向量，则对任意常数 k,l，向量组 $\boldsymbol{\alpha}_1+k\boldsymbol{\alpha}_3,\boldsymbol{\alpha}_2+l\boldsymbol{\alpha}_3$ 线性无关是向量组 $\boldsymbol{\alpha}_1,\boldsymbol{\alpha}_2,\boldsymbol{\alpha}_3$ 线性无关的（　　）.

A. 必要非充分条件

B. 充分非必要条件

C. 充分必要条件

D. 既非充分也非必要条件

15. 设 $\boldsymbol{A}$ 为 $m\times n$ 矩阵，$\boldsymbol{B}$ 为 $n\times m$ 矩阵，$\boldsymbol{E}$ 为 m 阶单位矩阵，若 $\boldsymbol{AB}=\boldsymbol{E}$，则（　　）

A. $R(\boldsymbol{A})=m$，$R(\boldsymbol{B})=m$　　B. $R(\boldsymbol{A})=m$，$R(\boldsymbol{B})=n$

C. $R(\boldsymbol{A})=n$，$R(\boldsymbol{B})=m$　　D. $R(\boldsymbol{A})=n$，$R(\boldsymbol{B})=n$

16. 设 $\boldsymbol{A},\boldsymbol{B}$ 为 n 阶矩阵，记 $R(\boldsymbol{X})$ 为矩阵 $\boldsymbol{X}$ 的秩，$(\boldsymbol{X},\boldsymbol{Y})$ 表示分块矩阵，则（　　）.

A. $R(\boldsymbol{A},\boldsymbol{AB})=R(\boldsymbol{A})$　　B. $R(\boldsymbol{A},\boldsymbol{BA})=R(\boldsymbol{A})$

C. $R(\boldsymbol{A},\boldsymbol{B})=\max\{R(\boldsymbol{A}),R(\boldsymbol{B})\}$　　D. $R(\boldsymbol{A},\boldsymbol{B})=R(\boldsymbol{A}^{\mathrm{T}}\boldsymbol{B}^{\mathrm{T}})$

B　题

1. 设 $3(\boldsymbol{\alpha}_1-\boldsymbol{\alpha})+2(\boldsymbol{\alpha}_2+\boldsymbol{\alpha})=5(\boldsymbol{\alpha}_3+\boldsymbol{\alpha})$，求 $\boldsymbol{\alpha}$，其中

$$\boldsymbol{\alpha}_1=(1,1,2),\quad \boldsymbol{\alpha}_2=(2,1,2),\quad \boldsymbol{\alpha}_3=(1,2,3)$$

2. 判别以下 R^3 的子集是否构成向量空间？它们在几何上各表示什么？

（1）$V_1 = \{(x_1, x_2, x_3) | x_1 + x_2 + x_3 = 0\}$

（2）$V_2 = \{(x_1, x_2, x_3) | x_1 + x_2 + x_3 = 1\}$

（3）$V_3 = \{(x_1, x_2, x_3) | x_1 = x_2 = x_3\}$

3. 判断下列向量是否线性无关：

（1）$\boldsymbol{\alpha}_1 = \begin{pmatrix} 1 \\ 2 \\ 3 \end{pmatrix}, \boldsymbol{\alpha}_2 = \begin{pmatrix} 1 \\ -4 \\ 1 \end{pmatrix}, \boldsymbol{\alpha}_3 = \begin{pmatrix} 1 \\ 14 \\ 7 \end{pmatrix}$ （2）$\boldsymbol{\alpha}_1 = \begin{pmatrix} 2 \\ 1 \\ 2 \\ 7 \end{pmatrix}, \boldsymbol{\alpha}_2 = \begin{pmatrix} 1 \\ 2 \\ 3 \\ 4 \end{pmatrix}, \boldsymbol{\alpha}_3 = \begin{pmatrix} 3 \\ 0 \\ 1 \\ 2 \end{pmatrix}$

4. 设 $\boldsymbol{\alpha}_1, \boldsymbol{\alpha}_2, \boldsymbol{\alpha}_3$ 线性无关，证明：$\boldsymbol{\alpha}_1, \boldsymbol{\alpha}_1 + \boldsymbol{\alpha}_2, \boldsymbol{\alpha}_1 + \boldsymbol{\alpha}_2 + \boldsymbol{\alpha}_3$ 也线性无关.

5. 问 a 为何值时，向量组

$$\boldsymbol{\alpha}_1 = \begin{pmatrix} 1 \\ 2 \\ 3 \end{pmatrix}, \boldsymbol{\alpha}_2 = \begin{pmatrix} 3 \\ -1 \\ 2 \end{pmatrix}, \boldsymbol{\alpha}_3 = \begin{pmatrix} 2 \\ 3 \\ a \end{pmatrix}$$

线性相关，并把 $\boldsymbol{\alpha}_3$ 用 $\boldsymbol{\alpha}_1, \boldsymbol{\alpha}_2$ 线性表示.

6. 若 $\boldsymbol{\beta}_1 = \boldsymbol{\alpha}_1 - \boldsymbol{\alpha}_2$，$\boldsymbol{\beta}_2 = \boldsymbol{\alpha}_1 + 2\boldsymbol{\alpha}_2$，$\boldsymbol{\beta}_3 = 5\boldsymbol{\alpha}_1 - 2\boldsymbol{\alpha}_2$，证明：$\boldsymbol{\beta}_1, \boldsymbol{\beta}_2, \boldsymbol{\beta}_3$ 线性相关.

7. 求下列向量组的秩及一个极大线性无关组：

（1）$\boldsymbol{\alpha}_1 = (2, 0, 2)$，$\boldsymbol{\alpha}_2 = (3, 1, 1)$，$\boldsymbol{\alpha}_3 = (2, 1, 0)$，$\boldsymbol{\alpha}_4 = (4, 2, 0)$

（2）$\boldsymbol{\alpha}_1 = (2, 1, 5, 10)$，$\boldsymbol{\alpha}_2 = (1, -1, 2, 4)$，$\boldsymbol{\alpha}_3 = (0, 3, 1, 2)$，$\boldsymbol{\alpha}_4 = (1, 2, 3, 2)$，$\boldsymbol{\alpha}_5 = (-1, 1, -2, -8)$

（3）$\boldsymbol{\alpha}_1 = (1, 2, 3, 2, 3, 3)$，$\boldsymbol{\alpha}_2 = (0, -1, -1, -1, -1, -2)$，

$\boldsymbol{\alpha}_3 = (-1, 3, 2, 0, -1, 1)$，$\boldsymbol{\alpha}_4 = (-1, 0, -1, -2, -3, -3)$

8. 给定两个向量组 $\boldsymbol{A}$ 和 $\boldsymbol{B}$，即

$$\boldsymbol{A} = \{\boldsymbol{\alpha}_1, \boldsymbol{\alpha}_2, \cdots, \boldsymbol{\alpha}_m\}, \qquad \boldsymbol{B} = \{\boldsymbol{\beta}_1, \boldsymbol{\beta}_2, \cdots, \boldsymbol{\beta}_n\}$$

且 $\boldsymbol{B}$ 中每个向量 $\boldsymbol{\beta}_j$ 都能被 $\boldsymbol{A}$ 线性表出，证明：若向量 $\boldsymbol{\gamma}$ 能被 $\boldsymbol{B}$ 线性表出，则 $\boldsymbol{\gamma}$ 也能被 $\boldsymbol{A}$ 线性表出.

9. 已知向量 $\boldsymbol{\gamma}_1, \boldsymbol{\gamma}_2$ 能被向量 $\boldsymbol{\beta}_1, \boldsymbol{\beta}_2, \boldsymbol{\beta}_3$ 线性表出且表示式为：$\boldsymbol{\gamma}_1 = 3\boldsymbol{\beta}_1 - \boldsymbol{\beta}_2 + \boldsymbol{\beta}_3$，$\boldsymbol{\gamma}_2 = \boldsymbol{\beta}_1 + 2\boldsymbol{\beta}_2 + 4\boldsymbol{\beta}_3$，向量 $\boldsymbol{\beta}_1, \boldsymbol{\beta}_2, \boldsymbol{\beta}_3$ 能被向量 $\boldsymbol{\alpha}_1, \boldsymbol{\alpha}_2, \boldsymbol{\alpha}_3$ 线性表出，且表示式为

$$\begin{cases} \boldsymbol{\beta}_1 = 2\boldsymbol{\alpha}_1 + \boldsymbol{\alpha}_2 - 5\boldsymbol{\alpha}_3 \\ \boldsymbol{\beta}_2 = \boldsymbol{\alpha}_1 + 3\boldsymbol{\alpha}_2 + \boldsymbol{\alpha}_3 \\ \boldsymbol{\beta}_3 = -\boldsymbol{\alpha}_1 + 4\boldsymbol{\alpha}_2 - \boldsymbol{\alpha}_3 \end{cases}$$

求向量 $\boldsymbol{\gamma}_1, \boldsymbol{\gamma}_2$ 由向量 $\boldsymbol{\alpha}_1, \boldsymbol{\alpha}_2, \boldsymbol{\alpha}_3$ 线性表出时的表达式.

10. 若 $\boldsymbol{\alpha}_1, \boldsymbol{\alpha}_2, \cdots, \boldsymbol{\alpha}_n, \boldsymbol{\alpha}_{n+1}$ 线性相关，但其中任意 n 个向量都线性无关，证明：必存在 $n+1$ 个全不为零的数 $k_1, k_2, \cdots, k_n, k_{n+1}$，使

$$k_1\boldsymbol{\alpha}_1 + k_2\boldsymbol{\alpha}_2 + \cdots + k_{n+1}\boldsymbol{\alpha}_{n+1} = \boldsymbol{0}$$

11. 设 $\boldsymbol{\alpha}_1, \boldsymbol{\alpha}_2, \cdots, \boldsymbol{\alpha}_n$ 是一组 n 维向量，已知 n 维单位坐标向量 $\boldsymbol{\varepsilon}_1, \boldsymbol{\varepsilon}_2, \cdots, \boldsymbol{\varepsilon}_n$ 能由它们线性表示，证明：$\boldsymbol{\alpha}_1, \boldsymbol{\alpha}_2, \cdots, \boldsymbol{\alpha}_n$ 线性无关.

12. 设向量组 $\boldsymbol{T}$ 是向量组 $\boldsymbol{A}$ 的一个极大线性无关组，证明：$\boldsymbol{T}$ 等价 $\boldsymbol{A}$，且

$$R(\boldsymbol{T}) = R(\boldsymbol{A})$$

13. 设 $\boldsymbol{\beta}_1 = \boldsymbol{\alpha}_1$，$\boldsymbol{\beta}_2 = \boldsymbol{\alpha}_1 + \boldsymbol{\alpha}_2$，$\boldsymbol{\beta}_3 = \boldsymbol{\alpha}_1 + \boldsymbol{\alpha}_2 + \boldsymbol{\alpha}_3$，…，$\boldsymbol{\beta}_s = \boldsymbol{\alpha}_1 + \boldsymbol{\alpha}_2 + \cdots + \boldsymbol{\alpha}_s$，证明：$\boldsymbol{\beta}_1, \boldsymbol{\beta}_2, \cdots, \boldsymbol{\beta}_s$ 与 $\boldsymbol{\alpha}_1, \boldsymbol{\alpha}_2, \cdots, \boldsymbol{\alpha}_s$ 有相同的秩.

14. 设向量组 $\boldsymbol{A}$：$\boldsymbol{\alpha}_1,\boldsymbol{\alpha}_2,\cdots,\boldsymbol{\alpha}_s$ 的秩为 r_1，向量组 $\boldsymbol{B}$：$\boldsymbol{\beta}_1,\boldsymbol{\beta}_2,\cdots,\boldsymbol{\beta}_t$ 的秩为 r_2，向量组 C：$\boldsymbol{\alpha}_1,\boldsymbol{\alpha}_2,\cdots,\boldsymbol{\alpha}_s$，$\boldsymbol{\beta}_1,\cdots,\boldsymbol{\beta}_t$ 的秩为 r_3，证明：

$$\max\{r_1,r_2\}\leqslant r_3\leqslant r_1+r_2$$

15. 求下列矩阵的秩及行向量组的一个极大无关组：

（1）$\boldsymbol{A}=\begin{pmatrix}3&-7&6&1&5\\1&-2&4&-1&3\\-1&1&-10&5&-7\\4&-11&-2&8&0\end{pmatrix}$　　（2）$\boldsymbol{A}=\begin{pmatrix}1&1&2&2&1\\0&2&1&5&-1\\2&0&3&-1&3\\1&1&0&4&-1\end{pmatrix}$

16. 求下列矩阵 $\boldsymbol{A}$ 的列向量组的一个极大线性无关组，并将其余列向量表成它的线性组合：

（1）$\boldsymbol{A}=\begin{pmatrix}0&1&-2&-1\\2&1&4&1\\1&0&3&1\end{pmatrix}$　　（2）$\boldsymbol{A}=\begin{pmatrix}2&4&4&3\\1&2&-3&-1\\3&6&1&2\\-1&-2&1&0\end{pmatrix}$

17. 向量组 $\boldsymbol{\beta}_1=\boldsymbol{\alpha}_1+\boldsymbol{\alpha}_2,\boldsymbol{\beta}_2=\boldsymbol{\alpha}_2+\boldsymbol{\alpha}_3,\cdots,\boldsymbol{\beta}_{n-1}=\boldsymbol{\alpha}_{n-1}+\boldsymbol{\alpha}_n,\boldsymbol{\beta}_n=\boldsymbol{\alpha}_n+\boldsymbol{\alpha}_1$，证明：

（1）当 n 为偶数时，$\boldsymbol{\beta}_1,\boldsymbol{\beta}_2,\cdots,\boldsymbol{\beta}_n$ 线性相关；

（2）当 n 为奇数时，$\boldsymbol{\beta}_1,\boldsymbol{\beta}_2,\cdots,\boldsymbol{\beta}_n$ 线性无关的充分必要条件是 $\boldsymbol{\alpha}_1,\boldsymbol{\alpha}_2,\cdots,\boldsymbol{\alpha}_n$ 线性无关.

18. 设向量组 $\boldsymbol{\alpha}_1=(1,2,1)^{\mathrm T},\boldsymbol{\alpha}_2=(1,3,2)^{\mathrm T},\boldsymbol{\alpha}_3=(1,a,3)^{\mathrm T}$ 为 R^3 的一组基，$\boldsymbol{\beta}=(1,1,1)^{\mathrm T}$，在这组基下的坐标为 $(b,c,1)^{\mathrm T}$.

（1）求 a,b,c 的值；

（2）证明 $\boldsymbol{\alpha}_2,\boldsymbol{\alpha}_3,\boldsymbol{\beta}$ 为 R^3 的一组基，并求 $\boldsymbol{\alpha}_2,\boldsymbol{\alpha}_3,\boldsymbol{\beta}$ 到 $\boldsymbol{\alpha}_1,\boldsymbol{\alpha}_2,\boldsymbol{\alpha}_3$ 的过渡矩阵.

19. 设 $\boldsymbol{A}$ 与 $\boldsymbol{B}$ 为同型矩阵，证明：矩阵 $\boldsymbol{A}$ 与 $\boldsymbol{B}$ 等价的充分必要条件是 $R(\boldsymbol{A})=R(\boldsymbol{B})$.

20. $\boldsymbol{A}$ 为 n 阶矩阵，证明：$R(\boldsymbol{A})+R(\boldsymbol{A}+\boldsymbol{E})\geqslant n$.

21. $\boldsymbol{A}$ 为 n 阶幂等阵，且 $\boldsymbol{A}^2=\boldsymbol{A}$，证明：$R(\boldsymbol{A})+R(\boldsymbol{E}-\boldsymbol{A})=n$.

22. 设 $\boldsymbol{A}$ 为 $m\times n$ 矩阵，$\boldsymbol{P},\boldsymbol{Q}$ 分别为 m 阶、n 阶初等方阵，证明：

（1）$R(\boldsymbol{PA})=R(\boldsymbol{A})$　　（2）$R(\boldsymbol{AQ})=R(\boldsymbol{A})$

23. 设 $\boldsymbol{A},\boldsymbol{B}$ 均为 $m\times n$ 矩阵，证明：$\boldsymbol{A}$ 与 $\boldsymbol{B}$ 等价的充要条件是它们的标准形 $\begin{pmatrix}\boldsymbol{I}_r&\boldsymbol{O}\\\boldsymbol{O}&\boldsymbol{O}\end{pmatrix}_{m\times n}$ 相同，其中，$r=R(\boldsymbol{A})=R(\boldsymbol{B})$.

自 测 题

1. 选择题

（1）假设 $\boldsymbol{A}$ 是 n 阶方阵，其秩 $r<n$，那么在 $\boldsymbol{A}$ 的 n 个行向量中（　　）.

A．任意 r 个行向量线性无关

B．任意 r 个行向量构成极大线性无关组

C．必有 r 个行向量线性无关

D．任何一个行向量都可以由其他 r 个行向量线性表出

（2）设向量组 $\boldsymbol{\alpha}_1, \boldsymbol{\alpha}_2, \boldsymbol{\alpha}_3$ 线性无关，则下列向量组线性相关的是（　　）.

A. $\boldsymbol{\alpha}_1-\boldsymbol{\alpha}_2$，$\boldsymbol{\alpha}_2-\boldsymbol{\alpha}_3$，$\boldsymbol{\alpha}_3-\boldsymbol{\alpha}_1$

B. $\boldsymbol{\alpha}_1+\boldsymbol{\alpha}_2$，$\boldsymbol{\alpha}_2+\boldsymbol{\alpha}_3$，$\boldsymbol{\alpha}_3+\boldsymbol{\alpha}_1$

C. $\boldsymbol{\alpha}_1-2\boldsymbol{\alpha}_2$，$\boldsymbol{\alpha}_2-2\boldsymbol{\alpha}_3$，$\boldsymbol{\alpha}_3-2\boldsymbol{\alpha}_1$

D. $\boldsymbol{\alpha}_1+2\boldsymbol{\alpha}_2$，$\boldsymbol{\alpha}_2+2\boldsymbol{\alpha}_3$，$\boldsymbol{\alpha}_3+2\boldsymbol{\alpha}_1$

（3）若向量组 $\boldsymbol{\alpha}, \boldsymbol{\beta}, \boldsymbol{\gamma}$ 线性无关，$\boldsymbol{\alpha}, \boldsymbol{\beta}, \boldsymbol{\delta}$ 线性相关，则（　　）.

A. $\boldsymbol{\alpha}$ 必可由 $\boldsymbol{\beta}, \boldsymbol{\gamma}, \boldsymbol{\delta}$ 线性表示

B. $\boldsymbol{\beta}$ 必不可由 $\boldsymbol{\alpha}, \boldsymbol{\gamma}, \boldsymbol{\delta}$ 线性表示

C. $\boldsymbol{\delta}$ 必可由 $\boldsymbol{\alpha}, \boldsymbol{\beta}, \boldsymbol{\gamma}$ 线性表示

D. $\boldsymbol{\delta}$ 必不可由 $\boldsymbol{\alpha}, \boldsymbol{\beta}, \boldsymbol{\gamma}$ 线性表示

（4）设向量 $\boldsymbol{\beta}$ 可由向量组 $\boldsymbol{\alpha}_1, \boldsymbol{\alpha}_2, \cdots, \boldsymbol{\alpha}_m$ 线性表示，但不能由向量组（I）：$\boldsymbol{\alpha}_1, \boldsymbol{\alpha}_2, \cdots, \boldsymbol{\alpha}_{m-1}$ 线性表示，记向量组（II）：$\boldsymbol{\alpha}_1, \boldsymbol{\alpha}_2, \cdots, \boldsymbol{\alpha}_{m-1}, \boldsymbol{\beta}$，则

A. $\boldsymbol{\alpha}_m$ 不能由（I）线性表示，也不能由（II）线性表示

B. $\boldsymbol{\alpha}_m$ 不能由（I）线性表示，但可由（II）线性表示

C. $\boldsymbol{\alpha}_m$ 可由（I）线性表示，也可由（II）线性表示

D. $\boldsymbol{\alpha}_m$ 可由（I）线性表示，但不可由（II）线性表示

（5）设 n（$n \geqslant 3$）阶矩阵

$$\boldsymbol{A}=\begin{pmatrix} 1 & a & a & \cdots & a \\ a & 1 & a & \cdots & a \\ a & a & 1 & \cdots & a \\ \vdots & \vdots & \vdots & & \vdots \\ a & a & a & \cdots & 1 \end{pmatrix}$$

若矩阵 $\boldsymbol{A}$ 的秩为 $n-1$，则 a 必为（　　）.

A. 1　　B. $\dfrac{1}{1-n}$　　C. -1　　D. $\dfrac{1}{n-1}$

（6）设向量 $\boldsymbol{\alpha}=\boldsymbol{\alpha}_1+\boldsymbol{\alpha}_2+\cdots+\boldsymbol{\alpha}_r$（$r>1$），而 $\boldsymbol{\beta}_1=\boldsymbol{\alpha}-\boldsymbol{\alpha}_1, \boldsymbol{\beta}_2=\boldsymbol{\alpha}-\boldsymbol{\alpha}_2, \cdots, \boldsymbol{\beta}_r=\boldsymbol{\alpha}-\boldsymbol{\alpha}_r$，则下列结论正确的是（　　）.

A. $R\{\boldsymbol{\alpha}_1, \boldsymbol{\alpha}_2, \cdots, \boldsymbol{\alpha}_r\}=r$

B. $R\{\boldsymbol{\alpha}_1, \boldsymbol{\alpha}_2, \cdots, \boldsymbol{\alpha}_r\}=R\{\boldsymbol{\beta}_1, \boldsymbol{\beta}_2, \cdots, \boldsymbol{\beta}_r\}$

C. $R\{\boldsymbol{\beta}_1, \boldsymbol{\beta}_2, \cdots, \boldsymbol{\beta}_r\}=r$

D. $R\{\boldsymbol{\beta}_1, \boldsymbol{\beta}_2, \cdots, \boldsymbol{\beta}_r\}<R\{\boldsymbol{\alpha}_1, \boldsymbol{\alpha}_2, \cdots, \boldsymbol{\alpha}_r\}$

（7）已知直线 $L_1: \dfrac{x-a_2}{a_1}=\dfrac{y-b_2}{b_1}=\dfrac{z-c_2}{c_1}$ 与直线 $L_2: \dfrac{x-a_3}{a_2}=\dfrac{y-b_3}{b_2}=\dfrac{z-c_3}{c_2}$ 相交于一点，记向量 $\boldsymbol{\alpha}_i=\begin{pmatrix} a_i \\ b_i \\ c_i \end{pmatrix}$ $(i=1,2,3)$，则

A. $\boldsymbol{\alpha}_1$ 可由 $\boldsymbol{\alpha}_2, \boldsymbol{\alpha}_3$ 线性表示

B. $\boldsymbol{\alpha}_2$ 可由 $\boldsymbol{\alpha}_1, \boldsymbol{\alpha}_3$ 线性表示

C. $\boldsymbol{\alpha}_3$ 可由 $\boldsymbol{\alpha}_1, \boldsymbol{\alpha}_2$ 线性表示

D．$\boldsymbol{\alpha}_1,\boldsymbol{\alpha}_2,\boldsymbol{\alpha}_3$ 线性无关

(8)设向量组 I：$\boldsymbol{\alpha}_1,\boldsymbol{\alpha}_2,\cdots,\boldsymbol{\alpha}_r$ 可由向量组 II：$\boldsymbol{\beta}_1,\boldsymbol{\beta}_2,\cdots,\boldsymbol{\beta}_s$ 线性表示．下列命题正确的是(　).

A．若向量组 I 线性无关，则 $r \leqslant s$

B．若向量组 I 线性相关，则 $r > s$

C．若向量组 II 线性无关，则 $r \leqslant s$

D．若向量组 II 线性相关，则 $r > s$

(9) 设矩阵 $\boldsymbol{A},\boldsymbol{B},\boldsymbol{C}$ 均为 n 阶矩阵，若 $\boldsymbol{AB}=\boldsymbol{C}$，且 $\boldsymbol{B}$ 可逆，则（　　）

A．矩阵 $\boldsymbol{C}$ 的行向量组与矩阵 $\boldsymbol{A}$ 的行向量组等价

B．矩阵 $\boldsymbol{C}$ 的列向量组与矩阵 $\boldsymbol{A}$ 的列向量组等价

C．矩阵 $\boldsymbol{C}$ 的行向量组与矩阵 $\boldsymbol{B}$ 的行向量组等价

D．矩阵 $\boldsymbol{C}$ 的列向量组与矩阵 $\boldsymbol{B}$ 的列向量组等价

2．填空题

(1) 设向量组 $\boldsymbol{\alpha}_1=(1,1,2,1)$，$\boldsymbol{\alpha}_2=(1,0,0,2)$，$\boldsymbol{\alpha}_3=(-1,-4,-8,k)$ 线性相关，则参数 $k=$________.

(2) 设 $\boldsymbol{A}$ 是 4×3 矩阵，且 $R(\boldsymbol{A})=2$，而 $\boldsymbol{B}=\begin{pmatrix}1&0&4\\0&2&0\\1&0&3\end{pmatrix}$，则 $R(\boldsymbol{AB})=$________.

(3) 设 $\boldsymbol{A}$ 为 n 阶方阵，且 $R(\boldsymbol{A})=n-1$，则 $\boldsymbol{A}^*$ 为 $\boldsymbol{A}$ 的伴随矩阵，$R(\boldsymbol{A}^*)=$________.

(4) 设 $\boldsymbol{\alpha}=(a_1,a_2,\cdots,a_n)$，$\boldsymbol{\beta}=(b_1,b_2,\cdots,b_n)$ 为非零向量，矩阵

$$\boldsymbol{A}=\boldsymbol{\alpha}^{\mathrm{T}}\boldsymbol{\beta}=\begin{pmatrix}a_1b_1&a_1b_2&\cdots&a_1b_n\\a_2b_1&a_2b_2&\cdots&a_2b_n\\\vdots&\vdots&&\vdots\\a_nb_1&a_nb_2&\cdots&a_nb_n\end{pmatrix}$$

则 $R(\boldsymbol{A})=$________.

(5) 设 $\boldsymbol{A}$ 为 n 阶非零实方阵，且 $a_{ij}=A_{ij}$（A_{ij} 为 a_{ij} 的代数余子式），则 $R(\boldsymbol{A})=$________.

(6) 设矩阵 $\boldsymbol{A}=\begin{pmatrix}1&0&1\\1&1&2\\0&1&1\end{pmatrix}$，$\boldsymbol{\alpha}_1,\boldsymbol{\alpha}_2,\boldsymbol{\alpha}_3$ 为线性无关的三维列向量组，则向量组 $\boldsymbol{A\alpha}_1,\boldsymbol{A\alpha}_2,\boldsymbol{A\alpha}_3$ 的秩为________.

(7) 设矩阵 $\begin{pmatrix}a&-1&-1\\-1&a&-1\\-1&-1&a\end{pmatrix}$ 与 $\begin{pmatrix}1&1&0\\0&-1&1\\1&0&1\end{pmatrix}$ 等价，则 $a=$________.

(8) 设 $\boldsymbol{\alpha}_1=(1,2,-1,0)^{\mathrm{T}},\boldsymbol{\alpha}_2=(1,1,0,2)^{\mathrm{T}},\boldsymbol{\alpha}_3=(2,1,1,a)^{\mathrm{T}}$，若由 $\boldsymbol{\alpha}_1,\boldsymbol{\alpha}_2,\boldsymbol{\alpha}_3$ 生成的向量空间的维数是 2，则 $a=$________.

3. 设向量 $\boldsymbol{\alpha}_1=(1,1,1,3)^{\mathrm{T}}$，$\boldsymbol{\alpha}_2=(-1,-3,5,1)^{\mathrm{T}}$，$\boldsymbol{\alpha}_3=(3,2,-1,p+2)^{\mathrm{T}}$，$\boldsymbol{\alpha}_4=(-2,-6,10,p)^{\mathrm{T}}$.

(1) p 为何值时，该向量组线性无关？并在此时将向量 $\boldsymbol{\alpha}=(4,1,6,10)^{\mathrm{T}}$ 用 $\boldsymbol{\alpha}_1,\boldsymbol{\alpha}_2,\boldsymbol{\alpha}_3,\boldsymbol{\alpha}_4$ 线性表示；

(2) p 为何值时，该向量线性相关？并在此时求它的秩和一个极大线性无关组.

4. 设 $\boldsymbol{A}$ 是 $n\times m$ 矩阵，$\boldsymbol{B}$ 是 $m\times n$ 矩阵，其中 $n<m$，$\boldsymbol{E}$ 为 n 阶单位阵，若 $\boldsymbol{AB}=\boldsymbol{E}$，证明：$\boldsymbol{B}$ 的列向量组线性无关.

5. 设向量组 $\boldsymbol{\alpha}_1=\begin{pmatrix}1\\2\\3\\-1\end{pmatrix}$，$\boldsymbol{\alpha}_2=\begin{pmatrix}3\\2\\1\\-1\end{pmatrix}$，$\boldsymbol{\alpha}_3=\begin{pmatrix}2\\3\\a\\1\end{pmatrix}$，$\boldsymbol{\alpha}_4=\begin{pmatrix}2\\2\\2\\-1\end{pmatrix}$，$\boldsymbol{\alpha}_5=\begin{pmatrix}5\\5\\2\\0\end{pmatrix}$.

（1）当 a 取何值时，该向量组的秩为 3？

（2）当 a 取上述值时，求出该向量组的一个极大线性无关组，并且将其他向量用该组线性表出.

第五章 线性方程组

第五章思维导图

第三章运用高斯消元法可以判别线性方程组是否有解，并能求出一般解. 但对方程组有无穷多解时，这无穷多解之间有何联系没有研究，本章主要讨论齐次线性方程组有无穷多解时，方程组的解空间与基础解系，并给出了非齐次线性方程组解的结构.

第一节 线性方程组的建立与表示形式

在第四章第三节中，设$\boldsymbol{\alpha}_1,\boldsymbol{\alpha}_2,\cdots,\boldsymbol{\alpha}_n$是$m$维向量空间$F^m$中$n$个向量，判定向量$\boldsymbol{\alpha}_1,\boldsymbol{\alpha}_2,\cdots,\boldsymbol{\alpha}_n$是否线性相关就是看方程

$$x_1\boldsymbol{\alpha}_1+x_2\boldsymbol{\alpha}_2+\cdots+x_n\boldsymbol{\alpha}_n=\mathbf{0}$$

是否有非零解. 判定F^m中向量$\boldsymbol{\beta}$是否能由$\boldsymbol{\alpha}_1,\boldsymbol{\alpha}_2,\cdots,\boldsymbol{\alpha}_n$线性表出也就是看方程

$$x_1\boldsymbol{\alpha}_1+x_2\boldsymbol{\alpha}_2+\cdots+x_n\boldsymbol{\alpha}_n=\boldsymbol{\beta}$$

是否有解.

如果将向量$\boldsymbol{\alpha}_i$ $(i=1,2,\cdots,n)$，$\boldsymbol{\beta}$用列坐标向量的形式表示出来

$$\boldsymbol{\alpha}_1=\begin{pmatrix}a_{11}\\a_{21}\\\vdots\\a_{m1}\end{pmatrix},\quad \boldsymbol{\alpha}_2=\begin{pmatrix}a_{12}\\a_{22}\\\vdots\\a_{m2}\end{pmatrix},\cdots,\ \boldsymbol{\alpha}_n=\begin{pmatrix}a_{1n}\\a_{2n}\\\vdots\\a_{mn}\end{pmatrix},\quad \boldsymbol{\beta}=\begin{pmatrix}b_1\\b_2\\\vdots\\b_m\end{pmatrix}$$

即得

$$x_1\begin{pmatrix}a_{11}\\a_{21}\\\vdots\\a_{m1}\end{pmatrix}+x_2\begin{pmatrix}a_{12}\\a_{22}\\\vdots\\a_{m2}\end{pmatrix}+\cdots+x_n\begin{pmatrix}a_{1n}\\a_{2n}\\\vdots\\a_{mn}\end{pmatrix}=\begin{pmatrix}0\\0\\\vdots\\0\end{pmatrix} \tag{5.1}$$

与

$$x_1\begin{pmatrix}a_{11}\\a_{21}\\\vdots\\a_{m1}\end{pmatrix}+x_2\begin{pmatrix}a_{12}\\a_{22}\\\vdots\\a_{m2}\end{pmatrix}+\cdots+x_n\begin{pmatrix}a_{1n}\\a_{2n}\\\vdots\\a_{mn}\end{pmatrix}=\begin{pmatrix}b_1\\b_2\\\vdots\\b_m\end{pmatrix} \tag{5.2}$$

方程组（5.1）等价于齐次线性方程组

$$\begin{cases}a_{11}x_1+a_{12}x_2+\cdots+a_{1n}x_n=0\\a_{21}x_1+a_{22}x_2+\cdots+a_{2n}x_n=0\\\qquad\cdots\cdots\\a_{m1}x_1+a_{m2}x_2+\cdots+a_{mn}x_n=0\end{cases} \tag{5.3}$$

笔记栏

方程组（5.2）等价于非齐次线性方程组

$$\begin{cases} a_{11}x_1 + a_{12}x_2 + \cdots + a_{1n}x_n = b_1 \\ a_{21}x_1 + a_{22}x_2 + \cdots + a_{2n}x_n = b_2 \\ \quad\cdots\cdots \\ a_{m1}x_1 + a_{m2}x_2 + \cdots + a_{mn}x_n = b_m \end{cases} \tag{5.4}$$

记

$$\boldsymbol{A} = \begin{pmatrix} a_{11} & a_{12} & \cdots & a_{1n} \\ a_{21} & a_{22} & \cdots & a_{2n} \\ \vdots & \vdots & & \vdots \\ a_{m1} & a_{m2} & \cdots & a_{mn} \end{pmatrix}, \quad \boldsymbol{x} = \begin{pmatrix} x_1 \\ x_2 \\ \vdots \\ x_n \end{pmatrix}, \quad \boldsymbol{b} = \begin{pmatrix} b_1 \\ b_2 \\ \vdots \\ b_m \end{pmatrix}$$

方程组（5.4）与方程组（5.3）写成向量矩阵形式为

$$\boldsymbol{Ax} = \boldsymbol{b}, \quad \boldsymbol{Ax} = \boldsymbol{0}$$

此外，方程组（5.4）与方程组（5.3）还可以表示成

$$\begin{cases} \sum_{j=1}^{n} a_{ij}x_j = b_i \\ i = 1,2,\cdots,m \end{cases}, \quad \begin{cases} \sum_{j=1}^{n} a_{ij}x_j = 0 \\ i = 1,2,\cdots,m \end{cases}$$

或

$$(\boldsymbol{\alpha}_1 \quad \boldsymbol{\alpha}_2 \quad \cdots \quad \boldsymbol{\alpha}_n)\begin{pmatrix} x_1 \\ x_2 \\ \vdots \\ x_n \end{pmatrix} = \boldsymbol{b}, \quad (\boldsymbol{\alpha}_1 \quad \boldsymbol{\alpha}_2 \quad \cdots \quad \boldsymbol{\alpha}_n)\begin{pmatrix} x_1 \\ x_2 \\ \vdots \\ x_n \end{pmatrix} = \boldsymbol{0}$$

第二节　齐次线性方程组的解空间与基础解系

设齐次线性方程组

$$\begin{cases} a_{11}x_1 + a_{12}x_2 + \cdots + a_{1n}x_n = 0 \\ a_{21}x_1 + a_{22}x_2 + \cdots + a_{2n}x_n = 0 \\ \quad\cdots\cdots \\ a_{m1}x_1 + a_{m2}x_2 + \cdots + a_{mn}x_n = 0 \end{cases} \tag{5.5}$$

记

$$\boldsymbol{A} = \begin{pmatrix} a_{11} & a_{12} & \cdots & a_{1n} \\ a_{21} & a_{22} & \cdots & a_{2n} \\ \vdots & \vdots & & \vdots \\ a_{m1} & a_{m2} & \cdots & a_{mn} \end{pmatrix}, \quad \boldsymbol{x} = \begin{pmatrix} x_1 \\ x_2 \\ \vdots \\ x_n \end{pmatrix}$$

则方程组（5.5）可写成向量矩阵式为

$$\boldsymbol{Ax} = \boldsymbol{0}$$

若 $x_1 = k_1, x_2 = k_2, \cdots, x_n = k_n$ 为方程组（5.5）的解，则称向量 $\boldsymbol{x} = (k_1, k_2, \cdots, k_n)^{\mathrm{T}}$ 为方程组（5.5）的解向量，简称为方程组（5.5）的解.

一、齐次线性方程组的解空间

设齐次线性方程组 $\boldsymbol{Ax}=\boldsymbol{0}$ 的解向量集为 S，显然，零向量 $\boldsymbol{0}=(0, 0,\cdots, 0)^{\mathrm{T}}$ 是齐次线性方程组的解向量，故 S 为非空集.

定理 1 设 $\boldsymbol{x}_1$ 与 $\boldsymbol{x}_2$ 都是 $\boldsymbol{Ax}=\boldsymbol{0}$ 的解，则 $\boldsymbol{x}_1+\boldsymbol{x}_2$ 也是 $\boldsymbol{Ax}=\boldsymbol{0}$ 的解.

证 因为 $\boldsymbol{Ax}_1=\boldsymbol{0}$，$\boldsymbol{Ax}_2=\boldsymbol{0}$，所以

$$\boldsymbol{A}(\boldsymbol{x}_1+\boldsymbol{x}_2)=\boldsymbol{Ax}_1+\boldsymbol{Ax}_2=\boldsymbol{0}+\boldsymbol{0}=\boldsymbol{0}$$

即 $\boldsymbol{x}_1+\boldsymbol{x}_2$ 是 $\boldsymbol{Ax}=\boldsymbol{0}$ 的解.

定理 2 设 $\boldsymbol{x}_1$ 是 $\boldsymbol{Ax}=\boldsymbol{0}$ 的解，k 为实常数，则 $k\boldsymbol{x}_1$ 仍是 $\boldsymbol{Ax}=\boldsymbol{0}$ 的解.

证 因为 $\boldsymbol{Ax}_1=\boldsymbol{0}$，所以

$$\boldsymbol{A}(k\boldsymbol{x}_1)=k(\boldsymbol{A}\boldsymbol{x}_1)=k\cdot\boldsymbol{0}=\boldsymbol{0}$$

即 $k\boldsymbol{x}_1$ 是 $\boldsymbol{Ax}=\boldsymbol{0}$ 的解.

定理 1 表明 S 对加法封闭，即$\forall\boldsymbol{x}_1$，$\boldsymbol{x}_2\in S$，有 $\boldsymbol{x}_1+\boldsymbol{x}_2\in S$；定理 2 表明 S 对数乘封闭，即$\forall\boldsymbol{x}\in S$，$k$ 为实数，有 $k\boldsymbol{x}\in S$. 由此可知，非空集合 S 对向量的线性运算是封闭的，所以 S 是向量空间，它称为齐次线性方程组的解空间.

二、齐次线性方程组的基础解系

定义 1 设 V 为向量空间，如果 r 个向量 $\boldsymbol{\alpha}_1, \boldsymbol{\alpha}_2,\cdots, \boldsymbol{\alpha}_r\in V$ 且满足：

（1）$\boldsymbol{\alpha}_1, \boldsymbol{\alpha}_2,\cdots, \boldsymbol{\alpha}_r$ 线性无关；

（2）V 中任一向量都可由 $\boldsymbol{\alpha}_1, \boldsymbol{\alpha}_2,\cdots, \boldsymbol{\alpha}_r$ 线性表示.

那么，向量组 $\boldsymbol{\alpha}_1, \boldsymbol{\alpha}_2,\cdots, \boldsymbol{\alpha}_r$ 就称为向量空间 V 的一个基，r 称为向量空间 V 的维数，并称 V 为 r 维向量空间.

如果向量空间 V 没有基，那么 V 的维数为 0，0 维向量空间只含一个零向量.

定义 2 齐次线性方程组 $\boldsymbol{Ax}=\boldsymbol{0}$ 的解空间 S 的一个基称为齐次线性方程组的基础解系. 当齐次线性方程组只有零解时，齐次线性方程组没有基础解系.

由基础解系定义，若 $\boldsymbol{\xi}_1, \boldsymbol{\xi}_2,\cdots, \boldsymbol{\xi}_s$ 是齐次线性方程组的基础解系，则它的解空间 S 为

$$S=\{k_1\boldsymbol{\xi}_1+k_2\boldsymbol{\xi}_2+\cdots+k_s\boldsymbol{\xi}_s \mid k_1,\ k_2,\ \cdots,\ k_s\text{为任意常数}\}$$

解空间的每一个向量都可由基础解系中向量线性表示. 下面求 $\boldsymbol{Ax}=\boldsymbol{0}$ 的解空间 S 的一个基（齐次线性方程组的基础解系）.

设系数矩阵 $\boldsymbol{A}$ 的秩为 r，若 $r=n$，则解空间为 $S=\{0\}$，此时无基础解系；若 $r=0$，则任意 n 维向量均为其解向量，这时解空间为 R^n，n 维单位向量组 $\boldsymbol{\varepsilon}_1, \boldsymbol{\varepsilon}_2,\cdots, \boldsymbol{\varepsilon}_n$ 为其一个基础解系. 现设 $0<r<n$，且为确定起见，不妨设 $\boldsymbol{A}$ 的前 r 列线性无关，于是 $\boldsymbol{A}$ 可通过初等行变换化为行简化阶梯形矩阵

$$
\boldsymbol{I}=\begin{pmatrix}
1 & 0 & \cdots & 0 & -c_{1,r+1} & \cdots & -c_{1n}\\
0 & 1 & \cdots & 0 & -c_{2,r+1} & \cdots & -c_{2n}\\
\vdots & \vdots & & \vdots & \vdots & & \vdots\\
0 & 0 & \cdots & 1 & -c_{r,r+1} & \cdots & -c_{rn}\\
0 & 0 & \cdots & 0 & 0 & \cdots & 0\\
\vdots & \vdots & & \vdots & \vdots & & \vdots\\
0 & 0 & \cdots & 0 & 0 & \cdots & 0
\end{pmatrix}
\begin{matrix}\left.\vphantom{\begin{matrix}1\\1\\1\\1\end{matrix}}\right\}r\text{行}\\ \left.\vphantom{\begin{matrix}1\\1\\1\end{matrix}}\right\}m-r\text{行}\end{matrix}
$$

与 $\boldsymbol{I}$ 对应有方程组

$$
\begin{cases}
x_1=c_{1,r+1}x_{r+1}+\cdots+c_{1n}x_n\\
x_2=c_{2,r+1}x_{r+1}+\cdots+c_{2n}x_n\\
\qquad\cdots\cdots\\
x_r=c_{r,r+1}x_{r+1}+\cdots+c_{rn}x_n
\end{cases}
$$

将上式改写成

$$
\begin{pmatrix}x_1\\x_2\\\vdots\\x_r\end{pmatrix}=x_{r+1}\begin{pmatrix}c_{1,r+1}\\c_{2,r+1}\\\vdots\\c_{r,r+1}\end{pmatrix}+\cdots+x_n\begin{pmatrix}c_{1n}\\c_{2n}\\\vdots\\c_{rn}\end{pmatrix}
$$

上式任给 $x_{r+1},\cdots,x_n$ 一组值，这时唯一确定 $x_1,x_2,\cdots,x_r$ 的值. 现在令 $x_{r+1},\cdots,x_n$ 取下列 $n-r$ 组数

$$
\begin{pmatrix}x_{r+1}\\x_{r+2}\\\vdots\\x_n\end{pmatrix}=\begin{pmatrix}1\\0\\\vdots\\0\end{pmatrix},\begin{pmatrix}0\\1\\\vdots\\0\end{pmatrix},\cdots,\begin{pmatrix}0\\0\\\vdots\\1\end{pmatrix}
$$

那么，依次可得

$$
\begin{pmatrix}x_1\\x_2\\\vdots\\x_r\end{pmatrix}=\begin{pmatrix}c_{1,r+1}\\c_{2,r+1}\\\vdots\\c_{r,r+1}\end{pmatrix},\begin{pmatrix}c_{1,r+2}\\c_{2,r+2}\\\vdots\\c_{r,r+2}\end{pmatrix},\cdots,\begin{pmatrix}c_{1n}\\c_{2n}\\\vdots\\c_{r,n}\end{pmatrix}
$$

从而得齐次线性方程组的 $n-r$ 个解

$$
\boldsymbol{\xi}_1=\begin{pmatrix}c_{1,r+1}\\\vdots\\c_{r,r+1}\\1\\0\\\vdots\\0\end{pmatrix},\quad \boldsymbol{\xi}_2=\begin{pmatrix}c_{1,r+2}\\\vdots\\c_{r,r+2}\\0\\1\\\vdots\\0\end{pmatrix},\quad\cdots,\quad \boldsymbol{\xi}_{n-r}=\begin{pmatrix}c_{1n}\\\vdots\\c_{rn}\\0\\0\\\vdots\\1\end{pmatrix}
$$

则可证 $\boldsymbol{\xi}_1,\boldsymbol{\xi}_2,\cdots,\boldsymbol{\xi}_{n-r}$ 为解空间 S 的一个基. 下面证明之.

（1）$\boldsymbol{\xi}_1,\boldsymbol{\xi}_2,\cdots,\boldsymbol{\xi}_{n-r}$ 线性无关. 这是因 $n-r$ 个 $n-r$ 维列向量

$$\begin{pmatrix} x_{r+1} \\ x_{r+2} \\ \vdots \\ x_n \end{pmatrix} = \begin{pmatrix} 1 \\ 0 \\ \vdots \\ 0 \end{pmatrix}, \begin{pmatrix} 0 \\ 1 \\ \vdots \\ 0 \end{pmatrix}, \cdots, \begin{pmatrix} 0 \\ 0 \\ \vdots \\ 1 \end{pmatrix}$$

线性无关，所以在每个向量前面添加 r 个分量而得的 $n-r$ 个 n 维向量 $\boldsymbol{\xi}_1, \boldsymbol{\xi}_2, \cdots, \boldsymbol{\xi}_{n-r}$ 线性无关.

（2）齐次线性方程组 $\boldsymbol{Ax}=\boldsymbol{0}$ 的每一解向量

$$\boldsymbol{x}=\boldsymbol{\xi}=(k_1, k_2, \cdots, k_r, k_{r+1}, \cdots, k_n)^{\mathrm{T}}$$

都可由 $\boldsymbol{\xi}_1, \boldsymbol{\xi}_2, \cdots, \boldsymbol{\xi}_{n-r}$ 线性表示. 这是因为齐次线性方程组 $\boldsymbol{Ax}=\boldsymbol{0}$ 与方程组

$$\begin{cases} x_1 = c_{1,r+1}x_{r+1} + \cdots + c_{1n}x_n \\ \qquad \cdots\cdots \\ x_r = c_{r,r+1}x_{r+1} + \cdots + c_{rn}x_n \\ x_{r+1} = x_{r+1} \\ \qquad \cdots\cdots \\ x_n = x_n \end{cases}$$

同解，所以

$$\begin{cases} k_1 = c_{1,r+1}k_{r+1} + \cdots + c_{1n}k_n \\ \qquad \cdots\cdots \\ k_r = c_{r,r+1}k_{r+1} + \cdots + c_{rn}k_n \\ k_{r+1} = k_{r+1} \\ \qquad \cdots\cdots \\ k_n = k_n \end{cases}$$

改写为

$$\begin{pmatrix} k_1 \\ \vdots \\ k_r \\ k_{r+1} \\ \vdots \\ k_n \end{pmatrix} = k_{r+1}\begin{pmatrix} c_{1,r+1} \\ \vdots \\ c_{r,r+1} \\ 1 \\ 0 \\ \vdots \\ 0 \end{pmatrix} + \cdots + k_n\begin{pmatrix} c_{1n} \\ \vdots \\ c_{rn} \\ 0 \\ 0 \\ \vdots \\ 1 \end{pmatrix}$$

即 $\boldsymbol{\xi} = k_{r+1}\boldsymbol{\xi}_1 + \cdots + k_n\boldsymbol{\xi}_{n-r}$. 这就证明了 $\boldsymbol{\xi}_1, \boldsymbol{\xi}_2, \cdots, \boldsymbol{\xi}_{n-r}$ 为解空间 S 的基，从而知解空间 S 的维数为 $n-r$.

综上过程可得齐次线性方程组的解的结构定理 3.

定理 3 设 m 个 n 元齐次方程组 $\boldsymbol{Ax}=\boldsymbol{0}$ 的系数矩阵 $\boldsymbol{A}$ 的秩为 $r<n$，则其解向量集 S 构成一个 $n-r$ 维向量空间 S，且若 $\boldsymbol{\xi}_1, \boldsymbol{\xi}_2, \cdots, \boldsymbol{\xi}_{n-r}$ 为齐次线性方程组的 $n-r$ 个线性无关的解向量，则它构成解空间 S 的一个基，且所有解可表示为

$$\boldsymbol{x} = k_1\boldsymbol{\xi}_1 + k_2\boldsymbol{\xi}_2 + \cdots + k_{n-r}\boldsymbol{\xi}_{n-r} \tag{5.6}$$

其中：$k_1, k_2, \cdots, k_{n-r}$ 为任意实数. 式（5.6）称为齐次线性方程组的通解表达式.

值得说明的是：$R(\boldsymbol{A})=r$ 时，由定理 3 上面的推演过程知，方程组的解空间维数为 $n-r$，而对于任意 $n-r$ 个齐次线性方程组中的线性无关的解向量，可证：它构成解空间的基，即齐次线性方程组的基础解系.

例 1 的讲解视频

例 1 求下列方程组的基础解系：

$$\begin{cases} x_1 + x_2 + 2x_3 + 2x_4 = 0 \\ 2x_1 - x_2 + x_3 - 2x_4 = 0 \\ x_1 - 2x_2 - x_3 - 4x_4 = 0 \end{cases}$$

解 对系数矩阵 $\boldsymbol{A}$ 进行初等行变换，化为最简形

$$\boldsymbol{A} = \begin{pmatrix} 1 & 1 & 2 & 2 \\ 2 & -1 & 1 & -2 \\ 1 & -2 & -1 & -4 \end{pmatrix} \xrightarrow[r_3 - r_1]{r_2 - 2r_1} \begin{pmatrix} 1 & 1 & 2 & 2 \\ 0 & -3 & -3 & -6 \\ 0 & -3 & -3 & -6 \end{pmatrix}$$

$$\xrightarrow{r_3 - r_2} \begin{pmatrix} 1 & 1 & 2 & 2 \\ 0 & -3 & -3 & -6 \\ 0 & 0 & 0 & 0 \end{pmatrix} \xrightarrow{r_2 \times \left(-\frac{1}{3}\right)} \begin{pmatrix} 1 & 1 & 2 & 2 \\ 0 & 1 & 1 & 2 \\ 0 & 0 & 0 & 0 \end{pmatrix}$$

$$\xrightarrow{r_1 - r_2} \begin{pmatrix} 1 & 0 & 1 & 0 \\ 0 & 1 & 1 & 2 \\ 0 & 0 & 0 & 0 \end{pmatrix}$$

$R(\boldsymbol{A}) = 2 < 4$，有两个自由未知量. 可选取 x_3，x_4 为自由未知量. 基础解系为

$$\boldsymbol{\xi}_1 = (-1, -1, 1, 0)^{\mathrm{T}}, \qquad \boldsymbol{\xi}_2 = (0, -2, 0, 1)^{\mathrm{T}}$$

注意 （1）基础解系求法. 行简化阵对应方程为

$$\begin{cases} x_1 \quad + x_3 \qquad = 0 \\ \quad x_2 + x_3 + 2x_4 = 0 \end{cases}$$

令 $x_3 = 1$，$x_4 = 0$，得 $x_1 = -1$，$x_2 = -1$，解向量 $\boldsymbol{\xi}_1 = (-1, -1, 1, 0)^{\mathrm{T}}$；令 $x_3 = 0$，$x_4 = 1$，得 $x_1 = 0$，$x_2 = -2$，解向量 $\boldsymbol{\xi}_2 = (0, -2, 0, 1)^{\mathrm{T}}$. 故所求基础解系为

$$\boldsymbol{\xi}_1 = (-1, -1, 1, 0)^{\mathrm{T}}, \qquad \boldsymbol{\xi}_2 = (0, -2, 0, 1)^{\mathrm{T}}$$

（2）基础解系不是唯一的. 如令 $x_3 = 1$，$x_4 = 1$，得 $x_1 = -1$，$x_2 = -3$，解向量 $\boldsymbol{\eta}_1 = (-1, -3, 1, 1)^{\mathrm{T}}$；令 $x_3 = 0$，$x_4 = 1$，得 $x_1 = 0$，$x_2 = -2$，解向量 $\boldsymbol{\eta}_2 = (0, -2, 0, 1)^{\mathrm{T}}$. 此时，$\boldsymbol{\eta}_1, \boldsymbol{\eta}_2$ 也是一个基础解系.

笔记栏

例 2 求解下列方程组：

$$\begin{cases} x_1 - x_2 - x_3 + x_4 = 0 \\ x_1 - x_2 + x_3 - 2x_4 = 0 \\ x_1 - x_2 + 3x_3 - 5x_4 = 0 \end{cases}$$

解 对系数矩阵施行初等行变换

$$\boldsymbol{A} = \begin{pmatrix} 1 & -1 & -1 & 1 \\ 1 & -1 & 1 & -2 \\ 1 & -1 & 3 & -5 \end{pmatrix} \xrightarrow[r_3 - r_1]{r_2 - r_1} \begin{pmatrix} 1 & -1 & -1 & 1 \\ 0 & 0 & 2 & -3 \\ 0 & 0 & 4 & -6 \end{pmatrix}$$

$$\xrightarrow{r_3 - 2r_2} \begin{pmatrix} 1 & -1 & -1 & 1 \\ 0 & 0 & 2 & -3 \\ 0 & 0 & 0 & 0 \end{pmatrix} \xrightarrow{r_2 \times \frac{1}{2}} \begin{pmatrix} 1 & -1 & -1 & 1 \\ 0 & 0 & 1 & -3/2 \\ 0 & 0 & 0 & 0 \end{pmatrix}$$

$$\xrightarrow{r_1+r_2}\begin{pmatrix}1 & -1 & 0 & -1/2\\0 & 0 & 1 & -3/2\\0 & 0 & 0 & 0\end{pmatrix}$$

$R(\boldsymbol{A})=2<n=4$，有两个自由未知量，选取 x_2, x_4 为自由未知量，得基础解系

$$\boldsymbol{\xi}_1=(1,1,0,0)^{\mathrm{T}},\quad \boldsymbol{\xi}_2=\left(\frac{1}{2},0,\frac{3}{2},1\right)^{\mathrm{T}}$$

故通解 $\boldsymbol{x}=k_1\boldsymbol{\xi}_1+k_2\boldsymbol{\xi}_2$，其中 $\boldsymbol{\xi}_1=(1,1,0,0)^{\mathrm{T}},\boldsymbol{\xi}_2=\left(\frac{1}{2},0,\frac{3}{2},1\right)^{\mathrm{T}},k_1,k_2$ 为任意实数.

例 3　设 $\boldsymbol{A}$ 为 $m\times n$ 矩阵，$\boldsymbol{B}$ 为 $n\times l$ 矩阵，且 $\boldsymbol{AB}=\boldsymbol{O}$，证明：$R(\boldsymbol{A})+R(\boldsymbol{B})\leqslant n$.

证　设 $\boldsymbol{B}=(\boldsymbol{b}_1,\boldsymbol{b}_2,\cdots,\boldsymbol{b}_l)$，$\boldsymbol{b}_i$ 为 $\boldsymbol{B}$ 的第 i 列向量，则

$$\boldsymbol{AB}=(\boldsymbol{Ab}_1,\boldsymbol{Ab}_2,\cdots,\boldsymbol{Ab}_l)$$

由 $\boldsymbol{AB}=\boldsymbol{O}$ 知，$\boldsymbol{Ab}_i=\boldsymbol{0}$（$i=1,2,\cdots,l$），表明 $\boldsymbol{b}_i$ 为方程 $\boldsymbol{Ax}=\boldsymbol{0}$ 的解，设 $R(\boldsymbol{A})=r$，则方程 $\boldsymbol{Ax}=\boldsymbol{0}$ 的解空间 S 的维数为 $n-r$. 而 $\boldsymbol{B}$ 的列向量组为 S 的子集，$\boldsymbol{B}$ 的列秩≤解集 S 的秩，即

$$R(\boldsymbol{B})\leqslant n-r$$

故

$$R(\boldsymbol{B})\leqslant n-R(\boldsymbol{A})$$

即

$$R(\boldsymbol{A})+R(\boldsymbol{B})\leqslant n$$

例 4　设 $\boldsymbol{A}$ 为 n 阶矩阵（$n\geqslant 2$），$\boldsymbol{A}^*$ 为 $\boldsymbol{A}$ 的伴随矩阵，则

$$R(\boldsymbol{A}^*)=\begin{cases}n, & \text{当}R(\boldsymbol{A})=n\\1, & \text{当}R(\boldsymbol{A})=n-1\\0, & \text{当}R(\boldsymbol{A})\leqslant n-2\end{cases}$$

证　当 $R(\boldsymbol{A})=n$ 时，$|\boldsymbol{A}|\neq 0$，进一步由 $|\boldsymbol{A}^*|=|\boldsymbol{A}|^{n-1}$ 知 $|\boldsymbol{A}^*|\neq 0$，故此时 $R(\boldsymbol{A}^*)=n$.

当 $R(\boldsymbol{A})=n-1$ 时，$|\boldsymbol{A}|=0$，进一步得 $\boldsymbol{AA}^*=|\boldsymbol{A}|\boldsymbol{E}=\boldsymbol{0}$，故 $R(\boldsymbol{A})+R(\boldsymbol{A}^*)\leqslant n$，从而 $R(\boldsymbol{A}^*)\leqslant n-R(\boldsymbol{A})=n-(n-1)=1$. 又 $R(\boldsymbol{A})=n-1$，意味着 $\boldsymbol{A}$ 有一个 $n-1$ 阶子式不为 0，而该非零的 $n-1$ 阶子式必对应 $\boldsymbol{A}$ 的一个非零的代数余子式，由于 $\boldsymbol{A}^*$ 包含着这个非零的代数余子式，所以 $R(\boldsymbol{A}^*)\geqslant 1$. 此时 $R(\boldsymbol{A}^*)=1$.

当 $R(\boldsymbol{A})\leqslant n-2$ 时，$\boldsymbol{A}$ 的所有 $n-1$ 阶子式全为 0，从而 $\boldsymbol{A}$ 的所有元素的代数余子式全为 0，故 $\boldsymbol{A}^*=\boldsymbol{0}$. 所以此时 $R(\boldsymbol{A}^*)=0$.

综上所述，得

$$R(\boldsymbol{A}^*)=\begin{cases}n, & \text{当}R(\boldsymbol{A})=n\\1, & \text{当}R(\boldsymbol{A})=n-1\\0, & \text{当}R(\boldsymbol{A})\leqslant n-2\end{cases}$$

第三节　非齐次线性方程组解的结构

设有非齐次线性方程组

$$\begin{cases} a_{11}x_1 + \cdots + a_{1n}x_n = b_1 \\ \quad\cdots\cdots \\ a_{m1}x_1 + \cdots + a_{mn}x_n = b_m \end{cases} \tag{5.7}$$

记

$$\boldsymbol{A} = \begin{pmatrix} a_{11} & \cdots & a_{1n} \\ \vdots & & \vdots \\ a_{m1} & \cdots & a_{mn} \end{pmatrix}, \quad \boldsymbol{b} = \begin{pmatrix} b_1 \\ \vdots \\ b_m \end{pmatrix}, \quad \boldsymbol{x} = \begin{pmatrix} x_1 \\ \vdots \\ x_n \end{pmatrix}$$

增广矩阵记为 $\boldsymbol{B} = (\boldsymbol{A}, \boldsymbol{b})$，则方程组（5.7）可写成 $\boldsymbol{Ax} = \boldsymbol{b}$. 对应的齐次线性方程组写为 $\boldsymbol{Ax} = \boldsymbol{0}$，称为方程组（5.7）的导出组.

在第三章中采用高斯消元法求解非齐次线性方程组是否有解，并且是用行阶梯形矩阵来讨论的. 由于行初等变换不改变矩阵的秩，所以可得如下结论.

定理 4 非齐次线性方程组 $\boldsymbol{Ax} = \boldsymbol{b}$ 有解的充要条件是 $R(\boldsymbol{A}) = R(\boldsymbol{B})$，且

（1）$R(\boldsymbol{A}) = R(\boldsymbol{B}) = n$ 时，有唯一解；

（2）$R(\boldsymbol{A}) = R(\boldsymbol{B}) < n$ 时，有无穷多解.

下面进一步研究非齐次线性方程组的解的结构.

定理 5 非齐次线性方程组 $\boldsymbol{Ax} = \boldsymbol{b}$ 的两个解 $\boldsymbol{\eta}_1, \boldsymbol{\eta}_2$ 的差 $\boldsymbol{\eta}_1 - \boldsymbol{\eta}_2$ 是对应的导出组 $\boldsymbol{Ax} = \boldsymbol{0}$ 的解.

证 因 $\boldsymbol{A\eta}_1 = \boldsymbol{b}$，$\boldsymbol{A\eta}_2 = \boldsymbol{b}$，故

$$\boldsymbol{A}(\boldsymbol{\eta}_1 - \boldsymbol{\eta}_2) = \boldsymbol{A\eta}_1 - \boldsymbol{A\eta}_2 = \boldsymbol{b} - \boldsymbol{b} = \boldsymbol{0}$$

从而 $\boldsymbol{\eta}_1 - \boldsymbol{\eta}_2$ 为 $\boldsymbol{Ax} = \boldsymbol{0}$ 组的解.

定理 6 设 $\boldsymbol{\eta}$ 为 $\boldsymbol{Ax} = \boldsymbol{b}$ 的解，$\boldsymbol{\xi}$ 为 $\boldsymbol{Ax} = \boldsymbol{0}$ 的解，则 $\boldsymbol{\eta} + \boldsymbol{\xi}$ 为 $\boldsymbol{Ax} = \boldsymbol{b}$ 的解.

证 因 $\boldsymbol{A\eta} = \boldsymbol{b}$，$\boldsymbol{A\xi} = \boldsymbol{0}$，所以有

$$\boldsymbol{A}(\boldsymbol{\eta} + \boldsymbol{\xi}) = \boldsymbol{A\eta} + \boldsymbol{A\xi} = \boldsymbol{b} + \boldsymbol{0} = \boldsymbol{b}$$

故 $\boldsymbol{\eta} + \boldsymbol{\xi}$ 为 $\boldsymbol{Ax} = \boldsymbol{b}$ 的解.

定理 7（非齐次线性方程组解的结构定理） 设 $\boldsymbol{\eta}^*$ 为非齐次线性方程组 $\boldsymbol{Ax} = \boldsymbol{b}$ 的任一解，对应的导出组 $\boldsymbol{Ax} = \boldsymbol{0}$ 的基础解系为 $\boldsymbol{\xi}_1, \boldsymbol{\xi}_2, \cdots, \boldsymbol{\xi}_{n-r}$，则非齐次线性方程组 $\boldsymbol{Ax} = \boldsymbol{b}$ 的通解为

$$\boldsymbol{x} = k_1\boldsymbol{\xi}_1 + k_2\boldsymbol{\xi}_2 + \cdots + k_{n-r}\boldsymbol{\xi}_{n-r} + \boldsymbol{\eta}^*$$

其中：$k_1, k_2, \cdots, k_{n-r}$ 为任意实数.

证 因 $\boldsymbol{\xi}_1, \boldsymbol{\xi}_2, \cdots, \boldsymbol{\xi}_{n-r}$ 为 $\boldsymbol{Ax} = \boldsymbol{0}$ 的基础解系，则 $\boldsymbol{\xi} = k_1\boldsymbol{\xi}_1 + k_2\boldsymbol{\xi}_2 + \cdots + k_{n-r}\boldsymbol{\xi}_{n-r}$ 也为它的解. 由定理 6 知，$\boldsymbol{x} = \boldsymbol{\xi} + \boldsymbol{\eta}^*$ 为 $\boldsymbol{Ax} = \boldsymbol{b}$ 的解，从而 $\boldsymbol{x} = k_1\boldsymbol{\xi}_1 + k_2\boldsymbol{\xi}_2 + \cdots + k_{n-r}\boldsymbol{\xi}_{n-r} + \boldsymbol{\eta}^*$ 为它的解.

下面再证 $\boldsymbol{Ax} = \boldsymbol{b}$ 的任一解 $\boldsymbol{x}$ 都可表示成

$$\boldsymbol{x} = k_1\boldsymbol{\xi}_1 + k_2\boldsymbol{\xi}_2 + \cdots + k_{n-r}\boldsymbol{\xi}_{n-r} + \boldsymbol{\eta}^*$$

形式. 这是因为 $\boldsymbol{x}, \boldsymbol{\eta}^*$ 为 $\boldsymbol{Ax} = \boldsymbol{b}$ 的解，由定理 5 知 $\boldsymbol{x} - \boldsymbol{\eta}^*$ 为 $\boldsymbol{Ax} = \boldsymbol{0}$ 的解，而 $\boldsymbol{Ax} = \boldsymbol{0}$ 的基础解系为 $\boldsymbol{\xi}_1, \boldsymbol{\xi}_2, \cdots, \boldsymbol{\xi}_{n-r}$，故 $\boldsymbol{x} - \boldsymbol{\eta}^*$ 可由 $\boldsymbol{\xi}_1, \boldsymbol{\xi}_2, \cdots, \boldsymbol{\xi}_{n-r}$ 表示，即存在常数 $k_1, k_2, \cdots, k_{n-r}$ 使

$$\boldsymbol{x} - \boldsymbol{\eta}^* = k_1\boldsymbol{\xi}_1 + k_2\boldsymbol{\xi}_2 + \cdots + k_{n-r}\boldsymbol{\xi}_{n-r}$$

即

$$\boldsymbol{x} = k_1\boldsymbol{\xi}_1 + k_2\boldsymbol{\xi}_2 + \cdots + k_{n-r}\boldsymbol{\xi}_{n-r} + \boldsymbol{\eta}^*$$

于是，定理得证.

求非齐次线性方程组 $\boldsymbol{Ax}=\boldsymbol{b}$ 的结构式通解的一般步骤如下：

（1）写出增广矩阵 $\boldsymbol{B}=(\boldsymbol{A},\boldsymbol{b})$；

（2）对 $\boldsymbol{B}$ 进行初等行变换，变成（行简化）阶梯形矩阵 $\boldsymbol{B}_r$，求 $R(\boldsymbol{A})$，$R(\boldsymbol{B})$，并判断非齐次线性方程组是否有解；

（3）设 $R(\boldsymbol{A})=R(\boldsymbol{B})=r$，若 $r<n$，求对应导出组的基础解系 $\boldsymbol{\xi}_1,\boldsymbol{\xi}_2,\cdots,\boldsymbol{\xi}_{n-r}$，若 $r=n$，只有唯一解，这时，导出组只有零解；

（4）求非齐次线性方程组的一个特解 $\boldsymbol{\eta}^*$，再据定理 7 写出其结构式通解

$$\boldsymbol{x}=k_1\boldsymbol{\xi}_1+k_2\boldsymbol{\xi}_2+\cdots+k_{n-r}\boldsymbol{\xi}_{n-r}+\boldsymbol{\eta}^* \quad （k_1，k_2，\cdots，k_{n-r}为任意常数）$$

例 5　求解下列方程组：

$$\begin{cases}x_1-x_2+\ \ x_3-\ \ x_4=0\\x_1-x_2+2x_3-3x_4=1\\x_1-x_2+3x_3-5x_4=2\end{cases}$$

解　对增广矩阵 $\boldsymbol{B}$ 进行初等行变换

$$\boldsymbol{B}(\boldsymbol{A},\boldsymbol{b})=\begin{pmatrix}1&-1&1&-1&0\\1&-1&2&-3&1\\1&-1&3&-5&2\end{pmatrix}\xrightarrow[r_3-r_1]{r_2-r_1}\begin{pmatrix}1&-1&1&-1&0\\0&0&1&-2&1\\0&0&2&-4&2\end{pmatrix}$$

$$\xrightarrow{r_3-2r_2}\begin{pmatrix}1&-1&1&-1&0\\0&0&1&-2&1\\0&0&0&0&0\end{pmatrix}\xrightarrow{r_1-r_2}\begin{pmatrix}1&-1&0&1&-1\\0&0&1&-2&1\\0&0&0&0&0\end{pmatrix}$$

由此可知，$R(\boldsymbol{A})=R(\boldsymbol{B})=2<4=n$，故方程有无穷多解.

对应齐次方程组的基础解系为

$$\boldsymbol{\xi}_1=(1,1,0,0)^{\mathrm{T}},\qquad \boldsymbol{\xi}_2=(-1,0,2,1)^{\mathrm{T}}$$

方程组一个特解为

$$\boldsymbol{\eta}=(-1,0,1,0)^{\mathrm{T}}$$

于是，通解为

$$\begin{pmatrix}x_1\\x_2\\x_3\\x_4\end{pmatrix}=k_1\begin{pmatrix}1\\1\\0\\0\end{pmatrix}+k_2\begin{pmatrix}-1\\0\\2\\1\end{pmatrix}+\begin{pmatrix}-1\\0\\1\\0\end{pmatrix}\quad （k_1,k_2为任意实数）$$

例 6　设 $\boldsymbol{\eta}_1,\boldsymbol{\eta}_2,\cdots,\boldsymbol{\eta}_s$ 是非齐次线性方程组 $\boldsymbol{Ax}=\boldsymbol{b}$ 的 s 个解，$k_1,k_2,\cdots,k_s$ 为实数，满足 $k_1+k_2+\cdots+k_s=1$，证明：$\boldsymbol{x}=k_1\boldsymbol{\eta}_1+k_2\boldsymbol{\eta}_2+\cdots+k_s\boldsymbol{\eta}_s$ 也是它的解.

证　因 $\boldsymbol{\eta}_j$ 是 $\boldsymbol{Ax}=\boldsymbol{b}$ 的解，则 $\boldsymbol{A\eta}_j=\boldsymbol{b}$（$j=1,2,\cdots,s$）.

$$\begin{aligned}\boldsymbol{Ax}&=\boldsymbol{A}(k_1\boldsymbol{\eta}_1+k_2\boldsymbol{\eta}_2+\cdots+k_s\boldsymbol{\eta}_s)=k_1\boldsymbol{A\eta}_1+k_2\boldsymbol{A\eta}_2+\cdots+k_s\boldsymbol{A\eta}_s\\&=k_1\boldsymbol{b}+k_2\boldsymbol{b}+\cdots+k_s\boldsymbol{b}=(k_1+k_2+\cdots+k_s)\boldsymbol{b}=\boldsymbol{b}\end{aligned}$$

所以，$\boldsymbol{x}=k_1\boldsymbol{\eta}_1+k_2\boldsymbol{\eta}_2+\cdots+k_s\boldsymbol{\eta}_s$（$k_1+k_2+\cdots+k_s=1$）为原方程的解.

例 7　设非齐次线性方程组 $\boldsymbol{Ax}=\boldsymbol{b}$ 的系数矩阵的秩为 r，$\boldsymbol{\eta}_1,\boldsymbol{\eta}_2,\cdots,\boldsymbol{\eta}_{n-r+1}$ 是它的 $n-r+1$ 个线性无关的解，试证它的任一个解可以表示为

$$\boldsymbol{x}=k_1\boldsymbol{\eta}_1+k_2\boldsymbol{\eta}_2+\cdots+k_{n-r+1}\boldsymbol{\eta}_{n-r+1}\quad （其中\ k_1+k_2+\cdots+k_{n-r+1}=1）$$

笔记栏

分析 为书写方便，记 $\boldsymbol{\eta}_{n-r+1}$ 为 $\boldsymbol{\eta}_0$. 先证 $\boldsymbol{\eta}_j-\boldsymbol{\eta}_0$ 是对应齐次方程组 $\boldsymbol{A}\boldsymbol{x}=\boldsymbol{0}$ 的解，再证 $\boldsymbol{\eta}_1-\boldsymbol{\eta}_0, \boldsymbol{\eta}_2-\boldsymbol{\eta}_0, \cdots, \boldsymbol{\eta}_{n-r}-\boldsymbol{\eta}_0$ 线性无关，也就是说它们为对应齐次方程组的基础解系，从而非齐次方程组 $\boldsymbol{A}\boldsymbol{x}=\boldsymbol{b}$ 的任一解 $\boldsymbol{x}$ 可表为

$$\boldsymbol{x}=k_1(\boldsymbol{\eta}_1-\boldsymbol{\eta}_0)+k_2(\boldsymbol{\eta}_2-\boldsymbol{\eta}_0)+\cdots+k_{n-r}(\boldsymbol{\eta}_{n-r}-\boldsymbol{\eta}_0)+\boldsymbol{\eta}_0$$

记 $k_{n-r+1}=1-k_1-k_2-\cdots-k_{n-r}$ 即得.

证 （1）记 $\boldsymbol{\eta}_{n-r+1}$ 为 $\boldsymbol{\eta}_0$，因为

$$\boldsymbol{A}(\boldsymbol{\eta}_j-\boldsymbol{\eta}_0)=\boldsymbol{A}\boldsymbol{\eta}_j-\boldsymbol{A}\boldsymbol{\eta}_0=\boldsymbol{b}-\boldsymbol{b}=\boldsymbol{0}$$

所以 $\boldsymbol{\eta}_j-\boldsymbol{\eta}_0$ 是 $\boldsymbol{A}\boldsymbol{x}=\boldsymbol{0}$ 的解（$j=1,2,\cdots,n-r$）.

（2）设有数 $k_1, k_2, \cdots, k_{n-r}$ 使

$$k_1(\boldsymbol{\eta}_1-\boldsymbol{\eta}_0)+k_2(\boldsymbol{\eta}_2-\boldsymbol{\eta}_0)+\cdots+k_{n-r}(\boldsymbol{\eta}_{n-r}-\boldsymbol{\eta}_0)=\boldsymbol{0}$$

则

$$k_1\boldsymbol{\eta}_1+k_2\boldsymbol{\eta}_2+\cdots+k_{n-r}\boldsymbol{\eta}_{n-r}-(k_1+k_2+\cdots+k_{n-r})\boldsymbol{\eta}_0=\boldsymbol{0}$$

由 $\boldsymbol{\eta}_1, \boldsymbol{\eta}_2, \cdots, \boldsymbol{\eta}_{n-r}, \boldsymbol{\eta}_0$ 线性无关得 $k_1=k_2=\cdots=k_{n-r}=0$，从而 $\boldsymbol{\eta}_1-\boldsymbol{\eta}_0, \boldsymbol{\eta}_2-\boldsymbol{\eta}_0, \cdots, \boldsymbol{\eta}_{n-r}-\boldsymbol{\eta}_0$ 线性无关. 又由 $R(\boldsymbol{A})=r$ 知 $\boldsymbol{A}\boldsymbol{x}=\boldsymbol{0}$ 的解空间维数为 $n-r$，故 $\boldsymbol{\eta}_1-\boldsymbol{\eta}_0, \boldsymbol{\eta}_2-\boldsymbol{\eta}_0, \cdots, \boldsymbol{\eta}_{n-r}-\boldsymbol{\eta}_0$ 为基础解系，线性方程组 $\boldsymbol{A}\boldsymbol{x}=\boldsymbol{b}$ 的任一解 $\boldsymbol{x}$ 可表为

$$\boldsymbol{x}=k_1(\boldsymbol{\eta}_1-\boldsymbol{\eta}_0)+k_2(\boldsymbol{\eta}_2-\boldsymbol{\eta}_0)+\cdots+k_{n-r}(\boldsymbol{\eta}_{n-r}-\boldsymbol{\eta}_0)+\boldsymbol{\eta}_0$$

又因

$$k_{n-r+1}=1-(k_1+k_2+\cdots+k_{n-r})$$

故

$$\begin{aligned}\boldsymbol{x}&=k_1\boldsymbol{\eta}_1+k_2\boldsymbol{\eta}_2+\cdots+k_{n-r}\boldsymbol{\eta}_{n-r}+k_{n-r+1}\boldsymbol{\eta}_0\\&=k_1\boldsymbol{\eta}_1+k_2\boldsymbol{\eta}_2+\cdots+k_{n-r}\boldsymbol{\eta}_{n-r}+k_{n-r+1}\boldsymbol{\eta}_{n-r+1}\end{aligned}$$

第四节 线性方程组求解举例

例 8 的讲解视频

例 8 问参数 λ 为何值时，非齐次方程组

$$\begin{cases}x_1-3x_2+x_3=1\\x_1+x_2-x_3=-1\\3x_1-x_2+\lambda x_3=-1\end{cases}$$

有解？有多少解？并求出全部解.

解 对增广矩阵 $\boldsymbol{B}$ 进行初等行变换

$$\boldsymbol{B}(\boldsymbol{A},\boldsymbol{b})=\begin{pmatrix}1&-3&1&1\\1&1&-1&-1\\3&-1&\lambda&-1\end{pmatrix}\xrightarrow{r_1\leftrightarrow r_2}\begin{pmatrix}1&1&-1&-1\\1&-3&1&1\\3&-1&\lambda&-1\end{pmatrix}$$

$$\xrightarrow[r_3-3r_1]{r_2-r_1}\begin{pmatrix}1&1&-1&-1\\0&-4&2&2\\0&-4&\lambda+3&2\end{pmatrix}\xrightarrow{r_3-r_2}\begin{pmatrix}1&1&-1&-1\\0&-4&2&2\\0&0&\lambda+1&0\end{pmatrix}$$

$$\xrightarrow{r_2\times\left(-\frac{1}{4}\right)}\begin{pmatrix}1&1&-1&-1\\0&1&-1/2&-1/2\\0&0&\lambda+1&0\end{pmatrix}\xrightarrow{r_1-r_2}\begin{pmatrix}1&0&-1/2&-1/2\\0&1&-1/2&-1/2\\0&0&\lambda+1&0\end{pmatrix}$$

由行阶梯形矩阵知，当 $\lambda\neq-1$ 时，$R(\boldsymbol{A})=R(\boldsymbol{B})=3$，这时方程组有唯一解为 $\boldsymbol{x}=\left(-\frac{1}{2},-\frac{1}{2},0\right)^{\mathrm{T}}$，$x_3=0$. 当 $\lambda=-1$ 时，$R(\boldsymbol{A})=R(\boldsymbol{B})=2<3$，方程组有无穷多解.

对应齐次方程组基础解系为 $\boldsymbol{\xi}=\left(\frac{1}{2},\frac{1}{2},1\right)^{\mathrm{T}}$，方程组一个特解为 $\boldsymbol{\eta}=\left(-\frac{1}{2},-\frac{1}{2},0\right)^{\mathrm{T}}$. 这时，通解为

$$\boldsymbol{x}=k\begin{pmatrix}1/2\\1/2\\1\end{pmatrix}+\begin{pmatrix}-1/2\\-1/2\\0\end{pmatrix}\quad（k\text{ 为任意常数}）$$

例 9　解方程

$$\begin{pmatrix}1&2&-3\\1&1&-1\end{pmatrix}\boldsymbol{X}=\begin{pmatrix}3&-1\\2&0\end{pmatrix}$$

解　由矩阵乘法，可设 $\boldsymbol{X}=(x_{ij})_{3\times2}$，用待定元素法求 $\boldsymbol{X}$.

$$\begin{pmatrix}1&2&-3\\1&1&-1\end{pmatrix}\begin{pmatrix}x_{11}&x_{12}\\x_{21}&x_{22}\\x_{31}&x_{32}\end{pmatrix}=\begin{pmatrix}3&-1\\2&0\end{pmatrix}$$

于是

$$\begin{cases}x_{11}+2x_{21}-3x_{31}=3\\x_{11}+x_{21}-x_{31}=2\end{cases}\tag{5.8}$$

$$\begin{cases}x_{12}+2x_{22}-3x_{32}=-1\\x_{12}+x_{22}-x_{32}=0\end{cases}\tag{5.9}$$

方程组（5.8）的通解为

$$\begin{pmatrix}x_{11}\\x_{21}\\x_{31}\end{pmatrix}=k_1\begin{pmatrix}1\\-2\\-1\end{pmatrix}+\begin{pmatrix}0\\3\\1\end{pmatrix}$$

方程组（5.9）的通解为

$$\begin{pmatrix}x_{12}\\x_{22}\\x_{32}\end{pmatrix}=k_2\begin{pmatrix}1\\-2\\-1\end{pmatrix}+\begin{pmatrix}0\\1\\1\end{pmatrix}$$

从而所求矩阵方程之解为

$$\boldsymbol{X}=k_1\begin{pmatrix}1&0\\-2&0\\-1&0\end{pmatrix}+k_2\begin{pmatrix}0&1\\0&-2\\0&-1\end{pmatrix}+\begin{pmatrix}0&0\\3&1\\1&1\end{pmatrix}\quad（\text{其中 }k_1，k_2\text{ 为任意常数}）$$

例 10　设 $\boldsymbol{A}$ 为 n 阶方阵，且 $|\boldsymbol{A}|=0$，记 A_{ij} 是 $|\boldsymbol{A}|$ 中元素 a_{ij} 的代数余子式.

（1）试证：向量 $\boldsymbol{\alpha}_k=(A_{k1},A_{k2},\cdots,A_{kn})^{\mathrm{T}}$（$k=1,2,\cdots,n$）是齐次线性方程组 $\boldsymbol{Ax}=\boldsymbol{0}$ 的解向量；

笔记栏

例 10 的讲解视频

（2）如果系数矩阵满足各行元素之和为零，且 $R(\boldsymbol{A})=n-1$，求齐次线性方程组 $\boldsymbol{Ax}=\boldsymbol{0}$ 的通解.

解 （1）$\boldsymbol{A}$ 的伴随阵

$$\boldsymbol{A}^*=\begin{pmatrix} A_{11} & A_{21} & \cdots & A_{n1} \\ A_{12} & A_{22} & \cdots & A_{n2} \\ \vdots & \vdots & & \vdots \\ A_{1n} & A_{2n} & \cdots & A_{nn} \end{pmatrix}$$

由 $\boldsymbol{AA}^*=\boldsymbol{A}^*\boldsymbol{A}=|\boldsymbol{A}|\boldsymbol{E}$ 知

$$a_{i1}A_{k1}+a_{i2}A_{k2}+\cdots+a_{in}A_{kn}=\begin{cases} 0, & i\neq k \\ |\boldsymbol{A}|, & i=k \end{cases}$$

由 $|\boldsymbol{A}|=0$ 得

$$\sum_{j=1}^{n}a_{ij}A_{kj}=0 \quad (i=1,2,\cdots,n)$$

故

$$\boldsymbol{A}\begin{pmatrix} A_{k1} \\ A_{k2} \\ \vdots \\ A_{kn} \end{pmatrix}=0 \quad (k=1,2,3,\cdots,n)$$

故 $\boldsymbol{\alpha}_k=(A_{k1},A_{k2},\cdots,A_{kn})^{\mathrm{T}}$ 为齐次线性方程组的解向量.

（2）由于 $\sum\limits_{j=1}^{n}a_{ij}=0 \ (i=1,2,\cdots,n)$，则 $\boldsymbol{A}\begin{pmatrix} 1 \\ 1 \\ \vdots \\ 1 \end{pmatrix}=\boldsymbol{0}$，即 $\boldsymbol{\alpha}=(1,1,\cdots,1)^{\mathrm{T}}$ 为齐次线性方程组 $\boldsymbol{Ax}=\boldsymbol{0}$ 的解向量，又 $R(\boldsymbol{A})=n-1$，所以 $\boldsymbol{\alpha}$ 为齐次方程组的一个基础解系，从而齐次方程组的通解为 $\boldsymbol{x}=k\boldsymbol{\alpha}$（$k$ 为任意常数）.

例 11 设四元非齐次线性方程组的系数矩阵的秩为 3，已知 $\boldsymbol{\eta}_1,\boldsymbol{\eta}_2,\boldsymbol{\eta}_3$ 是它的 3 个解向量，且 $\boldsymbol{\eta}_1+\boldsymbol{\eta}_2=(1,2,2,1)^{\mathrm{T}}$，$\boldsymbol{\eta}_3=(1,2,3,4)^{\mathrm{T}}$，求该方程组的通解.

解 设方程组为 $\boldsymbol{Ax}=\boldsymbol{b}$，对应导出组 $\boldsymbol{Ax}=\boldsymbol{0}$. 由题设 $\boldsymbol{A\eta}_i=\boldsymbol{b}$（$i=1,2,3$），故

$$\boldsymbol{A}[(\boldsymbol{\eta}_1+\boldsymbol{\eta}_2)-2\boldsymbol{\eta}_3]=\boldsymbol{A}(\boldsymbol{\eta}_1+\boldsymbol{\eta}_2)-2\boldsymbol{A\eta}_3=\boldsymbol{A\eta}_1+\boldsymbol{A\eta}_2-2\boldsymbol{A\eta}_3=\boldsymbol{b}+\boldsymbol{b}-2\boldsymbol{b}=\boldsymbol{0}$$

于是 $\boldsymbol{\xi}=(\boldsymbol{\eta}_1+\boldsymbol{\eta}_2)-2\boldsymbol{\eta}_3$ 为导出组的解.

又系数矩阵秩为 3，即 $R(\boldsymbol{A})=3$，则基础解系含向量个数为 $n-r=4-3=1$，故

$$\boldsymbol{\xi}=(\boldsymbol{\eta}_1+\boldsymbol{\eta}_2)-2\boldsymbol{\eta}_3=(1,2,2,1)^{\mathrm{T}}-2(1,2,3,4)^{\mathrm{T}}=(-1,-2,-4,-7)^{\mathrm{T}}$$

为基础解系. 原方程通解为

$$\boldsymbol{x}=k\begin{pmatrix} -1 \\ -2 \\ -4 \\ -7 \end{pmatrix}+\begin{pmatrix} 1 \\ 2 \\ 3 \\ 4 \end{pmatrix} \quad （k \text{ 为任意实数}）$$

最后利用线性方程组解决一个或多个向量由一组向量线性表示的问题，可细分成如下的三种情况：

1. 向量$\boldsymbol{\beta}$由向量组$\boldsymbol{\alpha}_1,\boldsymbol{\alpha}_2,\cdots,\boldsymbol{\alpha}_m$线性表示问题

向量$\boldsymbol{\beta}$能由向量组$\boldsymbol{\alpha}_1,\boldsymbol{\alpha}_2,\cdots,\boldsymbol{\alpha}_m$线性表示，即存在数$k_1,k_2,\cdots,k_m$，使$\boldsymbol{\beta}=k_1\boldsymbol{\alpha}_1+k_2\boldsymbol{\alpha}_2+\cdots+k_m\boldsymbol{\alpha}_m$，等价于非齐次线性方程组$x_1\boldsymbol{\alpha}_1+x_2\boldsymbol{\alpha}_2+\cdots+x_m\boldsymbol{\alpha}_m=\boldsymbol{\beta}$有解，且解就是$\boldsymbol{\beta}$由向量组$\boldsymbol{\alpha}_1,\boldsymbol{\alpha}_2,\cdots,\boldsymbol{\alpha}_m$线性表示的系数，这样就将向量$\boldsymbol{\beta}$由向量组$\boldsymbol{\alpha}_1,\boldsymbol{\alpha}_2,\cdots,\boldsymbol{\alpha}_m$线性表示的问题转化为非齐次线性方程组$x_1\boldsymbol{\alpha}_1+x_2\boldsymbol{\alpha}_2+\cdots+x_m\boldsymbol{\alpha}_m=\boldsymbol{\beta}$的求解问题。于是利用非齐次线性方程组有解的充要条件，就有：

（1）$\boldsymbol{\beta}$可由$\boldsymbol{\alpha}_1,\boldsymbol{\alpha}_2,\cdots,\boldsymbol{\alpha}_m$线性表示，且表示式唯一

$\Leftrightarrow R(\boldsymbol{\alpha}_1,\boldsymbol{\alpha}_2,\cdots,\boldsymbol{\alpha}_m,\boldsymbol{\beta})=R(\boldsymbol{\alpha}_1,\boldsymbol{\alpha}_2,\cdots,\boldsymbol{\alpha}_m)=m$.

（2）$\boldsymbol{\beta}$可由$\boldsymbol{\alpha}_1,\boldsymbol{\alpha}_2,\cdots,\boldsymbol{\alpha}_m$线性表示，且表示式不唯一

$\Leftrightarrow R(\boldsymbol{\alpha}_1,\boldsymbol{\alpha}_2,\cdots,\boldsymbol{\alpha}_m,\boldsymbol{\beta})=R(\boldsymbol{\alpha}_1,\boldsymbol{\alpha}_2,\cdots,\boldsymbol{\alpha}_m)<m$.

（3）$\boldsymbol{\beta}$不可由$\boldsymbol{\alpha}_1,\boldsymbol{\alpha}_2,\cdots,\boldsymbol{\alpha}_m$线性表示$\Leftrightarrow R(\boldsymbol{\alpha}_1,\boldsymbol{\alpha}_2,\cdots,\boldsymbol{\alpha}_m,\boldsymbol{\beta})\neq R(\boldsymbol{\alpha}_1,\boldsymbol{\alpha}_2,\cdots,\boldsymbol{\alpha}_m)$

$\Leftrightarrow R(\boldsymbol{\alpha}_1,\boldsymbol{\alpha}_2,\cdots,\boldsymbol{\alpha}_m,\boldsymbol{\beta})=R(\boldsymbol{\alpha}_1,\boldsymbol{\alpha}_2,\cdots,\boldsymbol{\alpha}_m)+1$.

例 12　设$\boldsymbol{\alpha}_1=(1,2,0)^{\mathrm{T}}$，$\boldsymbol{\alpha}_2=(1,a+2,-3a)^{\mathrm{T}}$，$\boldsymbol{\alpha}_3=(-1,-b-2,a+2b)^{\mathrm{T}}$，$\boldsymbol{\beta}=(1,3,-3)^{\mathrm{T}}$，试讨论当$a,b$为何值时，

（1）$\boldsymbol{\beta}$不能由$\boldsymbol{\alpha}_1,\boldsymbol{\alpha}_2,\boldsymbol{\alpha}_3$线性表示；

（2）$\boldsymbol{\beta}$可由$\boldsymbol{\alpha}_1,\boldsymbol{\alpha}_2,\boldsymbol{\alpha}_3$唯一地线性表示，并求出表示式；

（3）$\boldsymbol{\beta}$可由$\boldsymbol{\alpha}_1,\boldsymbol{\alpha}_2,\boldsymbol{\alpha}_3$线性表示，但表示式不唯一，并求出表示式.

解　将$\boldsymbol{\beta}$可否由$\boldsymbol{\alpha}_1,\boldsymbol{\alpha}_2,\boldsymbol{\alpha}_3$线性表示的问题转化为线性方程组$k_1\boldsymbol{\alpha}_1+k_2\boldsymbol{\alpha}_2+k_3\boldsymbol{\alpha}_3=\boldsymbol{\beta}$是否有解的问题.

设有数k_1,k_2,k_3，使得

$$k_1\boldsymbol{\alpha}_1+k_2\boldsymbol{\alpha}_2+k_3\boldsymbol{\alpha}_3=\boldsymbol{\beta} \tag{5.10}$$

记$\boldsymbol{A}=(\boldsymbol{\alpha}_1,\boldsymbol{\alpha}_2,\boldsymbol{\alpha}_3)$. 对矩阵$(\boldsymbol{A},\boldsymbol{\beta})$施以初等行变换，有

$$(\boldsymbol{A},\boldsymbol{\beta})=\begin{pmatrix}1&1&-1&1\\2&a+2&-b-2&3\\0&-3a&a+2b&-3\end{pmatrix}\to\begin{pmatrix}1&1&-1&1\\0&a&-b&1\\0&0&a-b&0\end{pmatrix}$$

（1）当$a=0$时，有

$$(\boldsymbol{A},\boldsymbol{\beta})\to\begin{pmatrix}1&1&-1&1\\0&0&-b&1\\0&0&0&-1\end{pmatrix}$$

可知$R(\boldsymbol{A})\neq R(\boldsymbol{A},\boldsymbol{\beta})$. 故方程组（5.10）无解，$\boldsymbol{\beta}$不能由$\boldsymbol{\alpha}_1,\boldsymbol{\alpha}_2,\boldsymbol{\alpha}_3$线性表示.

（2）当$a\neq 0$，且$a\neq b$时，有

$$(\boldsymbol{A},\boldsymbol{\beta})\to\begin{pmatrix}1&1&-1&1\\0&a&-b&1\\0&0&a-b&0\end{pmatrix}\to\begin{pmatrix}1&0&0&1-\dfrac{1}{a}\\0&1&0&\dfrac{1}{a}\\0&0&1&0\end{pmatrix}$$

$R(\boldsymbol{A})=R(\boldsymbol{A},\boldsymbol{\beta})=3$，方程组（5.10）有唯一解：

$$k_1=1-\frac{1}{a},\quad k_2=\frac{1}{a},\quad k_3=0$$

此时，$\boldsymbol{\beta}$ 可由 $\boldsymbol{\alpha}_1,\boldsymbol{\alpha}_2,\boldsymbol{\alpha}_3$ 唯一地线性表示，其表示式为

$$\boldsymbol{\beta}=\left(1-\frac{1}{a}\right)\boldsymbol{\alpha}_1+\frac{1}{a}\boldsymbol{\alpha}_2$$

（3）当 $a=b\neq 0$ 时，对矩阵 $(\boldsymbol{A},\boldsymbol{\beta})$ 施行初等行变换，有

$$(\boldsymbol{A},\boldsymbol{\beta})\to\begin{pmatrix}1&1&-1&1\\0&a&-b&1\\0&0&a-b&0\end{pmatrix}\to\begin{pmatrix}1&0&0&1-\frac{1}{a}\\0&1&-1&\frac{1}{a}\\0&0&0&0\end{pmatrix}$$

$R(\boldsymbol{A})=R(\boldsymbol{A},\boldsymbol{\beta})=2$，方程组（5.10）有无穷多解，其全部解为

$$k_1=1-\frac{1}{a},\quad k_2=\frac{1}{a}+c,\quad k_3=c\qquad（其中 c 为任意常数）$$

此时，$\boldsymbol{\beta}$ 可由 $\boldsymbol{\alpha}_1,\boldsymbol{\alpha}_2,\boldsymbol{\alpha}_3$ 线性表示，但表示式不唯一，其表示式为

$$\boldsymbol{\beta}=\left(1-\frac{1}{a}\right)\boldsymbol{\alpha}_1+\left(\frac{1}{a}+c\right)\boldsymbol{\alpha}_2+c\boldsymbol{\alpha}_3$$

类似地，得到

2. 向量组 $\boldsymbol{\beta}_1,\boldsymbol{\beta}_2,\cdots,\boldsymbol{\beta}_l$ 由向量组 $\boldsymbol{\alpha}_1,\boldsymbol{\alpha}_2,\cdots,\boldsymbol{\alpha}_m$ 线性表示问题

向量组 $\boldsymbol{\beta}_1,\boldsymbol{\beta}_2\cdots\boldsymbol{\beta}_l$ 能由向量组 $\boldsymbol{\alpha}_1,\boldsymbol{\alpha}_2,\cdots,\boldsymbol{\alpha}_m$ 线性表示

$\Leftrightarrow$ 向量组 $\boldsymbol{\beta}_i$ 能由向量组 $\boldsymbol{\alpha}_1,\boldsymbol{\alpha}_2,\cdots,\boldsymbol{\alpha}_m$ 线性表示，其中 $i=1,2,\cdots l$.

$\Leftrightarrow R(\boldsymbol{\alpha}_1,\boldsymbol{\alpha}_2,\cdots,\boldsymbol{\alpha}_m)=R(\boldsymbol{\alpha}_1,\cdots,\boldsymbol{\alpha}_m,\boldsymbol{\beta}_i)\ (i=1,2,\cdots l)$.

$\Leftrightarrow R(\boldsymbol{\alpha}_1,\boldsymbol{\alpha}_2,\cdots,\boldsymbol{\alpha}_m)=R(\boldsymbol{\alpha}_1,\cdots,\boldsymbol{\alpha}_m,\boldsymbol{\beta}_1,\cdots,\boldsymbol{\beta}_l)$.

3. 向量组 $\boldsymbol{\beta}_1,\boldsymbol{\beta}_2,\cdots,\boldsymbol{\beta}_l$ 与向量组 $\boldsymbol{\alpha}_1,\boldsymbol{\alpha}_2,\cdots,\boldsymbol{\alpha}_m$ 等价问题

向量组 $\boldsymbol{\beta}_1,\boldsymbol{\beta}_2,\cdots,\boldsymbol{\beta}_l$ 与向量组 $\boldsymbol{\alpha}_1,\boldsymbol{\alpha}_2,\cdots,\boldsymbol{\alpha}_m$ 等价

$\Leftrightarrow R(\boldsymbol{\alpha}_1,\boldsymbol{\alpha}_2,\cdots,\boldsymbol{\alpha}_m)=R(\boldsymbol{\alpha}_1,\cdots,\boldsymbol{\alpha}_m,\boldsymbol{\beta}_1,\cdots,\boldsymbol{\beta}_l)\ (=R(\boldsymbol{\beta}_1,\cdots,\boldsymbol{\beta}_l,\boldsymbol{\alpha}_1,\cdots,\boldsymbol{\alpha}_m))=R(\boldsymbol{\beta}_1,\cdots,\boldsymbol{\beta}_l)$.

例 13 设向量组 $\boldsymbol{\alpha}_1=(1,0,1)^{\mathrm T}$，$\boldsymbol{\alpha}_2=(0,1,1)^{\mathrm T}$，$\boldsymbol{\alpha}_3=(1,3,5)^{\mathrm T}$，不能由向量组 $\boldsymbol{\beta}_1=(1,1,1)^{\mathrm T}$，$\boldsymbol{\beta}_2=(1,2,3)^{\mathrm T}$，$\boldsymbol{\beta}_3=(3,4,a)^{\mathrm T}$ 线性表示.

（1）求 a 的值；

（2）将 $\boldsymbol{\beta}_1,\boldsymbol{\beta}_2,\boldsymbol{\beta}_3$ 由 $\boldsymbol{\alpha}_1,\boldsymbol{\alpha}_2,\boldsymbol{\alpha}_3$ 线性表示.

解 （1）**解法 1** 由于 $\boldsymbol{\alpha}_1,\boldsymbol{\alpha}_2,\boldsymbol{\alpha}_3$ 不能由 $\boldsymbol{\beta}_1,\boldsymbol{\beta}_2,\boldsymbol{\beta}_3$ 线性表示，对 $(\boldsymbol{\beta}_1,\boldsymbol{\beta}_2,\boldsymbol{\beta}_3,\boldsymbol{\alpha}_1,\boldsymbol{\alpha}_2,\boldsymbol{\alpha}_3)$ 进行初等行变换：

$$(\boldsymbol{\beta}_1,\boldsymbol{\beta}_2,\boldsymbol{\beta}_3,\boldsymbol{\alpha}_1,\boldsymbol{\alpha}_2,\boldsymbol{\alpha}_3)=\begin{pmatrix}1&1&3&1&0&1\\1&2&4&0&1&3\\1&3&a&1&1&5\end{pmatrix}$$

$$\to\begin{pmatrix}1&1&3&1&0&1\\0&1&1&-1&1&2\\0&2&a-3&0&1&4\end{pmatrix}\to\begin{pmatrix}1&1&3&1&0&1\\0&1&1&-1&1&2\\0&0&a-5&2&-1&0\end{pmatrix}$$

当 $a=5$ 时，$R(\boldsymbol{\beta}_1,\boldsymbol{\beta}_2,\boldsymbol{\beta}_3)=2\neq R(\boldsymbol{\beta}_1,\boldsymbol{\beta}_2,\boldsymbol{\beta}_3,\boldsymbol{\alpha}_1,\boldsymbol{\alpha}_2,\boldsymbol{\alpha}_3)=3$，故 $\boldsymbol{\alpha}_1,\boldsymbol{\alpha}_2,\boldsymbol{\alpha}_3$ 不能由 $\boldsymbol{\beta}_1,\boldsymbol{\beta}_2,\boldsymbol{\beta}_3$ 线性表示.

解法 2　易知 $\boldsymbol{\alpha}_1,\boldsymbol{\alpha}_2,\boldsymbol{\alpha}_3$ 线性无关，由其不能被 $\boldsymbol{\beta}_1,\boldsymbol{\beta}_2,\boldsymbol{\beta}_3$ 线性表示，得到 $\boldsymbol{\beta}_1,\boldsymbol{\beta}_2,\boldsymbol{\beta}_3$ 线性相关，从而 $R(\boldsymbol{\beta}_1,\ \boldsymbol{\beta}_2,\ \boldsymbol{\beta}_3)<3$.

由
$$\begin{pmatrix}1&1&3\\1&2&4\\1&3&a\end{pmatrix}\to\begin{pmatrix}1&1&3\\0&1&1\\0&2&a-3\end{pmatrix}\to\begin{pmatrix}1&1&1\\0&1&1\\0&0&a-5\end{pmatrix}$$

得 $a=5$.

（2）对 $(\boldsymbol{\alpha}_1,\boldsymbol{\alpha}_2,\boldsymbol{\alpha}_3,\boldsymbol{\beta}_1,\boldsymbol{\beta}_2,\boldsymbol{\beta}_3)$ 进行初等行变换：

$$\begin{aligned}(\boldsymbol{\alpha}_1,\boldsymbol{\alpha}_2,\boldsymbol{\alpha}_3,\boldsymbol{\beta}_1,\boldsymbol{\beta}_2,\boldsymbol{\beta}_3)&=\begin{pmatrix}1&0&1&1&1&3\\0&1&3&1&2&4\\1&1&5&1&3&5\end{pmatrix}\\&\to\begin{pmatrix}1&0&1&1&1&3\\0&1&3&1&2&4\\0&1&4&0&2&2\end{pmatrix}\\&\to\begin{pmatrix}1&0&1&1&1&3\\0&1&3&1&2&4\\0&0&1&-1&0&-2\end{pmatrix}\\&\to\begin{pmatrix}1&0&0&2&1&5\\0&1&0&4&2&10\\0&0&1&-1&0&-2\end{pmatrix}\end{aligned}$$

故 $\boldsymbol{\beta}_1=2\boldsymbol{\alpha}_1+4\boldsymbol{\alpha}_2-\boldsymbol{\alpha}_3$，$\boldsymbol{\beta}_2=\boldsymbol{\alpha}_1+2\boldsymbol{\alpha}_2$，$\boldsymbol{\beta}_3=5\boldsymbol{\alpha}_1+10\boldsymbol{\alpha}_2-2\boldsymbol{\alpha}_3$.

注意　（1）能否线性表示就是非齐次线性方程组有没有解的问题，而如何表示就是解是什么的问题.

（2）第二问本来要解三个线性方程组，鉴于系数矩阵相同，将六个向量同时写出，简化了初等变换的次数.

习　　题

A　　题

1. 设 $\boldsymbol{A}=\begin{pmatrix}1&2&-2\\4&t&3\\3&-1&1\end{pmatrix}$，$\boldsymbol{B}$ 为三阶非零矩阵，且 $\boldsymbol{AB}=\boldsymbol{O}$，则 $t=$______.

2. 设方程组 $\begin{cases}\lambda x_1+x_2+x_3=1,\\x_1+\lambda x_2+x_3=\lambda,\\x_1+x_2+\lambda x_3=\lambda^2,\end{cases}$ 则当 $\lambda=$________时，方程有唯一解；当 $\lambda=$________时，方程有无穷多解；当 $\lambda=$________时，方程无解.

3. 若线性方程组$\begin{cases}x_1-x_2=a_1,\\x_2-x_3=a_2,\\x_3-x_4=a_3,\\x_4-x_1=a_4\end{cases}$有解，则常数 a_1，a_2，a_3，a_4 应满足条件________.

4. 如果四元线性方程组 $\boldsymbol{Ax}=\mathbf{0}$ 的同解方程组是$\begin{cases}x_1=-3x_3,\\x_2=0,\end{cases}$则有 $R(\boldsymbol{A})=$________，自由未知量的个数为________，$\boldsymbol{Ax}=\mathbf{0}$ 的基础解系有________个解向量.

5. 设 $\boldsymbol{\eta}_1,\boldsymbol{\eta}_2,\cdots,\boldsymbol{\eta}_s$ 是非齐次线性方程组 $\boldsymbol{Ax}=\boldsymbol{b}$ 的一组解向量，如果

$$c_1\boldsymbol{\eta}_1+c_2\boldsymbol{\eta}_2+\cdots+c_s\boldsymbol{\eta}_s$$

也是该方程组的一个解，则 $c_1+c_2+\cdots+c_s=$________.

6. 当 $\lambda=$（　　）时，下列方程组有无穷多解.

$$\begin{cases}x_1+2x_2-x_3=\lambda-1\\ \quad\ 3x_2-x_3=\lambda-2\\ \quad\ \lambda x_2-x_3=(\lambda-3)(\lambda-4)+(\lambda-2)\end{cases}$$

A．1　　B．2　　C．3　　D．4

7. 设 $\boldsymbol{A}$ 为 $m\times n$ 矩阵，则齐次线性方程组 $\boldsymbol{Ax}=\mathbf{0}$ 有结论（　　）.

A．$m\geqslant n$ 时，方程仅有零解

B．$m<n$ 时，方程组有非零解，且基础解系含有 $n-m$ 个线性无关解向量

C．$\boldsymbol{A}$ 有 n 阶子式不为零，则方程组仅有零解

D．若 $\boldsymbol{A}$ 有 $n-1$ 阶子式不为零，则方程组仅有零解

8. 设 $\boldsymbol{\eta}_1,\boldsymbol{\eta}_2,\boldsymbol{\eta}_3$ 为方程组 $\boldsymbol{Ax}=\mathbf{0}$ 的一个基础解系，则下面也为该方程组的基础解系的是（　　）.

A．$\boldsymbol{\eta}_1-\boldsymbol{\eta}_3, 3\boldsymbol{\eta}_2-\boldsymbol{\eta}_3, -\boldsymbol{\eta}_1-3\boldsymbol{\eta}_2+2\boldsymbol{\eta}_3$

B．$\boldsymbol{\eta}_1+2\boldsymbol{\eta}_2+\boldsymbol{\eta}_3, \boldsymbol{\eta}_1+\boldsymbol{\eta}_2$，$\boldsymbol{\eta}_2+\boldsymbol{\eta}_3$

C．与 $\boldsymbol{\eta}_1,\boldsymbol{\eta}_2,\boldsymbol{\eta}_3$ 等价的同维向量组 $\boldsymbol{\alpha}_1,\boldsymbol{\alpha}_2,\boldsymbol{\alpha}_3,\boldsymbol{\alpha}_4$

D．与 $\boldsymbol{\eta}_1,\boldsymbol{\eta}_2,\boldsymbol{\eta}_3$ 等价的同维向量组 $\boldsymbol{\beta}_1,\boldsymbol{\beta}_2,\boldsymbol{\beta}_3$

9. 设 $\boldsymbol{A}$ 为 n 阶方阵，且 $R(\boldsymbol{A})=n-1$，$\boldsymbol{\alpha}_1,\boldsymbol{\alpha}_2$ 是 $\boldsymbol{Ax}=\boldsymbol{b}$ 的两个不同的解，则 $\boldsymbol{Ax}=\mathbf{0}$ 的通解为（　　）.

A．$k\boldsymbol{\alpha}_1$　　B．$k\boldsymbol{\alpha}_2$　　C．$k(\boldsymbol{\alpha}_1-\boldsymbol{\alpha}_2)$　　D．$k(\boldsymbol{\alpha}_1+\boldsymbol{\alpha}_2)$

10. 非齐次线性方程组 $\boldsymbol{Ax}=\boldsymbol{b}$ 中未知量个数为 n，方程个数为 m，系数矩阵 $\boldsymbol{A}$ 的秩为 r，则下述结论正确的是（　　）.

A．$r=n$ 时，$\boldsymbol{Ax}=\boldsymbol{b}$ 有唯一解　　B．$m=n$ 时，$\boldsymbol{Ax}=\boldsymbol{b}$ 有唯一解

C．$r<n$ 时，$\boldsymbol{Ax}=\boldsymbol{b}$ 有无穷多解　　D．$r=m$ 时，$\boldsymbol{Ax}=\boldsymbol{b}$ 有解

11. 要使 $\boldsymbol{\xi}_1=(1,0,2)^{\mathrm{T}}$，$\boldsymbol{\xi}_2=(0,1,-1)^{\mathrm{T}}$ 都是线性方程组 $\boldsymbol{Ax}=\mathbf{0}$ 的解，只要系数矩阵 $\boldsymbol{A}$ 为（　　）.

A．$(-2,1,1)$　　B．$\begin{pmatrix}2&0&-1\\0&1&1\end{pmatrix}$

C．$\begin{pmatrix}-1&0&2\\0&1&-1\end{pmatrix}$　　D．$\begin{pmatrix}0&1&-1\\4&-2&-2\\0&1&1\end{pmatrix}$

12. 齐次线性方程组 $\boldsymbol{Ax}=\boldsymbol{0}$ 仅有零解的充要条件是（　　）.

A. $\boldsymbol{A}$ 的行向量组线性无关　　B. $\boldsymbol{A}$ 的列向量组线性无关

C. $\boldsymbol{A}$ 的列向量组线性相关　　D. $\boldsymbol{A}$ 的行向量组线性相关

13. 当非齐次线性方程组 $\boldsymbol{A}_{m\times n}\boldsymbol{X}_{n\times l}=\boldsymbol{B}_{m\times l}$ 满足条件（　　）时，此方程组有解.

A. $R(\boldsymbol{A},\boldsymbol{B})\geqslant n$　　B. $R(\boldsymbol{A},\boldsymbol{B})\leqslant R(\boldsymbol{A})$

C. $R(\boldsymbol{A},\boldsymbol{B})\leqslant n$　　D. $R(\boldsymbol{A},\boldsymbol{B})\geqslant R(\boldsymbol{A})$

14. 如图所示，有三张平面两两相交，交线相互平行，它们的方程

$$a_{i1}x+a_{i2}y+a_{i3}z=d_i \quad (i=1,2,3)$$

组成的线性方程组的系数矩阵和增广矩阵分别记为 $\boldsymbol{A},\overline{\boldsymbol{A}}$，则（　　）.

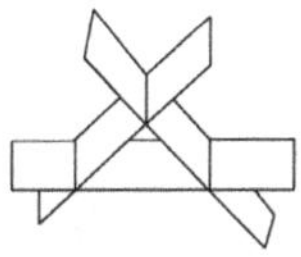

题 14 图

A. $R(\boldsymbol{A})=2,R\left(\overline{\boldsymbol{A}}\right)=3$　　B. $R(\boldsymbol{A})=2,R\left(\overline{\boldsymbol{A}}\right)=2$

C. $R(\boldsymbol{A})=1,R\left(\overline{\boldsymbol{A}}\right)=2$　　D. $R(\boldsymbol{A})=1,R\left(\overline{\boldsymbol{A}}\right)=1$

15. 设矩阵 $\boldsymbol{A}=\begin{pmatrix}1&1&1\\1&2&a\\1&4&a^2\end{pmatrix}$，$\boldsymbol{b}=\begin{pmatrix}1\\d\\d^2\end{pmatrix}$，若集合 $\Omega=\{1,2\}$，则线性方程组 $\boldsymbol{Ax}=\boldsymbol{b}$ 有无穷多解的充分必要条件为（　　）.

A. $a\notin\Omega,d\notin\Omega$　　B. $a\notin\Omega,d\in\Omega$　　C. $a\in\Omega,d\notin\Omega$　　D. $a\in\Omega,d\in\Omega$

16. 设 $\boldsymbol{A}$ 是 4×3 矩阵，η_1,η_2,η_3 是非齐次线性方程组 $\boldsymbol{Ax}=\boldsymbol{\beta}$ 的三个线性无关解，k_1,k_2 为任意常数，则 $\boldsymbol{Ax}=\boldsymbol{\beta}$ 的通解为（　　）.

A. $\dfrac{\eta_2+\eta_3}{2}+k_1(\eta_2-\eta_1)$　　B. $\dfrac{\eta_2-\eta_3}{2}+k_1(\eta_2-\eta_1)$

C. $\dfrac{\eta_2+\eta_3}{2}+k_1(\eta_2-\eta_1)+k_2(\eta_3-\eta_1)$　　D. $\dfrac{\eta_2-\eta_3}{2}+k_1(\eta_2-\eta_1)+k_2(\eta_3-\eta_1)$

B　题

1. 求下列齐次线性方程组的基础解系与通解：

（1）$\begin{cases}x_1-2x_2-x_3+2x_4-3x_5=0\\x_1-2x_2-2x_3+x_4-2x_5=0\\2x_1-4x_2-7x_3-x_4-x_5=0\end{cases}$　　（2）$\begin{cases}x_1+x_2+x_3+4x_4-3x_5=0\\2x_1+x_2+3x_3+5x_4-5x_5=0\\x_1-x_2+3x_3-2x_4-x_5=0\\3x_1+x_2+5x_3+6x_4-7x_5=0\end{cases}$

（3）$\begin{cases}2x_1+3x_2-x_3+5x_4=0\\3x_1+x_2+2x_3-7x_4=0\\4x_1+x_2-3x_3+6x_4=0\\x_1-2x_2+4x_3-7x_4=0\end{cases}$　　（4）$\begin{cases}2x_1+x_2+x_3-x_4=0\\x_1+x_2+2x_3-x_4=0\\2x_1+2x_2+x_3+2x_4=0\end{cases}$

2. 求下列非齐次线性方程组通解：

（1）$\begin{cases}x_1+3x_2-3x_3=-8\\3x_1-x_2+2x_3=10\\7x_1+x_2+2x_3=6\end{cases}$　　（2）$\begin{cases}x_1+x_2+x_3+x_4=-2\\x_2+2x_3+2x_4=3\\3x_1+2x_2+x_3+x_4=-9\\5x_1+4x_2+3x_3+3x_4=-13\end{cases}$

（3）$\begin{cases} x_1+3x_2-7x_3=-8 \\ 2x_1+5x_2+4x_3=4 \\ -3x_1-7x_2-2x_3=-3 \\ x_1+4x_2-12x_3=-15 \end{cases}$　　（4）$\begin{cases} 2x_1-3x_2+x_3+5x_4=6 \\ -3x_1+x_2+2x_3-4x_4=5 \\ -x_1-2x_2+3x_3+x_4=11 \end{cases}$

3. a，b 为何值时，线性方程组

$$\begin{cases} x_1+x_2+x_3+x_4+x_5=a \\ 3x_1+2x_2+x_3+x_4-3x_5=0 \\ x_2+2x_3+2x_4+6x_5=b \\ 5x_1+4x_2+3x_3+3x_4-x_5=2 \end{cases}$$

有解？并求其通解.

4. a，b 取何值时，方程组

$$\begin{cases} x_1+x_2+2x_3+3x_4=1 \\ x_1+3x_2+6x_3+x_4=3 \\ 3x_1-x_2-ax_3+15x_4=3 \\ x_1-5x_2-10x_3+13x_4=b \end{cases}$$

无解、有唯一解、有无穷多解？当有无穷多解时求其一般解.

5. 已知线性方程组

$$\begin{cases} (2-\lambda)x_1+2x_2-2x_3=1 \\ 2x_1+(5-\lambda)x_2-4x_3=2 \\ -2x_1-4x_2+(5-\lambda)x_3=-\lambda-1 \end{cases}$$

问 λ 为何值时，此方程组有唯一解、无穷多解、无解？

6. 如果非齐次线性方程组

$$a_{i1}x_1+a_{i2}x_2+\cdots+a_{in}x_n=b_i \quad (i=1,2,\cdots,n)$$

的系数行列式$|\boldsymbol{A}|=0$，问此方程是否有解？

7. 试写出方程组

$$\begin{pmatrix} 3 & 1 & 2 & 0 \\ 2 & 4 & 7 & 5 \\ 10 & 6 & 3 & 2 \end{pmatrix}\begin{pmatrix} x_1 \\ x_2 \\ x_3 \\ x_4 \end{pmatrix}=\boldsymbol{b}$$

有解的所有列向量 $\boldsymbol{b}$.

8. 证明：若方程组$\sum\limits_{j=1}^{n}a_{ij}x_j=b_i$ $(i=1,2,\cdots,n)$ 的系数矩阵 $\boldsymbol{A}$ 与矩阵

$$\boldsymbol{C}=\begin{pmatrix} a_{11} & a_{12} & \cdots & a_{1n} & b_1 \\ \vdots & \vdots & & \vdots & \vdots \\ a_{n1} & a_{n2} & \cdots & a_{nn} & b_n \\ b_1 & b_2 & \cdots & b_n & 0 \end{pmatrix}$$

的秩相等，则这个方程组必有解.

9. 证明下列线性方程组无解：

$$\begin{cases} x_1 \quad + x_2 = 1 \\ ax_1 \; + bx_2 = c \\ a^2x_1 + b^2x_2 = c^2 \end{cases} \qquad \text{（其中 } a, b, c \text{ 互不相同）}$$

10. 设行列式 $\begin{vmatrix} a_{11} & \cdots & a_{1n} \\ \vdots & & \vdots \\ a_{n1} & \cdots & a_{nn} \end{vmatrix} \neq 0$，证明下列线性方程组无解：

$$\begin{cases} a_{11}x_1 + a_{12}x_2 + \cdots + a_{1,n-1}x_{n-1} = a_{1n} \\ a_{21}x_1 + a_{22}x_2 + \cdots + a_{2,n-1}x_{n-1} = a_{2n} \\ \cdots\cdots \\ a_{n1}x_1 + a_{n2}x_2 + \cdots + a_{n,n-1}x_{n-1} = a_{nn} \end{cases}$$

11. 设 $\boldsymbol{\alpha}_i = (a_{i1}, a_{i2}, \cdots, a_{in})$（$i = 1, 2, \cdots, m$），$\boldsymbol{\beta} = (b_1, b_2, \cdots, b_n)$，证明：如果线性方程组（I）

$$\begin{cases} a_{11}x_1 + a_{12}x_2 + \cdots + a_{1n}x_n = 0 \\ \cdots\cdots \\ a_{m1}x_1 + a_{m2}x_2 + \cdots + a_{mn}x_n = 0 \end{cases}$$

的解全是方程（II）

$$b_1x_1 + b_2x_2 + \cdots + b_nx_n = 0$$

的解，那么向量 $\boldsymbol{\beta}$ 可以由 $\boldsymbol{\alpha}_1, \boldsymbol{\alpha}_2, \cdots, \boldsymbol{\alpha}_m$ 线性表出.

12. 已知 $\boldsymbol{A} = (\boldsymbol{\alpha}_1, \boldsymbol{\alpha}_2, \boldsymbol{\alpha}_3, \boldsymbol{\alpha}_4)$是四阶矩阵，$\boldsymbol{\alpha}_1, \boldsymbol{\alpha}_2, \boldsymbol{\alpha}_3, \boldsymbol{\alpha}_4$ 是四维列向量，若方程组 $\boldsymbol{Ax} = \boldsymbol{\beta}$ 的通解是

$$(1, 2, 2, 1)^{\mathrm{T}} + k(1, -2, 4, 0)^{\mathrm{T}}$$

又 $\boldsymbol{B} = (\boldsymbol{\alpha}_3, \boldsymbol{\alpha}_2, \boldsymbol{\alpha}_1, \boldsymbol{\beta}-\boldsymbol{\alpha}_4)$，求方程组 $\boldsymbol{Bx} = \boldsymbol{\alpha}_1 - \boldsymbol{\alpha}_2$ 的通解.

13. 设 $\boldsymbol{\alpha}_1, \boldsymbol{\alpha}_2, \boldsymbol{\alpha}_3, \boldsymbol{\alpha}_4, \boldsymbol{\beta}$ 为四维列向量，$\boldsymbol{A} = (\boldsymbol{\alpha}_1, \boldsymbol{\alpha}_2, \boldsymbol{\alpha}_3, \boldsymbol{\alpha}_4)$. 已知 $\boldsymbol{Ax} = \boldsymbol{\beta}$ 的通解为

$$\boldsymbol{x} = (1, -1, 2, 1)^{\mathrm{T}} + k_1(1, 2, 0, 1)^{\mathrm{T}} + k_2(-1, 1, 1, 0)^{\mathrm{T}}$$

其中：$(1, 2, 0, 1)^{\mathrm{T}}, (-1, 1, 1, 0)^{\mathrm{T}}$ 为对应齐次线性方程组 $\boldsymbol{Ax} = \boldsymbol{0}$ 的基础解系；k_1, k_2 为任意常数. 令 $\boldsymbol{B} = (\boldsymbol{\alpha}_1, \boldsymbol{\alpha}_2, \boldsymbol{\alpha}_3)$，试求 $\boldsymbol{By} = \boldsymbol{\beta}$ 的通解.

14. 设矩阵 $\boldsymbol{A} = \begin{pmatrix} 1 & 1 & 1-a \\ 1 & 0 & a \\ a+1 & 1 & a+1 \end{pmatrix}$，$\boldsymbol{\beta} = \begin{pmatrix} 0 \\ 1 \\ 2a-2 \end{pmatrix}$，且方程组 $\boldsymbol{Ax} = \boldsymbol{\beta}$ 无解.

（1）求 a 的值；

（2）求方程组 $\boldsymbol{A}^{\mathrm{T}}\boldsymbol{Ax} = \boldsymbol{A}^{\mathrm{T}}\boldsymbol{\beta}$ 的通解.

15. 设 $\boldsymbol{A} = \begin{pmatrix} \lambda & 1 & 1 \\ 0 & \lambda-1 & 0 \\ 1 & 1 & \lambda \end{pmatrix}$，$\boldsymbol{b} = \begin{pmatrix} a \\ 1 \\ 1 \end{pmatrix}$. 已知线性方程组 $\boldsymbol{Ax} = \boldsymbol{b}$ 存在两个不同的解.

（1）求 λ, a；

（2）求方程组 $\boldsymbol{Ax} = \boldsymbol{b}$ 的通解.

16. 设 $A=\begin{pmatrix}1&a&0&0\\0&1&a&0\\0&0&1&a\\a&0&0&1\end{pmatrix},\beta=\begin{pmatrix}1\\-1\\0\\0\end{pmatrix}$.

（1）计算行列式 $|A|$；

（2）当实数 a 为何值时，方程组 $Ax=\beta$ 有无穷多组解，并求其通解.

17. 设矩阵 $A=\begin{pmatrix}1&-1&-1\\2&a&1\\-1&1&a\end{pmatrix},B=\begin{pmatrix}2&2\\1&a\\-a-1&-2\end{pmatrix}$.

当 a 为何值时，方程 $AX=B$ 无解、唯一解、有无穷多解？在有解时，求解此方程.

18. 设 $A=\begin{pmatrix}1&a\\1&0\end{pmatrix}$，$B=\begin{pmatrix}0&1\\1&b\end{pmatrix}$，当 a,b 为何值时，存在矩阵 C 使得 $AC-CA=B$，并求所有矩阵 C .

19. 设向量组 $\alpha_1,\alpha_2,\alpha_3$ 内 R^3 的一个基，$\beta_1=2\alpha_1+2k\alpha_3$，$\beta_2=2\alpha_2$，$\beta_3=\alpha_1+(k+1)\alpha_3$.

（1）证明向量组 β_1 β_2 β_3 为 R^3 的一个基；

（2）当 k 为何值时，存在非零向量 ξ 在基 $\alpha_1,\alpha_2,\alpha_3$ 与基 β_1,β_2,β_3 下的坐标相同，并求所有的 ξ .

20. 已知 $\alpha_1=(1,0,2,3)^{\mathrm T}$，$\alpha_2=(1,1,3,5)^{\mathrm T}$，$\alpha_3=(1,-1,a+2,1)^{\mathrm T}$，$\alpha_4=(1,2,4,a+8)^{\mathrm T}$ 及 $\beta=(1,1,b+3,5)^{\mathrm T}$.

（1）a,b 为何值时，β 不能表示成 $\alpha_1,\alpha_2,\alpha_3,\alpha_4$ 的线性组合？

（2）a,b 为何值时，β 有 $\alpha_1,\alpha_2,\alpha_3,\alpha_4$ 的唯一的线性表示式？并写出该表示式.

21. 确定常数 a，使向量组 $\alpha_1=(1,1,a)^{\mathrm T},\alpha_2=(1,a,1)^{\mathrm T},\alpha_3=(a,1,1)^{\mathrm T}$ 可由向量组 $\beta_1=(1,1,a)^{\mathrm T}$，$\beta_2=(-2,a,4)^{\mathrm T}$，$\beta_3=(-2,a,a)^{\mathrm T}$ 线性表示，但向量组 β_1,β_2,β_3 不能由向量组 $\alpha_1,\alpha_2,\alpha_3$ 线性表示.

22. 已知向量组 $\mathrm{I}:\alpha_1=(1,1,4)^{\mathrm T}$，$\alpha_2=(1,0,4)^{\mathrm T}$，$\alpha_3=(1,2,a^2+3)^{\mathrm T}$；

$\mathrm{II}:\beta_1=(1,1,a+3)^{\mathrm T}$，$\beta_2=(0,2,1-a)^{\mathrm T}$，$\beta_3=(1,3,a^2+3)^{\mathrm T}$.

若向量组 I 与向量组 II 等价，求 a 的值，并将 β_3 用 $\alpha_1,\alpha_2,\alpha_3$ 线性表示.

自 测 题

1. 填空题

（1）设 n 阶矩阵 A 的各行元素和均为零，且 A 的秩为 $n-1$，则线性方程组 $Ax=0$ 的通解为________.

（2）已知 $\beta=(1,2,1,1)$，$\alpha_1=(1,1,1,1)$，$\alpha_2=(1,1,-1,1)$，$\alpha_3=(1,-1,1,-1)$，$\alpha_4=(1,-1,-1,1)$，则 β 由 $\alpha_1,\alpha_2,\alpha_3,\alpha_4$ 线性表出的表达式为________.

（3）若向量 $\beta=(0,k,k^2)$ 能由向量 $\alpha_1=(1+k,1,1)$，$\alpha_2=(1,1+k,1)$，$\alpha_3=(1,1,1+k)$ 唯一线性表出，则 k 应满足________.

（4）设三阶矩阵 $\boldsymbol{A}=\begin{pmatrix}1&2&-2\\2&1&2\\3&0&4\end{pmatrix}$，三维列向量 $\boldsymbol{\alpha}=(a,1,1)^{\mathrm{T}}$，已知 $\boldsymbol{A\alpha}$ 与 $\boldsymbol{\alpha}$ 线性相关，则 $a=$________.

（5）已知矩阵 $\boldsymbol{A}=\begin{pmatrix}1&0&-1\\1&1&-1\\0&1&a^2-1\end{pmatrix}$，$\boldsymbol{b}=\begin{pmatrix}0\\1\\a\end{pmatrix}$. 若线性方程组 $\boldsymbol{Ax}=\boldsymbol{b}$ 有无穷多解，则 $a=$________.

（6）设 $\boldsymbol{A}=(\boldsymbol{\alpha}_1,\boldsymbol{\alpha}_2,\boldsymbol{\alpha}_3)$ 为三阶矩阵. 若 $\boldsymbol{\alpha}_1,\boldsymbol{\alpha}_2$ 线性无关，且 $\boldsymbol{\alpha}_3=-\boldsymbol{\alpha}_1+2\boldsymbol{\alpha}_2$，则线性方程组 $\boldsymbol{Ax}=\boldsymbol{0}$ 的通解为________.

2. 选择题

（1）设 $\boldsymbol{\alpha}_1,\boldsymbol{\alpha}_2,\boldsymbol{\alpha}_3$ 是四元非齐次线性方程组 $\boldsymbol{Ax}=\boldsymbol{b}$ 的三个解向量，且 $R(\boldsymbol{A})=3$，$\boldsymbol{\alpha}_1=(1,2,3,4)^{\mathrm{T}}$，$\boldsymbol{\alpha}_2+\boldsymbol{\alpha}_3=(0,1,2,3)^{\mathrm{T}}$，则线性方程组 $\boldsymbol{Ax}=\boldsymbol{b}$ 的通解为（　　）.

A. $\begin{pmatrix}1\\2\\3\\4\end{pmatrix}+k\begin{pmatrix}1\\1\\1\\1\end{pmatrix}$　　B. $\begin{pmatrix}1\\2\\3\\4\end{pmatrix}+k\begin{pmatrix}0\\1\\2\\3\end{pmatrix}$　　C. $\begin{pmatrix}1\\2\\3\\4\end{pmatrix}+k\begin{pmatrix}2\\3\\4\\5\end{pmatrix}$　　D. $\begin{pmatrix}1\\2\\3\\4\end{pmatrix}+k\begin{pmatrix}3\\4\\5\\6\end{pmatrix}$

（2）设 $\boldsymbol{A}$ 为 n 阶实矩阵，$\boldsymbol{A}^{\mathrm{T}}$ 是 $\boldsymbol{A}$ 的转置阵，则对于线性方程（I）$\boldsymbol{Ax}=\boldsymbol{0}$ 和（II）$\boldsymbol{A}^{\mathrm{T}}\boldsymbol{Ax}=\boldsymbol{0}$ 必有（　　）.

A.（II）的解是（I）的解，（I）的解也是（II）的解

B.（II）的解是（I）的解，但（I）的解不是（II）的解

C.（I）的解不是（II）的解，（II）的解也不是（I）的解

D.（I）的解是（II）的解，但（II）的解不是（I）的解

（3）设 $\boldsymbol{A}$ 是 n 阶矩阵，$\boldsymbol{\alpha}$ 是 n 维列向量，若 $R\begin{pmatrix}\boldsymbol{A}&\boldsymbol{\alpha}\\\boldsymbol{\alpha}^{\mathrm{T}}&\boldsymbol{O}\end{pmatrix}=R(\boldsymbol{A})$，则线性方程组（　　）.

A. $\boldsymbol{Ax}=\boldsymbol{\alpha}$ 必有无穷多解　　B. $\boldsymbol{Ax}=\boldsymbol{\alpha}$ 必有唯一解

C. $\begin{pmatrix}\boldsymbol{A}&\boldsymbol{\alpha}\\\boldsymbol{\alpha}^{\mathrm{T}}&\boldsymbol{O}\end{pmatrix}\begin{pmatrix}x\\y\end{pmatrix}=\boldsymbol{0}$ 仅有零解　　D. $\begin{pmatrix}\boldsymbol{A}&\boldsymbol{\alpha}\\\boldsymbol{\alpha}^{\mathrm{T}}&\boldsymbol{O}\end{pmatrix}\begin{pmatrix}x\\y\end{pmatrix}=\boldsymbol{0}$ 必有非零解

（4）已知 $\boldsymbol{\beta}_1,\boldsymbol{\beta}_2$ 是非齐次线性方程组 $\boldsymbol{Ax}=\boldsymbol{b}$ 的两个不同的解，$\boldsymbol{\alpha}_1,\boldsymbol{\alpha}_2$ 是对应齐次线性方程组 $\boldsymbol{Ax}=\boldsymbol{0}$ 的基础解系，k_1,k_2 为任意常数，则方程组 $\boldsymbol{Ax}=\boldsymbol{b}$ 的通解必是（　　）.

A. $k_1\boldsymbol{\alpha}_1+k_2(\boldsymbol{\alpha}_1+\boldsymbol{\alpha}_2)+\dfrac{\boldsymbol{\beta}_1-\boldsymbol{\beta}_2}{2}$　　B. $k_1\boldsymbol{\alpha}_1+k_2(\boldsymbol{\alpha}_1-\boldsymbol{\alpha}_2)+\dfrac{\boldsymbol{\beta}_1+\boldsymbol{\beta}_2}{2}$

C. $k_1\boldsymbol{\alpha}_1+k_2(\boldsymbol{\beta}_1+\boldsymbol{\beta}_2)+\dfrac{\boldsymbol{\beta}_1-\boldsymbol{\beta}_2}{2}$　　D. $k_1\boldsymbol{\alpha}_1+k_2(\boldsymbol{\beta}_1-\boldsymbol{\beta}_2)+\dfrac{\boldsymbol{\beta}_1-\boldsymbol{\beta}_2}{2}$

（5）设 $\boldsymbol{A}$ 是 $m\times n$ 矩阵，$\boldsymbol{B}$ 是 $n\times m$ 矩阵，则线性方程组 $(\boldsymbol{AB})\boldsymbol{x}=\boldsymbol{0}$（　　）.

A. 当 $n>m$ 时仅有零解　　B. 当 $n>m$ 时必有非零解

C. 当 $m>n$ 时仅有零解　　D. 当 $m>n$ 时必有非零解

（6）设点 $M_i(x_i,y_i)$（$i=1,2,\cdots,n$）为 xOy 平面上 n 个不同的点，令

$$A=\begin{pmatrix} x_1 & y_1 & 1 \\ x_2 & y_2 & 1 \\ \vdots & \vdots & \vdots \\ x_n & y_n & 1 \end{pmatrix}$$

则点 $M_1, M_2, \cdots, M_n$（$n \geqslant 3$）在同一条直线上的充分必要条件是（　　）.

A. $R(\boldsymbol{A})=1$　　B. $R(\boldsymbol{A})=2$　　C. $R(\boldsymbol{A})=3$　　D. $R(\boldsymbol{A})<3$

（7）设 $\boldsymbol{\alpha}_1=\begin{pmatrix} a_1 \\ a_2 \\ a_3 \end{pmatrix}, \boldsymbol{\alpha}_2=\begin{pmatrix} b_1 \\ b_2 \\ b_3 \end{pmatrix}, \boldsymbol{\alpha}_3=\begin{pmatrix} c_1 \\ c_2 \\ c_3 \end{pmatrix}$，则三条直线

$$\begin{cases} a_1x+b_1y+c_1=0 \\ a_2x+b_2y+c_2=0 \\ a_3x+b_3y+c_3=0 \end{cases} \qquad (a_i^2+b_i^2 \neq 0, i=1,2,3)$$

交于一点的充要条件是（　　）.

A. $\boldsymbol{\alpha}_1,\boldsymbol{\alpha}_2,\boldsymbol{\alpha}_3$ 线性相关　　B. $\boldsymbol{\alpha}_1,\boldsymbol{\alpha}_2,\boldsymbol{\alpha}_3$ 线性无关

C. $R\{\boldsymbol{\alpha}_1,\boldsymbol{\alpha}_2,\boldsymbol{\alpha}_3\}=R\{\boldsymbol{\alpha}_1,\boldsymbol{\alpha}_2\}$　　D. $\boldsymbol{\alpha}_1,\boldsymbol{\alpha}_2,\boldsymbol{\alpha}_3$ 线性相关，$\boldsymbol{\alpha}_1,\boldsymbol{\alpha}_2$ 线性无关

（8）设 $\boldsymbol{A}$ 是四阶矩阵，$\boldsymbol{A}^*$ 为 $\boldsymbol{A}$ 的伴随矩阵，若线性方程组 $\boldsymbol{Ax}=\boldsymbol{0}$ 的基础解系只有 2 个向量，则 $R(\boldsymbol{A}^*)=$（　）.

A. 0　　B. 1　　C. 2　　D. 3

（9）设三阶矩阵 $\boldsymbol{A}=(\boldsymbol{\alpha}_1,\boldsymbol{\alpha}_2,\boldsymbol{\alpha}_3)$，$\boldsymbol{B}=(\boldsymbol{\beta}_1,\boldsymbol{\beta}_2,\boldsymbol{\beta}_3)$，若向量组 $\boldsymbol{\alpha}_1,\boldsymbol{\alpha}_2,\boldsymbol{\alpha}_3$ 可由向量组 $\boldsymbol{\beta}_1,\boldsymbol{\beta}_2,\boldsymbol{\beta}_3$ 线性表出，则（　　）

A. $\boldsymbol{Ax}=\boldsymbol{0}$ 的解均为 $\boldsymbol{Bx}=\boldsymbol{0}$ 的解　　B. $\boldsymbol{A}^{\mathrm{T}}\boldsymbol{x}=\boldsymbol{0}$ 的解均为 $\boldsymbol{B}^{\mathrm{T}}\boldsymbol{x}=\boldsymbol{0}$ 的解

C. $\boldsymbol{Bx}=\boldsymbol{0}$ 的解均为 $\boldsymbol{Ax}=\boldsymbol{0}$ 的解　　D. $\boldsymbol{B}^{\mathrm{T}}\boldsymbol{x}=\boldsymbol{0}$ 的解均为 $\boldsymbol{A}^{\mathrm{T}}\boldsymbol{x}=\boldsymbol{0}$ 的解

（10）设 $\boldsymbol{A}=(\boldsymbol{\alpha}_1,\boldsymbol{\alpha}_2,\boldsymbol{\alpha}_3,\boldsymbol{\alpha}_4)$ 是四阶矩阵，$\boldsymbol{A}^*$ 为 $\boldsymbol{A}$ 的伴随矩阵，若 $(1,0,1,0)^{\mathrm{T}}$ 是方程组 $\boldsymbol{Ax}=\boldsymbol{0}$ 的一个基础解系，则 $\boldsymbol{A}^*\boldsymbol{x}=\boldsymbol{0}$ 的基础解系可为(　　)

A. $\boldsymbol{\alpha}_1,\boldsymbol{\alpha}_3$　　B. $\boldsymbol{\alpha}_1,\boldsymbol{\alpha}_2$　　C. $\boldsymbol{\alpha}_1,\boldsymbol{\alpha}_2,\boldsymbol{\alpha}_3$　　D. $\boldsymbol{\alpha}_2,\boldsymbol{\alpha}_3,\boldsymbol{\alpha}_4$

3. λ 取何值时，方程组

$$\begin{cases} 2x_1+\lambda x_2-\ x_3=1 \\ \lambda x_1\ -x_2+\ x_3=2 \\ 4x_1+5x_2-5x_3=-1 \end{cases}$$

无解？有唯一解或有无穷多解？并在有无穷多解时写出方程组的通解.

4. 设四元线性齐次方程组（I）$\begin{cases} x_1+x_2=0, \\ x_2-x_4=0, \end{cases}$ 又已知某线性齐次方程组（II）的通解为

$$k_1(0,1,1,0)^{\mathrm{T}}+k_2(-1,2,2,1)^{\mathrm{T}}$$

（1）求线性方程组（I）的基础解系；

（2）线性方程组（I）和（II）是否有非零公共解？若有则求出所有非零公共解，若没有则说明理由.

5. 已知下列非齐次线性方程组：

（I）$\begin{cases} x_1 + x_2 \qquad - 2x_4 = -6 \\ 4x_1 - x_2 - x_3 - x_4 = 1 \\ 3x_1 - x_2 - x_3 \qquad = 3 \end{cases}$　　（II）$\begin{cases} x_1 + mx_2 - x_3 - x_4 = -5 \\ nx_2 - x_3 - 2x_4 = -11 \\ x_3 - 2x_4 = -t + 1 \end{cases}$

（1）求解方程组（I），用其导出组的基础解系表示通解；

（2）当方程组（II）中的参数 m，n，t 为何值时，方程组（I）与（II）同解？

6. 已知线性方程组

$$\text{（I）}\begin{cases} a_{11}x_1 + \cdots + a_{1,2n}x_{2n} = 0 \\ \cdots\cdots \\ a_{n1}x_1 + \cdots + a_{n,2n}x_{2n} = 0 \end{cases}$$

的一个基础解系为

$$(b_{11}, b_{12}, \cdots, b_{1,2n})^{\mathrm{T}}, \quad (b_{21}, b_{22}, \cdots, b_{2,2n})^{\mathrm{T}}, \quad \cdots, \quad (b_{n1}, b_{n2}, \cdots, b_{n,2n})^{\mathrm{T}}$$

试写出线性方程组

$$\text{（II）}\begin{cases} b_{11}y_1 + b_{12}y_2 + \cdots + b_{1,2n}y_{2n} = 0 \\ \cdots\cdots \\ b_{n1}y_1 + b_{n2}y_2 + \cdots + b_{n,2n}y_{2n} = 0 \end{cases}$$

的通解，并说明理由.

第六章思维导图

第六章　特征值与特征向量

本章将介绍矩阵的特征值、特征向量的概念、性质以及矩阵的对角化问题，这些内容是线性代数中比较重要的内容之一，它们在数学的其他分支以及物理、力学及其他许多学科中有着广泛的应用.

第一节　矩阵的特征值与特征向量

定义 1　设 $\boldsymbol{A}$ 为 n 阶矩阵，λ 是一个数，如果方程

$$\boldsymbol{A}\boldsymbol{x}=\lambda\boldsymbol{x} \tag{6.1}$$

存在非零解向量，则称 λ 为 $\boldsymbol{A}$ 的一个**特征值**，相应的非零解向量 $\boldsymbol{x}$ 称为与特征值 λ 对应的**特征向量**.

将式（6.1）改写为

$$(\lambda\boldsymbol{E}-\boldsymbol{A})\boldsymbol{x}=\boldsymbol{0} \tag{6.2}$$

即 n 元齐次线性方程组

$$\begin{cases}(\lambda-a_{11})x_1-a_{12}x_2-\cdots-a_{1n}x_n=0\\ -a_{21}x_1+(\lambda-a_{22})x_2-\cdots-a_{2n}x_n=0\\ \qquad\cdots\cdots\\ -a_{n1}x_1-a_{n2}x_2-\cdots+(\lambda-a_{nn})x_n=0\end{cases} \tag{6.3}$$

此方程组存在非零解的充分必要条件为系数行列式等于零，即 $|\lambda\boldsymbol{E}-\boldsymbol{A}|=0$.

注意　（1）齐次线性方程组 $(\lambda\boldsymbol{E}-\boldsymbol{A})\boldsymbol{x}=\boldsymbol{0}$ 存在非零解的充要条件是系数行列式等于 0，即 $|\lambda\boldsymbol{E}-\boldsymbol{A}|=0$.

（2）$\boldsymbol{x}$ 为矩阵 $\boldsymbol{A}$ 的对应于特征值 λ 的特征向量的充分必要条件是 λ 是特征方程 $|\lambda\boldsymbol{E}-\boldsymbol{A}|=0$ 的根，$\boldsymbol{x}$ 是齐次线性方程组 $(\lambda\boldsymbol{E}-\boldsymbol{A})\boldsymbol{x}=\boldsymbol{0}$ 的非零解.

笔记栏

例 1　假设 λ 为 n 阶可逆矩阵 $\boldsymbol{A}$ 的一个特征值，证明：

（1）$\dfrac{1}{\lambda}$ 是 $\boldsymbol{A}^{-1}$ 的特征值（$\lambda\neq0$）；

（2）$\dfrac{|\boldsymbol{A}|}{\lambda}$ 为 $\boldsymbol{A}$ 的伴随矩阵 $\boldsymbol{A}^*$ 的特征值（$\lambda\neq0$）.

证　（1）由条件知有非零向量 $\boldsymbol{\alpha}$ 满足 $\boldsymbol{A}\boldsymbol{\alpha}=\lambda\boldsymbol{\alpha}$，两边同时左乘 $\boldsymbol{A}^{-1}$，得 $\boldsymbol{\alpha}=\lambda(\boldsymbol{A}^{-1}\boldsymbol{\alpha})$. 由于 $\lambda\neq0$，于是有 $\boldsymbol{A}^{-1}\boldsymbol{\alpha}=\dfrac{1}{\lambda}\boldsymbol{\alpha}$，即 $\dfrac{1}{\lambda}$ 是 $\boldsymbol{A}^{-1}$ 的特征值.

（2）由于 $\boldsymbol{A}^{-1}=\dfrac{1}{|\boldsymbol{A}|}\boldsymbol{A}^*$，所以 $\dfrac{1}{|\boldsymbol{A}|}\boldsymbol{A}^*\boldsymbol{\alpha}=\dfrac{1}{\lambda}\boldsymbol{\alpha}$，即 $\boldsymbol{A}^*\boldsymbol{\alpha}=\dfrac{|\boldsymbol{A}|}{\lambda}\boldsymbol{\alpha}$，则 $\dfrac{|\boldsymbol{A}|}{\lambda}$ 为 $\boldsymbol{A}^*$ 的特征值.

仿例 1 的证明方法，我们还可以得到：若 λ 是 n 阶矩阵 $\boldsymbol{A}$（不一定是

可逆矩阵）的特征值，则 λ^m 是 $\boldsymbol{A}^m$ 的特征值；$f(\lambda)$是 $f(\boldsymbol{A})$的特征值，其中 $f(x)$是普通的多项式函数. 例如，λ 是 $\boldsymbol{A}$ 的特征值时，$\boldsymbol{A}^2+2\boldsymbol{A}+3\boldsymbol{E}$ 的特征值为 $\lambda^2+2\lambda+3$.

定义 2　设 $\boldsymbol{A}$ 为 n 阶矩阵，含有未知量 λ 的矩阵 $\lambda\boldsymbol{E}-\boldsymbol{A}$ 称为 $\boldsymbol{A}$ 的**特征矩阵**，其行列式$|\lambda\boldsymbol{E}-\boldsymbol{A}|$为 λ 的 n 次多项式，称为 $\boldsymbol{A}$ 的**特征多项式**，$|\lambda\boldsymbol{E}-\boldsymbol{A}|=0$ 称为 $\boldsymbol{A}$ 的**特征方程**.

显然 λ 是矩阵 $\boldsymbol{A}$ 的一个特征值，则一定是$|\lambda\boldsymbol{E}-\boldsymbol{A}|=0$ 的根，因此又称特征根. 若 λ 是$|\lambda\boldsymbol{E}-\boldsymbol{A}|=0$ 的 n_i 重根，则 λ 称为 $\boldsymbol{A}$ 的 n_i 重特征值（根）. 方程$(\lambda\boldsymbol{E}-\boldsymbol{A})\boldsymbol{x}=\boldsymbol{0}$ 的每一个非零解向量都是相应于 λ 的特征向量.

下面讨论特征多项式的特点. 在

$$|\lambda\boldsymbol{E}-\boldsymbol{A}|=\begin{vmatrix}\lambda-a_{11} & -a_{12} & \cdots & -a_{1n}\\ -a_{21} & \lambda-a_{22} & \cdots & -a_{2n}\\ \vdots & \vdots & & \vdots\\ -a_{n1} & -a_{n2} & \cdots & \lambda-a_{nn}\end{vmatrix}$$

的展开式中，有一项是主对角线上元素的连乘积$(\lambda-a_{11})(\lambda-a_{22})\cdots(\lambda-a_{nn})$，展开式中的其余各项至多包含 $n-2$ 个主对角线上的元素，它对 λ 的次数最多是 $n-2$，因此特征多项式中含 λ 的 n 次与 $n-1$ 次的项只能在主对角线上元素的连乘积中出现，它们是

$$\lambda^n-(a_{11}+a_{22}+\cdots+a_{nn})\lambda^{n-1}$$

在特征多项式中令 $\lambda=0$，即得常数项$|-\boldsymbol{A}|=(-1)^n|\boldsymbol{A}|$.

因此，如果只写出特征多项式的前两项与常数项，就有

$$|\lambda\boldsymbol{E}-\boldsymbol{A}|=\lambda^n-(a_{11}+a_{22}+\cdots+a_{nn})\lambda^{n-1}+\cdots+(-1)^n|\boldsymbol{A}|$$

设 n 阶方阵 $\boldsymbol{A}$ 的特征值为 $\lambda_1,\lambda_2,\cdots,\lambda_n$，由多项式的根与系数之间的关系即可得出：

（1）$\lambda_1+\lambda_2+\cdots+\lambda_n=a_{11}+a_{22}+\cdots+a_{nn}$；

（2）$\lambda_1\lambda_2\cdots\lambda_n=|\boldsymbol{A}|$.

一般地，将 $a_{11}+a_{22}+\cdots+a_{nn}$ 称为**矩阵 $\boldsymbol{A}$ 的迹**，记作 $\mathrm{tr}(\boldsymbol{A})$.

例 2　求矩阵 $\boldsymbol{A}=\begin{pmatrix}3 & 1\\ 5 & -1\end{pmatrix}$的特征值与特征向量.

解　矩阵 $\boldsymbol{A}$ 的特征方程为

$$|\lambda\boldsymbol{E}-\boldsymbol{A}|=\begin{vmatrix}\lambda-3 & -1\\ -5 & \lambda+1\end{vmatrix}=0$$

化简得$(\lambda-4)(\lambda+2)=0$，所以 $\lambda_1=4$，$\lambda_2=-2$ 是矩阵 $\boldsymbol{A}$ 的两个不同的特征值.

以 $\lambda_1=4$ 代入与特征方程对应的齐次线性方程组（6.3），得

$$\begin{cases}x_1-x_2=0\\ -5x_1+5x_2=0\end{cases}$$

它的基础解系是$\begin{pmatrix}1\\ 1\end{pmatrix}$，所以 $k_1\begin{pmatrix}1\\ 1\end{pmatrix}$ $(k_1\neq 0)$ 是矩阵 $\boldsymbol{A}$ 对应于 $\lambda_1=4$ 的全部特征向量.

同样，以 $\lambda_2=-2$ 代入与特征方程对应的齐次线性方程组（6.3），得

$$\begin{cases}-5x_1-x_2=0\\ -5x_1-x_2=0\end{cases}$$

它的基础解系是$\begin{pmatrix}1\\ -5\end{pmatrix}$，所以 $k_2\begin{pmatrix}1\\ -5\end{pmatrix}$ $(k_2\neq 0)$ 是矩阵 $\boldsymbol{A}$ 对应于特征值 $\lambda_2=-2$ 的全部特征向量.

例 3 求矩阵 $A=\begin{pmatrix}-1&1&0\\-4&3&0\\1&0&2\end{pmatrix}$ 的特征值与特征向量.

解 矩阵 A 的特征方程为

$$|\lambda E-A|=\begin{vmatrix}\lambda+1&-1&0\\4&\lambda-3&0\\-1&0&\lambda-2\end{vmatrix}=0$$

化简得$(\lambda-2)(\lambda-1)^2=0$，所以 $\lambda_1=2$，$\lambda_2=\lambda_3=1$ 是矩阵 A 的特征值，“1”是矩阵 A 的二重特征值.

以 $\lambda_1=2$ 代入与特征方程对应的齐次线性方程组（6.3），得

$$\begin{cases}3x_1-x_2=0\\4x_1-x_2=0\\-x_1\qquad\ =0\end{cases}$$

它的基础解系是$\begin{pmatrix}0\\0\\1\end{pmatrix}$，所以 $k_1\begin{pmatrix}0\\0\\1\end{pmatrix}$ $(k_1\neq0)$ 是矩阵 A 对应于 $\lambda_1=2$ 的全部特征向量.

以 $\lambda_2=\lambda_3=1$ 代入与特征方程对应的齐次线性方程组（6.3），得

$$\begin{cases}2x_1\quad-x_2=0\\4x_1-2x_2=0\\-x_1-\ x_3=0\end{cases}$$

它的基础解系是$\begin{pmatrix}1\\2\\-1\end{pmatrix}$，所以 $k_2\begin{pmatrix}1\\2\\-1\end{pmatrix}$ $(k_2\neq0)$ 是矩阵 A 对应于二重特征值 $\lambda_2=\lambda_3=1$ 的全部特征向量.

例 4 求矩阵 $A=\begin{pmatrix}4&6&0\\-3&-5&0\\-3&-6&1\end{pmatrix}$ 的特征值与特征向量.

解 由

$$\begin{vmatrix}\lambda-4&-6&0\\3&\lambda+5&0\\3&6&\lambda-1\end{vmatrix}=(\lambda+2)(\lambda-1)^2=0$$

得特征值 $\lambda_1=-2$，$\lambda_2=\lambda_3=1$.

当 $\lambda_1=-2$ 时，有

$$\begin{cases}-6x_1-6x_2\qquad\quad=0\\3x_1+3x_2\qquad\quad=0\\3x_1+6x_2-3x_3=0\end{cases}$$

它的基础解系是$\begin{pmatrix}-1\\1\\1\end{pmatrix}$，所以对应于 $\lambda_1=-2$，矩阵 A 的全部特征向量是 $k_1\begin{pmatrix}-1\\1\\1\end{pmatrix}$ $(k_1\neq0)$.

当 $\lambda_2=\lambda_3=1$ 时，有

$$\begin{cases} -3x_1-6x_2=0 \\ 3x_1+6x_2=0 \\ 3x_1+6x_2=0 \end{cases}$$

它的基础解系是向量$\begin{pmatrix} -2 \\ 1 \\ 0 \end{pmatrix}$及$\begin{pmatrix} 0 \\ 0 \\ 1 \end{pmatrix}$，所以对应于 $\lambda_2=\lambda_3=1$，矩阵 $\boldsymbol{A}$ 的全部特征向量是

$$k_2\begin{pmatrix} -2 \\ 1 \\ 0 \end{pmatrix}+k_3\begin{pmatrix} 0 \\ 0 \\ 1 \end{pmatrix} \quad （k_2,k_3\text{不全为零}）$$

定理 1 的讲解视频

关于特征值与特征向量，有下面的结论：

定理 1 n 阶矩阵 $\boldsymbol{A}$ 互不相同的特征值 $\lambda_1,\lambda_2,\cdots,\lambda_m$ 对应的特征向量 $\boldsymbol{x}_1,\boldsymbol{x}_2,\cdots,\boldsymbol{x}_m$ 线性无关.

证 用数学归纳法证明. 当 $m=1$ 时，由于特征向量不为零，所以定理成立.

设 $\boldsymbol{A}$ 的 $m-1$ 个互不相同的特征值为 $\lambda_1,\lambda_2,\cdots,\lambda_{m-1}$，对应的特征向量 $\boldsymbol{x}_1,\boldsymbol{x}_2,\cdots,\boldsymbol{x}_{m-1}$ 线性无关. 现证明对 m 个互不相同的特征值 $\lambda_1,\lambda_2,\cdots,\lambda_{m-1},\lambda_m$，其对应的特征向量 $\boldsymbol{x}_1,\boldsymbol{x}_2,\cdots,\boldsymbol{x}_{m-1},\boldsymbol{x}_m$ 线性无关.

设

$$k_1\boldsymbol{x}_1+\cdots+k_{m-1}\boldsymbol{x}_{m-1}+k_m\boldsymbol{x}_m=\boldsymbol{0} \tag{6.4}$$

成立，以矩阵 $\boldsymbol{A}$ 乘式（6.4）两端，由 $\boldsymbol{A}\boldsymbol{x}_i=\lambda_i\boldsymbol{x}_i$（$i=1,2,\cdots,m$），整理后得

$$k_1\lambda_1\boldsymbol{x}_1+\cdots+k_{m-1}\lambda_{m-1}\boldsymbol{x}_{m-1}+k_m\lambda_m\boldsymbol{x}_m=\boldsymbol{0} \tag{6.5}$$

由式（6.4），式（6.5）消去 $\boldsymbol{x}_m$，得

$$k_1(\lambda_1-\lambda_m)\boldsymbol{x}_1+\cdots+k_{m-1}(\lambda_{m-1}-\lambda_m)\boldsymbol{x}_{m-1}=\boldsymbol{0}$$

由归纳法所设 $\boldsymbol{x}_1,\boldsymbol{x}_2,\cdots,\boldsymbol{x}_{m-1}$ 线性无关，有

$$k_i(\lambda_i-\lambda_m)=0 \quad (i=1,2,\cdots,m-1)$$

因 $\lambda_i-\lambda_m\neq 0$（$i=1,2,\cdots,m-1$），故 $k_1=k_2=\cdots=k_{m-1}=0$，于是式（6.4）化为 $k_m\boldsymbol{x}_m=\boldsymbol{0}$，又因 $\boldsymbol{x}_m\neq\boldsymbol{0}$，应有 $k_m=0$，故 $\boldsymbol{x}_1,\boldsymbol{x}_2,\cdots,\boldsymbol{x}_{m-1},\boldsymbol{x}_m$ 线性无关.

笔记栏

例 5 设 λ_1 和 λ_2 是矩阵 $\boldsymbol{A}$ 的两个不同的特征值，对应的特征向量依次为 $\boldsymbol{p}_1$ 和 $\boldsymbol{p}_2$，证明：$\boldsymbol{p}_1+\boldsymbol{p}_2$ 不是 $\boldsymbol{A}$ 的特征向量.

证 由于 $\boldsymbol{A}\boldsymbol{p}_1=\lambda_1\boldsymbol{p}_1$，$\boldsymbol{A}\boldsymbol{p}_2=\lambda_2\boldsymbol{p}_2$，且 $\lambda_1\neq\lambda_2$，所以

$$\boldsymbol{A}(\boldsymbol{p}_1+\boldsymbol{p}_2)=\boldsymbol{A}\boldsymbol{p}_1+\boldsymbol{A}\boldsymbol{p}_2=\lambda_1\boldsymbol{p}_1+\lambda_2\boldsymbol{p}_2$$

若 $\boldsymbol{p}_1+\boldsymbol{p}_2$ 是 $\boldsymbol{A}$ 的特征向量，则应存在数 λ，使

$$\boldsymbol{A}(\boldsymbol{p}_1+\boldsymbol{p}_2)=\lambda(\boldsymbol{p}_1+\boldsymbol{p}_2)$$

综上有

$$(\lambda_1-\lambda)\boldsymbol{p}_1+(\lambda_2-\lambda)\boldsymbol{p}_2=\boldsymbol{0}$$

由于 $\boldsymbol{p}_1$，$\boldsymbol{p}_2$ 线性无关，则 $\lambda_1-\lambda=\lambda_2-\lambda=0$，即 $\lambda_1=\lambda_2$，这与假设矛盾，故 $\boldsymbol{p}_1+\boldsymbol{p}_2$ 不是 $\boldsymbol{A}$ 的特征向量.

最后，我们指出特征多项式的一个重要性质.

定理 2 哈密顿-凯莱（Hamilton-Cayley）定理 设 $\boldsymbol{A}$ 是数域 P 上一个 $n\times n$ 矩阵，$f(\lambda)=|\lambda\boldsymbol{E}-\boldsymbol{A}|$是 $\boldsymbol{A}$ 的特征多项式，则

$$f(\boldsymbol{A})=\boldsymbol{A}^n-(a_{11}+a_{22}+\cdots+a_{nn})\boldsymbol{A}^{n-1}+\cdots+(-1)^n|\boldsymbol{A}|\boldsymbol{E}=\boldsymbol{O}$$

证 设 $\boldsymbol{B}(\lambda)$是 $\lambda\boldsymbol{E}-\boldsymbol{A}$ 的伴随矩阵，由行列式的性质，有

$$\boldsymbol{B}(\lambda)(\lambda\boldsymbol{E}-\boldsymbol{A})=|\lambda\boldsymbol{E}-\boldsymbol{A}|\boldsymbol{E}=f(\lambda)\boldsymbol{E}$$

因为矩阵 $\boldsymbol{B}(\lambda)$的元素是$|\lambda\boldsymbol{E}-\boldsymbol{A}|$的各个代数余子式，都是 λ 的多项式，其次数不超过 $n-1$，因此由矩阵的运算性质，$\boldsymbol{B}(\lambda)$可以写成

$$\boldsymbol{B}(\lambda)=\lambda^{n-1}\boldsymbol{B}_0+\lambda^{n-2}\boldsymbol{B}_1+\cdots+\boldsymbol{B}_{n-1}$$

其中：$\boldsymbol{B}_0,\boldsymbol{B}_1,\cdots,\boldsymbol{B}_{n-1}$ 都是 $n\times n$ 数字矩阵.

再设 $f(\lambda)=\lambda^n+a_1\lambda^{n-1}+\cdots+a_{n-1}\lambda+a_n$，则

$$f(\lambda)\boldsymbol{E}=\lambda^n\boldsymbol{E}+a_1\lambda^{n-1}\boldsymbol{E}+\cdots+a_n\boldsymbol{E} \tag{6.6}$$

而

$$\begin{aligned}&\boldsymbol{B}(\lambda)(\lambda\boldsymbol{E}-\boldsymbol{A})\\&=(\lambda^{n-1}\boldsymbol{B}_0+\lambda^{n-2}\boldsymbol{B}_1+\cdots+\boldsymbol{B}_{n-1})(\lambda\boldsymbol{E}-\boldsymbol{A})\\&=\lambda^n\boldsymbol{B}_0+\lambda^{n-1}(\boldsymbol{B}_1-\boldsymbol{B}_0\boldsymbol{A})+\lambda^{n-2}(\boldsymbol{B}_2-\boldsymbol{B}_1\boldsymbol{A})+\cdots+\lambda(\boldsymbol{B}_{n-1}-\boldsymbol{B}_{n-2}\boldsymbol{A})-\boldsymbol{B}_{n-1}\boldsymbol{A}\end{aligned} \tag{6.7}$$

比较式（6.6）与式（6.7），得

$$\begin{cases}\boldsymbol{B}_0=\boldsymbol{E}\\\boldsymbol{B}_1-\boldsymbol{B}_0\boldsymbol{A}=a_1\boldsymbol{E}\\\boldsymbol{B}_2-\boldsymbol{B}_1\boldsymbol{A}=a_2\boldsymbol{E}\\\quad\cdots\cdots\\\boldsymbol{B}_{n-1}-\boldsymbol{B}_{n-2}\boldsymbol{A}=a_{n-1}\boldsymbol{E}\\-\boldsymbol{B}_{n-1}\boldsymbol{A}=a_n\boldsymbol{E}\end{cases} \tag{6.8}$$

以 $\boldsymbol{A}^n,\boldsymbol{A}^{n-1},\cdots,\boldsymbol{A},\boldsymbol{E}$ 依次从右边乘式（6.8）的第一式，第二式，…，第 n 式，第 $n+1$ 式，得

$$\begin{cases}\boldsymbol{B}_0\boldsymbol{A}^n=\boldsymbol{E}\boldsymbol{A}^n=\boldsymbol{A}^n\\\boldsymbol{B}_1\boldsymbol{A}^{n-1}-\boldsymbol{B}_0\boldsymbol{A}^n=a_1\boldsymbol{E}\boldsymbol{A}^{n-1}=a_1\boldsymbol{A}^{n-1}\\\boldsymbol{B}_2\boldsymbol{A}^{n-2}-\boldsymbol{B}_1\boldsymbol{A}^{n-1}=a_2\boldsymbol{E}\boldsymbol{A}^{n-2}=a_2\boldsymbol{A}^{n-2}\\\quad\cdots\cdots\\\boldsymbol{B}_{n-1}\boldsymbol{A}-\boldsymbol{B}_{n-2}\boldsymbol{A}^2=a_{n-1}\boldsymbol{E}\boldsymbol{A}=a_{n-1}\boldsymbol{A}\\-\boldsymbol{B}_{n-1}\boldsymbol{A}=a_n\boldsymbol{E}\end{cases} \tag{6.9}$$

把式（6.9）的 $n+1$ 个式子一起加起来，左边变成零矩阵，右边即为$f(\boldsymbol{A})$，故$f(\boldsymbol{A})=\boldsymbol{O}$，定理得证.

这个定理在线性代数的理论研究中有着非常广泛的应用.

第二节 相似矩阵和矩阵的对角化

定义 3 设 $\boldsymbol{A}$，$\boldsymbol{B}$ 为 n 阶矩阵，如果有 n 阶可逆矩阵 $\boldsymbol{P}$ 存在，使得

$$\boldsymbol{P}^{-1}\boldsymbol{A}\boldsymbol{P}=\boldsymbol{B}$$

成立，则称**矩阵 $\boldsymbol{A}$ 与 $\boldsymbol{B}$ 相似**，记为 $\boldsymbol{A}\sim\boldsymbol{B}$. 对 $\boldsymbol{A}$ 进行运算，$\boldsymbol{P}^{-1}\boldsymbol{A}\boldsymbol{P}$ 称为对 $\boldsymbol{A}$ 进行相似变换，可

逆矩阵 P 称为把 A 变成 B 的相似变换矩阵.

例如，$A=\begin{pmatrix}3&1\\5&-1\end{pmatrix}, B=\begin{pmatrix}4&0\\0&-2\end{pmatrix}, P=\begin{pmatrix}1&1\\1&-5\end{pmatrix}$，则

$$P^{-1}=\begin{pmatrix}\frac{5}{6}&\frac{1}{6}\\\frac{1}{6}&-\frac{1}{6}\end{pmatrix},\quad P^{-1}AP=\begin{pmatrix}\frac{5}{6}&\frac{1}{6}\\\frac{1}{6}&-\frac{1}{6}\end{pmatrix}\begin{pmatrix}3&1\\5&-1\end{pmatrix}\begin{pmatrix}1&1\\1&-5\end{pmatrix}=\begin{pmatrix}4&0\\0&-2\end{pmatrix}=B$$

所以，$A\sim B$，即 $\begin{pmatrix}3&1\\5&-1\end{pmatrix}\sim\begin{pmatrix}4&0\\0&-2\end{pmatrix}$.

定理 3　相似矩阵有相同的特征多项式（因此也有相同的特征值）.

证　设 $A\sim B$，即有可逆矩阵 P 存在，使得 $B=P^{-1}AP$，于是

$$|\lambda E-B|=|\lambda E-P^{-1}AP|=|P^{-1}(\lambda E-A)P|=|P^{-1}||\lambda E-A||P|=|\lambda E-A|$$

推论　相似矩阵有相同的迹与行列式.

例 6　$A=\begin{pmatrix}1&-2&-4\\-2&x&-2\\-4&-2&1\end{pmatrix}$ 相似于 $\Lambda=\begin{pmatrix}5&&\\&y&\\&&-4\end{pmatrix}$，求 x, y.

解　由 $1+x+1=5+y-4$ 和 $|-4E-A|=0$，解得 $x=4$，$y=5$.

定理 4　n 阶矩阵 A 与 n 阶对角矩阵 $\Lambda=\begin{pmatrix}\lambda_1&&&\\&\lambda_2&&\\&&\ddots&\\&&&\lambda_n\end{pmatrix}$ 相似（即 A 能对角化）的充分必要条件为矩阵 A 有 n 个线性无关的特征向量.

证　必要性. 如果 A 与对角矩阵 Λ 相似，则存在可逆矩阵 P 使 $P^{-1}AP=\Lambda$. 设其中 $P=(x_1,x_2,\cdots,x_n)$，由 $AP=P\Lambda$，有

$$A(x_1,x_2,\cdots,x_n)=(x_1,x_2,\cdots,x_n)\begin{pmatrix}\lambda_1&&&\\&\lambda_2&&\\&&\ddots&\\&&&\lambda_n\end{pmatrix}$$

可得 $Ax_i=\lambda_i x_i$（$i=1,2,\cdots,n$）. 因为 P 可逆，有 $|P|\neq 0$，所以 x_i 都是非零向量，因而 $x_1,x_2,\cdots,x_n$ 都是 A 的特征向量，并且这 n 个特征向量线性无关.

充分性. 设 $x_1,x_2,\cdots,x_n$ 为 A 的 n 个线性无关特征向量，它们所对应的特征值依次为 $\lambda_1,\lambda_2,\cdots,\lambda_n$，则有 $Ax_i=\lambda_i x_i$（$i=1,2,\cdots,n$）.

令 $P=(x_1,x_2,\cdots,x_n)$，因为 $x_1,x_2,\cdots,x_n$ 线性无关，所以 P 可逆.

$$AP=A(x_1,x_2,\cdots,x_n)=(Ax_1,Ax_2,\cdots,Ax_n)=(\lambda_1x_1,\lambda_2x_2,\cdots,\lambda_nx_n)$$

$$=(x_1,x_2,\cdots,x_n)\begin{pmatrix}\lambda_1&&&\\&\lambda_2&&\\&&\ddots&\\&&&\lambda_n\end{pmatrix}=P\Lambda$$

用 P^{-1} 左乘上式两端得 $P^{-1}AP=\Lambda$，即矩阵 A 与对角矩阵 Λ 相似.

推论 若 n 阶矩阵 $\boldsymbol{A}$ 有 n 个相异的特征值 $\lambda_1,\lambda_2,\cdots,\lambda_n$，则 $\boldsymbol{A}$ 与对角矩阵 $\boldsymbol{\Lambda}=\begin{pmatrix}\lambda_1 & & & \\ & \lambda_2 & & \\ & & \ddots & \\ & & & \lambda_n\end{pmatrix}$相似.

注意 $\boldsymbol{A}$ 有 n 个相异特征值只是 $\boldsymbol{A}$ 可化为对角矩阵的充分条件而不是必要条件.

例如，$\boldsymbol{A}=\begin{pmatrix}4 & 6 & 0\\ -3 & -5 & 0\\ -3 & -6 & 1\end{pmatrix}$的 3 个特征向量为$\boldsymbol{x}_1=\begin{pmatrix}-1\\ 1\\ 1\end{pmatrix},\boldsymbol{x}_2=\begin{pmatrix}-2\\ 1\\ 0\end{pmatrix},\boldsymbol{x}_3=\begin{pmatrix}0\\ 0\\ 1\end{pmatrix}$，容易验证 $\boldsymbol{x}_1$，$\boldsymbol{x}_2$，$\boldsymbol{x}_3$ 线性无关.

令 $\boldsymbol{P}=(\boldsymbol{x}_1,\boldsymbol{x}_2,\boldsymbol{x}_3)=\begin{pmatrix}-1 & -2 & 0\\ 1 & 1 & 0\\ 1 & 0 & 1\end{pmatrix}$，则

$$\boldsymbol{P}^{-1}=\begin{pmatrix}1 & 2 & 0\\ -1 & -1 & 0\\ -1 & -2 & 1\end{pmatrix},\quad \boldsymbol{P}^{-1}\boldsymbol{A}\boldsymbol{P}=\begin{pmatrix}-2 & & \\ & 1 & \\ & & 1\end{pmatrix}$$

所以 $\boldsymbol{A}$ 与对角矩阵$\begin{pmatrix}-2 & & \\ & 1 & \\ & & 1\end{pmatrix}$相似.

这个例子说明了 $\boldsymbol{A}$ 的特征值不全相异时，$\boldsymbol{A}$ 也可能化为对角矩阵.

定理 5 如果 $\lambda_1,\lambda_2,\cdots,\lambda_k$ 是矩阵 $\boldsymbol{A}$ 的不同的特征值，而 $\boldsymbol{\alpha}_{i1},\cdots,\boldsymbol{\alpha}_{ir_i}$ 是属于特征值 λ_i 的线性无关的特征向量，$i=1,2,\cdots,k$，那么向量组 $\boldsymbol{\alpha}_{11},\cdots,\boldsymbol{\alpha}_{1r_1},\cdots,\boldsymbol{\alpha}_{k1},\cdots,\boldsymbol{\alpha}_{kr_k}$ 也线性无关.

这个定理的证明与定理 1 的证明相仿，也是对 k 作数学归纳法，此处从略.

由此定理可以得到矩阵 $\boldsymbol{A}$ 与对角矩阵相似的又一充分必要条件.

定理 6 n 阶矩阵 $\boldsymbol{A}$ 与对角矩阵相似的充分必要条件是对于每一个 n_i 重特征值 λ_i，矩阵 $\lambda_i\boldsymbol{E}-\boldsymbol{A}$ 的秩是 $n-n_i$ 或 $n-R(\lambda_i\boldsymbol{E}-\boldsymbol{A})=n_i$（证明略）.

例如，例 3 中，$\boldsymbol{A}=\begin{pmatrix}-1 & 1 & 0\\ -4 & 3 & 0\\ 1 & 0 & 2\end{pmatrix}$的特征值为 $\lambda_1=2$，$\lambda_2=\lambda_3=1$，“1”是矩阵 $\boldsymbol{A}$ 的二重特征值，而 $\boldsymbol{E}-\boldsymbol{A}$ 的秩为 2，$n-n_i=3-2=1$，二者不相等，所以矩阵 $\boldsymbol{A}$ 不与对角矩阵相似. 但例 4 中，$\boldsymbol{A}=\begin{pmatrix}4 & 6 & 0\\ -3 & -5 & 0\\ -3 & -6 & 1\end{pmatrix}$的特征值 $\lambda_1=-2,\lambda_2=\lambda_3=1$，“1”是 $\boldsymbol{A}$ 的二重特征值，$\boldsymbol{E}-\boldsymbol{A}$ 的秩为 1，$n-n_i=3-2=1$，二者相等，所以此时矩阵 $\boldsymbol{A}$ 与对角阵相似.

由于 $n-R(\lambda_i\boldsymbol{E}-\boldsymbol{A})$ 恰好为齐次线性方程组 $(\lambda_i\boldsymbol{E}-\boldsymbol{A})\boldsymbol{x}=\boldsymbol{0}$ 的基础解系所含向量的个数，而 $(\lambda_i\boldsymbol{E}-\boldsymbol{A})\boldsymbol{x}=\boldsymbol{0}$ 的基础解系又恰好是矩阵 $\boldsymbol{A}$ 的对应特征值 λ_i 的线性无关的特征向量，所以定理 6 也是在告诉我们：矩阵 $\boldsymbol{A}$ 能相似对角化的充要条件是当 λ_i 是 n_i 重特征值时，对应 λ_i 的线性无关的特征向量恰有 n_i 个.

笔记栏

例 7 设 $\boldsymbol{A}=\begin{pmatrix}0&0&1\\1&1&a\\1&0&0\end{pmatrix}$，问 a 为何值时，矩阵 $\boldsymbol{A}$ 能对角化？

解

$$|\lambda\boldsymbol{E}-\boldsymbol{A}|=\begin{vmatrix}\lambda&0&-1\\-1&\lambda-1&-a\\-1&0&\lambda\end{vmatrix}=(\lambda-1)\begin{vmatrix}\lambda&-1\\-1&\lambda\end{vmatrix}=(\lambda-1)^2(\lambda+1)$$

由 $|\lambda\boldsymbol{E}-\boldsymbol{A}|=0$ 解得特征值 $\lambda_1=\lambda_2=1,\lambda_3=-1$.

对应单根 $\lambda_3=-1$，一定有一个线性无关的特征向量与之对应，故矩阵 $\boldsymbol{A}$ 可相似对角化的充分必要条件是对应重根 $\lambda_1=\lambda_2=1$，恰有 2 个线性无关的特征向量，即方程组 $(1\cdot\boldsymbol{E}-\boldsymbol{A})\ x=\boldsymbol{0}$ 有 2 个线性无关的解；亦即方程组 $(1\cdot\boldsymbol{E}-\boldsymbol{A})\ x=\boldsymbol{0}$ 的基础解系所含向量个数是 2，故 $3-R(1\cdot\boldsymbol{E}-\boldsymbol{A})=2$ 或 $R(1\cdot\boldsymbol{E}-\boldsymbol{A})=3-2=1$. 而

$$\boldsymbol{E}-\boldsymbol{A}=\begin{pmatrix}1&0&-1\\-1&0&-a\\-1&0&1\end{pmatrix}\xrightarrow[r_3+r]{r_2+r_1}\begin{pmatrix}1&0&-1\\0&0&-a-1\\0&0&0\end{pmatrix}$$

要使 $R(\boldsymbol{E}-\boldsymbol{A})=1$，则必有 $-a-1=0$，即 $a=-1$. 因此，当 $a=-1$ 时，矩阵 $\boldsymbol{A}$ 能对角化.

利用矩阵的相似性，常常可以简化矩阵多项式的计算. 事实上，容易知道，如果 $\boldsymbol{B}_1=\boldsymbol{P}^{-1}\boldsymbol{A}_1\boldsymbol{P}$，$\boldsymbol{B}_2=\boldsymbol{P}^{-1}\boldsymbol{A}_2\boldsymbol{P}$，那么

$$\boldsymbol{B}_1+\boldsymbol{B}_2=\boldsymbol{P}^{-1}(\boldsymbol{A}_1+\boldsymbol{A}_2)\boldsymbol{P},\qquad \boldsymbol{B}_1\boldsymbol{B}_2=\boldsymbol{P}^{-1}(\boldsymbol{A}_1\boldsymbol{A}_2)\boldsymbol{P}$$

由此可推知，如果 $\boldsymbol{B}=\boldsymbol{P}^{-1}\boldsymbol{A}\boldsymbol{P}$，$f(x)$是一个多项式，即

$$f(x)=a_0x^n+a_1x^{n-1}+a_2x^{n-2}+\cdots+a_{n-1}x+a_n$$

记 $f(\boldsymbol{B})=a_0\boldsymbol{B}^n+a_1\boldsymbol{B}^{n-1}+a_2\boldsymbol{B}^{n-2}+\cdots+a_{n-1}\boldsymbol{B}+a_n\boldsymbol{E}$，称 $f(\boldsymbol{B})$是一个矩阵多项式，那么

$$f(\boldsymbol{B})=\boldsymbol{P}^{-1}f(\boldsymbol{A})\boldsymbol{P}\quad 或\quad f(\boldsymbol{A})=\boldsymbol{P}f(\boldsymbol{B})\boldsymbol{P}^{-1}\tag{6.10}$$

假如矩阵 $\boldsymbol{A}$ 相似于一个形式较简单的矩阵 $\boldsymbol{B}$，而矩阵多项式 $f(\boldsymbol{A})$不易直接计算，但 $f(\boldsymbol{B})$却较为容易计算的话，那么就可以利用式（6.10）来计算 $f(\boldsymbol{A})$.

例 8 设 $\boldsymbol{A}=\begin{pmatrix}1&2&2\\2&1&2\\2&2&1\end{pmatrix}$，计算 $\boldsymbol{A}^{100}$.

例 8 的讲解视频

解 取 $\boldsymbol{P}=\begin{pmatrix}1&1&0\\1&0&1\\1&-1&-1\end{pmatrix}$，则 $\boldsymbol{P}^{-1}\boldsymbol{A}\boldsymbol{P}=\begin{pmatrix}5&&\\&-1&\\&&-1\end{pmatrix}$，于是

$$\boldsymbol{P}^{-1}\boldsymbol{A}^{100}\boldsymbol{P}=\begin{pmatrix}5^{100}&&\\&1&\\&&1\end{pmatrix}$$

故

$$A^{100}=P\begin{pmatrix}5^{100}&&\\&1&\\&&1\end{pmatrix}P^{-1}$$

将 $P=\begin{pmatrix}1&1&0\\1&0&1\\1&-1&-1\end{pmatrix}$ 与 $P^{-1}=\dfrac{1}{3}\begin{pmatrix}1&1&1\\2&-1&-1\\-1&2&-1\end{pmatrix}$ 代入上式，即得

$$A^{100}=\frac{1}{3}\begin{pmatrix}5^{100}+2&5^{100}-1&5^{100}-1\\5^{100}-1&5^{100}+2&5^{100}-1\\5^{100}-1&5^{100}-1&5^{100}+2\end{pmatrix}$$

注意 此例的可逆矩阵 P 如何找到？根据定理 4 的充分性证明过程，可得求 P 的方法：当 $x_1,x_2,\cdots,x_n$ 为 A 的 n 个线性无关的特征向量，它们所对应的特征值依次为 $\lambda_1,\lambda_2,\cdots,\lambda_n$ 时，取 $P=(x_1,x_2,\cdots,x_n)$，则 $P^{-1}AP=\begin{pmatrix}\lambda_1&&&\\&\lambda_2&&\\&&\ddots&\\&&&\lambda_n\end{pmatrix}$. 具体地，以此题“求可逆矩阵 P，使 $P^{-1}AP$ 为对角阵”为例，演示求 P 的步骤：

第一步，求出矩阵 A 的全部特征值.

由
$$|\lambda E-A|=\begin{vmatrix}\lambda-1&-2&-2\\-2&\lambda-1&-2\\-2&-2&\lambda-1\end{vmatrix}=(\lambda-5)(\lambda+1)^2=0$$

得特征值 $\lambda_1=5,\lambda_2=\lambda_3=-1$.

第二步，求出 A 的对应各相异特征值的线性无关的特征向量.

当 $\lambda_1=5$ 时，解方程组 $(5E-A)x=0$ 得基础解系 $\xi_1=(1,1,1)^{\mathrm T}$，$\xi_1$ 就是 A 的对应特征值 $\lambda_1=5$ 的线性无关的特征向量.

当 $\lambda_2=\lambda_3=-1$ 时，解方程组 $(-E-A)x=0$ 得基础解系 $\xi_2=(1,0,-1)^{\mathrm T},\xi_2=(0,1,-1)^{\mathrm T}$，$\xi_2,\xi_3$ 就是 A 的对应特征值 $\lambda_2=\lambda_3=-1$ 的线性无关的特征向量.

第三步，取 $P=(\xi_1,\xi_2,\xi_3)=\begin{pmatrix}1&1&0\\1&0&1\\1&-1&-1\end{pmatrix}$，则 $P^{-1}AP=\begin{pmatrix}5&&\\&1&\\&&1\end{pmatrix}$.

例 9 设三阶矩阵 A 的特征值为 $1,2,-3$，求 $|A^3-3A+E|$.

解 因为三阶矩阵 A 有 3 个不同的特征值，所以 A 相似于对角矩阵

$$A\sim\begin{pmatrix}1&&\\&2&\\&&-3\end{pmatrix}$$

由式（6.10）知道

$$A^3-3A+E\sim\begin{pmatrix}1&&\\&2&\\&&-3\end{pmatrix}^3-3\begin{pmatrix}1&&\\&2&\\&&-3\end{pmatrix}+\begin{pmatrix}1&&\\&1&\\&&1\end{pmatrix}=\begin{pmatrix}-1&&\\&3&\\&&-17\end{pmatrix}$$

相似矩阵有相同的行列式，所以

$$|A^3-3A+E|=\begin{vmatrix}-1&&\\&3&\\&&-17\end{vmatrix}=51$$

注意 此例也可以用第一节学的特征值的结论来做. 因为 λ 是 A 的特征值时，A^3-3A+E 的特征值为 $\lambda^3-3\lambda+1$，所以 A 的特征值为 $1,2,-3$ 时，A^3-3A+E 的特征值为 $1^3-3\times1+1,2^3-3\times2+1,(-3)^3-3\times(-3)+1$，即 $-1,3,-17$，从而 $\left|A^3-3A+E\right|=(-1)\times3\times(-17)=51$.

第三节 正交矩阵的概念与性质

仿照解析几何中两个向量内积的定义，按下面的方法定义 R^n 中向量的内积.

定义 4 设 $\boldsymbol{x}=(x_1,x_2,\cdots,x_n)^{\mathrm{T}}$，$\boldsymbol{y}=(y_1,y_2,\cdots,y_n)^{\mathrm{T}}$，它们对应分量乘积之和称为 $\boldsymbol{x}$ 与 $\boldsymbol{y}$ 的**内积**，记为$[\boldsymbol{x},\boldsymbol{y}]$，即

$$[\boldsymbol{x},\boldsymbol{y}]=x_1y_1+x_2y_2+\cdots+x_ny_n$$

用矩阵表示就是

$$[\boldsymbol{x},\boldsymbol{y}]=\boldsymbol{x}^{\mathrm{T}}\boldsymbol{y}$$

容易验证，上述定义的内积$[\boldsymbol{x},\boldsymbol{y}]$具有下述基本性质：

（1）对称性：$[\boldsymbol{x},\boldsymbol{y}]=[\boldsymbol{y},\boldsymbol{x}]$；

（2）线性性：对任何实数 α,β 及向量 $\boldsymbol{x},\boldsymbol{y},\boldsymbol{z}\in R^n$，有

$$[\alpha\boldsymbol{x}+\beta\boldsymbol{y},\boldsymbol{z}]=\alpha[\boldsymbol{x},\boldsymbol{z}]+\beta[\boldsymbol{y},\boldsymbol{z}]$$

（3）非负性：$[\boldsymbol{x},\boldsymbol{x}]\geqslant0$，当且仅当 $\boldsymbol{x}=\boldsymbol{0}$ 时等号成立.

定义 5 令 $\|\boldsymbol{x}\|=\sqrt{[\boldsymbol{x},\boldsymbol{x}]}=\sqrt{x_1^2+x_2^2+\cdots+x_n^2}$，此处$\|\boldsymbol{x}\|$称为 n 维向量 $\boldsymbol{x}=(x_1,x_2,\cdots,x_n)^{\mathrm{T}}$ 的**长度**（**或范数**）.

向量的长度具有下述性质：

（1）非负性：当 $\boldsymbol{x}\neq\boldsymbol{0}$ 时，$\|\boldsymbol{x}\|>0$，当且仅当 $\boldsymbol{x}=\boldsymbol{0}$ 时，$\|\boldsymbol{x}\|=0$；

（2）齐次性：$\|\lambda\boldsymbol{x}\|=|\lambda|\,\|\boldsymbol{x}\|$；

（3）三角不等式：$\|\boldsymbol{x}+\boldsymbol{y}\|\leqslant\|\boldsymbol{x}\|+\|\boldsymbol{y}\|$.

上述性质（1）、（2）显然成立，要证明性质（3）需要用到所谓的柯西-布涅柯夫斯基不等式，即对于任意的向量 $\boldsymbol{\alpha},\boldsymbol{\beta}$，有

$$|[\boldsymbol{\alpha},\boldsymbol{\beta}]|\leqslant\|\boldsymbol{\alpha}\|\,\|\boldsymbol{\beta}\| \tag{6.11}$$

当且仅当 $\boldsymbol{\alpha},\boldsymbol{\beta}$ 线性相关时，等号才成立.

证 当 $\boldsymbol{\beta}=\boldsymbol{0}$ 时，式（6.11）显然成立，以下设 $\boldsymbol{\beta}\neq\boldsymbol{0}$. 令 t 是一实变数，作向量

$$\boldsymbol{\gamma}=\boldsymbol{\alpha}+t\boldsymbol{\beta}$$

显然不论 t 为何值，一定有

$$[\boldsymbol{\gamma},\boldsymbol{\gamma}]=[\boldsymbol{\alpha}+t\boldsymbol{\beta},\boldsymbol{\alpha}+t\boldsymbol{\beta}]\geqslant0$$

即

$$[\boldsymbol{\alpha},\boldsymbol{\alpha}]+2[\boldsymbol{\alpha},\boldsymbol{\beta}]t+[\boldsymbol{\beta},\boldsymbol{\beta}]t^2 \geqslant 0$$

取 $t=-\dfrac{[\boldsymbol{\alpha},\boldsymbol{\beta}]}{[\boldsymbol{\beta},\boldsymbol{\beta}]}$，得 $[\boldsymbol{\alpha},\boldsymbol{\alpha}]-\dfrac{[\boldsymbol{\alpha},\boldsymbol{\beta}]^2}{[\boldsymbol{\beta},\boldsymbol{\beta}]}\geqslant 0$，即

$$[\boldsymbol{\alpha},\boldsymbol{\beta}]^2 \leqslant [\boldsymbol{\alpha},\boldsymbol{\alpha}][\boldsymbol{\beta},\boldsymbol{\beta}]$$

两边开方，得

$$|[\boldsymbol{\alpha},\boldsymbol{\beta}]| \leqslant \|\boldsymbol{\alpha}\|\,\|\boldsymbol{\beta}\|$$

当 $\boldsymbol{\alpha},\boldsymbol{\beta}$ 线性相关时，等号显然成立. 反过来，如果等号成立，由以上证明过程可以看出，或者 $\boldsymbol{\beta}=\boldsymbol{0}$，或者 $\boldsymbol{\alpha}-\dfrac{[\boldsymbol{\alpha},\boldsymbol{\beta}]}{[\boldsymbol{\beta},\boldsymbol{\beta}]}\boldsymbol{\beta}=\boldsymbol{0}$，也就是说 $\boldsymbol{\alpha},\boldsymbol{\beta}$ 线性相关.

根据柯西-布涅柯夫斯基不等式，就可以证明三角不等式

$$\|\boldsymbol{\alpha}+\boldsymbol{\beta}\| \leqslant \|\boldsymbol{\alpha}\|+\|\boldsymbol{\beta}\|$$

因为

$$\begin{aligned}\|\boldsymbol{\alpha}+\boldsymbol{\beta}\|^2&=[\boldsymbol{\alpha}+\boldsymbol{\beta},\boldsymbol{\alpha}+\boldsymbol{\beta}]=[\boldsymbol{\alpha},\boldsymbol{\alpha}]+2[\boldsymbol{\alpha},\boldsymbol{\beta}]+[\boldsymbol{\beta},\boldsymbol{\beta}]\\&\leqslant \|\boldsymbol{\alpha}\|^2+2\|\boldsymbol{\alpha}\|\,\|\boldsymbol{\beta}\|+\|\boldsymbol{\beta}\|^2\\&=(\|\boldsymbol{\alpha}\|+\|\boldsymbol{\beta}\|)^2\end{aligned}$$

所以

$$\|\boldsymbol{\alpha}+\boldsymbol{\beta}\| \leqslant \|\boldsymbol{\alpha}\|+\|\boldsymbol{\beta}\|$$

定义 6　非零向量的夹角 $\langle\boldsymbol{\alpha},\boldsymbol{\beta}\rangle$ 规定为

$$\langle\boldsymbol{\alpha},\boldsymbol{\beta}\rangle=\arccos\frac{[\boldsymbol{\alpha},\boldsymbol{\beta}]}{\|\boldsymbol{\alpha}\|\,\|\boldsymbol{\beta}\|}\quad(0\leqslant\langle\boldsymbol{\alpha},\boldsymbol{\beta}\rangle\leqslant\pi)$$

定义 7　如果向量 $\boldsymbol{\alpha},\boldsymbol{\beta}$ 的内积为零，即 $[\boldsymbol{\alpha},\boldsymbol{\beta}]=0$，那么称 $\boldsymbol{\alpha},\boldsymbol{\beta}$ 正交或互相垂直，记为 $\boldsymbol{\alpha}\perp\boldsymbol{\beta}$. 如果一组非零向量 $\boldsymbol{\alpha}_1,\boldsymbol{\alpha}_2,\cdots,\boldsymbol{\alpha}_m$ 两两正交，则称此向量组 $\{\boldsymbol{\alpha}_1,\boldsymbol{\alpha}_2,\cdots,\boldsymbol{\alpha}_m\}$ 是正交向量组.

定理 7　正交向量组一定线性无关.

证　设 $\boldsymbol{\alpha}_1,\boldsymbol{\alpha}_2,\cdots,\boldsymbol{\alpha}_m$ 为正交向量组，并设

$$k_1\boldsymbol{\alpha}_1+k_2\boldsymbol{\alpha}_2+\cdots+k_m\boldsymbol{\alpha}_m=\boldsymbol{0}$$

等式两边与向量 $\boldsymbol{\alpha}_i$ 取内积

$$[\boldsymbol{\alpha}_i,k_1\boldsymbol{\alpha}_1+k_2\boldsymbol{\alpha}_2+\cdots+k_m\boldsymbol{\alpha}_m]=k_1[\boldsymbol{\alpha}_i,\boldsymbol{\alpha}_1]+\cdots+k_i[\boldsymbol{\alpha}_i,\boldsymbol{\alpha}_i]+\cdots+k_m[\boldsymbol{\alpha}_i,\boldsymbol{\alpha}_m]=0$$

由于当 $i\neq j$ 时，$[\boldsymbol{\alpha}_i,\boldsymbol{\alpha}_j]=0$，所以 $k_i[\boldsymbol{\alpha}_i,\boldsymbol{\alpha}_j]=0$. 由于 $\boldsymbol{\alpha}_i$ 是非零向量，$[\boldsymbol{\alpha}_i,\boldsymbol{\alpha}_i]\neq 0$，所以 $k_i=0$（$i=1,2,\cdots,m$），则 $\boldsymbol{\alpha}_1,\boldsymbol{\alpha}_2,\cdots,\boldsymbol{\alpha}_m$ 线性无关.

我们常采用正交向量组作向量空间的基，称为向量空间的正交基.

例 10　已知三维向量空间 R^3 中两个向量

$$\boldsymbol{\alpha}_1=\begin{pmatrix}1\\1\\1\end{pmatrix},\quad \boldsymbol{\alpha}_2=\begin{pmatrix}1\\-2\\1\end{pmatrix}$$

正交，试求一个非零向量 $\boldsymbol{\alpha}_3$，使 $\boldsymbol{\alpha}_1,\boldsymbol{\alpha}_2,\boldsymbol{\alpha}_3$ 两两正交.

解　记 $\boldsymbol{A}=\begin{pmatrix}\boldsymbol{\alpha}_1^{\mathrm{T}}\\\boldsymbol{\alpha}_2^{\mathrm{T}}\end{pmatrix}=\begin{pmatrix}1&1&1\\1&-2&1\end{pmatrix}$，$\boldsymbol{\alpha}_3$ 应满足齐次线性方程组 $\boldsymbol{A}\boldsymbol{x}=\boldsymbol{0}$，即

$$\begin{pmatrix}1 & 1 & 1\\1 & -2 & 1\end{pmatrix}\begin{pmatrix}x_1\\x_2\\x_3\end{pmatrix}=0$$

由
$$\begin{pmatrix}1 & 1 & 1\\1 & -2 & 1\end{pmatrix}\xrightarrow{r_2-r_1}\begin{pmatrix}1 & 1 & 1\\0 & -3 & 0\end{pmatrix}\xrightarrow[r_1-r_2]{r_2\times\left(-\frac{1}{3}\right)}\begin{pmatrix}1 & 0 & 1\\0 & 1 & 0\end{pmatrix}$$

得 $\begin{cases}x_1=-x_3\\x_2=0\end{cases}$，从而有基础解系 $\begin{pmatrix}-1\\0\\1\end{pmatrix}$. 取 $\boldsymbol{\alpha}_3=\begin{pmatrix}-1\\0\\1\end{pmatrix}$ 即为所求.

定义 8　设 n 维向量 $\boldsymbol{e}_1, \boldsymbol{e}_2,\cdots,\boldsymbol{e}_r$ 是向量空间 V（$V\subset R^n$）的一个基，如果 $\boldsymbol{e}_1, \boldsymbol{e}_2,\cdots,\boldsymbol{e}_r$ 两两正交，且都是单位向量，则称 $\boldsymbol{e}_1, \boldsymbol{e}_2,\cdots,\boldsymbol{e}_r$ 是 V 的正交规范基.

例如，$\boldsymbol{\varepsilon}_1=(1, 0,\cdots, 0)$，$\boldsymbol{\varepsilon}_2=(0, 1, 0,\cdots, 0)$，…，$\boldsymbol{\varepsilon}_n=(0,\cdots, 0, 1)$ 就是 R^n 的一个正交规范基. 设 $\boldsymbol{\alpha}_1, \boldsymbol{\alpha}_2,\cdots,\boldsymbol{\alpha}_r$ 是向量空间 V 的一个基，要求 V 的一个正交规范基 $\boldsymbol{e}_1, \boldsymbol{e}_2,\cdots,\boldsymbol{e}_r$，使 $\boldsymbol{e}_1, \boldsymbol{e}_2,\cdots,\boldsymbol{e}_r$ 与 $\boldsymbol{\alpha}_1, \boldsymbol{\alpha}_2,\cdots,\boldsymbol{\alpha}_r$ 等价. 对于这样一个问题，称为把基 $\boldsymbol{\alpha}_1, \boldsymbol{\alpha}_2,\cdots,\boldsymbol{\alpha}_r$ 正交规范化.

下面介绍把向量空间 V 的一个基 $\boldsymbol{\alpha}_1, \boldsymbol{\alpha}_2,\cdots,\boldsymbol{\alpha}_r$ 正交规范化的方法.

设 $\boldsymbol{\alpha}_1, \boldsymbol{\alpha}_2,\cdots,\boldsymbol{\alpha}_r$ 是向量空间 V 的一个基，要求一个正交规范基，也就是说要找一组两两正交的单位向量 $\boldsymbol{e}_1, \boldsymbol{e}_2,\cdots,\boldsymbol{e}_r$，使 $\boldsymbol{e}_1, \boldsymbol{e}_2,\cdots,\boldsymbol{e}_r$ 与 $\boldsymbol{\alpha}_1, \boldsymbol{\alpha}_2,\cdots,\boldsymbol{\alpha}_r$ 等价. 可按如下两个步骤进行.

（1）正交化. 令

$$\boldsymbol{\beta}_1=\boldsymbol{\alpha}_1,\quad \boldsymbol{\beta}_2=\boldsymbol{\alpha}_2-\frac{[\boldsymbol{\alpha}_2,\boldsymbol{\beta}_1]}{[\boldsymbol{\beta}_1,\boldsymbol{\beta}_1]}\boldsymbol{\beta}_1,\quad \cdots$$

$$\boldsymbol{\beta}_r=\boldsymbol{\alpha}_r-\frac{[\boldsymbol{\alpha}_r,\boldsymbol{\beta}_1]}{[\boldsymbol{\beta}_1,\boldsymbol{\beta}_1]}\boldsymbol{\beta}_1-\frac{[\boldsymbol{\alpha}_r,\boldsymbol{\beta}_2]}{[\boldsymbol{\beta}_2,\boldsymbol{\beta}_2]}\boldsymbol{\beta}_2-\cdots-\frac{[\boldsymbol{\alpha}_r,\boldsymbol{\beta}_{r-1}]}{[\boldsymbol{\beta}_{r-1},\boldsymbol{\beta}_{r-1}]}\boldsymbol{\beta}_{r-1}$$

则易验证 $\boldsymbol{\beta}_1, \boldsymbol{\beta}_2,\cdots,\boldsymbol{\beta}_r$ 两两正交，且使 $\boldsymbol{\beta}_1, \boldsymbol{\beta}_2,\cdots,\boldsymbol{\beta}_r$ 与 $\boldsymbol{\alpha}_1, \boldsymbol{\alpha}_2,\cdots,\boldsymbol{\alpha}_r$ 等价.

注意　上述过程称为**施密特正交化**过程. 它不仅满足 $\boldsymbol{\beta}_1, \boldsymbol{\beta}_2,\cdots,\boldsymbol{\beta}_r$ 与 $\boldsymbol{\alpha}_1, \boldsymbol{\alpha}_2,\cdots,\boldsymbol{\alpha}_r$ 等价，还满足：对任何 k（$1\leqslant k\leqslant r$），$\boldsymbol{\beta}_1, \boldsymbol{\beta}_2,\cdots,\boldsymbol{\beta}_k$ 与 $\boldsymbol{\alpha}_1, \boldsymbol{\alpha}_2,\cdots,\boldsymbol{\alpha}_k$ 等价.

（2）单位化. 令

$$\boldsymbol{e}_1=\frac{\boldsymbol{\beta}_1}{\|\boldsymbol{\beta}_1\|},\quad \boldsymbol{e}_2=\frac{\boldsymbol{\beta}_2}{\|\boldsymbol{\beta}_2\|},\quad \cdots,\quad \boldsymbol{e}_r=\frac{\boldsymbol{\beta}_r}{\|\boldsymbol{\beta}_r\|}$$

则 $\boldsymbol{e}_1, \boldsymbol{e}_2,\cdots,\boldsymbol{e}_r$ 是 V 的一个正交规范基.

注意　施密特正交化过程可将 R^n 中的任一组线性无关的向量组 $\boldsymbol{\alpha}_1, \boldsymbol{\alpha}_2,\cdots,\boldsymbol{\alpha}_r$ 化为与之等价的正交组 $\boldsymbol{\beta}_1, \boldsymbol{\beta}_2,\cdots,\boldsymbol{\beta}_r$；再经过单位化，得到一组与 $\boldsymbol{\alpha}_1, \boldsymbol{\alpha}_2,\cdots,\boldsymbol{\alpha}_r$ 等价的正交规范组 $\boldsymbol{e}_1, \boldsymbol{e}_2,\cdots,\boldsymbol{e}_r$.

例 11　设 $\boldsymbol{\alpha}_1=\begin{pmatrix}1\\2\\-1\end{pmatrix},\boldsymbol{\alpha}_2=\begin{pmatrix}-1\\3\\1\end{pmatrix},\boldsymbol{\alpha}_3=\begin{pmatrix}4\\-1\\0\end{pmatrix}$，用施密特正交化方法，将向量组正交规范化.

解　不难证明 $\boldsymbol{\alpha}_1, \boldsymbol{\alpha}_2, \boldsymbol{\alpha}_3$ 是线性无关的. 令

$$\boldsymbol{\beta}_1=\boldsymbol{\alpha}_1=\begin{pmatrix}1\\2\\-1\end{pmatrix},\quad \boldsymbol{\beta}_2=\boldsymbol{\alpha}_2-\frac{[\boldsymbol{\alpha}_2,\boldsymbol{\beta}_1]}{[\boldsymbol{\beta}_1,\boldsymbol{\beta}_1]}\boldsymbol{\beta}_1=\begin{pmatrix}-1\\3\\1\end{pmatrix}-\frac{4}{6}\begin{pmatrix}1\\2\\-1\end{pmatrix}=\frac{5}{3}\begin{pmatrix}-1\\1\\1\end{pmatrix}$$

$$\boldsymbol{\beta}_3=\boldsymbol{\alpha}_3-\frac{[\boldsymbol{\alpha}_3,\boldsymbol{\beta}_1]}{[\boldsymbol{\beta}_1,\boldsymbol{\beta}_1]}\boldsymbol{\beta}_1-\frac{[\boldsymbol{\alpha}_3,\boldsymbol{\beta}_2]}{[\boldsymbol{\beta}_2,\boldsymbol{\beta}_2]}\boldsymbol{\beta}_2=\begin{pmatrix}4\\-1\\0\end{pmatrix}-\frac{1}{3}\begin{pmatrix}1\\2\\-1\end{pmatrix}+\frac{5}{3}\begin{pmatrix}-1\\1\\1\end{pmatrix}=2\begin{pmatrix}1\\0\\1\end{pmatrix}$$

再将它们单位化，取

$$\boldsymbol{e}_1=\frac{\boldsymbol{\beta}_1}{\|\boldsymbol{\beta}_1\|}=\frac{1}{\sqrt{6}}\begin{pmatrix}1\\2\\-1\end{pmatrix},\quad \boldsymbol{e}_2=\frac{\boldsymbol{\beta}_2}{\|\boldsymbol{\beta}_2\|}=\frac{1}{\sqrt{3}}\begin{pmatrix}-1\\1\\1\end{pmatrix},\quad \boldsymbol{e}_3=\frac{\boldsymbol{\beta}_3}{\|\boldsymbol{\beta}_3\|}=\frac{1}{\sqrt{2}}\begin{pmatrix}1\\0\\1\end{pmatrix}$$

$\boldsymbol{e}_1, \boldsymbol{e}_2, \boldsymbol{e}_3$ 即为所求.

定义 9　设 $\boldsymbol{A}$ 是一个 n 阶实方阵，若 $\boldsymbol{A}$ 满足条件：$\boldsymbol{A}\boldsymbol{A}^{\mathrm{T}}=\boldsymbol{E}$，那么 $\boldsymbol{A}$ 就称为**正交矩阵**，简称**正交阵**.

正交阵是一种应用广泛的矩阵，它具有下述一些最基本的性质：

（1）$\boldsymbol{A}^{\mathrm{T}}=\boldsymbol{A}^{-1}$，即 $\boldsymbol{A}$ 的转置就是 $\boldsymbol{A}$ 的逆阵；

（2）$\boldsymbol{A}\boldsymbol{A}^{\mathrm{T}}=\boldsymbol{A}^{\mathrm{T}}\boldsymbol{A}=\boldsymbol{E}$；

（3）若 $\boldsymbol{A}$ 是正交阵，则 $\boldsymbol{A}^{\mathrm{T}}$（或 $\boldsymbol{A}^{-1}$）也是正交阵；

（4）两个正交阵的积仍是正交阵；

（5）正交阵的行列式等于 1 或−1.

证　（1）与（2）是显然的.

（3）因为 $\boldsymbol{A}=(\boldsymbol{A}^{\mathrm{T}})^{\mathrm{T}}$，所以 $\boldsymbol{A}^{\mathrm{T}}=\boldsymbol{A}^{-1}$ 也是正交阵.

（4）设 $\boldsymbol{A}$ 与 $\boldsymbol{B}$ 都是 n 阶正交阵，则

$$(\boldsymbol{AB})(\boldsymbol{AB})^{\mathrm{T}}=(\boldsymbol{AB})(\boldsymbol{B}^{\mathrm{T}}\boldsymbol{A}^{\mathrm{T}})=\boldsymbol{A}(\boldsymbol{B}\boldsymbol{B}^{\mathrm{T}})\boldsymbol{A}^{\mathrm{T}}=\boldsymbol{AEA}^{\mathrm{T}}=\boldsymbol{A}\boldsymbol{A}^{\mathrm{T}}=\boldsymbol{E}$$

由正交阵的定义知 $\boldsymbol{AB}$ 也是正交阵.

（5）若 $\boldsymbol{A}$ 是正交阵，则 $\boldsymbol{A}^{\mathrm{T}}\boldsymbol{A}=\boldsymbol{E}$，$|\boldsymbol{A}^{\mathrm{T}}\boldsymbol{A}|=1$，而

$$|\boldsymbol{A}^{\mathrm{T}}\boldsymbol{A}|=|\boldsymbol{A}^{\mathrm{T}}|\,|\boldsymbol{A}|=|\boldsymbol{A}|^2$$

故$|\boldsymbol{A}|=1$ 或$|\boldsymbol{A}|=-1$.

定理 8　n 阶实方阵 $\boldsymbol{A}$ 是正交阵的充分必要条件是：$\boldsymbol{A}$ 的 n 个行向量构成 R^n 的一组正交规范基.

证　设 $\boldsymbol{A}=(a_{ij})_{n\times n}$，将 $\boldsymbol{A}$ 写成行向量的形式，即

$$\boldsymbol{A}=\begin{pmatrix}\boldsymbol{\alpha}_1\\\boldsymbol{\alpha}_2\\\vdots\\\boldsymbol{\alpha}_n\end{pmatrix}$$

其中：$\boldsymbol{\alpha}_i=(a_{i1}, a_{i2},\cdots, a_{in})$，现设 $\boldsymbol{\alpha}_1, \boldsymbol{\alpha}_2,\cdots, \boldsymbol{\alpha}_n$ 是 R^n 的一组正交规范基，要证明 $\boldsymbol{A}$ 是一个正交阵. 利用分块矩阵的乘法，可得

$$\boldsymbol{A}\boldsymbol{A}^{\mathrm{T}}=\begin{pmatrix}\boldsymbol{\alpha}_1\\\boldsymbol{\alpha}_2\\\vdots\\\boldsymbol{\alpha}_n\end{pmatrix}(\boldsymbol{\alpha}_1^{\mathrm{T}},\boldsymbol{\alpha}_2^{\mathrm{T}},\cdots,\boldsymbol{\alpha}_n^{\mathrm{T}})=\begin{pmatrix}\boldsymbol{\alpha}_1\boldsymbol{\alpha}_1^{\mathrm{T}} & \boldsymbol{\alpha}_1\boldsymbol{\alpha}_2^{\mathrm{T}} & \cdots & \boldsymbol{\alpha}_1\boldsymbol{\alpha}_n^{\mathrm{T}}\\\boldsymbol{\alpha}_2\boldsymbol{\alpha}_1^{\mathrm{T}} & \boldsymbol{\alpha}_2\boldsymbol{\alpha}_2^{\mathrm{T}} & \cdots & \boldsymbol{\alpha}_2\boldsymbol{\alpha}_n^{\mathrm{T}}\\\vdots & \vdots & & \vdots\\\boldsymbol{\alpha}_n\boldsymbol{\alpha}_1^{\mathrm{T}} & \boldsymbol{\alpha}_n\boldsymbol{\alpha}_2^{\mathrm{T}} & \cdots & \boldsymbol{\alpha}_n\boldsymbol{\alpha}_n^{\mathrm{T}}\end{pmatrix}$$

其中

$$\boldsymbol{\alpha}_i\boldsymbol{\alpha}_j^{\mathrm{T}}=(a_{i1},a_{i2},\cdots,a_{in})\begin{pmatrix}a_{j1}\\a_{j2}\\\vdots\\a_{jn}\end{pmatrix}=a_{i1}a_{j1}+a_{i2}a_{j2}+\cdots+a_{in}a_{jn}$$

由于 $\boldsymbol{\alpha}_1,\boldsymbol{\alpha}_2,\cdots,\boldsymbol{\alpha}_n$ 是 R^n 的一组正交规范基，那么

$$\boldsymbol{\alpha}_i\boldsymbol{\alpha}_j^{\mathrm{T}}=[\boldsymbol{\alpha}_i,\boldsymbol{\alpha}_j]=\begin{cases}1, & i=j\\0, & i\neq j\end{cases}$$

于是 $\boldsymbol{AA}^{\mathrm{T}}=\boldsymbol{E}$，这就证明了 $\boldsymbol{A}$ 是正交阵.

反过来，若 $\boldsymbol{A}$ 是正交阵，同样可用分块矩阵乘法，得到

$$\boldsymbol{AA}^{\mathrm{T}}=\begin{pmatrix}\boldsymbol{\alpha}_1\boldsymbol{\alpha}_1^{\mathrm{T}} & \boldsymbol{\alpha}_1\boldsymbol{\alpha}_2^{\mathrm{T}} & \cdots & \boldsymbol{\alpha}_1\boldsymbol{\alpha}_n^{\mathrm{T}}\\\boldsymbol{\alpha}_2\boldsymbol{\alpha}_1^{\mathrm{T}} & \boldsymbol{\alpha}_2\boldsymbol{\alpha}_2^{\mathrm{T}} & \cdots & \boldsymbol{\alpha}_2\boldsymbol{\alpha}_n^{\mathrm{T}}\\\vdots & \vdots & & \vdots\\\boldsymbol{\alpha}_n\boldsymbol{\alpha}_1^{\mathrm{T}} & \boldsymbol{\alpha}_n\boldsymbol{\alpha}_2^{\mathrm{T}} & \cdots & \boldsymbol{\alpha}_n\boldsymbol{\alpha}_n^{\mathrm{T}}\end{pmatrix}$$

由于 $\boldsymbol{AA}^{\mathrm{T}}=\boldsymbol{E}$，所以

$$\boldsymbol{\alpha}_i\boldsymbol{\alpha}_j^{\mathrm{T}}=[\boldsymbol{\alpha}_i,\boldsymbol{\alpha}_j]=\begin{cases}1, & i=j\\0, & i\neq j\end{cases}$$

这就说明 $\boldsymbol{\alpha}_1,\boldsymbol{\alpha}_2,\cdots,\boldsymbol{\alpha}_n$ 是一组正交规范基. 证毕.

推论　n 阶方阵 $\boldsymbol{A}$ 是正交阵的充要条件是 $\boldsymbol{A}$ 的 n 个列向量组成一组 R^n 的正交规范基.

证　由 $\boldsymbol{A}$ 是正交阵可推出 $\boldsymbol{A}^{\mathrm{T}}$ 也是正交阵，而 $\boldsymbol{A}^{\mathrm{T}}$ 的行向量就是 $\boldsymbol{A}$ 的列向量，由此即可得结论.

例 12　验证矩阵

$$\boldsymbol{A}=\begin{pmatrix}\frac{1}{\sqrt{2}} & \frac{1}{\sqrt{2}} & 0 & 0\\0 & 0 & \frac{1}{\sqrt{2}} & \frac{1}{\sqrt{2}}\\\frac{1}{2} & -\frac{1}{2} & -\frac{1}{2} & \frac{1}{2}\\\frac{1}{2} & -\frac{1}{2} & \frac{1}{2} & -\frac{1}{2}\end{pmatrix}$$

是正交矩阵.

证　容易看出这个矩阵的每一行向量都是单位向量，而且是两两正交的，所以矩阵 $\boldsymbol{A}$ 是正交矩阵.

例如，将平面上的向量 $\boldsymbol{\alpha}_1=(x,y)$按逆时针方向旋转 α 角，变换为向量$\boldsymbol{\alpha}_1'=(x',y')$，两者之间有关系式

$$\begin{cases}x=\ \ x'\cos\alpha+y'\sin\alpha\\y=-x'\sin\alpha+y'\cos\alpha\end{cases}$$

其中：系数矩阵

$$\boldsymbol{C}=\begin{pmatrix}\cos\alpha & \sin\alpha\\-\sin\alpha & \cos\alpha\end{pmatrix}$$

显然 $\boldsymbol{C}$ 是正交矩阵.

定义 10 若 $\boldsymbol{P}$ 是正交阵，则线性变换 $\boldsymbol{Y}=\boldsymbol{Px}$ 称为**正交变换**.

设 $\boldsymbol{y}=\boldsymbol{Px}$ 为正交变换，则有

$$\|\boldsymbol{y}\|=\sqrt{\boldsymbol{y}^{\mathrm{T}}\boldsymbol{y}}=\sqrt{\boldsymbol{x}^{\mathrm{T}}\boldsymbol{P}^{\mathrm{T}}\boldsymbol{Px}}=\sqrt{\boldsymbol{x}^{\mathrm{T}}\boldsymbol{x}}=\|\boldsymbol{x}\|$$

这说明经过正交变换向量的长度保持不变，这是正交变换的特性.

由定义 10 知上面的向量旋转是正交变换.

第四节 实对称矩阵正交对角化

虽然并不是所有矩阵都相似于一个对角阵，但是对于实对称矩阵来说，它们肯定相似于对角阵，不仅如此，相似变换矩阵 P 还可以要求它是一个正交阵.

定理 9 实对称阵的特征值为实数.

证 设复数 λ 为实对称阵 $\boldsymbol{A}$ 的特征值，复向量 $\boldsymbol{x}$ 为对应的特征向量，即

$$\boldsymbol{Ax}=\lambda\boldsymbol{x}\quad(\boldsymbol{x}\neq\boldsymbol{0})$$

用 $\bar{\lambda}$ 表示 λ 的共轭复数，$\bar{\boldsymbol{x}}$ 表示 $\boldsymbol{x}$ 的共轭复向量，则 $\boldsymbol{A}\bar{\boldsymbol{x}}=\bar{\boldsymbol{A}}\bar{\boldsymbol{x}}=\overline{\boldsymbol{Ax}}=\overline{\lambda\boldsymbol{x}}=\bar{\lambda}\bar{\boldsymbol{x}}$，于是有

$$\bar{\boldsymbol{x}}^{\mathrm{T}}\boldsymbol{Ax}=\bar{\boldsymbol{x}}^{\mathrm{T}}(\boldsymbol{Ax})=\bar{\boldsymbol{x}}^{\mathrm{T}}\lambda\boldsymbol{x}=\lambda\bar{\boldsymbol{x}}^{\mathrm{T}}\boldsymbol{x}$$

及

$$\bar{\boldsymbol{x}}^{\mathrm{T}}\boldsymbol{Ax}=(\bar{\boldsymbol{x}}^{\mathrm{T}}\boldsymbol{A}^{\mathrm{T}})\boldsymbol{x}=(\boldsymbol{A}\bar{\boldsymbol{x}})^{\mathrm{T}}\boldsymbol{x}=(\bar{\lambda}\bar{\boldsymbol{x}})^{\mathrm{T}}\boldsymbol{x}=\bar{\lambda}\bar{\boldsymbol{x}}^{\mathrm{T}}\boldsymbol{x}$$

两式相减，得

$$(\lambda-\bar{\lambda})\bar{\boldsymbol{x}}^{\mathrm{T}}\boldsymbol{x}=\boldsymbol{0}$$

但因 $\boldsymbol{x}\neq\boldsymbol{0}$，所以

$$\bar{\boldsymbol{x}}^{\mathrm{T}}\boldsymbol{x}=\sum_{i=1}^{n}\bar{x}_i x_i=\sum_{i=1}^{n}|x_i|^2\neq 0$$

故 $\lambda-\bar{\lambda}=0$，即 $\lambda=\bar{\lambda}$，这就说明 λ 是实数.

定理 10 设 $\boldsymbol{A}$ 是实对称矩阵，则 R^n 中属于 $\boldsymbol{A}$ 的不同特征值的特征向量必正交.

证 设 λ_1,λ_2 是 $\boldsymbol{A}$ 的两个特征值且 $\lambda_1\neq\lambda_2$，记 $\boldsymbol{x}_1,\boldsymbol{x}_2$ 分别是关于 λ_1 与 λ_2 的特征向量，即 $\boldsymbol{Ax}_1=\lambda_1\boldsymbol{x}_1$，$\boldsymbol{Ax}_2=\lambda_2\boldsymbol{x}_2$. 因 $\boldsymbol{A}$ 对称，故

$$\lambda_1\boldsymbol{x}_1^{\mathrm{T}}=(\lambda_1\boldsymbol{x}_1)^{\mathrm{T}}=(\boldsymbol{Ax}_1)^{\mathrm{T}}=\boldsymbol{x}_1^{\mathrm{T}}\boldsymbol{A}^{\mathrm{T}}=\boldsymbol{x}_1^{\mathrm{T}}\boldsymbol{A}$$

于是

$$\lambda_1\boldsymbol{x}_1^{\mathrm{T}}\boldsymbol{x}_2=\boldsymbol{x}_1^{\mathrm{T}}\boldsymbol{Ax}_2=\boldsymbol{x}_1^{\mathrm{T}}(\lambda_2\boldsymbol{x}_2)=\lambda_2\boldsymbol{x}_1^{\mathrm{T}}\boldsymbol{x}_2$$

即

$$(\lambda_1-\lambda_2)\boldsymbol{x}_1^{\mathrm{T}}\boldsymbol{x}_2=\boldsymbol{0}$$

但 $\lambda_1\neq\lambda_2$，故 $\boldsymbol{x}_1^{\mathrm{T}}\boldsymbol{x}_2=\boldsymbol{0}$，即 $\boldsymbol{x}_1$ 与 $\boldsymbol{x}_2$ 正交.

定理 11 设 $\boldsymbol{A}$ 为 n 阶对称阵，λ 是 $\boldsymbol{A}$ 的特征方程的 r 重根，则方阵 $\lambda\boldsymbol{E}-\boldsymbol{A}$ 的秩 $\boldsymbol{R}(\lambda\boldsymbol{E}-\boldsymbol{A})=n-r$，从而对应特征值 λ 恰有 r 个线性无关的特征向量.

这个定理不予证明.

定理 12 设 $\boldsymbol{A}$ 为 n 阶实对称阵，则必有正交阵 $\boldsymbol{P}$，使 $\boldsymbol{P}^{-1}\boldsymbol{AP}=\boldsymbol{\Lambda}$，或 $\boldsymbol{P}^{\mathrm{T}}\boldsymbol{AP}=\boldsymbol{\Lambda}$，其中 $\boldsymbol{\Lambda}$ 是以 $\boldsymbol{A}$ 的 n 个特征值为对角元素的对角阵.

证 设 $\boldsymbol{A}$ 的互不相等的特征值为 $\lambda_1,\lambda_2,\cdots,\lambda_s$，它们的重数依次为 $r_1,r_2,\cdots,r_s$，并且 $r_1+r_2+\cdots+r_s=n$.

由上面的定理知，对应特征值 λ_i（$i=1,2,\cdots,s$）恰有 r_i 个线性无关的实特征向量，把它们正交化并单位化，即得 r_i 个单位正交的特征向量. 由 $r_1+r_2+\cdots+r_s=n$ 知，这样的特征向量共可有 n 个.

按定理 10 知对应于不同特征值的特征向量正交，故这 n 个单位特征向量两两正交. 于是以它们为列向量构成正交阵 $\boldsymbol{P}$，并有

$$\boldsymbol{P}^{-1}\boldsymbol{A}\boldsymbol{P}=\boldsymbol{P}^{\mathrm{T}}\boldsymbol{A}\boldsymbol{P}=\boldsymbol{\Lambda}$$

其中：对角阵 $\boldsymbol{\Lambda}$ 的对角元素含 r_1 个 $\lambda_1,\cdots,r_s$ 个 λ_s，恰是 $\boldsymbol{A}$ 的 n 个特征值.

根据定理 12 的证明，可以按以下的步骤求出正交阵 $\boldsymbol{P}$，使得 $\boldsymbol{P}^{\mathrm{T}}\boldsymbol{A}\boldsymbol{P}$ 成为对角阵（其中 $\boldsymbol{A}$ 是实对称阵）：

（1）求出实对称阵 $\boldsymbol{A}$ 的特征方程 $|\lambda\boldsymbol{E}-\boldsymbol{A}|=0$ 的全部特征值 $\lambda_1,\lambda_2,\cdots,\lambda_n$；

（2）对每个 λ_i（相同的只需计算一次），求出齐次线性方程组 $(\lambda_i\boldsymbol{E}-\boldsymbol{A})\boldsymbol{x}=\boldsymbol{0}$ 的基础解系，它们就是属于 λ_i 的线性无关的特征向量；

（3）将每个 λ_i 相应的线性无关的特征向量用施密特方法正交规范化，使之成为正交单位向量组，这时如 λ_i 只有一个线性无关的特征向量，只需将这个向量单位化就可以了；

（4）将所有属于不同特征值的已单位正交化的特征向量放在与特征值在对角阵相应的位置就得到了正交矩阵 $\boldsymbol{P}$.

例 13　设 $\boldsymbol{A}=\begin{pmatrix}4&2&2\\2&4&2\\2&2&4\end{pmatrix}$，求一个正交阵 $\boldsymbol{P}$，使 $\boldsymbol{P}^{\mathrm{T}}\boldsymbol{A}\boldsymbol{P}=\boldsymbol{\Lambda}$ 为对角阵.

例 13 的讲解视频

解　$\boldsymbol{A}$ 的特征方程为

$$|\lambda\boldsymbol{E}-\boldsymbol{A}|=\begin{vmatrix}\lambda-4&-2&-2\\-2&\lambda-4&-2\\-2&-2&\lambda-4\end{vmatrix}=(\lambda-2)^2(\lambda-8)=0$$

故 $\boldsymbol{A}$ 的特征值为 2, 2, 8.

令 $\lambda=8$，解线性方程组 $(\lambda\boldsymbol{E}-\boldsymbol{A})\boldsymbol{x}=\boldsymbol{0}$，得相应于 8 的特征向量 $\boldsymbol{\alpha}_1=(1,1,1)^{\mathrm{T}}$，将 $\boldsymbol{\alpha}_1$ 单位化得向量 $\boldsymbol{\beta}_1=\left(\dfrac{1}{\sqrt{3}},\dfrac{1}{\sqrt{3}},\dfrac{1}{\sqrt{3}}\right)^{\mathrm{T}}$.

又令 $\lambda=2$，求出齐次线性方程组 $(\lambda\boldsymbol{E}-\boldsymbol{A})\boldsymbol{x}=\boldsymbol{0}$ 的基础解系

$$\boldsymbol{\eta}_1=\begin{pmatrix}-1\\1\\0\end{pmatrix},\quad \boldsymbol{\eta}_2=\begin{pmatrix}-1\\0\\1\end{pmatrix}$$

用施密特正交化方法，将其化为两个长度为 1 且互相正交的向量

$$\boldsymbol{\beta}_2=\begin{pmatrix}-\dfrac{1}{\sqrt{2}}\\\dfrac{1}{\sqrt{2}}\\0\end{pmatrix},\quad \boldsymbol{\beta}_3=\begin{pmatrix}-\dfrac{1}{\sqrt{6}}\\-\dfrac{1}{\sqrt{6}}\\\dfrac{2}{\sqrt{6}}\end{pmatrix}$$

笔记栏

于是，取

$$P=(\beta_1,\beta_2,\beta_3)=\begin{pmatrix}\frac{1}{\sqrt{3}} & -\frac{1}{\sqrt{2}} & -\frac{1}{\sqrt{6}}\\ \frac{1}{\sqrt{3}} & \frac{1}{\sqrt{2}} & -\frac{1}{\sqrt{6}}\\ \frac{1}{\sqrt{3}} & 0 & \frac{2}{\sqrt{6}}\end{pmatrix}$$

不难验证

$$P^{\mathrm{T}}AP=\begin{pmatrix}8&0&0\\0&2&0\\0&0&2\end{pmatrix}$$

注意 对角矩阵 Λ 中对角元的排列次序应与 P 中列向量的排列次序相对应，若此题取 $P=(\beta_2,\beta_3,\beta_1)$，则 $P^{\mathrm{T}}AP=\begin{pmatrix}2&&\\&2&\\&&8\end{pmatrix}$

习 题

A 题

1. 如果向量 $x=(1,-1,3t,1)$，$y=(0,3,2,t)$且$[x,y]=0$，则 $t=$____.

2. 矩阵 $A=\begin{pmatrix}0&0&1\\0&1&0\\1&0&0\end{pmatrix}$的特征值为________.

3. 已知矩阵 $A=\begin{pmatrix}2&0&0\\0&0&1\\0&1&x\end{pmatrix}$与 $B=\begin{pmatrix}2&0&0\\0&y&0\\0&0&-1\end{pmatrix}$相似，则 $x=$________，$y=$________.

4. 如果矩阵 $A=\begin{pmatrix}0 & b & -\frac{1}{\sqrt{2}}\\ -\frac{2}{\sqrt{6}} & \frac{1}{\sqrt{6}} & c\\ a & \frac{1}{\sqrt{3}} & \frac{1}{\sqrt{3}}\end{pmatrix}$是正交阵，则 $a=$__________，$b=$________，$c=$________.

5. 如果 $A=\begin{pmatrix}1&0\\-1&2\end{pmatrix}$，则 $A^{10}=$________.

6. λ_1，λ_2 都是 n 阶矩阵 A 的特征值，$\lambda_1\neq\lambda_2$，且 x_1 与 x_2 分别是对应于 λ_1 与 λ_2 的特征向量，当（　　）时，$x=k_1x_1+k_2x_2$ 必是 A 的特征向量.

A．$k_1=0$ 且 $k_2=0$　　B．$k_1\neq0$ 且 $k_2\neq0$

C．$k_1k_2=0$　　D．$k_1\neq0$ 而 $k_2=0$

7. $\boldsymbol{A}$ 与 $\boldsymbol{B}$ 是两个相似的 n 阶矩阵，则（　　）.

A．存在非奇异矩阵 $\boldsymbol{P}$，使 $\boldsymbol{P}^{-1}\boldsymbol{AP}=\boldsymbol{B}$

B．存在对角矩阵 $\boldsymbol{D}$，使 $\boldsymbol{A}$ 与 $\boldsymbol{B}$ 都相似于 $\boldsymbol{D}$

C．$|\boldsymbol{A}|=|\boldsymbol{B}|$

D．$\lambda\boldsymbol{E}-\boldsymbol{A}=\lambda\boldsymbol{E}-\boldsymbol{B}$

8. 如果（　　），则矩阵 $\boldsymbol{A}$ 与矩阵 $\boldsymbol{B}$ 相似.

A．$|\boldsymbol{A}|=|\boldsymbol{B}|$

B．$R(\boldsymbol{A})=R(\boldsymbol{B})$

C．$\boldsymbol{A}$ 与 $\boldsymbol{B}$ 有相同的特征多项式

D．n 阶矩阵 $\boldsymbol{A}$ 与 $\boldsymbol{B}$ 有相同的特征值且 n 个特征值各不相同

9. 设 $\boldsymbol{A}$ 为 n 阶可逆矩阵，λ 是 $\boldsymbol{A}$ 的一个特征根，则 $\boldsymbol{A}$ 的伴随矩阵 $\boldsymbol{A}^*$的特征根之一是（　　）.

A．$\lambda^{-1}|\boldsymbol{A}|^n$　　B．$\lambda^{-1}|\boldsymbol{A}|$　　C．$\lambda|\boldsymbol{A}|$　　D．$\lambda|\boldsymbol{A}|^n$

10. 设 $\boldsymbol{\alpha}$ 为 n 维单位列向量，$\boldsymbol{E}$ 为 n 阶单位矩阵，则（　　）.

A．$\boldsymbol{E}-\boldsymbol{\alpha\alpha}^{\mathrm{T}}$ 不可逆　　B．$\boldsymbol{E}+\boldsymbol{\alpha\alpha}^{\mathrm{T}}$ 不可逆

C．$\boldsymbol{E}+2\boldsymbol{\alpha\alpha}^{\mathrm{T}}$ 不可逆　　D．$\boldsymbol{E}-2\boldsymbol{\alpha\alpha}^{\mathrm{T}}$ 不可逆

11. 设 $\boldsymbol{A},\boldsymbol{B}$ 是可逆矩阵，且 $\boldsymbol{A}$ 与 $\boldsymbol{B}$ 相似，则下列结论错误的是（　　）.

A．$\boldsymbol{A}^{\mathrm{T}}$ 与 $\boldsymbol{B}^{\mathrm{T}}$ 相似　　B．$\boldsymbol{A}^{-1}$ 与 $\boldsymbol{B}^{-1}$ 相似

C．$\boldsymbol{A}+\boldsymbol{A}^{\mathrm{T}}$ 与 $\boldsymbol{B}+\boldsymbol{B}^{\mathrm{T}}$ 相似　　D．$\boldsymbol{A}+\boldsymbol{A}^{-1}$ 与 $\boldsymbol{B}+\boldsymbol{B}^{-1}$ 相似

12. 矩阵 $\begin{pmatrix}1 & a & 1\\ a & b & a\\ 1 & a & 1\end{pmatrix}$ 与 $\begin{pmatrix}2 & 0 & 0\\ 0 & b & 0\\ 0 & 0 & 0\end{pmatrix}$ 相似的充分必要条件为（　　）.

A．$a=0,b=2$　　B．$a=0,b$为任意常数

C．$a=2,b=0$　　D．$a=2,b$为任意常数

13. 下列矩阵中与矩阵 $\begin{bmatrix}1 & 1 & 0\\ 0 & 1 & 1\\ 0 & 0 & 1\end{bmatrix}$ 相似的为（　　）.

A．$\begin{bmatrix}1 & 1 & -1\\ 0 & 1 & 1\\ 0 & 0 & 1\end{bmatrix}$　　B．$\begin{bmatrix}1 & 0 & -1\\ 0 & 1 & 1\\ 0 & 0 & 1\end{bmatrix}$

C．$\begin{bmatrix}1 & 1 & -1\\ 0 & 1 & 0\\ 0 & 0 & 1\end{bmatrix}$　　D．$\begin{bmatrix}1 & 0 & -1\\ 0 & 1 & 0\\ 0 & 0 & 1\end{bmatrix}$

14. 已知矩阵 $\boldsymbol{A}=\begin{bmatrix}2 & 0 & 0\\ 0 & 2 & 1\\ 0 & 0 & 1\end{bmatrix},\boldsymbol{B}=\begin{bmatrix}2 & 1 & 0\\ 0 & 2 & 0\\ 0 & 0 & 1\end{bmatrix},\boldsymbol{C}=\begin{bmatrix}1 & 0 & 0\\ 0 & 2 & 0\\ 0 & 0 & 2\end{bmatrix}$，则（　　）.

A．$\boldsymbol{A}$ 与 $\boldsymbol{C}$ 相似，$\boldsymbol{B}$ 与 $\boldsymbol{C}$ 相似　　B．$\boldsymbol{A}$ 与 $\boldsymbol{C}$ 相似，$\boldsymbol{B}$ 与 $\boldsymbol{C}$ 不相似

C．$\boldsymbol{A}$ 与 $\boldsymbol{C}$ 不相似，$\boldsymbol{B}$ 与 $\boldsymbol{C}$ 相似　　D．$\boldsymbol{A}$ 与 $\boldsymbol{C}$ 不相似，$\boldsymbol{B}$ 与 $\boldsymbol{C}$ 不相似

15. 设 $\boldsymbol{A}$ 为四阶实对称矩阵，且 $\boldsymbol{A}^2+\boldsymbol{A}=\boldsymbol{O}$，若 $\boldsymbol{A}$ 的秩为3，则 $\boldsymbol{A}$ 相似于（　　）.

A. $\begin{pmatrix}1&&&\\&1&&\\&&1&\\&&&0\end{pmatrix}$　B. $\begin{pmatrix}1&&&\\&1&&\\&&-1&\\&&&0\end{pmatrix}$　C. $\begin{pmatrix}1&&&\\&-1&&\\&&-1&\\&&&0\end{pmatrix}$　D. $\begin{pmatrix}-1&&&\\&-1&&\\&&-1&\\&&&0\end{pmatrix}$

16. 已知$\boldsymbol{\alpha}_1=\begin{pmatrix}1\\0\\1\end{pmatrix},\boldsymbol{\alpha}_2=\begin{pmatrix}1\\2\\1\end{pmatrix},\boldsymbol{\alpha}_3=\begin{pmatrix}3\\1\\2\end{pmatrix}$，已知$\boldsymbol{\beta}_1=\boldsymbol{\alpha}_1,\boldsymbol{\beta}_2=\boldsymbol{\alpha}_2-k\boldsymbol{\beta}_1,\boldsymbol{\beta}_3=\boldsymbol{\alpha}_3-l_1\boldsymbol{\beta}_1-l_2\boldsymbol{\beta}_2$，若$\boldsymbol{\beta}_1,\boldsymbol{\beta}_2,\boldsymbol{\beta}_3$两两相交，则$l_1,l_2$依次为（　　）.

A. $\frac{5}{2},\frac{1}{2}$　B. $-\frac{5}{2},\frac{1}{2}$　C. $\frac{5}{2},-\frac{1}{2}$　D. $-\frac{5}{2},-\frac{1}{2}$

B　题

1. 求下列各矩阵的特征值与特征向量：

（1）$\begin{pmatrix}0&1\\1&2\end{pmatrix}$　（2）$\begin{pmatrix}4&-5&2\\5&-7&3\\6&-9&4\end{pmatrix}$　（3）$\begin{pmatrix}1&2&3\\2&1&3\\3&3&6\end{pmatrix}$

（4）$\begin{pmatrix}1&-3&3\\-2&-6&13\\-1&-4&8\end{pmatrix}$　（5）$\begin{pmatrix}0&0&1\\0&1&0\\1&0&0\end{pmatrix}$

2. 设 $\boldsymbol{A}=\begin{pmatrix}5&-3&2\\6&-4&4\\4&-4&5\end{pmatrix}$，求 $\boldsymbol{A}^{10}$.

3. 设三阶矩阵 $\boldsymbol{A}$ 的特征值为$-1, 0, 2$，求$|\boldsymbol{A}^2+\boldsymbol{A}+\boldsymbol{E}|$.

4. 下列两组向量是否为 R^3 中的正交向量组？是否为正交规范基？

（1）$(1, 1, 1), (1, 1, 0), (1, 0, 0)$　（2）$\left(\frac{6}{7},-\frac{3}{7},\frac{2}{7}\right),\left(\frac{2}{7},\frac{6}{7},\frac{3}{7}\right),\left(-\frac{3}{7},-\frac{2}{7},\frac{6}{7}\right)$

5. 试用施密特正交化过程把下列各组向量正交规范化：

（1）$(2, 0), (1, 1)$　（2）$(3, 4), (2, 3)$

（3）$(2, -1, -3), (-1, 5, 1), (1, 1, 9)$　（4）$(2, 0, 0), (0, 1, -1), (5, 6, 0)$

6. 判断下列矩阵是否为正交矩阵：

（1）$\begin{pmatrix}1&-\frac{1}{2}&\frac{1}{3}\\-\frac{1}{2}&1&\frac{1}{2}\\\frac{1}{3}&\frac{1}{2}&-1\end{pmatrix}$　（2）$\begin{pmatrix}\frac{1}{9}&-\frac{8}{9}&-\frac{4}{9}\\-\frac{8}{9}&\frac{1}{9}&-\frac{4}{9}\\-\frac{4}{9}&-\frac{4}{9}&\frac{7}{9}\end{pmatrix}$

7. 设 $\boldsymbol{H}=\boldsymbol{E}-2\boldsymbol{x}\boldsymbol{x}^{\mathrm{T}}$，这里 $\boldsymbol{E}$ 为 n 阶单位矩阵，$\boldsymbol{x}$ 为 n 维列向量，又 $\boldsymbol{x}^{\mathrm{T}}\boldsymbol{x}=1$，求证：

（1）$\boldsymbol{H}$ 是对称矩阵；

（2）$\boldsymbol{H}$ 是正交矩阵.

8. 某试验性生产线每年一月份进行熟练工与非熟练工的人数统计，然后将 $\frac{1}{6}$ 熟练工支援其他生产部门，其缺额由招收新的非熟练工补齐，新、老非熟练工经过培训及实践至年终考核有 $\frac{2}{5}$ 成为熟练工. 设第 n 年一月份统计的熟练工和非熟练工所占百分比分别为 x_n 和 y_n，记为向量 $\begin{pmatrix} x_n \\ y_n \end{pmatrix}$.

（1）求 $\begin{pmatrix} x_{n+1} \\ y_{n+1} \end{pmatrix}$ 与 $\begin{pmatrix} x_n \\ y_n \end{pmatrix}$ 的关系式并写成矩阵形式

$$\begin{pmatrix} x_{n+1} \\ y_{n+1} \end{pmatrix} = \boldsymbol{A}\begin{pmatrix} x_n \\ y_n \end{pmatrix}$$

（2）验证 $\boldsymbol{\eta}_1 = \begin{pmatrix} 4 \\ 1 \end{pmatrix}, \boldsymbol{\eta}_2 = \begin{pmatrix} -1 \\ 1 \end{pmatrix}$ 是 $\boldsymbol{A}$ 的两个线性无关特征向量，并求出相应的特征值；

（3）当 $\begin{pmatrix} x_1 \\ y_1 \end{pmatrix} = \begin{pmatrix} \frac{1}{2} \\ \frac{1}{2} \end{pmatrix}$ 时，求 $\begin{pmatrix} x_{n+1} \\ y_{n+1} \end{pmatrix}$.

9. $\boldsymbol{A}$ 为三阶实对称矩阵，$\boldsymbol{A}$ 的秩为 2，且 $\boldsymbol{A}\begin{pmatrix} 1 & 1 \\ 0 & 0 \\ -1 & 1 \end{pmatrix} = \begin{pmatrix} -1 & 1 \\ 0 & 0 \\ 1 & 1 \end{pmatrix}$.

（1）求 $\boldsymbol{A}$ 的所有特征值与特征向量；

（2）求矩阵 $\boldsymbol{A}$.

10. 设 $\boldsymbol{A} = \begin{pmatrix} 0 & -1 & 4 \\ -1 & 3 & a \\ 4 & a & 0 \end{pmatrix}$，正交矩阵 $\boldsymbol{Q}$ 使得 $\boldsymbol{Q}^{\mathrm{T}}\boldsymbol{A}\boldsymbol{Q}$ 为对角矩阵，若 $\boldsymbol{Q}$ 的第一列为 $\frac{1}{\sqrt{6}}(1,2,1)^{\mathrm{T}}$，求 $a, \boldsymbol{Q}$.

11. 设三阶矩阵 $\boldsymbol{A} = [\boldsymbol{\alpha}_1, \boldsymbol{\alpha}_2, \boldsymbol{\alpha}_3]$ 有 3 个不同的特征值，且 $\boldsymbol{\alpha}_3 = \boldsymbol{\alpha}_1 + 2\boldsymbol{\alpha}_2$.

（1）证明 $R(\boldsymbol{A}) = 2$;

（2）若 $\boldsymbol{\beta} = \boldsymbol{\alpha}_1 + \boldsymbol{\alpha}_2 + \boldsymbol{\alpha}_3$, 求方程组 $\boldsymbol{A}\boldsymbol{x} = \boldsymbol{\beta}$ 的通解.

12. 设矩阵 $\boldsymbol{A} = \begin{pmatrix} 0 & 2 & -3 \\ -1 & 3 & -3 \\ 1 & -2 & a \end{pmatrix}$ 相似于矩阵 $\boldsymbol{B} = \begin{pmatrix} 1 & -2 & 0 \\ 0 & b & 0 \\ 0 & 3 & 1 \end{pmatrix}$.

（1）求 a, b 的值；

（2）求可逆矩阵 $\boldsymbol{P}$, 使 $\boldsymbol{P}^{-1}\boldsymbol{A}\boldsymbol{P}$ 为对角矩阵.

13. 已知矩阵 $\boldsymbol{A} = \begin{pmatrix} -2 & -2 & 1 \\ 2 & x & -2 \\ 0 & 0 & -2 \end{pmatrix}$ 与 $\boldsymbol{B} = \begin{pmatrix} 2 & 1 & 0 \\ 0 & -1 & 0 \\ 0 & 0 & y \end{pmatrix}$ 相似.

（1）求 x, y；

（2）求可逆矩阵 $\boldsymbol{P}$，使得 $\boldsymbol{P}^{-1}\boldsymbol{A}\boldsymbol{P} = \boldsymbol{B}$.

14. 设 $\boldsymbol{A}$ 为二阶矩阵，$\boldsymbol{P}=(\boldsymbol{\alpha},\boldsymbol{A\alpha})$，其中 $\boldsymbol{\alpha}$ 是非零向量且不是 $\boldsymbol{A}$ 的特征向量.

（1）证明 $\boldsymbol{P}$ 为可逆矩阵.

（2）若 $\boldsymbol{A}^2\boldsymbol{\alpha}+\boldsymbol{A\alpha}-6\boldsymbol{\alpha}=\boldsymbol{O}$. 求 $\boldsymbol{P}^{-1}\boldsymbol{AP}$，并判断 $\boldsymbol{A}$ 是否相似于对角矩阵.

15. 设矩阵 $\boldsymbol{A}=\begin{pmatrix}2&1&0\\1&2&0\\1&a&b\end{pmatrix}$ 仅有两个不同的特征值，若 $\boldsymbol{A}$ 相似于对角矩阵，求 a,b 的值，并求可逆矩阵 $\boldsymbol{P}$，使 $\boldsymbol{P}^{-1}\boldsymbol{AP}$ 为对角矩阵.

16. 已知矩阵 $\boldsymbol{A}=\begin{pmatrix}0&-1&1\\2&-3&0\\0&0&0\end{pmatrix}$.

（1）求 $\boldsymbol{A}^{99}$；

（2）设三阶矩阵 $\boldsymbol{B}=(\boldsymbol{\alpha}_1,\boldsymbol{\alpha}_2,\boldsymbol{\alpha}_3)$ 满足 $\boldsymbol{B}^2=\boldsymbol{BA}$，记 $\boldsymbol{B}^{100}=(\boldsymbol{\beta}_1,\boldsymbol{\beta}_2,\boldsymbol{\beta}_3)$. 将 $\boldsymbol{\beta}_1,\boldsymbol{\beta}_2,\boldsymbol{\beta}_3$ 分别表示为 $\boldsymbol{\alpha}_1,\boldsymbol{\alpha}_2,\boldsymbol{\alpha}_3$ 的线性组合.

自 测 题

1. 填空题

（1）设 n 阶矩阵 $\boldsymbol{A}$ 的元素全为 1，则 $\boldsymbol{A}$ 的 n 个特征值是________.

（2）设 $\boldsymbol{A}$ 为 n 阶矩阵，$|\boldsymbol{A}|\neq 0$，$\boldsymbol{A}^*$为 $\boldsymbol{A}$ 的伴随矩阵，$\boldsymbol{E}$ 为 n 阶单位矩阵，若 $\boldsymbol{A}$ 有特征值 λ，则$(\boldsymbol{A}^*)^2+\boldsymbol{E}$ 必有特征值________.

（3）矩阵 $\boldsymbol{A}=\begin{pmatrix}\frac{3}{2}&-\frac{1}{2}&0\\-\frac{1}{2}&\frac{3}{2}&0\\0&0&3\end{pmatrix}$ 且 $\boldsymbol{P}^{-1}\boldsymbol{AP}=\begin{pmatrix}1&0&0\\0&2&0\\0&0&3\end{pmatrix}$，则正交矩阵 $\boldsymbol{P}$ 可以等于________.

（4）已知三阶矩阵 $\boldsymbol{A}$ 的特征值为 1, 1, −2，则$|\boldsymbol{A}^2+2\boldsymbol{A}-3\boldsymbol{E}|=$________.

（5）若三阶矩阵 $\boldsymbol{A}$ 的特征值为 $2,-2,1$，$\boldsymbol{B}=\boldsymbol{A}^2-\boldsymbol{A}+\boldsymbol{E}$，其中 $\boldsymbol{E}$ 为三阶单位矩阵，则行列式$|\boldsymbol{B}|=$________.

（6）设矩阵 $\boldsymbol{A}=\begin{pmatrix}4&1&-2\\1&2&a\\3&1&-1\end{pmatrix}$ 的一个特征向量 $\begin{pmatrix}1\\1\\2\end{pmatrix}$，则 $a=$________.

（7）设 $\boldsymbol{\alpha}$ 为三维单位列向量，$\boldsymbol{E}$ 为三阶单位矩阵，则矩阵 $\boldsymbol{E}-\boldsymbol{\alpha}\boldsymbol{\alpha}^{\mathrm{T}}$ 的秩为________.

（8）设 $\boldsymbol{A}=(a_{ij})$ 为三阶矩阵，A_{ij} 为代数余子式，若 $\boldsymbol{A}$ 的每行元素之和均为 2，且 $|\boldsymbol{A}|=3$，则 $A_{11}+A_{21}+A_{31}=$______.

（9）设 $\boldsymbol{A}$ 为三阶矩阵，$\boldsymbol{\alpha}_1,\boldsymbol{\alpha}_2,\boldsymbol{\alpha}_3$ 是线性无关的向量组，若 $\boldsymbol{A\alpha}_1=\boldsymbol{\alpha}_1+\boldsymbol{\alpha}_2$，$\boldsymbol{A\alpha}_2=\boldsymbol{\alpha}_2+\boldsymbol{\alpha}_3$，$\boldsymbol{A\alpha}_3=\boldsymbol{\alpha}_1+\boldsymbol{\alpha}_3$，则 $|\boldsymbol{A}|=$________.

（10）设二阶矩阵 $\boldsymbol{A}$ 有两个不同特征值，$\boldsymbol{\alpha}_1,\boldsymbol{\alpha}_2$ 是 $\boldsymbol{A}$ 的线性无关的特征向量，且满足，$\boldsymbol{A}^2(\boldsymbol{\alpha}_1+\boldsymbol{\alpha}_2)=\boldsymbol{\alpha}_1+\boldsymbol{\alpha}_2$，则 $|\boldsymbol{A}|=$________.

（11）设 $\boldsymbol{A}$ 为三阶矩阵，a_1,a_2,a_3 是线性无关的向量组，若 $\boldsymbol{A}a_1=2a_1+a_2+a_3$，$\boldsymbol{A}a_2=a_2+2a_3$，$\boldsymbol{A}a_3=-a_2+a_3$，则 $\boldsymbol{A}$ 的实特征值为________.

2. 判断题（对的打“√”，错的打“×”）

（1）设数 λ 和 n 维向量 $\boldsymbol{x}$ 使 $\boldsymbol{Ax}=\lambda\boldsymbol{x}$，那么 $\boldsymbol{x}$ 称为 $\boldsymbol{A}$ 的对应于 λ 的特征向量；（　　）

（2）相似矩阵的特征值相同；（　　）

（3）任何方阵都能与对角矩阵相似；（　　）

（4）若 $\boldsymbol{A}$ 是实对称阵，又是正交矩阵，则 $\boldsymbol{A}^2=\boldsymbol{E}$；（　　）

（5）实对称阵必能正交对角化.（　　）

3. 设三阶方阵 $\boldsymbol{A}$ 的特征值为 $\lambda_1=1$，$\lambda_2=0$，$\lambda_3=-1$，对应的特征向量依次为

$$\boldsymbol{p}_1=(1,2,2)^{\mathrm{T}},\quad \boldsymbol{p}_2=(2,-2,1)^{\mathrm{T}},\quad \boldsymbol{p}_3=(-2,-1,2)^{\mathrm{T}}$$

求 $\boldsymbol{A}$.

4. 设三阶实对称阵 $\boldsymbol{A}$ 的特征值为 6, 3, 3，与特征值 6 对应的特征向量为 $\boldsymbol{p}_1=(1,1,1)^{\mathrm{T}}$，求 $\boldsymbol{A}$.

5. 设三阶矩阵 $\boldsymbol{A}$ 的特征值为 $\lambda_1=1$，$\lambda_2=2$，$\lambda_3=3$，对应的特征向量依次为

$$\boldsymbol{\xi}_1=\begin{pmatrix}1\\1\\1\end{pmatrix},\quad \boldsymbol{\xi}_2=\begin{pmatrix}1\\2\\4\end{pmatrix},\quad \boldsymbol{\xi}_3=\begin{pmatrix}1\\3\\9\end{pmatrix}$$

已知向量 $\boldsymbol{\beta}=\begin{pmatrix}1\\1\\3\end{pmatrix}$.

（1）将 $\boldsymbol{\beta}$ 用 $\boldsymbol{\xi}_1,\boldsymbol{\xi}_2,\boldsymbol{\xi}_3$ 线性表出；

（2）求 $\boldsymbol{A}^n\boldsymbol{\beta}$（$n$ 为自然数）.

6. 设 n 阶矩阵 $\boldsymbol{A}=(a_{ij})$，$\boldsymbol{B}=(b_{ij})$，矩阵 $\boldsymbol{C}$ 为正交矩阵，且 $\boldsymbol{B}=\boldsymbol{C}^{-1}\boldsymbol{AC}$，求证：

$$\sum_{j=1}^{n}\sum_{i=1}^{n}a_{ij}^2=\sum_{j=1}^{n}\sum_{i=1}^{n}b_{ij}^2$$

第七章思维导图

第七章　二　次　型

第一节　实二次型概念与标准形

在解析几何中二次曲线的一般方程是

$$ax^2+2bxy+cy^2+2dx+2ey+f=0$$

它的二次项

$$\varphi(x,y)=ax^2+2bxy+cy^2$$

是一个二元二次齐次多项式.

在讨论某些问题时，常遇到 n 元二次齐次多项式.

定义 1　只含有二次项的 n 元多项式

定义 1 的讲解视频

$$\begin{aligned}f(x_1,x_2,\cdots,x_n)=a_{11}x_1^2&+2a_{12}x_1x_2+\cdots+2a_{1n}x_1x_n\\&+a_{22}x_2^2+\cdots+2a_{2n}x_2x_n\\&+\cdots+a_{nn}x_n^2\end{aligned}\tag{7.1}$$

称为 $x_1,x_2,\cdots,x_n$ 的一个 ***n* 元二次齐次多项式**，简称为 $x_1,x_2,\cdots,x_n$ 的一个 n 元**二次型**.

作一个 n 阶矩阵

$$\boldsymbol{A}=\begin{pmatrix}a_{11}&a_{12}&\cdots&a_{1n}\\a_{21}&a_{22}&\cdots&a_{2n}\\\vdots&\vdots&&\vdots\\a_{n1}&a_{n2}&\cdots&a_{nn}\end{pmatrix}$$

其中：a_{ii} 为式（7.1）中 x_i^2 的系数（$i=1,2,\cdots,n$），$a_{ij}=a_{ji}(i\neq j)$ 为式（7.1）中 $x_ix_j(i,j=1,2,\cdots,n)$ 系数的一半. 显然，$\boldsymbol{A}$ 是一个 n 阶对称矩阵，即 $\boldsymbol{A}^{\mathrm{T}}=\boldsymbol{A}$.

设 $\boldsymbol{x}=(x_1,x_2,\ldots,x_n)^{\mathrm{T}}$，由矩阵乘法可得

$$\begin{aligned}\boldsymbol{x}^{\mathrm{T}}\boldsymbol{A}\boldsymbol{x}&=(x_1,x_2,\cdots,x_n)\begin{pmatrix}a_{11}&a_{12}&\cdots&a_{1n}\\a_{21}&a_{22}&\cdots&a_{2n}\\\vdots&\vdots&&\vdots\\a_{n1}&a_{n2}&\cdots&a_{nn}\end{pmatrix}\begin{pmatrix}x_1\\x_2\\\vdots\\x_n\end{pmatrix}\\&=a_{11}x_1^2+a_{12}x_1x_2+\cdots+a_{1n}x_1x_n\\&\quad+a_{21}x_1x_2+a_{22}x_2^2+\cdots+a_{2n}x_2x_n\\&\quad+\cdots\\&\quad+a_{n1}x_1x_n+a_{n2}x_2x_n+\cdots+a_{nn}x_n^2\end{aligned}$$

因为 $a_{ij}=a_{ji}(i,j=1,2,\cdots,n)$，于是上式可写成

$$\begin{aligned}x^{\mathrm{T}}Ax=&a_{11}x_1^2+2a_{12}x_1x_2+\cdots+2a_{1n}x_1x_n\\&+a_{22}x_2^2+\cdots+2a_{2n}x_2x_n\\&+\cdots+a_{nn}x_n^2\end{aligned}$$

即为式（7.1）. 常用

$$f(\boldsymbol{x})=\boldsymbol{x}^{\mathrm{T}}\boldsymbol{A}\boldsymbol{x}\quad(\boldsymbol{A}^{\mathrm{T}}=\boldsymbol{A})\tag{7.2}$$

表示二次型（7.1），称为二次型（7.1）的矩阵形式. $\boldsymbol{A}$ 称为二次型（7.1）的矩阵. 可见二次型的矩阵都是对称的. 显然，一个二次型与一个对称矩阵相对应.

例如，二次型 $x_1x_2+x_1x_3+2x_2^2-3x_2x_3$ 所对应的对称矩阵是

$$\boldsymbol{A}=\begin{pmatrix}0&\frac{1}{2}&\frac{1}{2}\\\frac{1}{2}&2&-\frac{3}{2}\\\frac{1}{2}&-\frac{3}{2}&0\end{pmatrix}$$

反之，对称矩阵 $\boldsymbol{A}$ 所对应的二次型是

$$\boldsymbol{x}^{\mathrm{T}}\boldsymbol{A}\boldsymbol{x}=(x_1,x_2,x_3)\begin{pmatrix}0&\frac{1}{2}&\frac{1}{2}\\\frac{1}{2}&2&-\frac{3}{2}\\\frac{1}{2}&-\frac{3}{2}&0\end{pmatrix}\begin{pmatrix}x_1\\x_2\\x_3\end{pmatrix}=x_1x_2+x_1x_3+2x_2^2-3x_2x_3$$

在解析几何中，为了确定二次方程

$$ax^2+2bxy+cy^2=d$$

所表示的曲线的性态，通常利用转轴公式

$$\begin{cases}x=x'\cos\theta-y'\sin\theta\\y=x'\sin\theta+y'\cos\theta\end{cases}$$

选择适当的 θ，可使上面的方程化为

$$a'x'^2+b'y'^2=d'$$

在转轴公式中，θ 选定后，$\cos\theta,\sin\theta$ 是常数，x,y 是由 x',y' 的线性式给出，称为线性替换.一般有下面的定义.

定义 2 关系式

$$\begin{cases}x_1=c_{11}y_1+c_{12}y_2+\cdots+c_{1n}y_n\\x_2=c_{21}y_1+c_{22}y_2+\cdots+c_{2n}y_n\\\quad\cdots\cdots\\x_n=c_{n1}y_1+c_{n2}y_2+\cdots+c_{nn}y_n\end{cases}\tag{7.3}$$

称为由变量 $x_1,x_2,\cdots,x_n$ 到变量 $y_1,y_2,\cdots,y_n$ 的一个**线性替换**或**线性变换**. 矩阵

$$C=\begin{pmatrix} c_{11} & c_{12} & \cdots & c_{1n} \\ c_{21} & c_{22} & \cdots & c_{2n} \\ \vdots & \vdots & & \vdots \\ c_{n1} & c_{n2} & \cdots & c_{nn} \end{pmatrix}$$

称为线性替换（7.3）的矩阵，$|\boldsymbol{C}|\neq 0$ 时称式（7.3）为**非退化的线性替换**. 有时也称非退化的线性替换为非奇异的线性变换或可逆线性变换.

如上例中，因为$\begin{vmatrix} \cos\theta & -\sin\theta \\ \sin\theta & \cos\theta \end{vmatrix}=1\neq 0$，所以$\begin{cases} x=x'\cos\theta-y'\sin\theta, \\ y=x'\sin\theta+y'\cos\theta \end{cases}$是一个非退化的线性替换.

设$\boldsymbol{x}=\begin{pmatrix} x_1 \\ x_2 \\ \vdots \\ x_n \end{pmatrix}$，$\boldsymbol{y}=\begin{pmatrix} y_1 \\ y_2 \\ \vdots \\ y_n \end{pmatrix}$是两个 n 元变量，则式（7.3）可以写成以下矩阵形式

$$\boldsymbol{x}=\boldsymbol{C}\boldsymbol{y}$$

当$|\boldsymbol{C}|\neq 0$ 时，即线性替换为非退化的，此时有

$$\boldsymbol{y}=\boldsymbol{C}^{-1}\boldsymbol{x}$$

把式（7.3）代入式（7.2），得

$$\boldsymbol{x}^{\mathrm{T}}\boldsymbol{A}\boldsymbol{x}=(\boldsymbol{C}\boldsymbol{y})^{\mathrm{T}}\boldsymbol{A}(\boldsymbol{C}\boldsymbol{y})=\boldsymbol{y}^{\mathrm{T}}\boldsymbol{C}^{\mathrm{T}}\boldsymbol{A}\boldsymbol{C}\boldsymbol{y}=\boldsymbol{y}^{\mathrm{T}}\boldsymbol{B}\boldsymbol{y}$$

其中：$\boldsymbol{B}=\boldsymbol{C}^{\mathrm{T}}\boldsymbol{A}\boldsymbol{C}$，$\boldsymbol{B}^{\mathrm{T}}=(\boldsymbol{C}^{\mathrm{T}}\boldsymbol{A}\boldsymbol{C})^{\mathrm{T}}=\boldsymbol{C}^{\mathrm{T}}\boldsymbol{A}\boldsymbol{C}=\boldsymbol{B}$，因此$\boldsymbol{y}^{\mathrm{T}}\boldsymbol{B}\boldsymbol{y}$ 是以 $\boldsymbol{B}$ 为矩阵的 $\boldsymbol{y}$ 的 n 元二次型.

如果式（7.3）是非退化线性替换，$\boldsymbol{y}^{\mathrm{T}}\boldsymbol{B}\boldsymbol{y}$ 有下面的形状

$$d_1y_1^2+d_2y_2^2+\cdots+d_ry_r^2$$

其中：$d_i\neq 0$（$i=1,2,\cdots,r$；$r\leqslant n$），那么称这个形状的二次型为式（7.1）的一个标准形. 易知 $r=$秩（$\boldsymbol{A}$），称为二次型（7.1）的秩.

定义 3 设 $\boldsymbol{A},\boldsymbol{B}$ 为两个 n 阶矩阵，如果存在 n 阶非奇异矩阵 $\boldsymbol{C}$，使得 $\boldsymbol{C}^{\mathrm{T}}\boldsymbol{A}\boldsymbol{C}=\boldsymbol{B}$，则称矩阵 $\boldsymbol{A}$ 合同于矩阵 $\boldsymbol{B}$，或 $\boldsymbol{A}$ 与 $\boldsymbol{B}$ 合同，记为 $\boldsymbol{A}\simeq\boldsymbol{B}$.

可见，二次型（7.1）的矩阵 $\boldsymbol{A}$ 与经过非退化线性替换 $\boldsymbol{x}=\boldsymbol{C}\boldsymbol{y}$ 得出的二次型的矩阵 $\boldsymbol{C}^{\mathrm{T}}\boldsymbol{A}\boldsymbol{C}$ 是合同的. 合同关系具有以下性质：

（1）反射性：对于任意一个方阵 $\boldsymbol{A}$，都有 $\boldsymbol{A}\simeq\boldsymbol{A}$，因为 $\boldsymbol{E}^{\mathrm{T}}\boldsymbol{A}\boldsymbol{E}=\boldsymbol{A}$，$\boldsymbol{E}$ 为 n 阶单位矩阵；

（2）对称性：如果 $\boldsymbol{A}\simeq\boldsymbol{B}$，则 $\boldsymbol{B}\simeq\boldsymbol{A}$. 因为 $\boldsymbol{C}^{\mathrm{T}}\boldsymbol{A}\boldsymbol{C}=\boldsymbol{B}$，则$(\boldsymbol{C}^{-1})^{\mathrm{T}}\boldsymbol{B}\boldsymbol{C}^{-1}=\boldsymbol{A}$；

（3）传递性：如果 $\boldsymbol{A}\simeq\boldsymbol{B}$，且 $\boldsymbol{B}\simeq\boldsymbol{C}$，则 $\boldsymbol{A}\simeq\boldsymbol{C}$. 因为 $\boldsymbol{C}_1^{\mathrm{T}}\boldsymbol{A}\boldsymbol{C}_1=\boldsymbol{B}$，$\boldsymbol{C}_2^{\mathrm{T}}\boldsymbol{B}\boldsymbol{C}_2=\boldsymbol{C}$，则

$$(\boldsymbol{C}_1\boldsymbol{C}_2)^{\mathrm{T}}\boldsymbol{A}(\boldsymbol{C}_1\boldsymbol{C}_2)=\boldsymbol{C}$$

而$|\boldsymbol{C}_1\boldsymbol{C}_2|=|\boldsymbol{C}_1||\boldsymbol{C}_2|\neq 0$.

第二节 化实二次型为标准形

现在来讨论用非退化的线性替换化简二次型的问题.

定理 1 任何一个二次型都可以通过非退化线性替换化为标准形.

证 对二次型（7.1）按以下步骤进行：当 a_{ii}（$i=1,2,\cdots,n$）不全为零时执行 1°，否则执行 2°.

1° a_{ii}不全为零，设 $a_{11}\neq 0$，则式（7.1）改写成

$$f(x_1,x_2,\cdots,x_n)=a_{11}\left[x_1^2+2x_1\left(\frac{a_{12}}{a_{11}}x_2+\cdots+\frac{a_{1n}}{a_{11}}x_n\right)\right]$$
$$+a_{22}x_2^2+2a_{23}x_2x_3+\cdots+2a_{2n}x_2x_n+\cdots+a_{nn}x_n^2$$

配方，得

$$\begin{aligned}f(x_1,x_2,\cdots,x_n)=&a_{11}\left(x_1+\frac{a_{12}}{a_{11}}x_2+\cdots+\frac{a_{1n}}{a_{11}}x_n\right)^2\\&-\frac{1}{a_{11}}(a_{12}x_2+a_{13}x_3+\cdots+a_{1n}x_n)^2\\&+a_{22}x_2^2+2a_{23}x_2x_3+\cdots+2a_{2n}x_2x_n+\cdots+a_{nn}x_n^2\end{aligned}\tag{7.4}$$

令

$$\begin{cases}x_1=y_1-\dfrac{a_{12}}{a_{11}}y_2-\dfrac{a_{13}}{a_{11}}y_3-\cdots-\dfrac{a_{1n}}{a_{11}}y_n\\x_2=y_2\\\qquad\cdots\cdots\\x_n=y_n\end{cases}\tag{7.5}$$

式（7.5）是一个非退化的线性替换，代入式（7.4），得

$$f(x_1,x_2,\cdots,x_n)=a'_{11}y_1^2+a'_{22}y_2^2+2a'_{23}y_2y_3+\cdots+2a'_{2n}y_2y_n$$
$$+a'_{33}y_3^2+\cdots+2a'_{3n}y_3y_n+\cdots+a'_{nn}y_n^2$$

其中

$$a'_{11}=a_{11},\ a'_{ij}=\frac{1}{a_{11}}\begin{vmatrix}a_{11}&a_{1j}\\a_{i1}&a_{ij}\end{vmatrix}\quad(i,j=1,2,\cdots,n)$$

对于 $n-1$ 元二次型

$$a'_{22}y_2^2+2a'_{23}y_2y_3+\cdots+2a'_{2n}y_2y_n+a'_{33}y_3^2+\cdots+2a'_{3n}y_3y_n+\cdots+a'_{nn}y_n^2$$

当 $a'_{ii}(i=2,3,\cdots,n)$ 不全为零时继续执行 1°，否则转 2°.

2° $a_{ii}=0\ (i=1,2,\cdots,n)$，至少有一个 $a_{ij}\neq 0$，设 $a_{12}\neq 0$，式（7.1）成为

$$2a_{12}x_1x_2+2a_{13}x_1x_3+\cdots+2a_{1n}x_1x_n+2a_{23}x_2x_3+\cdots+2a_{2n}x_2x_n+\cdots+2a_{n-1,n}x_{n-1}x_n\tag{7.6}$$

令

$$\begin{cases}x_1=y_1\\x_2=y_1+y_2\\x_3=y_3\\\cdots\cdots\\x_n=y_n\end{cases}\tag{7.7}$$

式（7.7）是非退化线性替换，代入式（7.6），得

$$
\begin{aligned}
&2a_{12}y_1(y_1+y_2)+2a_{13}y_1y_3+\cdots+2a_{1n}y_1y_n+2a_{23}(y_1+y_2)y_3+\cdots+2a_{2n}(y_1+y_2)y_n+\cdots+2a_{n-1,n}y_{n-1}y_n \\
&=2a_{12}y_1^2+2a_{12}y_1y_2+2(a_{13}+a_{23})y_1y_3+\cdots+2(a_{1n}+a_{2n})y_1y_n \qquad (7.8)\\
&\quad+2a_{23}y_2y_3+\cdots+2a_{2n}y_2y_n+\cdots+2a_{n-1,n}y_{n-1}y_n
\end{aligned}
$$

其中：y_1^2 的系数 $2a_{12}\neq 0$，转 1°.

反复执行 1°和 2°，在有限步内可化二次型（7.1）为标准形.

因为 $\boldsymbol{x}=\boldsymbol{C}\boldsymbol{y}$，$|\boldsymbol{C}|\neq 0$，$\boldsymbol{y}=\boldsymbol{D}\boldsymbol{z}$，$|\boldsymbol{D}|\neq 0$，所以 $\boldsymbol{x}=(\boldsymbol{CD})\boldsymbol{z}$，$|\boldsymbol{CD}|=|\boldsymbol{C}||\boldsymbol{D}|\neq 0$ 也是非退化线性替换. 因此，任何一个二次型按以上步骤化为标准形时，每一步所经的线性替换都是非退化的，所以总可以找到一个非退化线性替换化二次型（7.1）为标准形.

由定理 1 显然可得定理 2.

定理 2 对任意一个对称矩阵 $\boldsymbol{A}$，存在一个非奇异矩阵 $\boldsymbol{C}$，使 $\boldsymbol{C}^{\mathrm{T}}\boldsymbol{A}\boldsymbol{C}$ 为对角形（称这个对角矩阵为 $\boldsymbol{A}$ 的标准形），即任一个对称矩阵都与一个对角矩阵合同.

例 1 求一非奇异矩阵 $\boldsymbol{C}$，使 $\boldsymbol{C}^{\mathrm{T}}\boldsymbol{A}\boldsymbol{C}$ 为对角矩阵，其中

$$
\boldsymbol{A}=\begin{pmatrix}0&1&1\\1&0&-2\\1&-2&0\end{pmatrix}
$$

解 $\boldsymbol{A}$ 所对应的二次型

$$
(x_1,x_2,x_3)\begin{pmatrix}0&1&1\\1&0&-2\\1&-2&0\end{pmatrix}\begin{pmatrix}x_1\\x_2\\x_3\end{pmatrix}=2x_1x_2+2x_1x_3-4x_2x_3
$$

令 $\begin{cases}x_1=y_1\\x_2=y_1+y_2\\x_3=y_3\end{cases}$，其矩阵 $\boldsymbol{C}_1=\begin{pmatrix}1&0&0\\1&1&0\\0&0&1\end{pmatrix}$，$|\boldsymbol{C}_1|=1\neq 0$，代入上式，得

$$
\begin{aligned}
&2y_1^2+2y_1y_2-2y_1y_3-4y_2y_3\\
&=2\left(y_1+\frac{1}{2}y_2-\frac{1}{2}y_3\right)^2-\frac{1}{2}(y_2-y_3)^2-4y_2y_3\\
&=2\left(y_1+\frac{1}{2}y_2-\frac{1}{2}y_3\right)^2-\frac{1}{2}y_2^2-3y_2y_3-\frac{1}{2}y_3^2\\
&=2\left(y_1+\frac{1}{2}y_2-\frac{1}{2}y_3\right)^2-\frac{1}{2}(y_2+3y_3)^2-4y_3^2
\end{aligned}
$$

令 $\begin{cases}y_1=z_1-\dfrac{1}{2}z_2+2z_3\\y_2=z_2-3z_3\\y_3=z_3\end{cases}$，其矩阵 $\boldsymbol{C}_2=\begin{pmatrix}1&-\dfrac{1}{2}&2\\0&1&-3\\0&0&1\end{pmatrix}$，$|\boldsymbol{C}_2|=1\neq 0$，代入上式，得标准形为

$$
2z_1^2-\frac{1}{2}z_2^2+4z_3^2
$$

因此有

$$C=C_1C_2=\begin{pmatrix}1&0&0\\1&1&0\\0&0&1\end{pmatrix}\begin{pmatrix}1&-\frac{1}{2}&2\\0&1&-3\\0&0&1\end{pmatrix}=\begin{pmatrix}1&-\frac{1}{2}&2\\1&\frac{1}{2}&-1\\0&0&1\end{pmatrix}$$

故

$$C^{\mathrm{T}}AC=\begin{pmatrix}1&1&0\\-\frac{1}{2}&\frac{1}{2}&0\\2&-1&1\end{pmatrix}\begin{pmatrix}0&1&1\\1&0&-2\\1&-2&0\end{pmatrix}\begin{pmatrix}1&-\frac{1}{2}&2\\1&\frac{1}{2}&-1\\0&0&1\end{pmatrix}=\begin{pmatrix}2&0&0\\0&-\frac{1}{2}&0\\0&0&4\end{pmatrix}$$

由第三章可知，非奇异矩阵可以表示为若干个初等矩阵的乘积，在矩阵的左（右）边乘以一个初等矩阵，即等于对该矩阵施以初等行（列）变换. 因此，当 $\boldsymbol{C}$ 是非奇异矩阵，$\boldsymbol{C}^{\mathrm{T}}\boldsymbol{AC}$ 是对角矩阵时，设 $\boldsymbol{C}=\boldsymbol{P}_1\boldsymbol{P}_2\cdots\boldsymbol{P}_s,\boldsymbol{P}_i(i=1,2,\cdots,s)$ 是初等矩阵，则 $\boldsymbol{C}^{\mathrm{T}}\boldsymbol{AC}=\boldsymbol{P}_s^{\mathrm{T}}\cdots\boldsymbol{P}_2^{\mathrm{T}}\boldsymbol{P}_1^{\mathrm{T}}\boldsymbol{AP}_1\boldsymbol{P}_2\cdots\boldsymbol{P}_s$ 是对角矩阵.

可见，对 $2n\times n$ 矩阵 $\begin{pmatrix}\boldsymbol{A}\\\boldsymbol{E}\end{pmatrix}$ 施以相应于右乘 $\boldsymbol{P}_1,\boldsymbol{P}_2,\cdots,\boldsymbol{P}_s$ 的初等列变换，再对 $\boldsymbol{A}$ 施以相应于左乘 $\boldsymbol{P}_1^{\mathrm{T}},\boldsymbol{P}_2^{\mathrm{T}},\cdots,\boldsymbol{P}_s^{\mathrm{T}}$ 的初等行变换，矩阵 $\boldsymbol{A}$ 变为对角矩阵，单位阵 $\boldsymbol{E}$ 就变为所要求的非奇异矩阵 $\boldsymbol{C}$.

例 2 求非奇异矩阵 $\boldsymbol{C}$，使 $\boldsymbol{C}^{\mathrm{T}}\boldsymbol{AC}$ 为对角矩阵，其中 $\boldsymbol{A}=\begin{pmatrix}1&1&1\\1&2&2\\1&2&1\end{pmatrix}$.

解

$$\begin{pmatrix}\boldsymbol{A}\\\boldsymbol{E}\end{pmatrix}=\begin{pmatrix}1&1&1\\1&2&2\\1&2&1\\1&0&0\\0&1&0\\0&0&1\end{pmatrix}\xrightarrow[c_3-c_1]{c_2-c_1}\begin{pmatrix}1&0&0\\1&1&1\\1&1&0\\1&-1&-1\\0&1&0\\0&0&1\end{pmatrix}\xrightarrow[r_3-r_1]{r_2-r_1}\begin{pmatrix}1&0&0\\0&1&1\\0&1&0\\1&-1&-1\\0&1&0\\0&0&1\end{pmatrix}$$

$$\xrightarrow{c_3-c_2}\begin{pmatrix}1&0&0\\0&1&0\\0&1&-1\\1&-1&0\\0&1&-1\\0&0&1\end{pmatrix}\xrightarrow{r_3-r_2}\begin{pmatrix}1&0&0\\0&1&0\\0&0&-1\\1&-1&0\\0&1&-1\\0&0&1\end{pmatrix}$$

因此

$$\boldsymbol{C}=\begin{pmatrix}1&-1&0\\0&1&-1\\0&0&1\end{pmatrix},\quad \boldsymbol{C}^{\mathrm{T}}\boldsymbol{AC}=\begin{pmatrix}1&0&0\\0&1&0\\0&0&-1\end{pmatrix}$$

例 3 求一非退化线性替换，化二次型 $2x_1x_2+2x_1x_3-4x_2x_3$ 为标准形.

解 此二次型对应的矩阵为

$$A=\begin{pmatrix}0&1&1\\1&0&-2\\1&-2&0\end{pmatrix}$$

$$\begin{pmatrix}A\\E\end{pmatrix}=\begin{pmatrix}0&1&1\\1&0&-2\\1&-2&0\\1&0&0\\0&1&0\\0&0&1\end{pmatrix}\xrightarrow{c_1+c_2}\begin{pmatrix}1&1&1\\1&0&-2\\-1&-2&0\\1&0&0\\1&1&0\\0&0&1\end{pmatrix}\xrightarrow{r_1+r_2}\begin{pmatrix}2&1&-1\\1&0&-2\\-1&-2&0\\1&0&0\\1&1&0\\0&0&1\end{pmatrix}$$

$$\xrightarrow[c_3+\frac{1}{2}c_1]{c_2-\frac{1}{2}c_1}\begin{pmatrix}2&0&0\\1&-\frac{1}{2}&-\frac{3}{2}\\-1&-\frac{3}{2}&-\frac{1}{2}\\1&-\frac{1}{2}&\frac{1}{2}\\1&\frac{1}{2}&\frac{1}{2}\\0&0&1\end{pmatrix}\xrightarrow[r_3+\frac{1}{2}r_1]{r_2-\frac{1}{2}r_1}\begin{pmatrix}2&0&0\\0&-\frac{1}{2}&-\frac{3}{2}\\0&-\frac{3}{2}&-\frac{1}{2}\\1&-\frac{1}{2}&\frac{1}{2}\\1&\frac{1}{2}&\frac{1}{2}\\0&0&1\end{pmatrix}$$

$$\xrightarrow{c_3-3c_2}\begin{pmatrix}2&0&0\\0&-\frac{1}{2}&0\\0&-\frac{3}{2}&4\\1&-\frac{1}{2}&2\\1&\frac{1}{2}&-1\\0&0&1\end{pmatrix}\xrightarrow{r_3-3r_2}\begin{pmatrix}2&0&0\\0&-\frac{1}{2}&0\\0&0&4\\1&-\frac{1}{2}&2\\1&\frac{1}{2}&-1\\0&0&1\end{pmatrix}$$

所以

$$C=\begin{pmatrix}1&-\frac{1}{2}&2\\1&\frac{1}{2}&-1\\0&0&1\end{pmatrix},\quad |C|=1\neq 0$$

令 $\begin{cases}x_1=y_1-\frac{1}{2}y_2+2y_3\\x_2=y_1+\frac{1}{2}y_2-y_3\\x_3=y_3\end{cases}$，代入原二次型可得标准形

笔记栏

$$2y_1^2-\frac{1}{2}y_2^2+4y_3^2$$

以上介绍了用配方法和初等变换法求二次型的标准形，下面再介绍用正交变换化实二次型为标准形的方法.

由第六章第四节知，任给实对称阵，总有正交阵 $\boldsymbol{P}$，使 $\boldsymbol{P}^{-1}\boldsymbol{AP}=\boldsymbol{\Lambda}$，即 $\boldsymbol{P}^{\mathrm{T}}\boldsymbol{AP}=\boldsymbol{\Lambda}$. 把此结论应用于二次型，即有以下定理：

定理 3 任给二次型 $f(x_1,x_2,\cdots,x_n)=\sum\limits_{i,j=1}^{n}a_{ij}x_ix_j\,(a_{ij}=a_{ji})$，总有正交变换 $\boldsymbol{x}=\boldsymbol{Py}$，使 $f(x_1,\cdots,x_n)$ 化为标准形

$$f(x_1,\cdots,x_n)=\lambda_1y_1^2+\lambda_2y_2^2+\cdots\lambda_ny_n^2$$

其中：$\lambda_1,\lambda_2,\cdots,\lambda_n$ 是 $f(x_1,\cdots,x_n)$ 的矩阵 $\boldsymbol{A}=(a_{ij})$ 的特征值.

利用正交变换化二次型为标准形的步骤如下：

（1）写出二次型 f 对应的矩阵 $\boldsymbol{A}$，设 $\boldsymbol{A}$ 为 n 阶矩阵；

（2）求出 $\boldsymbol{A}$ 的全部互异特征值 λ_i，设 λ_i 是 n_i 重根；

（3）对每个特征值 λ_i，解齐次线性方程组 $(\lambda_i\boldsymbol{E}-\boldsymbol{A})\boldsymbol{x}=\boldsymbol{0}$，求得基础解系，此基础解系就是属于 λ_i 的线性无关的特征向量；

（4）将 $\boldsymbol{A}$ 的属于同一个特征值的特征向量正交化（**注意** 如果特征值是单根，其对应的特征向量不需要正交化；如果特征值是重根，则需要将属于同一个特征值的特征向量正交化. 也就是说这一步骤只适合于特征值是重根的情形）；

（5）将全部向量单位化，所得向量不妨记为 $\gamma_1,\gamma_2,\cdots,\gamma_n$（**注意** 这里的全部向量包括前面第（3）步得到的单根特征值对应的特征向量和第（4）步得到的重根特征值对应的特征向量经正交化处理之后的向量）；

（6）构造矩阵 $\boldsymbol{P}=(\gamma_1,\gamma_2,\cdots,\gamma_n)$，则 $\boldsymbol{P}$ 为正交矩阵，且 $\boldsymbol{P}^{\mathrm{T}}\boldsymbol{AP}=\begin{pmatrix}\lambda_1' & & & \\ & \lambda_1' & & \\ & & \ddots & \\ & & & \lambda_n'\end{pmatrix}$，其中：$\lambda_i'$ 恰好是 $\boldsymbol{\gamma}_i\,(i=1,2,\cdots,n)$ 对应的特征值；

（7）令 $\boldsymbol{x}=\boldsymbol{Py}$，则经过正交变换 $\boldsymbol{x}=\boldsymbol{Py}$，二次型化为标准形

$$f=\lambda_1'y_1^2+\lambda_2'y_2^2+\cdots+\lambda_n'y_n^2$$

例 4 求正交变换 $\boldsymbol{x}=\boldsymbol{Py}$，化二次型

$$f(x_1,x_2,x_3)=x_1^2+x_2^2+x_3^2-4x_1x_2-4x_1x_3-4x_2x_3$$

为标准形.

例 4 的讲解视频

解 该二次型对应的矩阵为 $\boldsymbol{A}=\begin{pmatrix}1 & -2 & -2\\ -2 & 1 & -2\\ -2 & -2 & 1\end{pmatrix}$，由

$$|\lambda\boldsymbol{E}-\boldsymbol{A}|=\begin{vmatrix}\lambda-1 & 2 & 2\\ 2 & \lambda-1 & 2\\ 2 & 2 & \lambda-1\end{vmatrix}=(\lambda+3)(\lambda-3)^2=0$$

解得特征值 $\lambda_1=-3,\lambda_2=\lambda_3=3$.

当 $\lambda_1=-3$ 时，解方程组 $(-3\boldsymbol{E}-\boldsymbol{A})\boldsymbol{x}=\boldsymbol{0}$ 如下：

$$(-3\boldsymbol{E}-\boldsymbol{A})=\begin{pmatrix}-4&2&2\\2&-4&2\\2&2&-4\end{pmatrix}\xrightarrow[\substack{r_3+r_2\\ r_1\times\frac{1}{2}\\ r_2\times(-1)}]{\substack{r_1\leftrightarrow r_3\\ r_3+r_1}}\begin{pmatrix}1&1&-2\\0&1&-1\\0&0&0\end{pmatrix}\xrightarrow{r_1-r_2}\begin{pmatrix}1&0&-1\\0&1&-1\\0&0&0\end{pmatrix}$$

于是 $\begin{cases}x_1=x_3\\x_2=x_3\\x_3=x_3\end{cases}$，即 $\begin{pmatrix}x_1\\x_2\\x_3\end{pmatrix}=x_3\begin{pmatrix}1\\1\\1\end{pmatrix}$，故 $(-3\boldsymbol{E}-\boldsymbol{A})\boldsymbol{x}=\boldsymbol{0}$ 的基础解系为 $\begin{pmatrix}1\\1\\1\end{pmatrix}$. 所以 $\begin{pmatrix}1\\1\\1\end{pmatrix}$ 为对应 $\lambda_1=-3$ 的一个特征向量，记 $\boldsymbol{\xi}_1=\begin{pmatrix}1\\1\\1\end{pmatrix}$.

当 $\lambda_2=\lambda_3=3$ 时，解方程组 $(3\boldsymbol{E}-\boldsymbol{A})\boldsymbol{x}=\boldsymbol{0}$ 如下：

$$(3\boldsymbol{E}-\boldsymbol{A})=\begin{pmatrix}2&2&2\\2&2&2\\2&2&2\end{pmatrix}\xrightarrow[r_1\times\frac{1}{2}]{\substack{r_2-r_1\\ r_3-r_1}}\begin{pmatrix}1&1&1\\0&0&0\\0&0&0\end{pmatrix}$$

于是 $\begin{cases}x_1=-x_2-x_3\\x_2=\quad x_2\\x_3=\qquad\quad x_3\end{cases}$，即

$$\begin{pmatrix}x_1\\x_2\\x_3\end{pmatrix}=x_2\begin{pmatrix}-1\\1\\0\end{pmatrix}+x_3\begin{pmatrix}-1\\0\\1\end{pmatrix}$$

故 $(3\boldsymbol{E}-\boldsymbol{A})\boldsymbol{x}=\boldsymbol{0}$ 的基础解系为 $\begin{pmatrix}-1\\1\\0\end{pmatrix}$，$\begin{pmatrix}-1\\0\\1\end{pmatrix}$.所以 $\begin{pmatrix}-1\\1\\0\end{pmatrix}$，$\begin{pmatrix}-1\\0\\1\end{pmatrix}$ 为对应 $\lambda_2=\lambda_3=3$ 的两个线性无关的特征向量，记 $\boldsymbol{\xi}_2=\begin{pmatrix}-1\\1\\0\end{pmatrix}$，$\boldsymbol{\xi}_3=\begin{pmatrix}-1\\0\\1\end{pmatrix}$.

将 $\boldsymbol{\xi}_2$，$\boldsymbol{\xi}_3$ 正交化如下：

取 $\boldsymbol{\eta}_2=\boldsymbol{\xi}_2=\begin{pmatrix}-1\\1\\0\end{pmatrix}$，$\boldsymbol{\eta}_3=\boldsymbol{\xi}_3-\dfrac{[\boldsymbol{\xi}_3,\boldsymbol{\eta}_2]}{[\boldsymbol{\eta}_2,\boldsymbol{\eta}_2]}\boldsymbol{\eta}_2=\begin{pmatrix}-1\\0\\1\end{pmatrix}-\dfrac{1}{2}\begin{pmatrix}-1\\1\\0\end{pmatrix}=\begin{pmatrix}-\frac{1}{2}\\-\frac{1}{2}\\1\end{pmatrix}$. 再将 $\boldsymbol{\xi}_1,\boldsymbol{\eta}_2,\boldsymbol{\eta}_3$ 单位化，得

$$\boldsymbol{\gamma}_1=\frac{\boldsymbol{\xi}_1}{\|\boldsymbol{\xi}_1\|}=\begin{pmatrix}\frac{1}{\sqrt{3}}\\\frac{1}{\sqrt{3}}\\\frac{1}{\sqrt{3}}\end{pmatrix},\quad \boldsymbol{\gamma}_2=\frac{\boldsymbol{\eta}_2}{\|\boldsymbol{\eta}_2\|}=\begin{pmatrix}-\frac{1}{\sqrt{2}}\\\frac{1}{\sqrt{2}}\\0\end{pmatrix},\quad \boldsymbol{\gamma}_3=\frac{\boldsymbol{\eta}_3}{\|\boldsymbol{\eta}_3\|}=\begin{pmatrix}-\frac{1}{\sqrt{6}}\\-\frac{1}{\sqrt{6}}\\\frac{2}{\sqrt{6}}\end{pmatrix}$$

令 $P=(\gamma_1,\gamma_2,\gamma_3)=\begin{pmatrix} \frac{1}{\sqrt{3}} & -\frac{1}{\sqrt{2}} & -\frac{1}{\sqrt{6}} \\ \frac{1}{\sqrt{3}} & \frac{1}{\sqrt{2}} & -\frac{1}{\sqrt{6}} \\ \frac{1}{\sqrt{3}} & 0 & \frac{2}{\sqrt{6}} \end{pmatrix}$，则 P 为正交阵，且 $P^{\mathrm{T}}AP=\begin{pmatrix} -3 & 0 & 0 \\ 0 & 3 & 0 \\ 0 & 0 & 3 \end{pmatrix}$，于是，存在正交变换 $x=Py$，即

$$\begin{pmatrix} x_1 \\ x_2 \\ x_3 \end{pmatrix}=\begin{pmatrix} \frac{1}{\sqrt{3}} & -\frac{1}{\sqrt{2}} & -\frac{1}{\sqrt{6}} \\ \frac{1}{\sqrt{3}} & \frac{1}{\sqrt{2}} & -\frac{1}{\sqrt{6}} \\ \frac{1}{\sqrt{3}} & 0 & \frac{2}{\sqrt{6}} \end{pmatrix}\begin{pmatrix} y_1 \\ y_2 \\ y_3 \end{pmatrix}$$

使得二次型化为标准形 $f=-3y_1^2+3y_2^2+3y_3^2$.

注意 二次型只有经正交变换化成的标准形，其平方项前面的系数才是该二次型对应矩阵的特征值.

第三节 实二次型的正惯性指数

设 $f(x_1,x_2,\cdots,x_n)$ 是一实系数的二次型，化为标准形后，如果有必要可重新安排变量的次序（这也是一个非退化线性替换），使这个标准形为以下形状

$$d_1x_1^2+\cdots+d_px_p^2-d_{p+1}x_{p+1}^2-\cdots-d_rx_r^2$$

其中：$d_i>0\ (i=1,2,\cdots,r)$.

对标准形的各项符号通过如下的非退化线性替换

$$\begin{cases} x_i=\dfrac{1}{\sqrt{d_i}}y_i & (i=1,2,\cdots,r) \\ x_j=y_j & (j=r+1,r+2,\cdots,n) \end{cases}$$

化二次型 $d_1x_1^2+\cdots+d_px_p^2-d_{p+1}x_{p+1}^2-\cdots-d_rx_r^2$ 为

$$y_1^2+\cdots+y_p^2-y_{p+1}^2-\cdots-y_r^2$$

这种形式的二次型称为二次型（7.1）的规范形，因此有下面的定理.

定理 4 任意一个实数域上的二次型，经过一适当的非退化线性替换可以变成规范形，且规范形是唯一的.

证 定理的前一半在上面已经证明，下面证明唯一性.

设实二次型 $f(x_1,x_2,\cdots,x_n)$ 经过非退化线性替换

$$X=BY$$

化成规范形

$$f(x_1,x_2,\cdots,x_n)=y_1^2+\cdots+y_p^2-y_{p+1}^2-\cdots-y_r^2$$

而经过非退化线性替换

$$X=CZ$$

也化成规范形

$$f(x_1,x_2,\cdots,x_n)=z_1^2+\cdots+z_q^2-z_{q+1}^2-\cdots-z_r^2$$

现在来证 $p=q$. 用反证法. 设 $p>q$，由以上假设，有

$$y_1^2+\cdots+y_p^2-y_{p+1}^2-\cdots-y_r^2=z_1^2+\cdots+z_q^2-z_{q+1}^2-\cdots-z_r^2 \tag{7.9}$$

其中

$$\boldsymbol{Z}=\boldsymbol{C}^{-1}\boldsymbol{B}\boldsymbol{Y} \tag{7.10}$$

令

$$\boldsymbol{C}^{-1}\boldsymbol{B}=\boldsymbol{G}=\begin{pmatrix} g_{11} & g_{12} & \cdots & g_{1n} \\ g_{21} & g_{22} & \cdots & g_{2n} \\ \vdots & \vdots & & \vdots \\ g_{n1} & g_{n2} & \cdots & g_{nn} \end{pmatrix}$$

即

$$\begin{cases} z_1=g_{11}y_1+g_{12}y_2+\cdots+g_{1n}y_n \\ z_2=g_{21}y_1+g_{22}y_2+\cdots+g_{2n}y_n \\ \qquad\cdots\cdots \\ z_n=g_{n1}y_1+g_{n2}y_2+\cdots+g_{nn}y_n \end{cases}$$

考虑齐次线性方程组

$$\begin{cases} g_{11}y_1+g_{12}y_2+\cdots+g_{1n}y_n=0 \\ \qquad\cdots\cdots \\ g_{q1}y_1+g_{q2}y_2+\cdots+g_{qn}y_n=0 \\ y_{p+1}=0 \\ \qquad\cdots\cdots \\ y_n=0 \end{cases} \tag{7.11}$$

此方程组含有 n 个未知量，且含有

$$q+(n-p)=n-(p-q)<n$$

个方程，因此它有非零解.令

$$(y_1,\cdots,y_p,y_{p+1},\cdots,y_n)=(k_1,\cdots,k_p,k_{p+1},\cdots,k_n)$$

是其中的一个非零解，显然

$$k_{p+1}=k_{p+2}=\cdots=k_n=0$$

因此把它代入式（7.9）的左端，得到的值

$$k_1^2+\cdots+k_p^2>0$$

通过式（7.10）把它代入式（7.9）的右端，因为它是式（7.11）的解，故有

$$z_1=\cdots=z_q=0$$

所以得到的值为

$$-z_{q+1}^2-\cdots-z_r^2\leqslant 0$$

这是一个矛盾，它说明假设 $p>q$ 是不对的，因此证明了 $p\leqslant q$.

同理可证 $q\leqslant p$，从而 $p=q$，这就证明了规范形的唯一性.

通常称这个定理为惯性定理.

定义 4 在实二次型 $f(x_1,x_2,\cdots,x_n)$ 的规范形中，正平方项的个数 p 称为 $f(x_1,x_2,\cdots,x_n)$ 的正惯性指数；负平方项的个数 $r-p$ 称为 $f(x_1,x_2,\cdots,x_n)$ 的负惯性指数；它们的差 $p-(r-p)=2p-r$ 称为 $f(x_1,x_2,\cdots,x_n)$ 的符号差. 其中 r 为二次型 $f(x_1,x_2,\cdots,x_n)$ 的秩.

定理 4 表明，任何合同的对称矩阵具有相同的规范形 $\begin{pmatrix} I_p & 0 & 0 \\ 0 & -I_{r-p} & 0 \\ 0 & 0 & 0 \end{pmatrix}$，即合同的实对称矩阵具有相同的正、负惯性指数和秩.

惯性定律反映在几何上就是：通过非退化线性替换把二次曲线方程化为标准方程时，方程的系数和所作的线性替换有关，但曲线的类型（椭圆型、双曲型等）是不会因所作线性替换的不同而有所改变的.

第四节 正定二次型

定义 5 若对于不全为零的任何实数 $x_1,x_2,\cdots,x_n$，二次型

$$f(x_1,x_2,\cdots,x_n)=\sum_{i,j=1}^{n}a_{ij}x_ix_j=\boldsymbol{x}^{\mathrm{T}}\boldsymbol{A}\boldsymbol{x} \quad (a_{ij}=a_{ji} \text{ 或 } \boldsymbol{A}^{\mathrm{T}}=\boldsymbol{A})$$

的值都是正数，则称此二次型为正定的，而其对应的矩阵称为正定矩阵.

下面介绍判断一个二次型为正定的充分必要条件.

定理 5 二次型 $\boldsymbol{x}^{\mathrm{T}}\boldsymbol{A}\boldsymbol{x}$ 是正定的充分必要条件为其正惯性指数等于 n.

证 设非退化线性替换 $\boldsymbol{x}=\boldsymbol{C}\boldsymbol{y}$，使

$$\boldsymbol{x}^{\mathrm{T}}\boldsymbol{A}\boldsymbol{x}=d_1y_1^2+d_2y_2^2+\cdots+d_ny_n^2$$

因为 $\boldsymbol{C}$ 是非奇异的，所以 $x_1,x_2,\cdots,x_n$ 不全为零，与 $y_1,y_2,\cdots,y_n$ 不全为零是等价的.显然，当 $y_1,y_2,\cdots,y_n$ 不全为零时，

$$dy_1^2+d_2y_2^2+\cdots+d_ny_n^2>0 \tag{7.12}$$

的充分必要条件为 $d_1>0,d_2>0,\cdots,d_n>0$.

如果在式（7.12）中再令 $z_i=\sqrt{d_i}\,y_i\ (i=1,2,\cdots,n)$，即

$$\boldsymbol{y}=\boldsymbol{C}_1\boldsymbol{z}$$

其中

$$\boldsymbol{y}=\begin{pmatrix} y_1 \\ y_2 \\ \vdots \\ y_n \end{pmatrix},\quad \boldsymbol{C}_1=\begin{pmatrix} \frac{1}{\sqrt{d_1}} & 0 & \cdots & 0 \\ 0 & \frac{1}{\sqrt{d_2}} & \cdots & 0 \\ \vdots & \vdots & & \vdots \\ 0 & 0 & \cdots & \frac{1}{\sqrt{d_n}} \end{pmatrix},\quad \boldsymbol{z}=\begin{pmatrix} z_1 \\ z_2 \\ \vdots \\ z_n \end{pmatrix}$$

则通过非退化线性替换 $\boldsymbol{x}=\boldsymbol{C}\boldsymbol{C}_1\boldsymbol{z}=\boldsymbol{M}\boldsymbol{z}$，使

$$\boldsymbol{x}^{\mathrm{T}}\boldsymbol{A}\boldsymbol{x}=z_1^2+z_2^2+\cdots+z_n^2$$

这样又有下列推论.

推论 1 二次型 $\boldsymbol{x}^{\mathrm{T}}\boldsymbol{A}\boldsymbol{x}$ 是正定的充分必要条件为存在非退化线性替换 $\boldsymbol{x}=\boldsymbol{M}\boldsymbol{y}$，使

$$\boldsymbol{x}^{\mathrm{T}}\boldsymbol{A}\boldsymbol{x}=y_1^2+y_2^2+\cdots+y_n^2$$

用矩阵来描述就是，实对称矩阵 $\boldsymbol{A}$ 是正定的充分必要条件为存在非奇异矩阵 $\boldsymbol{M}$，使 $\boldsymbol{M}^{\mathrm{T}}\boldsymbol{A}\boldsymbol{M}=\boldsymbol{E}$，其中 $\boldsymbol{E}$ 为单位矩阵，即 $\boldsymbol{A}$ 与单位矩阵合同.

因为总是存在正交变换 $\boldsymbol{x}=\boldsymbol{P}\boldsymbol{y}$ 使

$$\boldsymbol{x}^{\mathrm{T}}\boldsymbol{A}\boldsymbol{x}=\lambda_1y_1^2+\lambda_2y_2^2+\cdots+\lambda_ny_n^2$$

其中：$\lambda_1,\lambda_2,\cdots,\lambda_n$ 为实对称矩阵 $\boldsymbol{A}$ 的特征值，所以又有：

推论 2 二次型 $\boldsymbol{x}^{\mathrm{T}}\boldsymbol{A}\boldsymbol{x}$ 是正定的充分必要条件为实对称矩阵 $\boldsymbol{A}$ 的特征值都是正数.

推论 3 正定矩阵的行列式大于零.

证 设 $\boldsymbol{A}$ 为正定矩阵，由推论 1 知必存在非奇异矩阵 $\boldsymbol{M}$，使 $\boldsymbol{M}^{\mathrm{T}}\boldsymbol{A}\boldsymbol{M}=\boldsymbol{E}$，两边取行列式

$$|\boldsymbol{M}^{\mathrm{T}}||\boldsymbol{A}||\boldsymbol{M}|=|\boldsymbol{E}|=1$$

而 $|\boldsymbol{M}^{\mathrm{T}}|=|\boldsymbol{M}|\neq 0$，因而 $|\boldsymbol{A}||\boldsymbol{M}|^2=1$，所以 $|\boldsymbol{A}|>0$.

推论 3 也说明了正定矩阵一定是非奇异的.

用行列式来判别一个矩阵（或二次型）是否是正定的也是一种常用的方法. 设有矩阵

$$\boldsymbol{A}=\begin{pmatrix} a_{11} & a_{12} & \cdots & a_{1n} \\ a_{21} & a_{22} & \cdots & a_{2n} \\ \vdots & \vdots & & \vdots \\ a_{n1} & a_{n2} & \cdots & a_{nn} \end{pmatrix}$$

称下列 n 个行列式为 $\boldsymbol{A}$ 的 n 个顺序主子式

$$|a_{11}|,\ \begin{vmatrix} a_{11} & a_{12} \\ a_{21} & a_{22} \end{vmatrix},\ \begin{vmatrix} a_{11} & a_{12} & a_{13} \\ a_{21} & a_{22} & a_{23} \\ a_{31} & a_{32} & a_{33} \end{vmatrix},\ \cdots,\ \begin{vmatrix} a_{11} & a_{12} & \cdots & a_{1n} \\ a_{21} & a_{22} & \cdots & a_{2n} \\ \vdots & \vdots & & \vdots \\ a_{n1} & a_{n2} & \cdots & a_{nn} \end{vmatrix}$$

注意 这里 $|a_{11}|$ 表示一阶行列式而不是绝对值. $\boldsymbol{A}$ 的第 i 个顺序主子式实际上就是由 $\boldsymbol{A}$ 的前 i 行与前 i 列交叉点上的元素构成的行列式.

定理 6 二次型 $f(x_1,x_2,\cdots,x_n)=\sum\limits_{i,j=1}^{n}a_{ij}x_ix_j$ 是正定的充分必要条件为实对称矩阵 $\boldsymbol{A}=(a_{ij})$ 的各阶顺序主子式都大于零.

证 必要性. 实际上，$\boldsymbol{A}$ 的 k 阶顺序主子式

$$P_k=\begin{vmatrix} a_{11} & a_{12} & \cdots & a_{1k} \\ a_{21} & a_{22} & \cdots & a_{2k} \\ \vdots & \vdots & & \vdots \\ a_{k1} & a_{k2} & \cdots & a_{kk} \end{vmatrix}$$

就是二次型

$$g(x_1,x_2,\cdots,x_k)=\sum_{i,j=1}^{n}a_{ij}x_ix_j$$

的矩阵的行列式，所以只要证明此二次型是正定的，由定理 5 的推论 3 就有 $P_k>0$. 而这由

$g(x_1,x_2,\cdots,x_k)=f(x_1,x_2,\cdots,x_k,0,\cdots,0)$ 与 $f(x_1,x_2,\cdots,x_n)$ 的正定性即可推出.

充分性. 对 n 用数学归纳法.

当 $n=1$ 时，$f(x_1)=a_{11}x_1^2$，当 $a_{11}>0$ 时，显然是正定的.

设充分性对 $n-1$ 元二次型成立，现考虑 n 元二次型 $f(x_1,x_2,\cdots,x_n)$. 由于 $a_{11}\neq 0$，可对含有 x_1 的项配方，得

$$f(x_1,x_2,\cdots,x_n)=a_{11}\left[x_1+\frac{1}{a_{11}}(a_{12}x_2+\cdots+a_{1n}x)\right]^2+g(x_2,x_3,\cdots,x_n) \tag{7.13}$$

其中

$$g(x_2,x_3,\cdots,x_n)=\sum_{i,j=2}^{n}a_{ij}x_ix_j-\frac{1}{a_{11}}(a_{12}x_2+\cdots+a_{1n}x_n)^2 \tag{7.14}$$

而

$$(a_{12}x_2+\cdots+a_{1n}x_n)^2=\sum_{i,j=2}^{n}a_{1i}a_{1j}x_ix_j$$

代入式（7.14），得

$$g(x_2,x_3,\cdots,x_n)=\sum_{i,j=2}^{n}\left(a_{ij}-\frac{a_{1i}a_{1j}}{a_{11}}\right)x_ix_j=\sum_{i,j=2}^{n}b_{ij}x_ix_j$$

其中

$$b_{ij}=a_{ij}-\frac{a_{1i}a_{1j}}{a_{11}}=a_{ij}-\frac{a_{i1}a_{j1}}{a_{11}}\quad (i,j=2,3,\cdots,n)$$

由矩阵 $\boldsymbol{A}=(a_{ij})$ 的对称性可知 $\boldsymbol{B}=(b_{ij})$ 也是实对称矩阵，下面证明 $\boldsymbol{B}$ 的各阶顺序主子式都大于零.

在 $\boldsymbol{A}$ 的各阶顺序主子式 P_k 中，将第一行的 $-\dfrac{a_{i1}}{a_{11}}$ 倍加到第 i 行 $(i=2,3,\cdots,n)$，便得

$$P_k=\begin{vmatrix}a_{11}&a_{12}&\cdots&a_{1k}\\a_{21}&a_{22}&\cdots&a_{2k}\\\vdots&\vdots&&\vdots\\a_{k1}&a_{k2}&\cdots&a_{kk}\end{vmatrix}=\begin{vmatrix}a_{11}&a_{12}&\cdots&a_{1k}\\0&a_{22}-\dfrac{a_{21}a_{12}}{a_{11}}&\cdots&a_{2k}-\dfrac{a_{21}a_{1k}}{a_{11}}\\\vdots&\vdots&&\vdots\\0&a_{k2}-\dfrac{a_{k1}a_{12}}{a_{11}}&\cdots&a_{kk}-\dfrac{a_{k1}a_{1k}}{a_{11}}\end{vmatrix}$$

$$=\begin{vmatrix}a_{11}&a_{12}&\cdots&a_{1k}\\0&b_{22}&\cdots&b_{2k}\\\vdots&\vdots&&\vdots\\0&b_{k2}&\cdots&b_{kk}\end{vmatrix}=a_{11}\begin{vmatrix}b_{22}&\cdots&b_{2k}\\\vdots&&\vdots\\b_{k2}&\cdots&b_{kk}\end{vmatrix}=a_{11}P'_{k-1} \tag{7.15}$$

P'_{k-1} 即 $n-1$ 元二次型 $g(x_2,x_3,\cdots,x_n)$ 的 $k-1$ 阶顺序主子式，由 $a_{11}>0$ 及 $P_k>0$，从式（7.15）便知 $P'_{k-1}>0\ (k=2,3,\cdots,n)$.

由归纳法假设，得出 $g(x_2,x_3,\cdots,x_n)$ 是正定的，从式（7.13）知道 $f(x_1,x_2,\cdots,x_n)$ 也是正定的.

例 5 的讲解视频

例 5 判别二次型 $f(x,y,z)=5x^2+y^2+5z^2+4xy-8xz-4yz$ 是否正定.

解 二次型的矩阵为

$$A=\begin{pmatrix} 5 & 2 & -4 \\ 2 & 1 & -2 \\ -4 & -2 & 5 \end{pmatrix}$$

其各阶顺序主子式

$$|5|=5>0,\quad \begin{vmatrix} 5 & 2 \\ 2 & 1 \end{vmatrix}=1>0,\quad \begin{vmatrix} 5 & 2 & -4 \\ 2 & 1 & -2 \\ -4 & -2 & 5 \end{vmatrix}=1>0$$

所以二次型是正定的.

与正定性平行，还有下面的概念.

定义 6 设 $f(x_1,x_2,\cdots,x_n)$ 是一实二次型，对于任意一组不全为零的实数 $c_1,c_2,\cdots,c_n$，如果都有 $f(c_1,c_2,\cdots,c_n)<0$，那么 $f(x_1,x_2,\cdots,x_n)$ 称为负定的；如果都有 $f(c_1,c_2,\cdots,c_n)\geqslant 0$，那么 $f(x_1,x_2,\cdots,x_n)$ 称为半正定的；如果都有 $f(c_1,c_2,\cdots,c_n)\leqslant 0$，那么 $f(x_1,x_2,\cdots,x_n)$ 称为半负定的；如果它既不是半正定又不是半负定，那么 $f(x_1,x_2,\cdots,x_n)$ 就称为不定的. 二次型及其矩阵的正定（负定）、半正定（半负定）统称为二次型及其矩阵的有定性，不具有有定性的二次型及其矩阵统称为二次型及其矩阵是不定的.

由定理 6 不难得出负定二次型的判别条件：二次型 $f(x_1,x_2,\cdots,x_n)=\sum_{i,j=1}^{n}a_{ij}x_ix_j$ 是负定的充分必要条件为实对称矩阵 $A=(a_{ij})$ 的奇数阶顺序主子式小于零，且偶数阶顺序主子式大于零. 这是因为，当 $f(x_1,x_2,\cdots,x_n)$ 是负定时，$-f(x_1,x_2,\cdots,x_n)$ 就是正定的.

至于半正定，有以下定理：

定理 7 对于实二次型 $f(x_1,x_2,\cdots,x_n)=X^{\mathrm{T}}AX$，其中 A 是实对称的，下列条件等价：

（1）$f(x_1,x_2,\cdots,x_n)$ 是半正定的；

（2）它的正惯性指数与秩相等；

（3）存在可逆实矩阵 C，使

$$C^{\mathrm{T}}AC=\begin{pmatrix} d_1 & & & \\ & d_2 & & \\ & & \ddots & \\ & & & d_n \end{pmatrix}$$

其中：$d_i\geqslant 0\ (i=1,2,\cdots,n)$；

（4）存在实矩阵 C 使 $A=C^{\mathrm{T}}C$；

（5）A 的所有主子式皆大于或等于零.

注意 所谓 k 级主子式，是指形如

$$\begin{vmatrix} a_{i_1i_1} & a_{i_1i_2} & \cdots & a_{i_1i_k} \\ a_{i_2i_1} & a_{i_2i_2} & \cdots & a_{i_2i_k} \\ \vdots & \vdots & & \vdots \\ a_{i_ki_1} & a_{i_ki_2} & \cdots & a_{i_ki_k} \end{vmatrix}$$

的 k 级子式，其中 $1 \leqslant i_1 < i_2 < \cdots < i_k \leqslant n$.

作为本章的结束，利用二次型的有定性，给出在多元微积分中关于多元函数极值的判定的一个充分条件.

设 n 元函数 $f(x_1,x_2,\cdots,x_n)$ 在 $(x_1^0,x_2^0,\cdots,x_n^0)$ 的某邻域中有一阶和二阶连续偏导数，又 $(x_1^0+h_1,x_2^0+h_2,\cdots,x_n^0+h_n)$ 为该邻域中任意一点. 由多元函数的泰勒公式，知

$$f(x_0+h)=f(x_0)+\sum_{i=1}^{n} f_i(x_0)h_i+\frac{1}{2!}\sum_{i=1}^{n}\sum_{j=1}^{n} f_{ij}(x_0+\theta h)h_ih_j$$

其中

$$0<\theta<1,\ x_0=(x_1^0,x_2^0,\cdots,x_n^0),\quad h=(h_1,h_2,\cdots,h_n)$$

$$f_i(x_0)=\frac{\partial f(x_0)}{\partial x_i}\quad (i=1,2,\cdots,n)$$

$$f_{ij}(x_0+\theta h)=f_{ji}(x_0+\theta h),\ 即\ \frac{\partial^2 f(x_0+\theta h)}{\partial x_i\partial x_j}=\frac{\partial^2 f(x_0+\theta h)}{\partial x_j\partial x_i}\quad (i,j=1,2,\cdots,n)$$

当 $x_0=(x_1^0,x_2^0,\cdots,x_n^0)$ 是 $f(x)$ 的驻点时，则有 $f_i(x_0)=0\ (i=1,2,\cdots,n)$，于是 $f(x_0)$ 是否为 $f(x)$ 的极值取决于 $\sum_{i=1}^{n}\sum_{j=1}^{n} f_{ij}(x_0+\theta h)h_ih_j$ 的符号. 由 $f_{ij}(x)$ 在 x_0 的某邻域中的连续性知，在该邻域中，上式的符号可由 $\sum_{i=1}^{n}\sum_{j=1}^{n} f_{ij}(x_0)h_ih_j$ 的符号决定，而后一式是 $h_1,h_2,\cdots,h_n$ 的一个 n 元二次型，它的符号取决于对称矩阵

$$\boldsymbol{H}(x_0)=\begin{pmatrix} f_{11}(x_0) & f_{12}(x_0) & \cdots & f_{1n}(x_0) \\ f_{21}(x_0) & f_{22}(x_0) & \cdots & f_{2n}(x_0) \\ \vdots & \vdots & & \vdots \\ f_{n1}(x_0) & f_{n2}(x_0) & \cdots & f_{nn}(x_0) \end{pmatrix}$$

是否为有定矩阵. 这个矩阵称为 $f(x)$ 在 x_0 处的 n 阶黑塞（Hessian）矩阵，其顺序 k 阶主子式记为 $|\boldsymbol{H}_k(x_0)|\ (k=1,2,\cdots,n)$.

一般有如下判别法：

（1）当 $|\boldsymbol{H}_k(x_0)|>0\ (k=1,2,\cdots,n)$，则 $f(x_0)$ 为 $f(x)$ 的极小值；

（2）当 $(-1)^k|\boldsymbol{H}_k(x_0)|>0\ (k=1,2,\cdots,n)$，则 $f(x_0)$ 为 $f(x)$ 的极大值；

（3）当 $\boldsymbol{H}_k(x_0)$ 为不定矩阵，$f(x_0)$ 非极值.

例 6 求函数 $f(x_1,x_2,x_3)=x_1+x_2-e^{x_1}-e^{x_2}+2e^{x_3}-e^{x_3^2}$ 的极值.

解
$$\begin{cases} f_1=1-e^{x_1}=0 \\ f_2=1-e^{x_2}=0 \\ f_3=2e^{x_3}-2x_3e^{x_3^2}=0 \end{cases}$$

得驻点 $x_0=(0,0,1)$. 又

$$\begin{array}{lll} f_{11}=-e^{x_1}, & f_{12}=0, & f_{13}=0 \\ f_{21}=0, & f_{22}=-e^{x_2}, & f_{23}=0 \\ f_{31}=0, & f_{32}=0, & f_{33}=2e^{x_3}-(2+4x_3^2)e^{x_3^2} \end{array}$$

故 $f(x_1,x_2,x_3)$ 在（0，0，1）处的黑塞矩阵为

$$\boldsymbol{H}(x_0)=\begin{pmatrix} -1 & 0 & 0 \\ 0 & -1 & 0 \\ 0 & 0 & -4e \end{pmatrix}$$

因 $|\boldsymbol{H}_1(x_0)|=-1<0$，$|\boldsymbol{H}_2(x_0)|=\begin{vmatrix} -1 & 0 \\ 0 & -1 \end{vmatrix}=1>0$，$|\boldsymbol{H}_3(x_0)|=-4e<0$，故 $\boldsymbol{H}(x_0)$ 为负定矩阵，所以 $f(0,0,1)=e-2$ 为 $f(x_1,x_2,x_3)$ 的极大值.

例 7 求函数 $f(x_1,x_2,x_3)=x_1^3+3x_1x_2+3x_1x_3+x_2^3+3x_2x_3+x_3^3$ 的极值.

解
$$\begin{cases} f_1=3x_1^2+3x_2+3x_3=0 \\ f_2=3x_1+3x_2^2+3x_3=0 \\ f_3=3x_1+3x_2+3x_3^2=0 \end{cases}$$

解方程组得驻点 $x_0=(0,0,0)$，$\tilde{x}=(-2,-2,-2)$. 又

$$\begin{array}{lll} f_{11}=6x_1, & f_{12}=3, & f_{13}=3 \\ f_{21}=3, & f_{22}=6x_2, & f_{23}=3 \\ f_{31}=3, & f_{32}=3, & f_{33}=6x_3 \end{array}$$

则

$$\boldsymbol{H}(x_0)=\begin{pmatrix} 0 & 3 & 3 \\ 3 & 0 & 3 \\ 3 & 3 & 0 \end{pmatrix}, \quad \boldsymbol{H}(\tilde{x})=\begin{pmatrix} -12 & 3 & 3 \\ 3 & -12 & 3 \\ 3 & 3 & -12 \end{pmatrix}$$

因 $|\boldsymbol{H}_1(x_0)|=0$，$|\boldsymbol{H}_2(x_0)|=-9$，$|\boldsymbol{H}_3(x_0)|=54$，故 $\boldsymbol{H}(x_0)$ 为非有定矩阵，则在点（0, 0, 0）处 $f(x_1,x_2,x_3)$ 没有极值.

又

$$|\boldsymbol{H}_1(\tilde{x})|=-12<0, \quad |\boldsymbol{H}_2(\tilde{x})|=\begin{vmatrix} -12 & 3 \\ 3 & -12 \end{vmatrix}=135>0$$

$$|\boldsymbol{H}_3(\tilde{x})|=\begin{vmatrix} -12 & 3 & 3 \\ 3 & -12 & 3 \\ 3 & 3 & -12 \end{vmatrix}=-1350<0$$

故 $\boldsymbol{H}(\tilde{x})$ 为负定矩阵，所以 $f(-2,-2,-2)=12$ 是给定函数的极大值.

习 题

A 题

1. 二次型 $x_1^2+2x_1x_2-x_1x_3+2x_3^2$ 对应的矩阵 $\boldsymbol{A}=$________.

2. 二次型 $f(x,y,z)=x^2+4xy+4y^2+2xz+z^2+4yz$ 用矩阵表示为 $f(x,y,z)=$_______.

3. 当 $a\in$________时，二次型 $x_1^2+x_2^2+5x_3^2+2ax_1x_2-2x_1x_3+4x_2x_3$ 为正定.

4. 同阶方阵 $\boldsymbol{A}$ 与 $\boldsymbol{B}$ 合同是指存在可逆阵 $\boldsymbol{P}$ 使得________成立.

5. 二次型 $f(x_1,x_2,x_3)=x_1^2-2x_1x_2+x_2^2+x_3^2$ 的符号差为________.

6. 设 $\boldsymbol{A},\boldsymbol{B}$ 为同阶方阵，$\boldsymbol{x}=(x_1,x_2,\cdots,x_n)^{\mathrm{T}}$ 且 $\boldsymbol{x}^{\mathrm{T}}\boldsymbol{A}\boldsymbol{x}=\boldsymbol{x}^{\mathrm{T}}\boldsymbol{B}\boldsymbol{x}$，当（ ）时，$\boldsymbol{A}=\boldsymbol{B}$.

A. $R(\boldsymbol{A})=R(\boldsymbol{B})$　　B. $\boldsymbol{A}^{\mathrm{T}}=\boldsymbol{A}$

C. $\boldsymbol{B}^{\mathrm{T}}=\boldsymbol{B}$　　D. $\boldsymbol{A}^{\mathrm{T}}=\boldsymbol{A}$ 且 $\boldsymbol{B}^{\mathrm{T}}=\boldsymbol{B}$

7. $\boldsymbol{A}$ 是 n 阶正定矩阵的充分必要条件是（ ）.

A. $|\boldsymbol{A}|>0$　　B. 存在 n 阶矩阵 $\boldsymbol{C}$，使 $\boldsymbol{A}=\boldsymbol{C}^{\mathrm{T}}\boldsymbol{C}$

C. 负惯性指数为零　　D. 各阶顺序主子式均为正数

8. 矩阵（ ）合同于 $\begin{pmatrix}-2&0&0\\0&\frac{1}{2}&0\\0&0&5\end{pmatrix}$.

A. $\begin{pmatrix}1&0&0\\0&1&0\\0&0&-1\end{pmatrix}$　　B. $\begin{pmatrix}3&0&0\\0&2&0\\0&0&-5\end{pmatrix}$　　C. $\begin{pmatrix}-1&0&0\\0&-1&0\\0&0&1\end{pmatrix}$　　D. $\begin{pmatrix}2&0&0\\0&2&0\\0&0&1\end{pmatrix}$

9. $f(x_1,x_2,\cdots,x_n)=\dfrac{(x_1-a)^2+(x_2-a)^2+\cdots+(x_n-a)^2}{n-1}(n>1)$ 是（ ）.

A. n 元二次型　　B. 正定　　C. 半正定　　D. 不定

10. 点（0, 0, 1）是函数 $f(x,y,z)=\mathrm{e}^{2x}+\mathrm{e}^{-y}+\mathrm{e}^{z^2}-(2x+2\mathrm{e}z-y)$ 的（ ）.

A. 驻点　　B. 极大点　　C. 极小点　　D. 非极值点

11. 设 $\boldsymbol{A}$ 是三阶实对称矩阵，$\boldsymbol{E}$ 是三阶单位矩阵. 若 $\boldsymbol{A}^2+\boldsymbol{A}=2\boldsymbol{E}$，且 $|\boldsymbol{A}|=4$，则二次型 $\boldsymbol{x}^{\mathrm{T}}\boldsymbol{A}\boldsymbol{x}$ 的规范形为（ ）.

A. $y_1^2+y_2^2+y_3^2$　　B. $y_1^2+y_2^2-y_3^2$

C. $y_1^2-y_2^2-y_3^2$　　D. $-y_1^2-y_2^2-y_3^2$

12. 设二次型 $f(x_1,x_2,x_3)=x_1^2+x_2^2+x_3^2+4x_1x_2+4x_1x_3+4x_2x_3$，则 $f(x_1,x_2,x_3)=2$ 在空间直角坐标下表示的二次曲面为（ ）.

A. 单叶双曲面　　B. 双叶双曲面

C. 椭球面　　D. 柱面

13. 设二次型 $f(x_1,x_2,x_3)$ 在正交变换为 $\boldsymbol{x}=\boldsymbol{P}\boldsymbol{y}$ 下的标准形为 $2y_1^2+y_2^2-y_3^2$，其中

$\boldsymbol{P}=(e_1,e_2,e_3)$．若$\boldsymbol{Q}=(e_1,-e_3,e_2)$，则$f(x_1,x_2,x_3)$在正交变换$\boldsymbol{x}=\boldsymbol{Q}\boldsymbol{y}$下的标准形为（　　）．

A．$2y_1^2-y_2^2+y_3^2$　　B．$2y_1^2+y_2^2-y_3^2$

C．$2y_1^2-y_2^2-y_3^2$　　D．$2y_1^2+y_2^2+y_3^2$

14．二次型$f(x_1,x_2,x_3)=(x_1+x_2)^2+(x_2+x_3)^2-(x_3-x_1)^2$的正惯性指数与负惯性指数依次为（　　）．

A．2,0　　B．1,1　　C．2,1　　D．1,2

15．设二次型$f(x_1,x_2,x_3)=a(x_1^2+x_2^2+x_3^2)+2x_1x_2+2x_2x_3+2x_1x_3$的正、负惯性指数分别为1, 2，则（　　）．

A．$a>1$　　B．$a<-2$　　C．$-2<a<1$　　D．$a=1$或$a=-2$

B　题

1．用矩阵符号表示下列二次型：

（1）$f=x^2+4xy+4y^2+2xz+3z^2+8yz$

（2）$f=x^2+y^2-7z^2-2xy-4xz-4yz$

（3）$f=x_1^2+x_2^2+x_3^2+x_4^2-2x_1x_2+6x_2x_3+4x_1x_3-2x_1x_4-4x_2x_4$

2．求一个正交变换化下列二次型成标准形：

（1）$f=2x_1^2+3x_2^2+3x_3^2+4x_2x_3$

（2）$f=x_1^2+x_2^2+x_3^2+x_4^2+2x_1x_2-2x_1x_4-2x_2x_3+2x_3x_4$

3．判别下列二次型的正定性：

（1）$f=-2x_1^2-6x_2^2-4x_3^2+2x_1x_2+2x_1x_3$

（2）$f=x_1^2+3x_2^2+9x_3^2+19x_4^2-2x_1x_2+4x_1x_3+2x_1x_4-6x_2x_4-12x_3x_4$

4．求下列函数的极值：

（1）$u=x^2+y^2+z^2+2x+4y-6z$

（2）$u=x+\dfrac{y^2}{4x}+\dfrac{z^2}{y}+\dfrac{2}{z}\ (x>0,y>0,z>0)$

5．证明：若$\boldsymbol{A}$，$\boldsymbol{B}$是n阶正定矩阵，λ，μ为任何正数，则$\lambda\boldsymbol{A}+\mu\boldsymbol{B}$也是正定矩阵．

6．设$\boldsymbol{M}$为非奇异矩阵，$\boldsymbol{A}$为正定矩阵，则$\boldsymbol{M}^{\mathrm{T}}\boldsymbol{A}\boldsymbol{M}$与$\boldsymbol{A}^{-1}$是正定的．

7．设二次型$f(x_1,x_2)=x_1^2-4x_1x_2+4x_2^2$经正交变换$\begin{pmatrix}x_1\\x_2\end{pmatrix}=\boldsymbol{Q}\begin{pmatrix}y_1\\y_2\end{pmatrix}$化为二次型$g(y_1,y_2)=ay_1^2+4y_1y_2+by_2^2$，其中$a\geqslant b$．

（1）求a,b的值；

（2）求正交矩阵$\boldsymbol{Q}$．

8．设二次型$f(x_1,x_2,x_3)=2x_1^2-x_2^2+ax_3^2+2x_1x_2-8x_1x_3+2x_2x_3$在正交变换$\boldsymbol{x}=\boldsymbol{Q}\boldsymbol{y}$下的标准形为$\lambda_1y_1^2+\lambda_2y_2^2$，求$a$的值及一个正交矩阵$\boldsymbol{Q}$．

9. 已知 $A=\begin{pmatrix}1&0&1\\0&1&1\\-1&0&a\\0&a&-1\end{pmatrix}$，二次型 $f(x_1,x_2,x_3)=x^{T}(A^{T}A)x$ 的秩为 2.

（1）求实数 a 的值；

（2）求正交变换 $x=Qy$ 将 f 化为标准形.

10. 已知二次型 $f(x_1,x_2,x_3)=x^{T}Ax$ 在正交变换 $x=Qy$ 下的标准形为 $y_1^2+y_2^2$，且 Q 的第三列为 $\left(\frac{\sqrt{2}}{2},0,\frac{\sqrt{2}}{2}\right)^{T}$.

（1）求矩阵 A；

（2）证明 $A+E$ 为正定矩阵，其中 E 为三阶单位矩阵.

11. 设实二次型 $f(x_1,x_2,x_3)=(x_1-x_2+x_3)^2+(x_2+x_3)^2+(x_1+ax_3)^2$，其中 a 是参数.

（1）求 $f(x_1,x_2,x_3)=0$ 的解；

（2）求 $f(x_1,x_2,x_3)$ 的规范形.

12. 设二次型 $f(x_1,x_2,x_3)=2(a_1x_1+a_2x_2+a_3x_3)^2+(b_1x_1+b_2x_2+b_3x_3)^2$，记

$$\alpha=\begin{pmatrix}a_1\\a_2\\a_3\end{pmatrix},\qquad \beta=\begin{pmatrix}b_1\\b_2\\b_3\end{pmatrix}$$

（1）证明二次型 f 对应的矩阵为 $2\alpha\alpha^{T}+\beta\beta^{T}$；

（2）若 α,β 正交且均为单位向量，证明二次型 f 在正交变化下的标准形为二次型 $2y_1^2+y_2^2$.

自　测　题

1. 填空题

（1）二次型 $f=x_1x_2-x_1x_3+2x_2x_3+x_4^2$ 的矩阵为________.

（2）二次型 $f=x_1^2-2x_1x_2+3x_1x_3-2x_2^2+8x_2x_3+3x_3^2$ 的矩阵形式为________.

（3）若 $5x_1^2+x_2^2+ax_3^2+4x_1x_2-2x_1x_3-2x_2x_3$ 为正定二次型，则 a________.

（4）二次型 $f=x_1^2+2x_2^2+3x_3^2+4x_4^2+2x_1x_3+x_2x_4$ 的符号差为________.

（5）实二次型 $f=2y_1^2-2y_2^2-\frac{1}{2}y_3^2$ 的规范形为________.

（6）二次型 $f(x_1,x_2,x_3)=x_1^2+3x_2^2+x_2^2+2x_1x_2+2x_1x_3+2x_2x_3$，则 f 的正惯性指数为____.

（7）设二次型 $f(x_1,x_2,x_3)=x_1^2-x_2^2+2ax_1x_3+4x_2x_3$ 的负惯性指数为 1，则 a 的取值范围是________.

（8）若二次型 $f(x_1,x_2,x_3)=x^{T}Ax$ 的秩为 1，A 的各行元素之和为 3，则 f 在正交变换 $x=Qy$ 下的标准形为________.

（9）若二次曲面的方程 $x^2+3y^2+z^2+2axy+2xz+2yz=4$，经过正交变换化为 $y_1^2+4z_1^2=4$，则 $a=$________.

2. 用配方法及初等变换法化二次型

$$f(x_1,x_2,x_3)=x_1x_2+x_1x_3+x_2x_3$$

为标准形，并写出变换矩阵.

3. 用正交相似变换把下面二次型化为标准形：

$$f(x_1,x_2,x_3)=x_1^2+4x_2^2+x_3^2-4x_1x_2-8x_1x_3-4x_2x_3$$

4. 判定二次型 $f=5x_1^2+x_2^2+5x_3^2+4x_1x_2-8x_1x_3-4x_2x_3$ 的正定性.

5. 证明：二次型 $f=\boldsymbol{X}^{\mathrm{T}}\boldsymbol{A}\boldsymbol{X}$ 在 $\|\boldsymbol{X}\|=1$ 时的最大值为方阵 $\boldsymbol{A}$ 的最大特征值.

6. 证明：若 $\boldsymbol{A}$ 为 n 阶可逆实矩阵，则 $\boldsymbol{A}^{\mathrm{T}}\boldsymbol{A}$ 是正定矩阵.

应 用 篇 >>>

第八章　矩阵和线性方程组的应用

第八章思维导图

第一节　日常矩阵运算

本节选取应用矩阵的日常事例，由于在线性代数矩阵教学中一般很少举出矩阵及其运算的实例，学生很难领会对这些运算的定义在实际中的意义，所以本节旨在使学生更好地理解与应用矩阵的定义及其运算.

例 1（矩阵与转置）　一个工厂生产三种橄榄球用品：防护帽、垫肩和臀垫. 生产这些用品需要不同数量的硬塑料、泡沫塑料、尼龙线和劳动. 为了监控生产，管理它们有如表 8.1 所示数据.

表 8.1

原料	产品		
	防护帽	垫肩	臀垫
硬塑料	4	2	2
泡沫塑料	1	3	2
尼龙线	1	3	3
劳动	3	2	2

即若要制造一个防护帽，需要 4 个单位的硬塑料，1 个单位的泡沫塑料，1 个单位的尼龙线和 3 个单位的劳动，用矩阵表示为

$$\boldsymbol{A}=\begin{pmatrix}4&2&2\\1&3&2\\1&3&3\\3&2&2\end{pmatrix}$$

那么，$\boldsymbol{A}$ 的转置阵

$$\boldsymbol{A}^{\mathrm{T}}=\begin{pmatrix}4&1&1&3\\2&3&3&2\\2&2&3&2\end{pmatrix}$$

如果将前面所列举某工厂的数据列表（见表 8.2），便得到上式 $\boldsymbol{A}^{\mathrm{T}}$.

表 8.2

产品	原料			
	硬塑料	泡沫塑料	尼龙线	劳动
防护帽	4	1	1	3
垫肩	2	3	3	2
臀垫	2	2	3	2

例 2　假如需购货清单如下：1 块面包，2 磅咖啡，6 个土豆，2 磅乳酪，那么可用 $\boldsymbol{A}=(1,2,6,2)^{\mathrm{T}}$ 表示需购买面包、咖啡、土豆和乳酪的单位数.

笔记栏

再假定价格向量 $\boldsymbol{C}$ 由 $\boldsymbol{C}=(0.35, 1.35, 0.20, 0.69)^{\mathrm{T}}$ 给出，它分别给出了面包、咖啡、土豆和乳酪的单价. 那么，所购物的总价钱可以由 $\boldsymbol{A}$ 的每项与 $\boldsymbol{C}$ 对应项相乘的和算得，即

$$1\times0.35+2\times1.35+6\times0.20+2\times0.69=5.63$$

向量 $\boldsymbol{A}$ 与 $\boldsymbol{C}$ 产生内积，这个内积可看成一个行向量与一个列向量的“矩阵的乘积”，所以上式即为

$$\boldsymbol{A}^{\mathrm{T}}\boldsymbol{C}=(1,2,6,2)\begin{pmatrix}0.35\\1.35\\0.20\\0.69\end{pmatrix}=5.63$$

例 3（矩阵乘法） 在例 1 中有相应矩阵

$$\boldsymbol{A}=\begin{pmatrix}4&2&2\\1&3&2\\1&3&3\\3&2&2\end{pmatrix}$$

现假定有一张购买 35 个防护帽、10 个双垫肩和 20 个臀垫的订单，管理者需要知道生产这些东西共需多少单位的硬塑料、泡沫塑料、尼龙线和劳动.

由于生产一个防护帽、一双垫肩和一个臀垫分别需要 4，2 和 2 个单位的硬塑料，可知硬塑料的需求总数为

$$4\times35+2\times10+2\times20=200\text{ 个单位}$$

事实上，如果 $\boldsymbol{B}=\begin{pmatrix}35\\10\\20\end{pmatrix}$ 是依次表示防护帽、垫肩和臀垫数的列矩阵，显然，上面乘积结果只不过是 $\boldsymbol{A}$ 的第一行与 $\boldsymbol{B}$ 的积.

类似，泡沫塑料的总需求量是

$$1\times35+3\times10+2\times20=105\text{ 个单位}$$

它是 $\boldsymbol{A}$ 的第二行与 $\boldsymbol{B}$ 的积.

尼龙线的需求量是

$$1\times35+3\times10+3\times20=125\text{ 个单位}$$

它是 $\boldsymbol{A}$ 的第三行与 $\boldsymbol{B}$ 的积.

劳动的需求量是 $\boldsymbol{A}$ 的第四行与 $\boldsymbol{B}$ 的积，即

$$3\times35+2\times10+2\times20=165\text{ 个单位}$$

概括起来用 $\boldsymbol{y}=(y_1, y_2, y_3, y_4)^{\mathrm{T}}$ 表示. y_1, y_2, y_3, y_4 分别表示满足订单所需商品数量的硬塑料、泡沫塑料、尼龙线和劳动的总需求量，则

$$\boldsymbol{y}=\boldsymbol{AB}\quad\text{即}\quad\begin{pmatrix}y_1\\y_2\\y_3\\y_4\end{pmatrix}\begin{pmatrix}4&2&2\\1&3&2\\1&3&3\\3&2&2\end{pmatrix}\begin{pmatrix}35\\10\\20\end{pmatrix}=\begin{pmatrix}200\\105\\125\\165\end{pmatrix}$$

例 4（矩阵乘法） 某班有 m 个学生，分别记为 1 号, 2 号, $\cdots$, m 号，该班某学年开设有 n 门课程，第 i 号学生第 j 门课程得分为 x_{ij}，体育得分为 y_i，政治表现得分为 z_i，嘉奖得分为 d_i. x_{ij},

y_i, z_i 均采用百分制. 若学校规定三好考评与奖学金考评办法如下：

三好考评按德、智、体分别占 25%, 60%, 15%进行计算. 德为政治表现，智为 n 门课程成绩得分均值，体为体育表现得分，再加嘉奖分.

奖学金按课程得分乘以课程重要系数 k_j 计算.

试给出每位学生的两类考评得分的分数矩阵表达式综合表，如表 8.3 所示.

表 8.3

学生	课程				政治表现	体育	嘉奖
	1	2	…	n			
1	x_{11}	x_{12}	…	x_{1n}	z_1	y_1	d_1
2	x_{21}	x_{22}	…	x_{2n}	z_2	y_2	d_2
⋮	⋮	⋮		⋮	⋮	⋮	⋮
m	x_{m1}	x_{m2}	…	x_{mn}	z_m	y_m	d_m

记

$$\boldsymbol{X}=\begin{pmatrix} x_{11} & x_{12} & \cdots & x_{1n} \\ x_{21} & x_{22} & \cdots & x_{2n} \\ \vdots & \vdots & & \vdots \\ x_{m1} & x_{m2} & \cdots & x_{mn} \end{pmatrix},\quad \boldsymbol{Y}=\begin{pmatrix} y_1 \\ y_2 \\ \vdots \\ y_m \end{pmatrix},\quad \boldsymbol{Z}=\begin{pmatrix} z_1 \\ z_2 \\ \vdots \\ z_m \end{pmatrix},\quad \boldsymbol{D}=\begin{pmatrix} d_1 \\ d_2 \\ \vdots \\ d_m \end{pmatrix}$$

$$\boldsymbol{K}=\begin{pmatrix} k_1 \\ k_2 \\ \vdots \\ k_n \end{pmatrix},\quad \boldsymbol{A}=\begin{pmatrix} a_1 \\ a_2 \\ \vdots \\ a_m \end{pmatrix},\quad \boldsymbol{B}=\begin{pmatrix} b_1 \\ b_2 \\ \vdots \\ b_m \end{pmatrix}$$

（a_i, b_i 分别表示 i 号学生三好考评与奖学金考评得分）

由于

$$a_i = z_i \times 25\% + \left(\frac{1}{n}\sum_{j=1}^{n} x_{ij}\right)\times 60\% + y_i \times 15\% + d_i \quad (i=1,2,\cdots,m)$$

$$b_i = \frac{1}{n}\sum_{j=1}^{n} k_j x_{ij} \quad (i=1,2,\cdots,m)$$

记

$$\bar{\boldsymbol{X}}=\begin{pmatrix} x_{11} & \cdots & x_{1n} & z_1 & y_1 & d_1 \\ x_{21} & \cdots & x_{2n} & z_2 & y_2 & d_2 \\ \vdots & & \vdots & \vdots & \vdots & \vdots \\ x_{m1} & \cdots & x_{mn} & z_m & y_m & d_m \end{pmatrix},\quad \boldsymbol{P}=\begin{pmatrix} \left.\begin{matrix} \frac{6}{10n} \\ \vdots \\ \frac{6}{10n} \end{matrix}\right\} n\text{个} \\ 0.25 \\ 0.15 \\ 1 \end{pmatrix}$$

则

$$\boldsymbol{A}=\bar{\boldsymbol{X}}\boldsymbol{P},\quad \boldsymbol{B}=\frac{1}{n}\boldsymbol{X}\boldsymbol{K}$$

例 5（矩阵加法） 如例 1 生产过程中，实际由两个生产过程组成，在第 1 个过程中，针对防护帽、垫肩和臀垫而下料，在第 2 个过程中，所下的料被组装成产品（一般用尼龙线缝起来），则生产过程的第 1 步可用下面的数组来描述：

在第 1 步没有使用尼龙线，故第 3 行用“0”表示. 如果仅仅涉及生产过程第 1 步，则第 3 行可以去掉，但在组装过程中用到了尼龙线，所以保留第 3 行，以便每阶段的矩阵具有相应的行与列.

组装过程可以用表 8.4、表 8.5 所示的数组来表示.

表 8.4

原料	产品		
	防护帽	垫肩	臀垫
硬塑料	4	2	2
泡沫塑料	1	3	2
尼龙线	0	0	0
劳动	2.5	1	1

表 8.5

原料	产品		
	防护帽	垫肩	臀垫
硬塑料	0	0	0
泡沫塑料	0	0	0
尼龙线	1	3	3
劳动	0.5	1	1

由表 8.5 中可知，第 1 行与第 2 行是 0，要合并上面两过程对应关系式，就必须保留这些行，以便相应的矩阵有相同大小形状. 上面两过程矩阵为

$$\boldsymbol{B}=\begin{pmatrix}4&2&2\\1&3&2\\0&0&0\\2.5&1&1\end{pmatrix},\quad \boldsymbol{C}=\begin{pmatrix}0&0&0\\0&0&0\\1&3&3\\0.5&1&1\end{pmatrix}$$

注意 $\boldsymbol{B}$ 和 $\boldsymbol{C}$ 有相同的行数与列数，并且 $\boldsymbol{B}$ 与 $\boldsymbol{C}$ 相应的项相加时，就产生矩阵

$$\boldsymbol{A}=\begin{pmatrix}4&2&2\\1&3&2\\1&3&3\\3&2&2\end{pmatrix}$$

它是 $\boldsymbol{B}$ 和 $\boldsymbol{C}$ 的和，这个和 $\boldsymbol{A}$ 也是例 1 中的 $\boldsymbol{A}$.

例 6（矩阵乘法） 某电子公司首先由原材料铜、锌、玻璃和塑料生产出晶体管、电阻、按钮、外壳和计算机集成电路芯片，然后由 5 种产品生产 T-1，T-2 和 T-3 三种类型的手工计算器（在公司里，原材料、中间产品和最终产品的种类比这儿多得多. 为了避免庞大的矩阵，只列出很少的种类）. 表 8.6 所示是生产中间产品所需的原材料数量的数据.

表 8.6

原料	产品				
	晶体管	电阻	按钮	外壳	计算机芯片
铜	2	2	0	0	3
锌	1	1	0	0	2
玻璃	1	2	0	1	1
塑料	0	0	1	3	0

由第 1 项知，每个晶体管需要 2 个单位的铜、1 个单位锌、1 个单位玻璃，第 1 行的 3 表示每个计算机芯片需要 3 个单位的铜.

表 8.7 给出了每个计算器所需的中间产品的数量.

表 8.7

原料	计算器		
	T-1	T-2	T-3
晶体管	5	6	10
电阻	7	8	16
按钮	20	25	45
外壳	1	1	1
芯片	4	6	10

上面两组数据分别记为矩阵 $\boldsymbol{A}, \boldsymbol{B}$，即

$$\boldsymbol{A}=\begin{pmatrix}2&2&0&0&3\\1&1&0&0&2\\1&2&0&1&1\\0&0&1&3&0\end{pmatrix},\quad \boldsymbol{B}=\begin{pmatrix}5&6&10\\7&8&16\\20&25&45\\1&1&1\\4&6&10\end{pmatrix}$$

为了构造原材料与最终产品的关系矩阵，已知每个 T-1 需 5 个晶体管、7 个电阻、20 个按钮、1 个外壳和 4 个芯片（$\boldsymbol{B}$ 的第 1 列），而每件产品所需的铜的用量由 $\boldsymbol{A}$ 的第 1 行的相应项给出，所以

$$2\times5+2\times7+0\times20+0\times1+3\times4=36$$

表示 T-1 所需铜的总量，而上式就是 $\boldsymbol{A}$ 的第 1 行和 $\boldsymbol{B}$ 的第 1 列的积.

类似地，$\boldsymbol{A}$ 的第 1 行与 $\boldsymbol{B}$ 的第 2 列的积可以计算出 T-2 所需的铜的总量

$$2\times6+2\times8+0\times25+0\times1+3\times6=46$$

一般说来，如果每一种计算器所需每种原材料的矩阵是

$$\boldsymbol{C}=\begin{pmatrix}c_{11}&c_{12}&c_{13}\\c_{21}&c_{22}&c_{23}\\c_{31}&c_{32}&c_{33}\\c_{41}&c_{42}&c_{43}\end{pmatrix}$$

其中：c_{ij} 是 $\boldsymbol{A}$ 的第 i 行和 $\boldsymbol{B}$ 的第 j 列的积. 直接计算可得

$$\boldsymbol{C}=\begin{pmatrix}36&46&82\\20&26&46\\24&29&53\\23&28&48\end{pmatrix}$$

这样不同的计算器所需的原材料的数据如表 8.8 所示.

表 8.8

原材料	计算器		
	T-1	T-2	T-3
铜	36	46	82
锌	20	26	46
玻璃	24	29	53
塑料	23	28	48

例 7（矩阵和利润）　在例 1 中，假定有一张订有 35 顶防护帽，10 副垫肩和 20 个臀垫的订单，问这张订单能给工厂带来多少利润？

假设防护帽、垫肩和臀垫单价的向量为 $\boldsymbol{p}$，原料硬塑料、泡沫塑料、尼龙线和劳动成本的向量为 $\boldsymbol{c}, \boldsymbol{x}$ 是订单向量，即

$$\boldsymbol{p}=\begin{pmatrix}30\\25\\25\end{pmatrix},\quad \boldsymbol{c}=\begin{pmatrix}2\\2\\1\\5\end{pmatrix},\quad \boldsymbol{x}=\begin{pmatrix}35\\10\\20\end{pmatrix}$$

由于

$$\boldsymbol{A}=\begin{pmatrix}4&2&2\\1&3&2\\1&3&3\\3&2&2\end{pmatrix},\quad \boldsymbol{y}=\begin{pmatrix}y_1\\y_2\\y_3\\y_4\end{pmatrix}$$

$\boldsymbol{y}$ 是满足订单所需要硬塑料、泡沫塑料、尼龙线和劳动的总需求量向量，即

$$\boldsymbol{A}\boldsymbol{x}=\boldsymbol{y}$$

现在，售出这些产品的销售总额是

$$\boldsymbol{p}^{\mathrm{T}}\boldsymbol{x}=(30,25,25)\begin{pmatrix}35\\10\\20\end{pmatrix}=1800$$

制造这些产品的成本是

$$\boldsymbol{c}^{\mathrm{T}}\boldsymbol{y}=\boldsymbol{c}^{\mathrm{T}}(\boldsymbol{A}\boldsymbol{x})=(\boldsymbol{c}^{\mathrm{T}}\boldsymbol{A})\boldsymbol{x}$$

因此，利润为

$$\boldsymbol{p}^{\mathrm{T}}\boldsymbol{x}-\boldsymbol{c}^{\mathrm{T}}\boldsymbol{y}=\boldsymbol{p}^{\mathrm{T}}\boldsymbol{x}-(\boldsymbol{c}^{\mathrm{T}}\boldsymbol{A})\boldsymbol{x}=(\boldsymbol{p}^{\mathrm{T}}-\boldsymbol{c}^{\mathrm{T}}\boldsymbol{A})\boldsymbol{x}$$

向量 $\boldsymbol{p}^{\mathrm{T}}-\boldsymbol{c}^{\mathrm{T}}\boldsymbol{A}$ 是一个行向量，用 $\boldsymbol{F}$ 来表示它的转置

$$\boldsymbol{F}=(\boldsymbol{p}^{\mathrm{T}}-\boldsymbol{c}^{\mathrm{T}}\boldsymbol{A})^{\mathrm{T}}=\boldsymbol{p}-\boldsymbol{A}^{\mathrm{T}}\boldsymbol{c}$$

有时称向量 $\boldsymbol{F}$ 为单位利润向量. 在本例中

$$\boldsymbol{F}=\boldsymbol{p}-\boldsymbol{A}^{\mathrm{T}}\boldsymbol{c}=\begin{pmatrix}30\\25\\25\end{pmatrix}-\begin{pmatrix}4&1&1&3\\2&3&3&2\\2&2&3&2\end{pmatrix}\begin{pmatrix}2\\2\\1\\5\end{pmatrix}=\begin{pmatrix}30\\25\\25\end{pmatrix}-\begin{pmatrix}26\\23\\21\end{pmatrix}=\begin{pmatrix}4\\2\\4\end{pmatrix}$$

即单位利润向量 $\boldsymbol{F}=(4,2,4)^{\mathrm{T}}$，于是总利润

$$L = \boldsymbol{F}^{\mathrm{T}}\boldsymbol{x} = (4,2,4)\begin{pmatrix}35\\10\\20\end{pmatrix} = 240$$

注意　当把 $\boldsymbol{y}$ 当成可得到的原材料的向量时，从等式

$$\boldsymbol{Ax} = \boldsymbol{y}$$

可以提出一个有趣的问题：能制造多少个单位的产品？满足 $\boldsymbol{Ax} = \boldsymbol{y}$ 的关于 $\boldsymbol{x}$ 的整数解（甚至是实数解）有可能存在，也有可能不存在. 由于不可能将产品剖分，必须寻找关于 $\boldsymbol{x}$ 分量的非负整数解，使得 $\boldsymbol{Ax}$ 的分量不大于 $\boldsymbol{y}$ 相应的分量，即

$$\boldsymbol{Ax} \leqslant \boldsymbol{y}$$

一般说来，寻找 $\boldsymbol{x}$ 的非负整数分量，使得 $\boldsymbol{p}^{\mathrm{T}}\boldsymbol{x} - \boldsymbol{c}^{\mathrm{T}}\boldsymbol{y} = \boldsymbol{F}^{\mathrm{T}}\boldsymbol{x}$ 得到的利润最大化，它是线性规划的一个主要部分，在后面将进一步探讨这些问题.

第二节　投入产出数学模型

投入是从事一项经济活动的各种消耗，其中包括原材料、设备、动力、人力、资金等的消耗，产出是指从事一项经济活动的结果，若从事的是生产活动，产出就是生产的产品.

表 8.9 中 x_i（$i = 1, 2, \cdots, n$）表示第 i 个生产部门的总产值，x_{ij} 表示第 j 部门在生产过程中消耗第 i 部门的产品数量，也可说，是第 i 部门分配给第 j 部门的产品数量，或称为部门间的流量；y_i（$i = 1, 2, \cdots, n$）表示第 i 部门最终产品量；d_j, V_j, m_j（$j = 1, 2, \cdots, n$）分别表示第 j 部门的固定资产折旧、劳动报酬、纯收入数值；z_j（$j = 1, 2, \cdots, n$）表示第 j 部门的新创造价值，即

$$z_j = V_j + m_j \quad (j = 1, 2, \cdots, n)$$

表 8.9

投入		中间产品					最终产品				总产值
		1	2	…	n	小计	消费	积累	出口	小计	
生产资料补偿价值	1	x_{11}	x_{12}	…	x_{1n}	$\sum_{j=1}^{n} x_{1j}$				y_1	x_1
	2	x_{21}	x_{22}	…	x_{2n}	$\sum_{j=1}^{n} x_{2j}$				y_2	x_2
	⋮	⋮	⋮		⋮	⋮				⋮	⋮
	n	x_{n1}	x_{n2}	…	x_{nn}	$\sum_{j=1}^{n} x_{nj}$				y_n	x_n
	小计	$\sum_{i=1}^{n} x_{i1}$	$\sum_{i=1}^{n} x_{i2}$	…	$\sum_{i=1}^{n} x_{in}$						
	固定资产折旧	d_1	d_2	…	d_n						
新创造价值	劳动报酬	V_1	V_2	…	V_n						
	纯收入	m_1	m_2	…	m_n						
	小计	z_1	z_2	…	z_n						
总投入		x_1	x_2	…	x_n						

价值型投入产出表中横向长方形表的每一行都表示一个等式，即每一个生产部门分配给各部门作为生产的投入产品数量与作为最终产品使用的产品数量之和等于该部门的总产品数量，即

$$\begin{cases} x_1 = x_{11} + x_{12} + \cdots + x_{1n} + y_1 \\ x_2 = x_{21} + x_{22} + \cdots + x_{2n} + y_2 \\ \qquad \cdots\cdots \\ x_n = x_{n1} + x_{n2} + \cdots + x_{nn} + y_n \end{cases} \tag{8.1}$$

或简写为

$$x_i = \sum_{j=1}^{n} x_{ij} + y_i \quad (i = 1, 2, \cdots, n) \tag{8.2}$$

其中：$\sum_{j=1}^{n} x_{ij}$ 表示第 i 部门分配给各部门生产过程中消耗的产品总和. 式（8.1）称为分配平衡方程组.

竖直长方形的每一列也都表示一个等式，即在某一生产部门中，各部门对它投入的产品数量与该部门的固定资产折旧，新创造价值之和等于它的总产品数值，即

$$\begin{cases} x_1 = x_{11} + x_{21} + \cdots + x_{n1} + d_1 + z_1 \\ x_2 = x_{12} + x_{22} + \cdots + x_{n2} + d_2 + z_2 \\ \qquad \cdots\cdots \\ x_n = x_{1n} + x_{2n} + \cdots + x_{nn} + d_n + z_n \end{cases} \tag{8.3}$$

其中：$\sum_{i=1}^{n} x_{ij}$ 表示第 j 部门生产过程中消耗各部门的产品总和. 式（8.3）称为消耗平衡方程组，可简写成

$$x_j = \sum_{i=1}^{n} x_{ij} + d_j + z_j \quad (j = 1, 2, \cdots, n) \tag{8.4}$$

记 $a_{ij} = \dfrac{x_{ij}}{x_j} (i, j = 1, 2, \cdots, n)$，$a_{ij}$ 表示第 j 部门生产单位产品直接消耗第 i 部门的产品量，称 a_{ij} 为第 j 部门对第 i 部门的直接消耗系数. 也可说，a_{ij} 是第 j 部门生产单位产品需要第 i 部门直接分配给它的产品数量.

各部门之间的直接消耗系数构成的 n 阶矩阵

$$\boldsymbol{A} = \begin{pmatrix} a_{11} & a_{12} & \cdots & a_{1n} \\ a_{21} & a_{22} & \cdots & a_{2n} \\ \vdots & \vdots & & \vdots \\ a_{n1} & a_{n2} & \cdots & a_{nn} \end{pmatrix} \tag{8.5}$$

称为直接消耗系数矩阵.

由 a_{ij} 定义知：$x_{ij} = a_{ij}x_j$（$i, j = 1, 2, \cdots, n$），代入分配平衡方程组（8.1）与消耗平衡方程组（8.3），得

$$\begin{cases} x_1 = a_{11}x_1 + a_{12}x_2 + \cdots + a_{1n}x_n + y_1 \\ x_2 = a_{21}x_1 + a_{22}x_2 + \cdots + a_{2n}x_n + y_2 \\ \qquad \cdots\cdots \\ x_n = a_{n1}x_1 + a_{n2}x_2 + \cdots + a_{nn}x_n + y_n \end{cases} \tag{8.6}$$

$$\begin{cases} x_1 = a_{11}x_1 + a_{21}x_1 + \cdots + a_{n1}x_1 + d_1 + z_1 \\ x_2 = a_{12}x_2 + a_{22}x_2 + \cdots + a_{n2}x_2 + d_2 + z_2 \\ \qquad\cdots\cdots \\ x_n = a_{1n}x_n + a_{2n}x_n + \cdots + a_{nn}x_n + d_n + z_n \end{cases} \tag{8.7}$$

引用向量和矩阵，记

$$\boldsymbol{x} = \begin{pmatrix} x_1 \\ x_2 \\ \vdots \\ x_n \end{pmatrix},\quad \boldsymbol{y} = \begin{pmatrix} y_1 \\ y_2 \\ \vdots \\ y_n \end{pmatrix},\quad \boldsymbol{d} = \begin{pmatrix} d_1 \\ d_2 \\ \vdots \\ d_n \end{pmatrix},\quad \boldsymbol{z} = \begin{pmatrix} z_1 \\ z_2 \\ \vdots \\ z_n \end{pmatrix}$$

$$\boldsymbol{C} = \begin{pmatrix} \sum_{i=1}^{n} a_{i1} & 0 & \cdots & 0 \\ 0 & \sum_{i=1}^{n} a_{i2} & \cdots & 0 \\ \vdots & \vdots & & \vdots \\ 0 & 0 & \cdots & \sum_{i=1}^{n} a_{in} \end{pmatrix}$$

则方程（8.6）、方程（8.7）可以写成矩阵方程

$$\boldsymbol{x} = \boldsymbol{Ax} + \boldsymbol{y} \tag{8.6$'$}$$

$$\boldsymbol{x} = \boldsymbol{Cx} + \boldsymbol{d} + \boldsymbol{z} \tag{8.7$'$}$$

或

$$(\boldsymbol{E} - \boldsymbol{A})\boldsymbol{x} = \boldsymbol{y} \tag{8.6$''$}$$

$$(\boldsymbol{E} - \boldsymbol{C})\boldsymbol{x} = \boldsymbol{d} + \boldsymbol{z} \tag{8.7$''$}$$

这里 $\boldsymbol{x}$ 称为总产品列向量，$\boldsymbol{y}$ 称为最终产品列向量，$\boldsymbol{d}$ 称为固定资产折旧列向量，$\boldsymbol{z}$ 称为新创造价值列向量，$\boldsymbol{C}$ 称为中间投入系数矩阵.

例 8　设某企业有 5 个生产部门，该企业在某一生产周期内各部门的生产消耗量、社会需要的最终产品量和新创造价值如表 8.10 所示. 求：

（1）各部门的总产品 x_1, x_2, x_3, x_4, x_5；

（2）各部门新创造价值 z_1, z_2, z_3, z_4, z_5；

（3）求直接消耗系数矩阵 $\boldsymbol{A}$.

表 8.10　（单位：万元）

投入		中间产品					最终产品	总产品
		1	2	3	4	5		
生产资料补偿价值	1	20	40	10	5	5	120	x_1
	2	10	100	30	10	10	240	x_2
	3	40	100	600	50	50	160	x_3
	4	20	10	30	5	15	20	x_4
	5	10	10	40	10	10	20	x_5
新创造价值		z_1	z_2	z_3	z_4	z_5		

解　（1）表 8.10 的分配平衡方程组为

$$x_i = \sum_{j=1}^{5} x_{ij} + y_i \quad (i = 1,2,3,4,5)$$

即

$$\begin{cases} x_1 = 20+40+10+5+5+120 = 200 \\ x_2 = 10+100+30+10+10+240 = 400 \\ x_3 = 40+100+600+50+50+160 = 1000 \\ x_4 = 20+10+30+5+15+20 = 100 \\ x_5 = 10+10+40+10+10+20 = 100 \end{cases}$$

（2）表 8.10 的消耗平衡方程组为

$$x_j = \sum_{i=1}^{5} x_{ij} + z_j \qquad (j = 1,2,3,4,5)$$

从而得

$$z_j = x_j - \sum_{i=1}^{5} x_{ij} \qquad (j = 1,2,3,4,5)$$

将表中数值代入计算，得

$$z_1 = 100, \quad z_2 = 140, \quad z_3 = 290, \quad z_4 = 20, \quad z_5 = 10$$

（3）消耗系数矩阵为

$$\boldsymbol{A} = \begin{pmatrix} a_{11} & a_{12} & \cdots & a_{1n} \\ a_{21} & a_{22} & \cdots & a_{2n} \\ \vdots & \vdots & & \vdots \\ a_{n1} & a_{n2} & \cdots & a_{nn} \end{pmatrix} = \begin{pmatrix} \dfrac{x_{11}}{x_1} & \dfrac{x_{12}}{x_2} & \cdots & \dfrac{x_{1n}}{x_n} \\ \dfrac{x_{21}}{x_1} & \dfrac{x_{22}}{x_2} & \cdots & \dfrac{x_{2n}}{x_n} \\ \vdots & \vdots & & \vdots \\ \dfrac{x_{n1}}{x_1} & \dfrac{x_{n2}}{x_2} & \cdots & \dfrac{x_{nn}}{x_n} \end{pmatrix} = \begin{pmatrix} x_{11} & x_{12} & \cdots & x_{1n} \\ x_{21} & x_{22} & \cdots & x_{2n} \\ \vdots & \vdots & & \vdots \\ x_{n1} & x_{n2} & \cdots & x_{nn} \end{pmatrix} \begin{pmatrix} 1/x_1 & 0 & \cdots & 0 \\ 0 & 1/x_2 & \cdots & 0 \\ \vdots & \vdots & & \vdots \\ 0 & 0 & \cdots & 1/x_n \end{pmatrix}$$

将表 8.10 中 x_{ij} 及（1）中求出的 x_j（$i, j = 1, 2, 3, 4, 5$）代入 $\boldsymbol{A}$，得

$$\boldsymbol{A} = \begin{pmatrix} 20 & 40 & 10 & 5 & 5 \\ 10 & 100 & 30 & 10 & 10 \\ 40 & 100 & 600 & 50 & 50 \\ 20 & 10 & 30 & 5 & 15 \\ 10 & 10 & 40 & 10 & 10 \end{pmatrix} \begin{pmatrix} \dfrac{1}{200} & 0 & 0 & 0 & 0 \\ 0 & \dfrac{1}{400} & 0 & 0 & 0 \\ 0 & 0 & \dfrac{1}{1000} & 0 & 0 \\ 0 & 0 & 0 & \dfrac{1}{100} & 0 \\ 0 & 0 & 0 & 0 & \dfrac{1}{100} \end{pmatrix} = \begin{pmatrix} 0.1 & 0.1 & 0.01 & 0.05 & 0.05 \\ 0.05 & 0.025 & 0.03 & 0.1 & 0.1 \\ 0.2 & 0.25 & 0.6 & 0.5 & 0.5 \\ 0.1 & 0.025 & 0.03 & 0.05 & 0.15 \\ 0.05 & 0.025 & 0.04 & 0.1 & 0.1 \end{pmatrix}$$

直接消耗系数矩阵元素具有如下性质：

性质 1 所有元素均非负，且 $0 \leqslant a_{ij} < 1$（$i, j = 1, 2, \cdots, n$）.

性质 2 各列元素的绝对值之和均小于 1，即 $\sum_{i=1}^{n} |a_{ij}| < 1 \quad (j = 1,2,\cdots,n)$.

例 9 某工厂有 3 个车间，各车间互相提供产品（或服务），今年各车间出厂产量及对其他车间的消耗见表 8.11.

表 8.11　　（单位：万元）

车间	车间消耗系数				
	1	2	3	出厂产量	总产量
1	0.30	0.20	0.30	30	x_1
2	0.10	0.40	0.10	20	x_2
3	0.30	0.20	0.30	10	x_3

表 8.11 中第 1 列消耗系数 0.30，0.10，0.30 表示第 1 车间生产 1 万元的产品需分别消耗第 1，2，3 车间 0.3 万元、0.1 万元、0.3 万元的产品；第 2 列、第 3 列类同.求今年各车间的总产量.

解　记 1，2，3 车间出厂产量列向量为 $\boldsymbol{y}$，总产量列向量为 $\boldsymbol{x}$，即

$$\boldsymbol{y}=\begin{pmatrix}30\\20\\10\end{pmatrix},\quad \boldsymbol{x}=\begin{pmatrix}x_1\\x_2\\x_3\end{pmatrix}$$

消耗系数矩阵为

$$\boldsymbol{A}=\begin{pmatrix}0.30&0.20&0.30\\0.10&0.40&0.10\\0.30&0.20&0.30\end{pmatrix}$$

由平衡方程（8.6），可得

$$\boldsymbol{x}=\boldsymbol{A}\boldsymbol{x}+\boldsymbol{y}$$

即

$$(\boldsymbol{E}-\boldsymbol{A})\boldsymbol{x}=\boldsymbol{y}$$

由于 $\boldsymbol{A}$ 中各列元素之和不超过 1，理论上可证$(\boldsymbol{E}-\boldsymbol{A})$的逆矩阵$(\boldsymbol{E}-\boldsymbol{A})^{-1}$存在且非负，所以矩阵方程$(\boldsymbol{E}-\boldsymbol{A})\boldsymbol{x}=\boldsymbol{y}$有非负解

$$\boldsymbol{x}=(\boldsymbol{E}-\boldsymbol{A})^{-1}\boldsymbol{y}$$

$$\boldsymbol{E}-\boldsymbol{A}=\begin{pmatrix}0.7&-0.2&-0.3\\-0.1&0.6&-0.1\\-0.3&0.2&0.7\end{pmatrix},\quad (\boldsymbol{E}-\boldsymbol{A})^{-1}=\begin{pmatrix}2&1&1\\0.5&2&0.5\\1&1&2\end{pmatrix}$$

$$\boldsymbol{x}=\begin{pmatrix}2&1&1\\0.5&2&0.5\\1&1&2\end{pmatrix}\begin{pmatrix}30\\20\\10\end{pmatrix}=\begin{pmatrix}90\\60\\70\end{pmatrix}$$

可得今年 1、2、3 车间的总产量分别为 90 万元、60 万元、70 万元.

第三节　线性规划数学模型

在工农业生产、经济管理、交通运输等方面有大量问题可用线性规划方法辅助人们进行科学管理. 规划问题一般是指用“最好”的方式使用或分配有限的资源，即劳动力、原材料、机器、资金等，使得费用最小或者利润最大. 下面通过例子来观察一个实际问题的建模求解过程.

例 10 某企业生产甲、乙两种产品，要用 A, B, C 三种不同的原料，从工艺资料知道：每生产一件产品甲，需要三种原料分别为 1, 1, 0 单位，每生产一件产品乙，需要三种原料分别为 1, 2, 1 单位，每天原料供应能力分别为 6, 8, 3 单位. 又知道，每生产一件产品甲，企业利润收入为 3 百元，每生产一件产品乙，企业利润收入为 4 百元，企业应如何安排计划，使一天的总利润为最大？

分析 为解决这一实际问题，首先把它归结为数学问题，建立该问题的数学模型，然后用矩阵和方程组的知识简化模型. 为简明起见，首先可将问题的条件列成表 8.12，再将决策中的关键的量设为未知变量. 在本例中，可设产品甲的日产量为 x_1 件，产品乙的日产量为 x_2 件，显然，决策变量 x_1，x_2 是非负的，即 $x_1\geqslant 0$，$x_2\geqslant 0$.

表 8.12

原料	产品甲	产品乙	原料供应量（单位）
A	1	1	6
B	1	2	8
C	0	1	3
单位利润（百元）	3	4	

再次，确定实际问题所追求的目标. 在本例中，设企业一天所获得的总利润为 S，则 S 是 x_1, x_2 的线性函数，即 $S=3x_1+4x_2$. 上述线性函数称为目标函数. 求目标函数的最大值，常记为

$$\max S=3x_1+4x_2$$

最后，明确问题中所有限制条件，并用决策变量的方程组或不等式组来表示，连同决策变量的非负限制统称为线性规划问题的约束条件. 本例中约束条件为

$$\begin{cases} x_1+x_2\leqslant 6 \\ x_1+2x_2\leqslant 8 \\ x_2\leqslant 3 \\ x_1\geqslant 0, x_2\geqslant 0 \end{cases}$$

于是，实际问题的数学模型可写成

$$\max S=3x_1+4x_2$$

$$\text{s.t.}\begin{cases} x_1+x_2\leqslant 6 \\ x_1+2x_2\leqslant 8 \\ x_2\leqslant 3 \\ x_1\geqslant 0, x_2\geqslant 0 \end{cases}$$

一般来讲，这类问题可用数学语言描述如下：

目标

$$\max\text{（或 min）}S=c_1x_1+c_2x_2+\cdots+c_nx_n$$

约束条件

$$\text{s.t.}\begin{cases}a_{11}x_1+a_{12}x_2+\cdots+a_{1n}x_n\leqslant(=,\geqslant)b_1\\a_{21}x_1+a_{22}x_2+\cdots+a_{2n}x_n\leqslant(=,\geqslant)b_2\\\qquad\cdots\cdots\\a_{m1}x_1+a_{m2}x_2+\cdots+a_{mn}x_n\leqslant(=,\geqslant)b_m\\x_j\geqslant0\quad(j=1,2,\cdots,n)\end{cases}\tag{8.8}$$

其中：a_{ij}, b_i, c_j（$i=1, 2,\cdots, m$；$j=1, 2,\cdots, m$）均为常数，可简写为

$$\max(\min)S=\sum_{j=1}^{n}c_jx_j$$

$$\text{s.t.}\begin{cases}\sum_{j=1}^{n}a_{ij}x_j\leqslant(=,\geqslant)b_i\quad(i=1,2,\cdots,m)\\x_j\geqslant0\quad(j=1,2,\cdots,m)\end{cases}\tag{8.9}$$

对约束条件中线性不等式，可以通过适当地添加新变量，使其转化为线性等式.

情形一：如第 i 个约束条件为

$$a_{i1}x_1+a_{i2}x_2+\cdots+a_{in}x_n\leqslant b_i$$

为使它变成等式，只要在不等式“≤”号左端加上一个非负变量 x_{n+i}，使得

$$a_{i1}x_1+a_{i2}x_2+\cdots+a_{in}x_n+x_{n+i}=b_i$$

其中：新添加的变量 $x_{n+i}\geqslant0$，称为松弛变量.

情形二：如第 i 个约束条件

$$a_{i1}x_1+a_{i2}x_2+\cdots+a_{in}x_n\geqslant b_i$$

这时，引进松弛变量 x_{n+i}（$x_{n+i}\geqslant0$），使得

$$a_{i1}x_1+a_{i2}x_2+\cdots+a_{in}x_n-x_{n+i}=b_i$$

因此，一般地，线性规划问题可化为如下标准形：

求解

$$\max S=c_1x_1+c_2x_2+\cdots+c_nx_n$$

$$\text{s.t.}\begin{cases}a_{11}x_1+a_{12}x_2+\cdots+a_{1n}x_n=b_1\\a_{21}x_1+a_{22}x_2+\cdots+a_{2n}x_n=b_2\\\qquad\cdots\cdots\\a_{m1}x_1+a_{m2}x_2+\cdots+a_{mn}x_n=b_n\\x_j\geqslant0\quad(j=1,2,\cdots,n)\end{cases}\tag{8.10}$$

其中：$b_i\geqslant0$（$i=1, 2,\cdots, m$）.

令

$$\boldsymbol{A}=\begin{pmatrix}a_{11}&a_{12}&\cdots&a_{1n}\\a_{21}&a_{22}&\cdots&a_{2n}\\\vdots&\vdots&&\vdots\\a_{m1}&a_{m2}&\cdots&a_{mn}\end{pmatrix},\quad\boldsymbol{c}=(c_1,c_2,\cdots,c_n)$$

$$\boldsymbol{b}=\begin{pmatrix}b_1\\b_2\\\vdots\\b_n\end{pmatrix},\quad\boldsymbol{x}=\begin{pmatrix}x_1\\x_2\\\vdots\\x_n\end{pmatrix},\quad\boldsymbol{p}_j=\begin{pmatrix}a_{1j}\\a_{2j}\\\vdots\\a_{mj}\end{pmatrix}\quad(j=1,2,\cdots,n)$$

式（8.10）可用向量和矩阵表示为

求解　$\max S = \boldsymbol{cx}$

$$\text{s.t.}\begin{cases}\boldsymbol{Ax}=\boldsymbol{b}\\ \boldsymbol{x}\geqslant \boldsymbol{0}\end{cases} \tag{8.11}$$

求解　$\max S = \boldsymbol{cx}$

$$\text{s.t.}\begin{cases}\sum_{j=1}^{n} x_j\boldsymbol{p}_j=\boldsymbol{b}\\ \boldsymbol{x}\geqslant \boldsymbol{0}\end{cases} \tag{8.12}$$

线性规划（8.11）中，不妨设：$R(\boldsymbol{A})=m$，且 $m<n$，$\boldsymbol{A}$ 的任一 $m\times m$ 非退化子矩阵 $\boldsymbol{B}$ 称为线性规划问题的一个基.又不妨设 $\boldsymbol{A}=(\boldsymbol{B},\boldsymbol{N})$，其中 $\boldsymbol{B}=(\boldsymbol{p}_1,\boldsymbol{p}_2,\cdots,\boldsymbol{p}_m)$，$\boldsymbol{N}=(\boldsymbol{p}_{m+1},\cdots,\boldsymbol{p}_n)$，称 $\boldsymbol{B}$ 的各列向量 $\boldsymbol{p}_j$（$j=1,2,\cdots,m$）为基向量，基向量所对应的变量称为基变量，其他变量称为非基变量.

令非基变量为零，得解 $\boldsymbol{x}=\begin{pmatrix}\boldsymbol{x}_B\\ \boldsymbol{x}_N\end{pmatrix}=\begin{pmatrix}\boldsymbol{B}^{-1}\boldsymbol{b}\\ \boldsymbol{0}\end{pmatrix}$ 为对应基 $\boldsymbol{B}$ 的基本解. 若 $\boldsymbol{B}^{-1}\boldsymbol{b}\geqslant\boldsymbol{0}$，则 $\boldsymbol{x}=\begin{pmatrix}\boldsymbol{B}^{-1}\boldsymbol{b}\\ \boldsymbol{0}\end{pmatrix}\geqslant\boldsymbol{0}$，这时称 $\boldsymbol{x}$ 为基本可行解，对应于基本可行解的基 $\boldsymbol{B}$ 称为可行基. 使目标函数取得最大值的基本可行解称为基本最优解，对应于基本最优解的基称为最优基.

最优解的判别定理　对于基 $\boldsymbol{B}$，如果 $\boldsymbol{B}^{-1}\boldsymbol{b}\geqslant\boldsymbol{0}$ 且 $\boldsymbol{C}_B\boldsymbol{B}^{-1}\boldsymbol{A}-\boldsymbol{C}\geqslant\boldsymbol{0}$，则对应于基 $\boldsymbol{B}$ 的基本解

$$\boldsymbol{x}=\begin{pmatrix}\boldsymbol{x}_B\\ \boldsymbol{x}_N\end{pmatrix}=\begin{pmatrix}\boldsymbol{B}^{-1}\boldsymbol{b}\\ \boldsymbol{0}\end{pmatrix}$$

便是最优解（基本最优解），基 $\boldsymbol{B}$ 为最优基.

因此，线性规划问题可用矩阵知识来解决，它的具体计算方法可详见有关线性规划书籍中所论单纯形解法.

第四节　通信和交通网络问题

在通信网络或交通网络中利用矩阵运算往往带来便利.

例 11（通信问题）　设有 4 人（分别用 1, 2, 3, 4 表示）各携一台话机组成通信网络，设矩阵 $\boldsymbol{A}=(a_{ij})_{4\times4}$ 按下列规则定义：

$$a_{ij}=\begin{cases}1, & \text{如果 } i \text{ 能将信息送到 } j\quad (i\neq j)\\ 0, & \text{如果 } i \text{ 不能将信息送到 } j\ (\text{或} i=j)\end{cases}$$

已知

$$\boldsymbol{A}=\begin{pmatrix}0&1&1&0\\1&0&1&0\\0&1&0&0\\1&0&1&0\end{pmatrix}$$

那么根据 $\boldsymbol{A}$ 的定义可知：1 能将信息传到 2 和 3（即 $a_{12}=1, a_{13}=1$），但不能传送信息到 4（即

$a_{14}=0$），余类推. 由矩阵 $\boldsymbol{A}$ 易算得

$$\boldsymbol{A}^2=\begin{pmatrix}0&1&1&0\\1&0&1&0\\0&1&0&0\\1&1&1&0\end{pmatrix}\begin{pmatrix}0&1&1&0\\1&0&1&0\\0&1&0&0\\1&1&1&0\end{pmatrix}=\begin{pmatrix}1&1&1&0\\0&2&1&0\\1&0&1&0\\1&2&2&0\end{pmatrix}$$

记 $\boldsymbol{A}^2=(a_{ij}^{(2)})_{4\times4}$，依矩阵乘法定义，有

$$a_{ij}^{(2)}=a_{i1}a_{1j}+a_{i2}a_{2j}+a_{i3}a_{3j}+a_{i4}a_{4j}$$

由于 $a_{ik}a_{kj}=1$，当且仅当 $a_{ik}=a_{kj}=1$，即 i 可传送信息到 k 且 k 能传送信息到 j，否则 $a_{ik}a_{kj}=0$. 因此，$a_{ij}^{(2)}$ 表示 i 经一人中转送信息到 j 的通路数目，$a_{22}^{(2)}=2$ 表示 2 经一人中转传回到自己的通路有两条，$a_{21}^{(2)}=0$ 表示 2 经一人中转把信息传到 1 的通路不存在.

又

$$\boldsymbol{G}_2=\boldsymbol{A}+\boldsymbol{A}^2=\begin{pmatrix}1&2&2&0\\1&2&2&0\\1&1&1&0\\2&3&3&0\end{pmatrix}=(g_{ij}^{(2)})_{4\times4}$$

$g_{ij}^{(2)}$ 表示 i 能直接或经一人中传送信息到 j 的通路总数. 更一般，矩阵多项式

$$\boldsymbol{G}_k=\boldsymbol{A}+\boldsymbol{A}^2+\cdots+\boldsymbol{A}^k$$

的元素 $g_{ij}^{(k)}$ 则表示至多采用中转（k–1）次方式时 i 能传送信息到 j 的通路总数.

例 12（交通问题） 设有 A, B, C 三国，它们的城市用变量 A_1, A_2, A_3；B_1, B_2, B_3；C_1, C_2 表示. 城市之间的交通连接情况（不考虑国内交通）如图 8.1 所示.

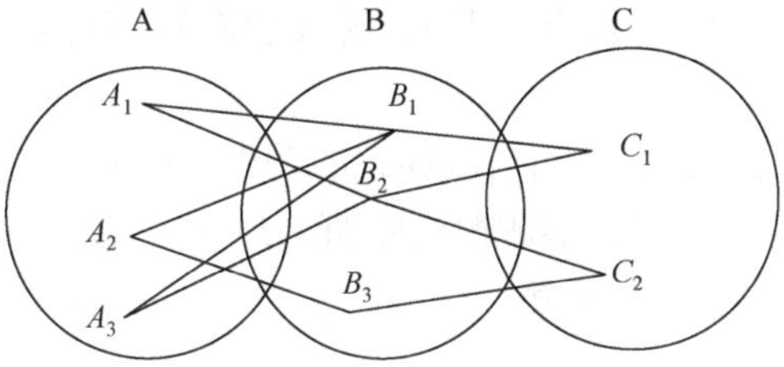

图 8.1

根据上图，A 国和 B 国城市之间交通连接情况可用矩阵

$$\boldsymbol{M}=\begin{matrix} & B_1 & B_2 & B_3\\ A_1 & 1 & 1 & 0\\ A_2 & 1 & 0 & 1\\ A_3 & 1 & 1 & 0\end{matrix}$$

表示，其中

$$m_{ij}=\begin{cases}1, & A_i\text{与}B_j\text{相连}\\0, & A_i\text{与}B_j\text{不相连}\end{cases}$$

同样，B 国和 C 国城市之间的交通情况可用矩阵

$$\begin{array}{c} \\ N = \begin{array}{c} B_1 \\ B_2 \\ B_3 \end{array} \end{array}\begin{array}{c} \begin{array}{cc} C_1 & C_2 \end{array} \\ \begin{pmatrix} 1 & 0 \\ 1 & 1 \\ 0 & 1 \end{pmatrix} \end{array}$$

表示.

用 $\boldsymbol{P}$ 来表示矩阵 $\boldsymbol{M}$ 与 $\boldsymbol{N}$ 的乘积，那么可算出

$$\boldsymbol{P} = \boldsymbol{MN} = \begin{pmatrix} 1 & 1 & 0 \\ 1 & 0 & 1 \\ 1 & 1 & 0 \end{pmatrix}\begin{pmatrix} 1 & 0 \\ 1 & 1 \\ 0 & 1 \end{pmatrix} = \begin{pmatrix} 2 & 1 \\ 1 & 1 \\ 2 & 1 \end{pmatrix}$$

应当指出例 11 与例 12 的不同之处是：例 11 中信息的传输是单向的，而交通问题是双向的.

第五节　状态离散和时间离散的马尔可夫过程模型

设系统 S 有 n 个可能状态：S_1，S_2，$\cdots$，S_n，令 P_{ij} 为系统 S 由状态 S_i 一步转移到 S_j 的概率.转移概率可以排成一个转移概率矩阵

$$(\boldsymbol{P}_{ij})_{n\times n} = \begin{pmatrix} P_{11} & P_{12} & \cdots & P_{1n} \\ \vdots & \vdots & & \vdots \\ P_{n1} & P_{n2} & \cdots & P_{nn} \end{pmatrix}$$

对于齐次马尔可夫（Markov）链，在任何一步上，系统由状态 i 转移到状态 j 的概率都是相同的，矩阵中，每行的元素之和应等于 1，转移状态矩阵可以用经过注记的状态图代替，如例 13.

例 13　由 4 艘舰组成的舰艇群遭到三次连续的袭击. 舰艇群（系统 S）的可能状态是：S_1 表示所有舰艇完好，S_i 表示有（$i-1$）艘舰艇被击沉（$i=2,\cdots,5$）. 经过注记的状态图如图 8.2 所示. 试求三次袭击后舰艇群状态的概率.

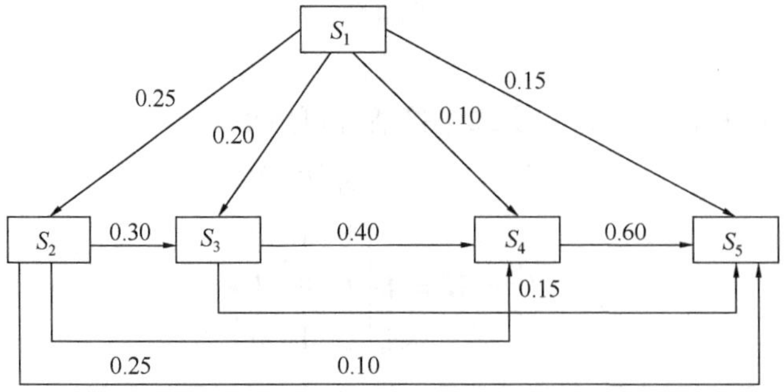

图 8.2

解　从状态图知转移状态矩阵为

$$(\boldsymbol{P}_{ij})_{n\times n}=\begin{matrix} & S_1 & S_2 & S_3 & S_4 & S_5 \\ S_1 & 0.40 & 0.25 & 0.20 & 0.10 & 0.05 \\ S_2 & 0 & 0.35 & 0.30 & 0.25 & 0.10 \\ S_3 & 0 & 0 & 0.45 & 0.40 & 0.15 \\ S_4 & 0 & 0 & 0 & 0.40 & 0.60 \\ S_5 & 0 & 0 & 0 & 0 & 1 \end{matrix}$$

用

$$P_0=(P_0(S_1), P_0(S_2), P_0(S_3), P_0(S_4), P_0(S_5))=(1, 0, 0, 0, 0)$$
$$P_k=(P_k(S_1), P_k(S_2), P_k(S_3), P_k(S_4), P_k(S_5)) \quad (k=1, 2, 3)$$

分别表示系统袭击前，第 k 次（$k=1, 2, 3$）袭击后的状态概率，则

$$P_k=P_{k-1}(\boldsymbol{P}_{ij})=\cdots=P_0(\boldsymbol{P}_{ij})^k \quad (k=1,2,3)$$

第 1 次袭击后概率

$$P_1=P_0(\boldsymbol{P}_{ij})=(0.40, 0.25, 0.20, 0.10, 0.05)$$

第 2 次袭击后概率

$$P_2=P_0(\boldsymbol{P}_{ij})^2=P_1(\boldsymbol{P}_{ij})=(0.16, 0.1875, 0.2450, 0.2225, 0.1850)$$

第 3 次袭击后概率

$$P_3=P_0(\boldsymbol{P}_{ij})^3=P_2(\boldsymbol{P}_{ij})=(0.0640, 0.1058, 0.1986, 0.2498, 0.3818)$$

例 14 某商店每月衡量一次经营情况，为方便起见，销售情况只考虑：$S_1=1$（好），$S_2=2$（坏）. 假定下月销路的好坏与以前无关，只与本月有关. 据经验，商店本月处于状态 $S_i(i=1, 2)$、轮到下月处于状态 S_j（$j=1, 2$）的概率为 $\boldsymbol{P}_{ij}$，用矩阵表示为

$$\boldsymbol{P}=(\boldsymbol{P}_{ij})=\begin{matrix} & \text{好} & \text{坏} \\ \text{好} & 0.5 & 0.5 \\ \text{坏} & 0.4 & 0.6 \end{matrix}$$

如果开始时（$t=0$）商店销路好（$S=1$），求 $t=1, 2,\cdots$（t 以月为单位）商店处于各种状态的概率.

解 用 $P_0=(P_0(S_1)，P_0(S_2))=(1, 0)$，$P_t=(P_t(S_1)，P_t(S_2))$（$t=1, 2,\cdots$）分别表示商店处于 t 月销路好、坏情况的状态概率，则

$$P_1=P_0\boldsymbol{P}, \qquad P_2=P_1\boldsymbol{P}, \qquad P_t=P_{t-1}\boldsymbol{P}$$

从而，$P_t=P_0\boldsymbol{P}(t=1, 2,\cdots)$. 表 8.13 所示为初值（1, 0）的情况.

表 8.13

项目	t					
	0	1	2	3	…	∞
P_t（S_1）好	1	0.5	0.45	0.445	…	4/9
P_t（S_2）坏	0	0.5	0.55	0.555	…	5/9

$t=0$ 时，销路坏 $P_0=(0, 1)$时，销路状态见表 8.14.

表 8.14

项目	t					
	0	1	2	3	…	∞
P_t（S_1）好	0	0.4	0.44	0.444	…	4/9
P_t（S_2）坏	1	0.6	0.56	0.556	…	5/9

从上两表可看到，不论商店处于哪种初始状态，$t\to\infty$时，商店处于两种状态的概率分别是 4/9 和 5/9，即时间充分长以后，商店的经营情况与初始状态无关.

下面再考察一个例子：概率转移矩阵 $\boldsymbol{A}=\begin{pmatrix}0.5 & 0.5\\0.7 & 0.3\end{pmatrix}$，则

$$\boldsymbol{A}^2=\begin{pmatrix}0.6 & 0.4\\0.56 & 0.44\end{pmatrix},\ \boldsymbol{A}^3=\begin{pmatrix}0.58 & 0.42\\0.588 & 0.412\end{pmatrix},\ \boldsymbol{A}^4=\begin{pmatrix}0.584 & 0.416\\0.5842 & 0.4158\end{pmatrix}$$

当 $n\to\infty$时

$$\boldsymbol{A}^n\to\begin{pmatrix}0.5833 & 0.4167\\0.5833 & 0.4167\end{pmatrix}\doteq\begin{pmatrix}7/12 & 5/12\\7/12 & 5/12\end{pmatrix}$$

取 $\boldsymbol{u}=(7/12, 5/12)$，则 $\boldsymbol{uA}=\boldsymbol{u}$，这里 $\boldsymbol{u}$ 称为矩阵 $\boldsymbol{A}$ 的不动点向量. 注意这时

$$\boldsymbol{A}^{\mathrm{T}}\boldsymbol{u}^{\mathrm{T}}=\boldsymbol{u}^{\mathrm{T}}$$

那么哪些转移矩阵具有不动点向量呢？为此给出正则阵的概念.

一个马尔可夫链的转移矩阵 $\boldsymbol{A}$ 是正则的，当且仅当有正整数 k，使 $\boldsymbol{A}^k$ 的每一元素为正数.

定理 1　若 $\boldsymbol{A}$ 是一个马尔可夫链的正则阵，那么：

（1）$\boldsymbol{A}$ 有唯一的不动点向量 $\boldsymbol{w}$，$\boldsymbol{w}$ 的每个分量为正；

（2）$\boldsymbol{A}$ 的 n 次幂 $\boldsymbol{A}^n$（n 为正整数）随 n 的增加趋于矩阵 $\boldsymbol{W}$，$\boldsymbol{W}$ 的每一行向量等于不动点向量 $\boldsymbol{w}$.

例 15　一条新闻在 $a_1, a_2,\cdots, a_n,\cdots$ 中传播，传播的方式是 a_1 传给 a_2, a_2 传给 a_3…… 如此继续下去，每次传播都是由 a_i 传给 a_{i+1}，每次传播消息的失真概率为 p（$0<p<1$），即 a_i 将消息传给 a_{i+1} 时，传错的概率为 p，这样经过长时间传播，第 n 个人得知消息时，消息的真实性程度如何？

解　设整个传播过程为随机转移过程，消息经过一次传播失真的概率为 p，转移矩阵

$$\begin{array}{cc} & \begin{array}{cc}\text{假} & \text{真}\end{array}\\ \boldsymbol{P}=\begin{array}{c}\text{假}\\\text{真}\end{array}\!\!\!\! & \begin{pmatrix}1-p & p\\ p & 1-p\end{pmatrix}\end{array}$$

$\boldsymbol{P}$ 是正则阵. 又设 $\boldsymbol{V}$ 是初始分布，则消息经过 n 次传播后，其可靠程度的概率分布为 $\boldsymbol{V}p^n$.

根据上述定理，存在不动点向量 $\boldsymbol{w}$，使

$$\boldsymbol{wP}=\boldsymbol{w}$$

问题中转移矩阵 $\boldsymbol{P}$ 的不动点向量 $\boldsymbol{w}=\left(\dfrac{1}{2},\dfrac{1}{2}\right)$.

下面给出一般的 2×2 正则阵的不动点向量的计算方法.

令 $\boldsymbol{A}=\begin{pmatrix}1-a & a\\ b & 1-b\end{pmatrix}$ $(0<a<1,\ 0<b<1)$，$\boldsymbol{A}$ 是正则的，$\boldsymbol{A}$ 有不动点向量 $\boldsymbol{w}=(w_1, w_2)$，满足 $\boldsymbol{wA}=\boldsymbol{w}$，因此

$$\boldsymbol{wA}=(w_1,w_2)\begin{pmatrix}1-a & a\\ b & 1-b\end{pmatrix}=(w_1(1-a)+w_2b, w_1a+w_2(1-b))$$

故

$$\begin{cases} w_1 = w_1(1-a) + w_2 b \\ w_2 = w_1 a + w_2(1-b) \end{cases}$$

又 $w_1 + w_2 = 1$，解得 $w_1 = \dfrac{b}{a+b}, w_2 = \dfrac{a}{a+b}$，则 $\boldsymbol{w} = \left(\dfrac{b}{a+b}, \dfrac{a}{a+b}\right)$. 于是当 $a = b = p$ 时，$\boldsymbol{w} = \left(\dfrac{1}{2}, \dfrac{1}{2}\right)$.

上面所给问题的转移矩阵是正则的. 转移矩阵是正则阵的马尔可夫链称为正则链.

第九章思维导图

第九章　矩阵相似对角化的应用

第一节　生物遗传问题

随着人类的进化，人们为了揭示生命的奥秘，越来越注重遗传学的研究，特别是遗传特征的逐代传播更是引起了人们极大的关注. 下面将研究两种类型的遗传：常染色体遗传和 x-链遗传.

一、常染色体遗传模型

在常染色体遗传中，后代是从每个亲体的基因对中各继承一个基因，形成自己的基因对，基因对也称为基因型. 下面给出双亲体基因型的所有可能的结合使其后代形成每种基因型的概率，如表 9.1 所示.

表 9.1

项目		父体–母体的基因型					
		AA-AA	*AA-Aa*	*AA-aa*	*Aa-Aa*	*Aa-aa*	*aa-aa*
后代基因型	*AA*	1	1/2	0	1/4	0	0
	Aa	0	1/2	1	1/2	1/2	0
	aa	0	0	0	1/4	1/2	1

笔记栏

例 1　农场的植物园中，某种植物的基因型为 AA，Aa，aa，农场计划采用 AA 型植物与每种基因型植物相结合的方案培育植物后代，已知双亲体基因型与其后代基因型的概率如表 9.2 所示. 问:经过若干年后三种基因型分布如何?

表 9.2

项目		父体–母体的基因型		
		AA-AA	*AA-Aa*	*AA-aa*
后代基因型	*AA*	1	1/2	0
	Aa	0	1/2	1
	aa	0	0	0

解　用 a_n，b_n，c_n 分别表示第 $n(n=0,1,2,\cdots)$代植物中基因型 AA，Aa，aa 的植物占植物总数的百分率. 令 $\boldsymbol{x}^{(n)}$为第 n 代植物基因型分布：$\boldsymbol{x}^{(n)}=(a_n,b_n,c_n)^{\mathrm{T}}$，$n=0$ 时，$\boldsymbol{x}^{(0)}=(a_0,b_0,c_0)$. 显然，初始分布有

$$a_0+b_0+c_0=1$$

由上表可得关系式

$$\begin{cases} a_n = 1\cdot a_{n-1} + \frac{1}{2}b_{n-1} + 0\cdot c_{n-1} \\ b_n = 0\cdot a_{n-1} + \frac{1}{2}b_{n-1} + 1\cdot c_{n-1} \quad (n=1,2,\cdots) \\ c_n = 0\cdot a_{n-1} + 0\cdot b_{n-1} + 0\cdot c_{n-1} \end{cases}$$

即

$$\boldsymbol{x}^{(n)} = \boldsymbol{M}\boldsymbol{x}^{(n-1)}$$

其中

$$\boldsymbol{M} = \begin{pmatrix} 1 & 1/2 & 0 \\ 0 & 1/2 & 1 \\ 0 & 0 & 0 \end{pmatrix}$$

从而，$\boldsymbol{x}^{(n)} = \boldsymbol{M}\boldsymbol{x}^{(n-1)} = \boldsymbol{M}^2\boldsymbol{x}^{(n-2)} = \cdots = \boldsymbol{M}^n\boldsymbol{x}^{(0)}$，为计算 $\boldsymbol{M}^n$，将 $\boldsymbol{M}$ 对角化，即求可逆阵 $\boldsymbol{P}$，使

$$\boldsymbol{P}^{-1}\boldsymbol{M}\boldsymbol{P} = \boldsymbol{D}$$

即 $\boldsymbol{M} = \boldsymbol{P}\boldsymbol{D}\boldsymbol{P}^{-1}$，$\boldsymbol{D}$ 为对角阵.

由于

$$|\lambda \boldsymbol{E} - \boldsymbol{A}| = \begin{vmatrix} \lambda-1 & -1/2 & 0 \\ 0 & \lambda-1/2 & -1 \\ 0 & 0 & \lambda \end{vmatrix} = (\lambda-1)\ (\lambda-\frac{1}{2})\lambda$$

所以 $\boldsymbol{M}$ 的特征值为 $\lambda_1 = 1, \lambda_2 = \frac{1}{2}, \lambda_3 = 0$. 对应的特征向量分别可取

$$\boldsymbol{e}_1 = \begin{pmatrix} 1 \\ 0 \\ 0 \end{pmatrix},\quad \boldsymbol{e}_2 = \begin{pmatrix} 1 \\ -1 \\ 0 \end{pmatrix},\quad \boldsymbol{e}_3 = \begin{pmatrix} 1 \\ -2 \\ 1 \end{pmatrix}$$

令

$$\boldsymbol{P} = (\boldsymbol{e}_1, \boldsymbol{e}_2, \boldsymbol{e}_3) = \begin{pmatrix} 1 & 1 & 1 \\ 0 & -1 & -2 \\ 0 & 0 & 1 \end{pmatrix}$$

可计算 $\boldsymbol{P}^{-1} = \boldsymbol{P}$，从而

$$\boldsymbol{P}^{-1}\boldsymbol{M}\boldsymbol{P} = \boldsymbol{D} = \begin{pmatrix} 1 & 0 & 0 \\ 0 & 1/2 & 0 \\ 0 & 0 & 0 \end{pmatrix},\quad \boldsymbol{M} = \boldsymbol{P}\boldsymbol{D}\boldsymbol{P}^{-1}$$

于是

$$\boldsymbol{M}^n = \boldsymbol{P}\boldsymbol{D}^n\boldsymbol{P}^{-1},\ \boldsymbol{x}^{(n)} = \boldsymbol{M}^n\boldsymbol{x}^{(0)} = \boldsymbol{P}\boldsymbol{D}^n\boldsymbol{P}^{-1}\boldsymbol{x}^{(0)}$$

即

$$\boldsymbol{x}^{(n)}=\begin{pmatrix}1&1&1\\0&-1&-2\\0&0&1\end{pmatrix}\begin{pmatrix}1&0&0\\0&(1/2)^n&0\\0&0&0\end{pmatrix}\begin{pmatrix}1&1&1\\0&-1&-2\\0&0&1\end{pmatrix}\begin{pmatrix}a_0\\b_0\\c_0\end{pmatrix}$$
$$=\begin{pmatrix}1&1-(1/2)^n&1-(1/2)^{n-1}\\0&(1/2)^n&(1/2)^{n-1}\\0&0&0\end{pmatrix}\begin{pmatrix}a_0\\b_0\\c_0\end{pmatrix}$$

即

$$\begin{cases}a_n=a_0+b_0+c_0-\left(\dfrac{1}{2}\right)^n b_0-\left(\dfrac{1}{2}\right)^{n-1}c_0\\ b_n=\left(\dfrac{1}{2}\right)^n b_0+\left(\dfrac{1}{2}\right)^{n-1}c_0\\ c_n=0\end{cases}$$

当 $n\to\infty$ 时，$a_n\to 1$，$b_n\to 0$，$c_n=0$. 故在极限情况下，培育的植物都是 AA 型.

例 2 在例 1 中，选择基因型 AA 的植物与每一植物结合更变为有相同基因型植物相结合，那么后代所具有三种基因型的概率如表 9.3 所示. 问经过若干年后三种基因分布如何？

表 9.3

项目		父体-母体的基因型		
		AA-AA	Aa-Aa	aa-aa
后代基因型	AA	1	1/4	0
	Aa	0	1/2	0
	aa	0	1/4	1

解 a_n，b_n，c_n，$\boldsymbol{x}^{(n)}$的含义同例 1，则

$$\boldsymbol{x}^{(n)}=\boldsymbol{M}\boldsymbol{x}^{(n-1)}=\cdots=\boldsymbol{M}^n\boldsymbol{x}^{(0)}$$

其中

$$\boldsymbol{M}=\begin{pmatrix}1&1/4&0\\0&1/2&0\\0&1/4&1\end{pmatrix}$$

$\boldsymbol{M}$ 的特征值为：$\lambda_1=1,\lambda_2=1,\lambda_3=\dfrac{1}{2}$，对应的特征向量为

$$\boldsymbol{e}_1=\begin{pmatrix}1\\0\\-1\end{pmatrix},\quad \boldsymbol{e}_2=\begin{pmatrix}0\\0\\1\end{pmatrix},\quad \boldsymbol{e}_3=\begin{pmatrix}1\\-2\\1\end{pmatrix}$$

因此

$$\boldsymbol{P}=\begin{pmatrix}1&0&1\\0&0&-2\\-1&1&1\end{pmatrix},\quad \boldsymbol{P}^{-1}=\begin{pmatrix}1&1/2&0\\1&1&1\\0&-1/2&0\end{pmatrix}$$

$$x^{(n)}=PD^nP^{-1}x^{(0)}=\begin{pmatrix}1&0&1\\0&0&-2\\-1&1&1\end{pmatrix}\begin{pmatrix}1&0&0\\0&1&0\\0&0&\left(\frac{1}{2}\right)^n\end{pmatrix}\begin{pmatrix}1&1/2&0\\1&1&1\\0&-1/2&0\end{pmatrix}\begin{pmatrix}a_0\\b_0\\c_0\end{pmatrix}$$

$$=\begin{pmatrix}1&\frac{1}{2}-\left(\frac{1}{2}\right)^{n+1}&0\\0&\left(\frac{1}{2}\right)^n&0\\0&\frac{1}{2}-\left(\frac{1}{2}\right)^{n+1}&1\end{pmatrix}\begin{pmatrix}a_0\\b_0\\c_0\end{pmatrix}$$

得

$$\begin{cases}a_n=a_0+\left[\frac{1}{2}-\left(\frac{1}{2}\right)^{n+1}\right]b_0\\ b_n=\left(\frac{1}{2}\right)^n b_0\\ c_n=c_0+\left[\frac{1}{2}-\left(\frac{1}{2}\right)^{n+1}\right]b_0\end{cases}\quad(n=1,2,\cdots)$$

当$n\to\infty$时，$\left(\frac{1}{2}\right)^n\to 0$，所以$a_n\to a_0+\frac{1}{2}b_0$，$b_n\to 0$，$c_n\to c_0+\frac{1}{2}b_0$，因此，如果用基因型相同的植物培育后代，在极限情况下，后代仅具有基因 AA 和 aa.

二、x-链遗传模型

x-链遗传是指雄性具有一个基因 A 或 a，雌性具有两个基因 AA 或 Aa，或 aa.其遗传规律是雄性后代以相等概率得到母体两个基因中的一个，雌性后代从父体中得到一个基因，并从母体的两个基因中等可能地得到一个. 下面给出后代基因型表 9.4.

表 9.4

项目		父体–母体的基因型					
		A-AA	A-Aa	A-aa	a-AA	a-Aa	a-aa
后代基因型	A	1	1/2	0	1	1/2	0
	a	0	1/2	1	0	1/2	1
	AA	1	1/2	0	0	0	0
	Aa	0	1/2	1	1	1/2	0
	aa	0	0	0	0	1/2	1

在 x-链遗传有关的近亲繁殖过程中，设 a_n，b_n，c_n，d_n，e_n，f_n 分别是第 $n\ (n=0,1,2,\cdots)$ 代中，配偶的同胞对 A-AA，A-Aa，A-aa，a-AA，a-Aa，a-aa 型的概率. 令

$$x^{(n)}=(a_n,b_n,c_n,d_n,e_n,f_n)^{\mathrm{T}}\quad(n=0,1,2,\cdots)$$

那么

$$x^{(n)} = Mx^{(n-1)} \quad (n = 1, 2, \cdots)$$

其中

$$M = \begin{pmatrix} 1 & 1/4 & 0 & 0 & 0 & 0 \\ 0 & 1/4 & 0 & 1 & 1/4 & 0 \\ 0 & 0 & 0 & 0 & 1/4 & 0 \\ 0 & 1/4 & 0 & 0 & 0 & 0 \\ 0 & 1/4 & 1 & 0 & 1/4 & 0 \\ 0 & 0 & 0 & 0 & 1/4 & 1 \end{pmatrix}$$

从而

$$x^{(n)} = Mx^{(n-1)} = \cdots = M^n x^{(0)} \quad (n = 1, 2, 3, \cdots)$$

经计算，矩阵 M 的特征值和特征向量为

$$\lambda_1 = 1, \quad \lambda_2 = 1, \quad \lambda_3 = \frac{1}{2}, \quad \lambda_4 = -\frac{1}{2}, \quad \lambda_5 = \frac{1}{4}(1+\sqrt{5}), \quad \lambda_6 = \frac{1}{4}(1-\sqrt{5})$$

令

$$e_1 = \begin{pmatrix} 1 \\ 0 \\ 0 \\ 0 \\ 0 \\ 0 \end{pmatrix}, \quad e_2 = \begin{pmatrix} 0 \\ 0 \\ 0 \\ 0 \\ 0 \\ 1 \end{pmatrix}, \quad e_3 = \begin{pmatrix} -1 \\ 2 \\ -1 \\ 1 \\ -2 \\ 1 \end{pmatrix}, \quad e_4 = \begin{pmatrix} 1 \\ -6 \\ -3 \\ 3 \\ 6 \\ -1 \end{pmatrix}, \quad e_5 = \begin{pmatrix} \frac{1}{4}(-3-\sqrt{5}) \\ 1 \\ \frac{1}{4}(-1+\sqrt{5}) \\ \frac{1}{4}(-1+\sqrt{5}) \\ 1 \\ \frac{1}{4}(-3-\sqrt{5}) \end{pmatrix}, \quad e_6 = \begin{pmatrix} \frac{1}{4}(-3+\sqrt{5}) \\ 1 \\ \frac{1}{4}(-1-\sqrt{5}) \\ \frac{1}{4}(-1-\sqrt{5}) \\ 1 \\ \frac{1}{4}(-3+\sqrt{5}) \end{pmatrix}$$

记 $P = (e_1, e_2, e_3, e_4, e_5, e_6)$，则

$$P^{-1}MP = D，\ D = \mathrm{diag}\{\lambda_1, \lambda_2, \lambda_3, \lambda_4, \lambda_5, \lambda_6\}$$

从而

$$M = PDP^{-1}，\ M^n = PD^nP^{-1}，\ x^{(n)} = PD^nP^{-1}x^{(0)} \quad (n = 1, 2, 3, \cdots)$$

由于

$$\lim_{n\to\infty} D^n = \lim_{n\to\infty} \begin{pmatrix} \lambda_1^n & & & & & \\ & \lambda_2^n & & & & \\ & & \lambda_3^n & & & \\ & & & \lambda_4^n & & \\ & & & & \lambda_5^n & \\ & & & & & \lambda_6^n \end{pmatrix} = \begin{pmatrix} 1 & & & & & \\ & 1 & & & & \\ & & 0 & & & \\ & & & 0 & & \\ & & & & 0 & \\ & & & & & 0 \end{pmatrix}$$

所以

$$x^{(n)} \to P\begin{pmatrix} 1 & 0 & 0 & 0 & 0 & 0 \\ 0 & 1 & 0 & 0 & 0 & 0 \\ 0 & 0 & 0 & 0 & 0 & 0 \\ 0 & 0 & 0 & 0 & 0 & 0 \\ 0 & 0 & 0 & 0 & 0 & 0 \\ 0 & 0 & 0 & 0 & 0 & 0 \end{pmatrix}P^{-1}x^{(0)}$$

即

$$x^{(n)} \to \begin{pmatrix} a_0+\frac{2}{3}b_0+\frac{1}{3}c_0+\frac{2}{3}d_0+\frac{1}{3}e_0 \\ 0 \\ 0 \\ 0 \\ \frac{1}{3}b_0+\frac{2}{3}c_0+\frac{1}{3}d_0\frac{2}{3}e_0+f_0 \end{pmatrix}$$

因此，在极限情况下所有同胞对或者是 A-AA 型，或者是 a-aa 型.

如果初始的父母体同胞对是 A-Aa 型，即 $b_0=1$，$a_0=c_0=d_0=e_0=f_0=0$，于是，当 $n\to\infty$时

$$x^{(n)} \to \left(\frac{2}{3},0,0,0,0,\frac{1}{3}\right)^{\mathrm{T}}$$

即同胞对是 A-AA 型的概率是 2/3，是 a-aa 型的概率为 1/3.

第二节　莱斯利种群模型

莱斯利(Leslie)种群模型是研究动物种群数量增长的重要模型. 这一模型研究了种群中雌性动物的年龄分布和数量增长的规律.

在某动物种群中，仅考察雌性动物的年龄和数量，设此种群中雌性动物的最大生存年龄为 L（单位：年或其他时间单位），把$[0, L]$等分为 n 个年龄组，且每个年龄组内假设生殖率和存活率保持不变，对不同年龄组才不相同，如表 9.5 所示.

表 9.5

年龄组	年龄区间	生殖率	存活率
1	$\left[0,\frac{L}{n}\right)$	a_1	b_1
2	$[L/n, 2L/n)$	a_2	b_2
⋮	⋮	⋮	⋮
n	$[(n-1)L/n, L)$	a_n	b_n

表中 a_i 表示第 i 年龄组的每一雌性动物平均生殖的雌性幼体个数；b_i 表示第 i 年龄组中可存活到第 $i+1$ 年龄组的雌性数与该年龄组雌性总数之比. a_i，b_i 均为常数，$a_i\geqslant 0$，$b_i\geqslant 0$，同时假设至少有一个 $a_i>0$ 即至少有一年龄组雌性动物有生殖能力.

利用统计资料，可获得基年$(t=0)$该种群在各年龄组的雌性动物数量. 记 $x_i^{(0)}$ $(i=1,2,\cdots,n)$

为 $t=0$ 时第 i 年龄组雌性动物的数量，就得到初始时刻年龄分布向量

$$\boldsymbol{x}^{(0)}=\left(x_1^{(0)},x_2^{(0)},\cdots,x_n^{(0)}\right)^{\mathrm{T}}$$

如果在离散的时间 $t_0, t_1,\cdots, t_k,\cdots$ 为观察点，这相当于隔若干时间观察一次种群，并使两个相邻的观察时间间隔的长度和年龄分组相一致，取年龄组的间隔 L/n 作为时间单位，记

$$t_0=0,t_1=\frac{L}{n},t_2=\frac{2L}{n},\cdots,t_k=\frac{kL}{n},\cdots$$

并统计在 t_k 时各年龄组雌动物的数量 $x_i^{(k)}$ $(i=1, 2,\cdots, n)$，可得 t_k 时的年龄分布向量

$$\boldsymbol{x}^{(k)}=\left(x_1^{(k)},x_2^{(k)},\cdots,x_n^{(k)}\right)^{\mathrm{T}}\quad(k=0,1,2,\cdots,n)$$

随着时间的变化，由于生殖与死亡以及年龄增长，该种群中每一年龄组雌性动物数量都将发生变化. 实际上，在 t_k 时，种群中第一年龄组的雌性个数应等于在 t_{k-1} 至 t_k 之间出生的所有雌性幼体的总和，即

$$x_1^{(k)}=a_1x_1^{(k-1)}+a_2x_2^{(k-1)}+\cdots+a_nx_n^{(k-1)}$$

同时，在 t_k 时，第 $i+1(i=1, 2, \cdots, n-1)$年龄组中雌性动物数量等于在 t_{k-1} 时第 i 年龄组中雌性动物数量 $x_i^{(k-1)}$ 乘以存活率 b_i，即

$$x_{i+1}^{(k)}=b_ix_i^{(k-1)}\quad(i=1,2,\cdots,n-1)$$

综上所述，用矩阵记号可表示为

$$\begin{pmatrix}x_1^{(k)}\\x_2^{(k)}\\\vdots\\x_n^{(k)}\end{pmatrix}=\begin{pmatrix}a_1&a_2&\cdots&a_{n-1}&a_n\\b_1&0&\cdots&0&0\\0&b_2&\cdots&0&0\\\vdots&\vdots&&\vdots&\vdots\\0&0&\cdots&b_{n-1}&0\end{pmatrix}\begin{pmatrix}x_1^{(k-1)}\\x_2^{(k-1)}\\\vdots\\x_n^{(k-1)}\end{pmatrix}$$

或简记

$$\boldsymbol{x}^{(k)}=\boldsymbol{L}\boldsymbol{x}^{(k-1)}=\cdots=\boldsymbol{L}^k\boldsymbol{x}^{(0)}\quad(k=1,2,\cdots)$$

其中

$$\boldsymbol{L}=\begin{pmatrix}a_1&a_2&\cdots&a_{n-1}&a_n\\b_1&0&\cdots&0&0\\0&b_2&\cdots&0&0\\\vdots&\vdots&&\vdots&\vdots\\0&0&\cdots&b_{n-1}&0\end{pmatrix}$$

称为莱斯利矩阵.

为估计种群增长过程的动态趋向，首先研究状态转移矩阵莱斯利矩阵的特征值和特征向量.

令

$$p(\lambda)=|\lambda\boldsymbol{E}-\boldsymbol{L}|=\begin{vmatrix}\lambda-a_1 & -a_2 & -a_3 & \cdots & -a_{n-1} & -a_n\\ -b_1 & \lambda & 0 & \cdots & 0 & 0\\ 0 & -b_2 & \lambda & \cdots & 0 & 0\\ \vdots & \vdots & \vdots & & \vdots & \vdots\\ 0 & 0 & 0 & \cdots & -b_{n-1} & \lambda\end{vmatrix}$$

$$=\lambda^n-a_1\lambda^{n-1}-a_2b_1\lambda^{n-2}-a_3b_1b_2\lambda^{n-3}-\cdots-a_nb_1b_2\cdots b_{n-1}$$

当 $\lambda\neq0$ 时，特征方程可变形为

$$a_1\lambda^{n-1}+a_2b_1\lambda^{n-2}+\cdots+a_nb_1b_2\cdots b_{n-1}=\lambda^n$$

用 λ^n 除两边，有

$$\frac{a_1}{\lambda}+\frac{a_2b_1}{\lambda^2}+\cdots+\frac{a_nb_1b_2\cdots b_{n-1}}{\lambda^n}=1$$

定义函数

$$q(\lambda)=\frac{a_1}{\lambda}+\frac{a_2b_1}{\lambda^2}+\cdots+\frac{a_nb_1b_2\cdots b_{n-1}}{\lambda^n}$$

则 $p(\lambda)=0$ 等价于 $q(\lambda)=1$（当 $\lambda\neq0$ 时）.

因 $a_i\geqslant0\ (i=1,2,\cdots,n)$，$b_i>0\ (i=1,2,\cdots,n-1)$，故 $q(\lambda)$关于 $\lambda>0$ 单调下降，且

$$\lambda\to0,\ q(\lambda)\to\infty;\qquad \lambda\to\infty,\ q(\lambda)\to0$$

从而存在唯一的 λ 使 $q(\lambda)=1$，记此 λ 为 λ_1，即矩阵 $\boldsymbol{L}$ 有唯一的正特征根且为单根.

下面求对应 λ_1 的非零特征向量 $\boldsymbol{x}$. 由

$$\begin{pmatrix}a_1 & a_2 & \cdots & a_{n-1} & a_n\\ b_1 & 0 & \cdots & 0 & 0\\ 0 & b_2 & \cdots & 0 & 0\\ \vdots & \vdots & & \vdots & \vdots\\ 0 & 0 & \cdots & b_{n-1} & 0\end{pmatrix}\begin{pmatrix}x_1\\ x_2\\ \vdots\\ x_n\end{pmatrix}=\lambda_1\begin{pmatrix}x_1\\ x_2\\ \vdots\\ x_n\end{pmatrix}$$

有

$$\begin{cases}a_1x_1+a_2x_2+\cdots+a_nx_n=\lambda_1x_1\\ x_2=\dfrac{b_1}{\lambda_1}x_1\\ x_3=\dfrac{b_2}{\lambda_1}x_2\\ \cdots\cdots\\ x_n=\dfrac{b_{n-1}}{\lambda_1}x_{n-1}\end{cases}\qquad 即\qquad \begin{cases}x_1=1\\ x_2=\dfrac{b_1}{\lambda_1}\\ x_3=\dfrac{b_1b_2}{\lambda_1^2}\\ \cdots\cdots\\ x_n=\dfrac{b_1b_2\cdots b_{n-1}}{\lambda_1^{n-1}}\end{cases}$$

显然此特征向量的所有元素为正，且它对应的特征子空间为一维，于是任何一个对应于 λ_1 的特征向量都是 $\boldsymbol{x}$ 的倍数.

例 3　某种动物雌性的最大生存年龄为 15 年，以 5 年为一间隔，它们的生殖率与存活率如表 9.6 所示.

表 9.6

年龄组	年龄区间	生殖率	存活率
1	[0, 5)	0	1/2
2	[5, 10)	4	1/4
3	[10, 15)	3	0

在初始时刻 $t=0$ 时，3 个年龄组的雌性动物个数分别为 500，1000，500，则初始年龄分布向量

$$\boldsymbol{x}^{(0)}=(500, 1000, 500)^{\mathrm{T}}$$

莱斯利矩阵为

$$\boldsymbol{L}=\begin{pmatrix} 0 & 4 & 3 \\ 1/2 & 0 & 0 \\ 0 & 1/4 & 0 \end{pmatrix}$$

于是

$$\boldsymbol{x}^{(1)}=\boldsymbol{L}\boldsymbol{x}^{(0)}=\begin{pmatrix} 0 & 4 & 3 \\ 1/2 & 0 & 0 \\ 0 & 1/4 & 0 \end{pmatrix}\begin{pmatrix} 500 \\ 1000 \\ 500 \end{pmatrix}=\begin{pmatrix} 5500 \\ 250 \\ 250 \end{pmatrix}$$

$$\boldsymbol{x}^{(2)}=\boldsymbol{L}\boldsymbol{x}^{(1)}=\begin{pmatrix} 0 & 4 & 3 \\ 1/2 & 0 & 0 \\ 0 & 1/4 & 0 \end{pmatrix}\begin{pmatrix} 5500 \\ 250 \\ 250 \end{pmatrix}=\begin{pmatrix} 1750 \\ 2750 \\ 62.5 \end{pmatrix}$$

$$\boldsymbol{x}^{(3)}=\boldsymbol{L}\boldsymbol{x}^{(2)}=\begin{pmatrix} 0 & 4 & 3 \\ 1/2 & 0 & 0 \\ 0 & 1/4 & 0 \end{pmatrix}\begin{pmatrix} 1750 \\ 2750 \\ 62.5 \end{pmatrix}=\begin{pmatrix} 11000 \\ 875 \\ 687.5 \end{pmatrix}$$

为分析 $k\to\infty$时，该动物种群年龄分布向量的特点，先求莱斯利矩阵 $\boldsymbol{L}$ 的多项式

$$p(\lambda)=|\lambda\boldsymbol{E}-\boldsymbol{L}|=\begin{vmatrix} \lambda & -4 & -3 \\ -1/2 & \lambda & 0 \\ 0 & -1/4 & \lambda \end{vmatrix}=\left(\lambda-\frac{3}{2}\right)\left(\lambda^2-\frac{3}{2}\lambda+\frac{1}{4}\right)$$

$\boldsymbol{L}$ 的特征值 $\lambda_1=\dfrac{3}{2},\lambda_2=\dfrac{-3+\sqrt{5}}{4},\lambda_3=\dfrac{-3-\sqrt{5}}{4}$. 不难看出 λ_1 是矩阵 $\boldsymbol{L}$ 的唯一的正特征值，且

$$|\lambda_1|>|\lambda_i| \quad (i=2, 3)$$

而 λ_1 对应的特征向量

$$\boldsymbol{\alpha}_1=\left(1, \frac{b_1}{\lambda_1}, \frac{b_1 b_2}{\lambda_1^2}\right)^{\mathrm{T}}=\left(1, \frac{1}{3}, \frac{1}{18}\right)^{\mathrm{T}}$$

λ_2，λ_3 对应的特征向量记为 $\boldsymbol{\alpha}_2$，$\boldsymbol{\alpha}_3$，则 $\boldsymbol{\alpha}_1$，$\boldsymbol{\alpha}_2$，$\boldsymbol{\alpha}_3$ 线性无关.

令矩阵 $\boldsymbol{P}=(\boldsymbol{\alpha}_1, \boldsymbol{\alpha}_2, \boldsymbol{\alpha}_3)$，$\boldsymbol{\Lambda}=\mathrm{diag}\{\lambda_1, \lambda_2, \lambda_3\}$，则

$$\boldsymbol{P}^{-1}\boldsymbol{L}\boldsymbol{P}=\boldsymbol{\Lambda} \quad 或 \quad \boldsymbol{L}=\boldsymbol{P}\boldsymbol{\Lambda}\boldsymbol{P}^{-1}$$

于是

$$x^{(k)}=L^k x^{(0)}=P\Lambda^k P^{-1}x^{(0)}=\lambda_1^k P\begin{pmatrix}1&0&0\\0&(\lambda_2/\lambda_1)^k&0\\0&0&(\lambda_3/\lambda_1)^k\end{pmatrix}P^{-1}x^{(0)}$$

即

$$\frac{1}{\lambda_1^k}x^{(k)}=P\mathrm{diag}\left\{1,\left(\frac{\lambda_2}{\lambda_1}\right)^k,\left(\frac{\lambda_3}{\lambda_1}\right)^k\right\}P^{-1}x^{(0)}$$

因$\left|\frac{\lambda_2}{\lambda_1}\right|<1$，$\left|\frac{\lambda_3}{\lambda_1}\right|<1$，所以

$$\lim_{k\to\infty}\frac{1}{\lambda_1^k}x^{(k)}=P\mathrm{diag}\{1,0,0\}P^{-1}x^{(0)}$$

记列向量$P^{-1}x^{(0)}$的第一个元素为c（常数），则上式可化为

$$\lim_{k\to\infty}\frac{1}{\lambda_1^k}x^{(k)}=(\alpha_1,\alpha_2,\alpha_3)\begin{pmatrix}c\\0\\0\end{pmatrix}=c\alpha_1$$

于是，当k充分大时，近似地成立

$$x^{(k)}=c\lambda_1^k\alpha_1=c\left(\frac{3}{2}\right)^k\begin{pmatrix}1\\1/3\\1/18\end{pmatrix}$$

这一结果说明，当时间充分长，这种动物中雌性的年龄分布将趋于稳定，即[0, 5)，[5, 10)，[10, 15)，三个年龄组的雌性动物数量比为$1:\frac{1}{3}:\frac{1}{18}$. 并由此可近似得到$t_k$时种群中雌性动物的总量，从而对整个种群的总量进行估计.

第三节　常系数线性齐次微分（差分）方程组的解

一、常系数线性齐次微分方程组的解

考虑n个变量的常系数线性齐次微分方程组：

$$\begin{cases}\dfrac{dx_1}{dt}=a_{11}x_1+a_{12}x_2+\cdots+a_{1n}x_n\\\dfrac{dx_2}{dt}=a_{21}x_1+a_{22}x_2+\cdots+a_{2n}x_n\\\qquad\qquad\cdots\cdots\\\dfrac{dx_n}{dt}=a_{n1}x_1+a_{n2}x_2+\cdots+a_{nn}x_n\end{cases}$$

记

$$x(t)=\begin{pmatrix}x_1(t)\\x_2(t)\\\vdots\\x_n(t)\end{pmatrix},\quad \frac{dx}{dt}=\begin{pmatrix}dx_1/dt\\dx_2/dt\\\vdots\\dx_n/dt\end{pmatrix},\quad A=\begin{pmatrix}a_{11}&a_{12}&\cdots&a_{1n}\\a_{21}&a_{22}&\cdots&a_{2n}\\\vdots&\vdots&&\vdots\\a_{n1}&a_{n2}&\cdots&a_{nn}\end{pmatrix}$$

则上述微分方程简写成

$$\frac{\mathrm{d}\boldsymbol{x}}{\mathrm{d}t}=\boldsymbol{A}\boldsymbol{x}$$

令 $\boldsymbol{x}=\boldsymbol{P}\boldsymbol{y}$，则 $\boldsymbol{P}\frac{\mathrm{d}\boldsymbol{y}}{\mathrm{d}t}=\boldsymbol{A}\boldsymbol{P}\boldsymbol{y}$. 如果 $\boldsymbol{A}$ 为可对角化阵，且可逆阵 $\boldsymbol{P}$ 使

$$\boldsymbol{P}^{-1}\boldsymbol{A}\boldsymbol{P}=\boldsymbol{D}=\mathrm{diag}\{\lambda_1,\lambda_2,\cdots,\lambda_n\}$$

有

$$\frac{\mathrm{d}\boldsymbol{y}}{\mathrm{d}t}=\boldsymbol{D}\boldsymbol{y}$$

即

$$\begin{pmatrix}\mathrm{d}y_1/\mathrm{d}t\\ \vdots\\ \mathrm{d}y_n/\mathrm{d}t\end{pmatrix}=\begin{pmatrix}\lambda_1 & & & \boldsymbol{O}\\ & \lambda_2 & & \\ & & \ddots & \\ \boldsymbol{O} & & & \lambda_n\end{pmatrix}\begin{pmatrix}y_1\\ \vdots\\ y_n\end{pmatrix}$$

从而 $\frac{\mathrm{d}y_i}{\mathrm{d}t}=\lambda_i y_i(i=1,2,\cdots,n)$， $y_i=c_i\mathrm{e}^{\lambda_i t}(i=1,2,\cdots,n)$. 再用变换式 $\boldsymbol{x}=\boldsymbol{P}\boldsymbol{y}$，可得

$$\begin{pmatrix}x_1^{(t)}\\ x_2^{(t)}\\ \vdots\\ x_n^{(t)}\end{pmatrix}=\begin{pmatrix}p_{11} & p_{12} & \cdots & p_{1n}\\ \vdots & \vdots & & \vdots\\ p_{n1} & p_{n2} & \cdots & p_{nn}\end{pmatrix}\begin{pmatrix}c_1\mathrm{e}^{\lambda_1 t}\\ c_2\mathrm{e}^{\lambda_2 t}\\ \vdots\\ c_n\mathrm{e}^{\lambda_n t}\end{pmatrix}$$

于是原方程通解为

$$\begin{cases}x_1=p_{11}c_1\mathrm{e}^{\lambda_1 t}+p_{12}c_2\mathrm{e}^{\lambda_2 t}+\cdots+p_{1n}c_n\mathrm{e}^{\lambda_n t}\\ x_2=p_{21}c_1\mathrm{e}^{\lambda_1 t}+p_{22}c_2\mathrm{e}^{\lambda_2 t}+\cdots+p_{2n}c_n\mathrm{e}^{\lambda_n t}\\ \qquad\cdots\cdots\\ x_n=p_{n1}c_1\mathrm{e}^{\lambda_1 t}+p_{n2}c_2\mathrm{e}^{\lambda_2 t}+\cdots+p_{nn}c_n\mathrm{e}^{\lambda_n t}\end{cases}$$

其中：$c_1,c_2,\cdots,c_n$ 为任意常数.

例 4 求下列微分方程组的通解：

$$\begin{cases}x_1'(t)= & x_2+x_3-x_4\\ x_2'(t)= x_1 & -x_3+x_4\\ x_3'(t)= x_1-x_2 & +x_4\\ x_4'(t)=-x_1+x_2+x_3\end{cases}$$

解 记 $\boldsymbol{x}(t)=(x_1(t),x_2(t),x_3(t),x_4(t))^{\mathrm{T}}$，且

$$\boldsymbol{A}=\begin{pmatrix}0 & 1 & 1 & -1\\ 1 & 0 & -1 & 1\\ 1 & -1 & 0 & 1\\ -1 & 1 & 1 & 0\end{pmatrix}$$

则方程组

$$\boldsymbol{x}'(t)=\boldsymbol{A}\boldsymbol{x}(t)$$

由于

$$|\lambda E - A| = \begin{vmatrix} \lambda & -1 & -1 & 1 \\ -1 & \lambda & 1 & -1 \\ -1 & 1 & \lambda & -1 \\ 1 & -1 & -1 & \lambda \end{vmatrix} = (\lambda+3)(\lambda-1)^3$$

$\boldsymbol{A}$ 的特征值为 $\lambda_1=-3$，$\lambda_2=\lambda_3=\lambda_4=1$，对应 $\lambda_1=-3$ 的特征向量 $\boldsymbol{p}_1=k(1,-1,-1,1)^{\mathrm{T}}(k\neq 0)$，对应 $\lambda_2=\lambda_3=\lambda_4=1$ 的线性无关的特征向量

$$\boldsymbol{p}_2=(1,1,0,0)^{\mathrm{T}}，\boldsymbol{p}_3=(0,0,1,1)^{\mathrm{T}}，\boldsymbol{p}_4=(1,-1,1,-1)^{\mathrm{T}}$$

令

$$\boldsymbol{P}=(\boldsymbol{p}_1,\boldsymbol{p}_2,\boldsymbol{p}_3,\boldsymbol{p}_4)=\begin{pmatrix} 1 & 1 & 0 & 1 \\ -1 & 1 & 0 & -1 \\ -1 & 0 & 1 & 1 \\ 1 & 0 & 1 & -1 \end{pmatrix}$$

则

$$\boldsymbol{P}^{-1}\boldsymbol{A}\boldsymbol{P}=\mathrm{diag}\{-3,1,1,1\}=\boldsymbol{D}$$

于是，作变换 $\boldsymbol{x}=\boldsymbol{P}\boldsymbol{y}$，可得

$$\frac{\mathrm{d}\boldsymbol{y}}{\mathrm{d}t}=\boldsymbol{P}^{-1}\boldsymbol{A}\boldsymbol{P}\boldsymbol{y}=\boldsymbol{D}\boldsymbol{y}$$

从而

$$\frac{\mathrm{d}y_1}{\mathrm{d}t}=-3y_1,\quad \frac{\mathrm{d}y_i}{\mathrm{d}t}=y_i\quad (i=2,3,4)$$

积分，得

$$y_1=c_1\mathrm{e}^{-3t},\ y_i=c_i\mathrm{e}^{t}\quad (i=2,3,4)$$

再用 $\boldsymbol{x}=\boldsymbol{P}\boldsymbol{y}$ 回代可得原方程通解

$$\begin{cases} x_1=c_1\mathrm{e}^{-3t}+c_2\mathrm{e}^{t}+c_4\mathrm{e}^{t} \\ x_2=c_1\mathrm{e}^{-3t}+c_2\mathrm{e}^{t}-c_4\mathrm{e}^{t} \\ x_3=c_1\mathrm{e}^{-3t}+c_3\mathrm{e}^{t}+c_4\mathrm{e}^{t} \\ x_4=c_1\mathrm{e}^{-3t}+c_3\mathrm{e}^{t}-c_4\mathrm{e}^{t} \end{cases}$$

其中：c_1，c_2，c_3，c_4 为任意常数.

二、常系数线性齐次差分方程组的解

考虑 n 个变量的常系数线性齐次差分方程组

$$\begin{cases} x_1(k+1)=a_{11}x_1(k)+a_{12}x_2(k)+\cdots+a_{1n}x_n(k) \\ x_2(k+1)=a_{21}x_1(k)+a_{22}x_2(k)+\cdots+a_{2n}x_n(k) \\ \quad\cdots\cdots \\ x_n(k+1)=a_{n1}x_1(k)+a_{n2}x_2(k)+\cdots+a_{nn}x_n(k) \end{cases}$$

记

$$x(k+1)=(x_1(k+1),x_2(k+1),\cdots,x_n(k+1))^{\mathrm{T}}$$
$$x(k)=(x_1(k),x_2(k),\cdots,x_n(k))^{\mathrm{T}}$$
$$A=\begin{pmatrix} a_{11} & a_{12} & \cdots & a_{1n} \\ a_{21} & a_{22} & \cdots & a_{2n} \\ \vdots & \vdots & & \vdots \\ a_{n1} & a_{n2} & \cdots & a_{nn} \end{pmatrix},\quad A=(a_{ij})_{n\times n}$$

那么，方程组可写成

$$x(k+1)=Ax(k) \tag{9.1}$$

设方程的初始条件是：$x(0)=(x_1(0),x_2(0),\cdots,x_n(0))^{\mathrm{T}}$. 在式（9.1）中依次令 $k=0,1,2,\cdots,k$，反复迭代，得

$$x(1)=Ax(0)$$
$$x(2)=Ax(1)=A^2x(0)$$
$$\cdots\cdots$$
$$x(k+1)=Ax(k)=A^{k+1}x(0)$$

故方程组（9.1）满足初始条件的解便是

$$x(k+1)=A^{k+1}x(0)$$

若 A 可对角化，即如果有可逆阵 P，使

$$P^{-1}AP=D=\mathrm{diag}\{\lambda_1,\lambda_2,\cdots,\lambda_n\}\text{（对角阵）}$$

那么

$$A^k=PD^kP^{-1},\quad x(k)=A^kx(0)=PD^kP^{-1}x(0)$$

从而通解为

$$x(k)=PD^kC$$

其中：$C=P^{-1}x(0)$为常数列向量.

例 5 已知 $x_1(0)=1$，$x_2(0)=-1$，$x_3(0)=1$，求解差分方程组

$$\begin{cases} x_1(k+1)=x_1(k)-x_2(k) \\ x_2(k+1)=-x_1(k)+2x_2(k)-x_3(k) \\ x_3(k+1)=-x_2(k)+x_3(k) \end{cases}$$

解 方程组可写成

$$x(k+1)=Ax(k)$$
$$x(k+1)=(x_1(k+1),\ x_2(k+1),\ x_3(k+1))^{\mathrm{T}},\ x(k)=(x_1(k),\ x_2(k),\ x_3(k))^{\mathrm{T}}$$
$$A=\begin{pmatrix} 1 & -1 & 0 \\ -1 & 2 & -1 \\ 0 & -1 & 1 \end{pmatrix}$$

则 A 的特征多项式

$$|\lambda E-A|=\lambda(\lambda-1)(\lambda-3)$$

A 的特征值 $\lambda_1=0$，$\lambda_2=1$，$\lambda_3=3$，对应的特征向量

$$p_1=\frac{1}{\sqrt{3}}(1,1,1)^{\mathrm{T}},\quad p_2=\frac{1}{\sqrt{2}}(-1,0,1)^{\mathrm{T}},\quad p_3=\frac{1}{\sqrt{6}}(1,-2,1)^{\mathrm{T}}$$

令

$$P=(p_1,p_2,p_3)=\begin{pmatrix}\frac{1}{\sqrt{3}} & -\frac{1}{\sqrt{2}} & \frac{1}{\sqrt{6}}\\ \frac{1}{\sqrt{3}} & 0 & \frac{2}{\sqrt{6}}\\ \frac{1}{\sqrt{3}} & \frac{1}{\sqrt{2}} & \frac{1}{\sqrt{6}}\end{pmatrix}$$

有 $\boldsymbol{P}$ 为正交阵，即

$$P^{-1}=P^{\mathrm{T}}=\begin{pmatrix}\frac{1}{\sqrt{3}} & \frac{1}{\sqrt{3}} & \frac{1}{\sqrt{3}}\\ -\frac{1}{\sqrt{2}} & 0 & \frac{1}{\sqrt{2}}\\ \frac{1}{\sqrt{6}} & -\frac{2}{\sqrt{6}} & \frac{1}{\sqrt{6}}\end{pmatrix}$$

且

$$P^{-1}AP=\begin{pmatrix}0&0&0\\0&1&0\\0&0&3\end{pmatrix}=D$$

于是，差分方程通解为

$$\begin{aligned}x(k)&=A^k x(0)=PD^kP^{-1}x(0)\\
&=\begin{pmatrix}\frac{1}{\sqrt{3}} & -\frac{1}{\sqrt{2}} & \frac{1}{\sqrt{6}}\\ \frac{1}{\sqrt{3}} & 0 & -\frac{2}{\sqrt{6}}\\ \frac{1}{\sqrt{3}} & \frac{1}{\sqrt{2}} & \frac{1}{\sqrt{6}}\end{pmatrix}\begin{pmatrix}0 & & \\ & 1 & \\ & & 3^k\end{pmatrix}\begin{pmatrix}\frac{1}{\sqrt{3}} & \frac{1}{\sqrt{3}} & \frac{1}{\sqrt{3}}\\ -\frac{1}{\sqrt{2}} & 0 & \frac{1}{\sqrt{2}}\\ \frac{1}{\sqrt{6}} & -\frac{2}{\sqrt{6}} & \frac{1}{\sqrt{6}}\end{pmatrix}\begin{pmatrix}1\\-1\\1\end{pmatrix}\\
&=\begin{pmatrix}0 & -\frac{1}{\sqrt{2}} & \frac{1}{\sqrt{6}}3^k\\ 0 & 0 & -\frac{2}{\sqrt{6}}3^k\\ 0 & \frac{1}{\sqrt{2}} & \frac{1}{\sqrt{6}}3^k\end{pmatrix}\begin{pmatrix}\frac{1}{\sqrt{3}}\\ 0\\ \frac{4}{\sqrt{6}}\end{pmatrix}=2-3^{k-1}\begin{pmatrix}1\\2\\1\end{pmatrix}=\begin{pmatrix}2\cdot 3^{k-1}\\ 4\cdot 3^{k-1}\\ 2\cdot 3^{k-1}\end{pmatrix}\end{aligned}$$

第十章思维导图

第十章　向量空间与内积的应用

第一节　丢勒魔方

一、丢勒魔方的定义

德国著名艺术家阿尔布莱希特·丢勒（Albrecht Dürer）（1471—1521 年）于 1514 年曾铸造一枚铜币. 令人奇怪的是，在这枚铜币的画面上充满了数学符号、数字及几何图形. 这里仅研究铜币右上角的数字问题.

下面是一个自然数组成的方块，称之为丢勒魔方. 为什么称之为魔方？这种数字排列有什么性质？

16	3	2	13
5	10	11	8
9	6	7	12
4	15	14	1

从方块中数字排列可看出：

每行数字之和为 34；每列数字之和也是 34；若把对角线上的数字加在一起，和是 34；若用水平线和垂直线把它分成 4 个小方块，每个小方块的数字和也是 34；若把 4 个角上的数字相加，其和还是 34. 同时，还注意到方块上的 1 至 16 的自然数中，14，7，1 及 15，14，正好在铜币中有一定次序.

笔记栏

定义丢勒魔方：如果一个 4×4 数字方，它的每一行、每一列、每一对角线及每一小方块上的数字和均相等且为一确定数，称这个数字方为丢勒魔方.

现在，读者自然思考并问存在多少个符合上述定义的魔方？是否有构成所有的魔方的方法？这个问题，初看给人变幻莫测的感觉，但如果将思维扩展到向量空间，这个问题就不难回答.

定义 0—方和 1—方如下

$$\mathbf{0}=\begin{array}{|cccc|}\hline 0&0&0&0\\0&0&0&0\\0&0&0&0\\0&0&0&0\\\hline\end{array}\qquad \boldsymbol{E}=\begin{array}{|cccc|}\hline 1&1&1&1\\1&1&1&1\\1&1&1&1\\1&1&1&1\\\hline\end{array}$$

$$R=C=D=S=0\qquad\qquad R=C=D=S=4$$

其中：R 为行和，C 为列和，D 为对角线和，S 为小方块和.

下面通过用 0，1 两个数字组合的方法构成 $R=C=S=D=1$ 的所有魔方，称之为基本魔方 $\boldsymbol{Q}_1$，$\boldsymbol{Q}_2$，$\boldsymbol{Q}_3$，$\boldsymbol{Q}_4$，$\boldsymbol{Q}_5$，$\boldsymbol{Q}_6$，$\boldsymbol{Q}_7$，$\boldsymbol{Q}_8$，即

$$Q_1=\begin{bmatrix}1&0&0&0\\0&0&1&0\\0&0&0&1\\0&1&0&0\end{bmatrix}\quad Q_2=\begin{bmatrix}1&0&0&0\\0&0&0&1\\0&1&0&0\\0&0&1&0\end{bmatrix}\quad Q_3=\begin{bmatrix}0&0&0&1\\1&0&0&0\\0&0&1&0\\0&1&0&0\end{bmatrix}$$

$$Q_4=\begin{bmatrix}0&0&0&1\\0&1&0&0\\1&0&0&0\\0&0&1&0\end{bmatrix}\quad Q_5=\begin{bmatrix}0&0&1&0\\1&0&0&0\\0&1&0&0\\0&0&0&1\end{bmatrix}\quad Q_6=\begin{bmatrix}0&1&0&0\\0&0&1&0\\1&0&0&0\\0&0&0&1\end{bmatrix}$$

$$Q_7=\begin{bmatrix}0&0&1&0\\0&1&0&0\\0&0&0&1\\1&0&0&0\end{bmatrix}\quad Q_8=\begin{bmatrix}0&1&0&0\\0&0&0&1\\0&0&1&0\\1&0&0&0\end{bmatrix}$$

假设把一个丢勒魔方看成一个向量，那么根据向量运算规则，对丢勒魔方可施行数乘、加减运算. 实数 r 与丢勒魔方相乘，即用数字乘丢勒魔方中每一元素. 两个丢勒魔方 $\boldsymbol{A}$ 与 $\boldsymbol{B}$ 相加减，即 $\boldsymbol{A}$ 与 $\boldsymbol{B}$ 的对应元素相加减.

记 $\mathscr{D}=\{\boldsymbol{A}=(a_{ij})_{4\times4}\,|\,\boldsymbol{A}\text{为丢勒魔方}\}$，易验证：$\mathscr{D}$ 对上定义的数乘运算、向量加法运算封闭，即

$$\forall r\in R,\forall \boldsymbol{A}\in\mathscr{D},\ r\boldsymbol{A}=(ra_{ij})\in\mathscr{D}$$

$$\forall \boldsymbol{A},\boldsymbol{B}\in\mathscr{D},\ \boldsymbol{A}+\boldsymbol{B}=(a_{ij}+b_{ij})\in\mathscr{D}$$

$\mathscr{D}$ 中元素的线性组合构成新的魔方，$\mathscr{D}$ 构成向量空间，称为丢勒魔方空间.

$\mathscr{D}$ 是向量空间，向量空间存在基向量，基向量是线性无关的，并且 $\mathscr{D}$ 中任何一个元素都可以用基向量的线性组合表示.

下面可验证：基本魔方 $\boldsymbol{Q}_1,\boldsymbol{Q}_2,\cdots,\boldsymbol{Q}_8$ 满足

$$\boldsymbol{Q}_1+\boldsymbol{Q}_4+\boldsymbol{Q}_5+\boldsymbol{Q}_8-\boldsymbol{Q}_2-\boldsymbol{Q}_3-\boldsymbol{Q}_6-\boldsymbol{Q}_7=\boldsymbol{0}$$

故 $\boldsymbol{Q}_1,\boldsymbol{Q}_2,\cdots,\boldsymbol{Q}_7,\boldsymbol{Q}_8$ 是线性相关的.

又可验证：$\boldsymbol{Q}_1,\boldsymbol{Q}_2,\cdots,\boldsymbol{Q}_7$ 是线性无关的. 令 $\sum_{i=1}^{7}r_i\boldsymbol{Q}_i=\boldsymbol{0}$，即

$$\begin{bmatrix}r_1+r_7&r_6&r_5+r_7&r_3+r_4\\r_3+r_5&r_4+r_7&r_1+r_6&r_2\\r_4+r_6&r_2+r_5&r_3&r_1+r_7\\r_7&r_1+r_3&r_2+r_4&r_5+r_6\end{bmatrix}=\begin{bmatrix}0&0&0&0\\0&0&0&0\\0&0&0&0\\0&0&0&0\end{bmatrix}$$

等号两边对应比较得：$r_1=r_2=r_3=\cdots=r_7=0$，所以，$\boldsymbol{Q}_1,\boldsymbol{Q}_2,\cdots,\boldsymbol{Q}_7$ 是线性无关的.

$\boldsymbol{Q}_1,\boldsymbol{Q}_2,\cdots,\boldsymbol{Q}_7$ 是 $\mathscr{D}$ 的一组基，$\mathscr{D}$ 中任何元素都可由 $\boldsymbol{Q}_1,\boldsymbol{Q}_2,\cdots,\boldsymbol{Q}_7$ 的线性组合生成.

可以认为：$\{\boldsymbol{Q}_1,\boldsymbol{Q}_2,\cdots,\boldsymbol{Q}_7,\boldsymbol{Q}_8\}$ 是 $\mathscr{D}$ 的生成集，但不是最小生成集，而 $\{\boldsymbol{Q}_1,\boldsymbol{Q}_2,\cdots,\boldsymbol{Q}_7\}$ 是 $\mathscr{D}$ 的最小生成集.

现在回到丢勒铸造的铜币，以 $\boldsymbol{Q}_1,\boldsymbol{Q}_2,\cdots,\boldsymbol{Q}_7$ 的线性组合表示铜币上的魔方，$\mathscr{D}=d_1\boldsymbol{Q}_1+d_2\boldsymbol{Q}_2+\cdots+d_7\boldsymbol{Q}_7$，即解方程组

$$\begin{array}{|cccc|}16 & 3 & 2 & 13 \\ 5 & 10 & 11 & 8 \\ 9 & 6 & 7 & 12 \\ 4 & 15 & 14 & 1\end{array} = \begin{array}{|cccc|}d_1+d_2 & d_6 & d_5+d_7 & d_3+d_4 \\ d_3+d_5 & d_4+d_7 & d_1+d_6 & d_2 \\ d_4+d_6 & d_2+d_5 & d_3 & d_1+d_7 \\ d_7 & d_1+d_3 & d_2+d_4 & d_5+d_6\end{array}$$

解得

$$\mathscr{D} = 8\boldsymbol{Q}_1 + 8\boldsymbol{Q}_2 + 7\boldsymbol{Q}_3 + 6\boldsymbol{Q}_4 + 3\boldsymbol{Q}_5 + 3\boldsymbol{Q}_6 + 4\boldsymbol{Q}_7$$

二、$\mathscr{D}$ 空间的子空间和 $\mathscr{D}$ 空间的扩展

改变对丢勒魔方数字和的要求，可以利用线性子空间的定义，构造 $\mathscr{D}$ 的子空间或者构造新的空间包含 $\mathscr{D}$ 空间. 这里，仍规定仅含 0—方的向量空间维数为零.

（1）要求数字方的所有数都相等.

$$\boldsymbol{E} = \begin{pmatrix}1 & 1 & 1 & 1 \\ 1 & 1 & 1 & 1 \\ 1 & 1 & 1 & 1 \\ 1 & 1 & 1 & 1\end{pmatrix}, \quad \boldsymbol{G} = \left\{ r\boldsymbol{E} \middle| r \in R \right\}$$

G 是以 $\boldsymbol{\beta}_G = \{\boldsymbol{E}\}$ 为基的一维向量空间，是 $\mathscr{D}$ 的一维子空间.

（2）要求列和、行和及每条主、副对角线上数字和相等，得到 5 维泛对角方的向量空间 B. 例如

$$\boldsymbol{P} = \begin{array}{|cccc|}17 & 2 & 11 & 16 \\ 16 & 11 & 22 & -3 \\ 12 & 7 & 6 & 21 \\ 1 & 26 & 7 & 12\end{array}, \quad H = N = R = C = 46$$

其中：H 为主对角线和，N 为副对角线和. 它的基 B_B 为

$$\boldsymbol{P}_1 = \begin{array}{|cccc|}1 & 0 & 1 & 0 \\ 1 & 0 & 1 & 0 \\ 0 & 1 & 0 & 1 \\ 0 & 1 & 0 & 1\end{array} \quad \boldsymbol{P}_2 = \begin{array}{|cccc|}1 & 0 & 0 & 1 \\ 0 & 1 & 1 & 0 \\ 1 & 0 & 0 & 1 \\ 0 & 1 & 1 & 0\end{array} \quad \boldsymbol{P}_3 = \begin{array}{|cccc|}0 & 1 & 1 & 0 \\ 1 & 0 & 0 & 1 \\ 0 & 1 & 1 & 0 \\ 1 & 0 & 0 & 1\end{array}$$

$$\boldsymbol{P}_4 = \begin{array}{|cccc|}0 & 1 & 0 & 1 \\ 1 & 0 & 1 & 0 \\ 1 & 0 & 1 & 0 \\ 0 & 1 & 0 & 1\end{array} \quad \boldsymbol{P}_5 = \begin{array}{|cccc|}1 & 1 & 0 & 0 \\ 0 & 0 & 1 & 1 \\ 1 & 1 & 0 & 0 \\ 0 & 0 & 1 & 1\end{array}$$

（3）要求行和、列和及两条对角线上的元素和相等，得到 8 维向量空间 Q，基向量

$$\boldsymbol{Q}_B = \{\boldsymbol{Q}_1, \boldsymbol{Q}_2, \cdots, \boldsymbol{Q}_7, \boldsymbol{N}_0\}$$

其中：$\boldsymbol{Q}_1, \boldsymbol{Q}_2, \cdots, \boldsymbol{Q}_7$ 是 $\mathscr{D}$ 的基，而

$$N_0=\begin{bmatrix}0&1&-1&0\\0&0&0&0\\0&0&0&0\\0&-1&1&0\end{bmatrix}$$

例如

$$T=\begin{bmatrix}6&7&9&8\\12&6&5&7\\5&10&9&6\\7&7&7&9\end{bmatrix}\quad R=C=D=30$$

$\mathscr{D}$是 Q 的七维子空间.

（4）仅要求行和与列和相等，可以得到十维向量空间 ψ，它的基

$$\psi_B=\{\boldsymbol{Q}_1,\boldsymbol{Q}_2,\cdots,\boldsymbol{Q}_7,\boldsymbol{N}_1,\boldsymbol{N}_2,\boldsymbol{N}_3\}$$

其中：$\boldsymbol{Q}_1,\boldsymbol{Q}_2,\cdots,\boldsymbol{Q}_7$ 是 $\mathscr{D}$ 的基，而

$$N_1=\begin{bmatrix}0&0&0&0\\1&0&0&-1\\-1&0&0&1\\0&0&0&0\end{bmatrix}\quad N_2=\begin{bmatrix}0&1&0&-1\\1&0&-1&0\\-1&0&0&1\\0&-1&1&0\end{bmatrix}\quad N_3=\begin{bmatrix}0&1&0&0\\1&0&0&0\\0&0&0&1\\0&0&1&0\end{bmatrix}$$

（5）如果对数字没有任何要求，那么所有的 4×4 数字方组成向量空间 M，它的维数是 16，基向量 $\boldsymbol{M}_B$ 中元素是标准基.

伯奇（Botsch）证明了可以构造大量的 $\mathscr{D}$ 的子空间或 $\mathscr{D}$ 的扩张空间. 对于 1 与 16 之间的每一个数 k，都存在 k 维的 4×4 方的向量空间.

由上可知，有下式成立

（向量空间）	$\{0\}\subset$	$G\subset$	$B\subset$	$\mathscr{D}\subset$	$Q\subset$	$\psi\subset$	M
（维数）	0	1	5	7	8	10	16

第二节 布尔向量空间及应用

一、布尔向量空间

记 β_0 为两个元素 0, 1 的集合，即 $\beta_0=\{0,1\}$，在 β_0 中定义三个运算：+，•，C，定义如下：

$$0+0=0,\quad 0+1=1+0=1,\quad 1+1=1$$
$$0\cdot 1=1\cdot 0=0\cdot 0=0,\quad 1\cdot 1=1$$
$$0^C=1,\quad 1^C=0$$

通常把 $a\cdot b$ 中的点省略，而把 $a\cdot b$ 写成 ab.

二元布尔（Boole）代数最为人熟知的用途是在符号逻辑学中. 在符号逻辑学中，“0”代表“伪”，“1”代表“真”. 运算+，•，C 就代表“或”“与”“非”. 它在开关电路中解释为：1 和 0 表示有与没有电流，而+和•表示开关的并联与串联. 此外，也可解释为：0 代

表 0 这个数，而 1 代表由正数组成的集合. 因此，1 + 1 = 1 就表示“一个正数加上一个正数还是一个正数”.

定义 1　设 V_n 表示 β_0 上的所有 n 元数组$(a_1, a_2,\cdots, a_n)$的集合，V_n 的一个元素称为一个 n 维的布尔向量. 带有向量相加的运算的系统 V_n，即对所有 $a_i, b_i\in\beta_0$，有

$$(a_1, a_2,\cdots, a_n)+(b_1, b_2,\cdots, b_n)=(a_1+b_1, a_2+b_2,\cdots, a_n+b_n)$$

称 V_n 为 n 维布尔向量空间.

定义 2　V_n 的一个子集 W 称为 V_n 的一个子空间是指 W 满足：

（1）W 包含有 $\mathbf{0}$ 向量；

（2）W 对向量加法而言是封闭的.

一个向量集合 W 的生成空间是包含 W 的最小子空间，也就是包含 W 的所有子空间的交集，记为 $\langle W\rangle$.

例 1　（1）设 $W_1=\{(0,0,0),(1,0,0),(0,1,0),(1,1,0)\}$，那么 W_1 是 V_3 的一个子空间；

（2）设 $W_2=\{(0,0,0),(1,0,0),(0,0,1),(1,1,0),(0,1,1),(1,1,1)\}$，那么 W_2 就不是 V_3 的子空间.

这是因 W_1 对加法具有封闭性，而 W_2 显然不具备这种性质，如$(1,0,0)+(0,0,1)=(1,0,1)$不在 W_2 中.

定义 3　$\boldsymbol{\beta}_0$ 上的一个 $m\times n$ 矩阵称为一个阶数是 $m\times n$ 的布尔矩阵. 所有这样的 $m\times n$ 矩阵的集合用 $\boldsymbol{B}_{mn}$ 表示，如果 $m=n$，简记为 $\boldsymbol{B}_n$.

例 2　在 $\boldsymbol{B}_n$ 中，如果 $\boldsymbol{A}=\begin{pmatrix}1&1&1\\1&0&1\\0&1&0\end{pmatrix}, \boldsymbol{B}=\begin{pmatrix}1&1&1\\1&1&1\\0&1&1\end{pmatrix}$，则$\boldsymbol{A}+\boldsymbol{B}=\begin{pmatrix}1&1&1\\1&1&1\\0&1&1\end{pmatrix}$.

定义 4　布尔矩阵 $\boldsymbol{A}$ 的行空间就是 $\boldsymbol{A}$ 的所有的行构成的集合所生成的空间. 可以类似地定义列空间. 用 $R(\boldsymbol{A})$ $(C(\boldsymbol{A}))$表示 $\boldsymbol{A}$ 的行（列）空间.

例如，设 $\boldsymbol{A}=\begin{pmatrix}1&0&0\\1&1&0\\1&0&1\end{pmatrix}$，那么

$$R(\boldsymbol{A})=\{(0,0,0),(1,0,0),(1,1,0),(1,0,1),(1,1,1)\}$$
$$C(\boldsymbol{A})=\{(0,0,0)^{\mathrm{T}},(0,1,0)^{\mathrm{T}},(0,0,1)^{\mathrm{T}},(0,1,1)^{\mathrm{T}},(1,1,1)^{\mathrm{T}}\}$$

二、布尔矩阵在疾病诊断方面的应用

考虑症状 $S_1, S_2,\cdots, S_n$ 和疾病 $D_1, D_2,\cdots, D_m$，布尔函数 $E(S_1, S_2,\cdots, S_n;\ D_1, D_2,\cdots, D_m)$描述出哪些症状的组合在哪些疾病中出现.

布尔函数 $G(S_1,S_2,\cdots,S_n)$ 表示某一病人具有的症状. 例如，$G=S_1^C\ S_2$ 表示这个病人有症状 S_2 而没有症状 S_1. 需要寻求的诊断也是一个布尔函数 $f(D_1, D_2,\cdots, D_m)$，这个函数表明哪些疾病的组合与已有的症状相符. 在这个应用中，要把疾病和症状的所有的组合写出来，并把那些与 E 和 G 不一致的组合消除掉.

莱德累（Ledley）考虑的另一个问题是：为了得到准确诊断所需的附加检查的最小数目，一般地，可以设法找到一个检查方法，这种方法能够把所有的可能性分成数量大致相等的两部分. 如果关心的主要是病人是否有某一特定的疾病群，莱德累给出了一种可以用下面的例子说

明的方法.

例 3 疾病群指的是这样的一些情况：一个病人既有肺炎又有感冒，或者既有心脏病又有肾脏病. 假定先前所做的检查已经把病人的疾病群的可能性压缩到 5 种情况了. 假定再做某 4 项附加检查 T_1，T_2，T_3，T_4. 列一个下列形式的表：各行表示相应的检查，各列表示相应的疾病群，当且仅当已知疾病群 j 能使检查 T_i 得出阳性结果，(i, j)一项才是 1.

疾 病 群

$$\begin{matrix} & \begin{matrix}1 & 2 & 3 & 4 & 5\end{matrix} \\ \begin{matrix}T_1\\ T_2^C\\ T_3\\ T_4\end{matrix} & \begin{pmatrix}1 & 0 & 0 & 1 & 0\\ 0 & 1 & 1 & 0 & 0\\ 1 & 0 & 0 & 0 & 1\\ 1 & 1 & 0 & 0 & 1\end{pmatrix}\end{matrix}$$

假定希望找到一个只用尽可能少的检查就确定病人是否患有疾病群 1.

如果第 1 列的所有的项都是 1，就转而进行下一步. 如果不是这样，只要表中的$(i, 1)$一项是 0 就把 T_i 改为T_i^C，T_i^C 表示 T_i 的非.

把第 1 列删掉，就得到

$$\begin{matrix} & \begin{matrix}2 & 3 & 4 & 5\end{matrix} \\ \begin{matrix}T_1\\ T_2^C\\ T_3\\ T_4\end{matrix} & \begin{pmatrix}0 & 0 & 1 & 0\\ 0 & 0 & 1 & 1\\ 0 & 0 & 0 & 1\\ 1 & 0 & 0 & 1\end{pmatrix}\end{matrix}$$

其次，找出那些 0 的个数最少的列，这就是第 5 列. 然后找出在这些列中的 0 所在的那些行，这就是第 1 行. 于是 T_1 就是第 1 项检查.

现在删掉第 1 行以及在这一行中有 0 项的列，得

$$\begin{matrix} & 4 \\ \begin{matrix}T_2^C\\ T_3\\ T_4\end{matrix} & \begin{pmatrix}1\\ 0\\ 0\end{pmatrix}\end{matrix}$$

重复这个过程. 因此必须选取第 4 列，可以选取第 3 行或第 4 行，这样，最优的检查序列是

$$\{T_1, T_3\} \quad \text{或} \quad \{T_1, T_4\}$$

这两个序列中的任何一个都一定能确定病人是否有疾病群 1.

第三节 矩 阵 空 间

一、一般矩阵与特殊矩阵集形成向量空间

本节考虑实数域 $\mathbf{R}$ 上的矩阵及其性质. 记

$$M(R) = \{\boldsymbol{A} | \boldsymbol{A} = (a_{ij})_{m\times n}, a_{ij} \in \mathbf{R}\}$$

$$M_n(R) = \{\boldsymbol{A} | \boldsymbol{A} \text{ 为 } n \text{ 阶实方阵}\}$$

$$T_n(R)=\{A|A\text{ 为 }n\text{ 阶上三角方阵}\}$$
$$S_n(R)=\{A|A\text{ 为 }n\text{ 阶实对称矩阵}\}$$
$$TS_n(R)=\{A|A\text{ 为 }n\text{ 阶反对称矩阵}\}$$
$$LG_n(R)=\{A||A|\neq 0,\ A\text{ 为 }n\text{ 阶行列式不为零的方阵}\}$$

试问上述各集合对通常意义的矩阵加法、乘法是否构成空间？若是，它的维数是多少？并写出它的一组基.

（1）$M(R)$构成实数域 $\mathbf{R}$ 上 $m\times n$ 维向量空间. 这是因为$\forall \boldsymbol{A},\boldsymbol{B}\in M(R)$，$\boldsymbol{A},\boldsymbol{B}$ 为 $m\times n$ 同型矩阵，且 $\boldsymbol{A}=(a_{ij})_{m\times n}$，$\boldsymbol{B}=(b_{ij})_{m\times n}$，有

$$\boldsymbol{A}+\boldsymbol{B}=(a_{ij}+b_{ij})_{m\times n}\in M(R)$$
$$k\boldsymbol{A}=(ka_{ij})_{m\times n}\in M(R)\quad (k\text{ 为实数})$$

而且，记$\boldsymbol{E}_{ij}$为第i行、第j列处元素为1，其余元素为0的$m\times n$阶矩阵（$i=1,2,\cdots,m;j=1,2,\cdots,n$），于是 $\boldsymbol{E}_{11},\boldsymbol{E}_{12},\cdots,\boldsymbol{E}_{1n},\boldsymbol{E}_{21},\cdots,\boldsymbol{E}_{2n},\cdots,\boldsymbol{E}_{m1},\cdots,\boldsymbol{E}_{mn}$ 是 $M(R)$的基，且 $\boldsymbol{A}=(a_{ij})_{m\times n}=\sum\limits_{i=1}^{m}\sum\limits_{j=1}^{n}a_{ij}\boldsymbol{E}_{ij}$. 当 $m=n$ 时，则变为 $M_n(R)$，它是 n^2 维向量空间.

（2）$T_n(R)$是向量空间. 这是因为

$$\boldsymbol{A}=\begin{pmatrix}a_{11}&a_{12}&\cdots&a_{1n}\\0&a_{22}&\cdots&a_{2n}\\\vdots&\vdots&&\vdots\\0&0&\cdots&a_{nn}\end{pmatrix},\quad \boldsymbol{B}=\begin{pmatrix}b_{11}&b_{12}&\cdots&b_{1n}\\0&b_{22}&\cdots&b_{2n}\\\vdots&\vdots&&\vdots\\0&0&\cdots&b_{nn}\end{pmatrix}$$

$$\boldsymbol{A}+\boldsymbol{B}=\begin{pmatrix}a_{11}+b_{11}&a_{12}+b_{12}&\cdots&a_{nn}+b_{1n}\\0&a_{22}+b_{22}&\cdots&a_{2n}+b_{2n}\\\vdots&\vdots&&\vdots\\0&0&\cdots&a_{nn}+b_{nn}\end{pmatrix},\quad k\boldsymbol{A}=\begin{pmatrix}ka_{11}&ka_{12}&\cdots&ka_{1n}\\0&ka_{22}&\cdots&ka_{2n}\\\vdots&\vdots&&\vdots\\0&0&\cdots&ka_{nn}\end{pmatrix}$$

它有基 $\boldsymbol{E}_{ij}\,(i=1,2,\cdots,n;j=i,i+1,\cdots,n)$，即

$$\boldsymbol{A}=\sum_{i=1}^{n}\sum_{j=i}^{n}a_{ij}\boldsymbol{E}_{ij}$$

$T_n(R)$的维数为

$$1+2+\cdots+n=\frac{n(n+1)}{2}$$

（3）$S_n(R)$是向量空间. 因$\forall \boldsymbol{A}\in S_n(R),\boldsymbol{A}=\boldsymbol{A}^{\mathrm{T}}$；$\forall \boldsymbol{B}\in S_n(R)$，$\boldsymbol{B}=\boldsymbol{B}^{\mathrm{T}}$. 故

$$(\boldsymbol{A}+\boldsymbol{B})=\boldsymbol{A}^{\mathrm{T}}+\boldsymbol{B}^{\mathrm{T}}=(\boldsymbol{A}+\boldsymbol{B})^{\mathrm{T}}\qquad \boldsymbol{A}+\boldsymbol{B}\in S_n(R)$$
$$(k\boldsymbol{A})^{\mathrm{T}}=k\boldsymbol{A}^{\mathrm{T}}=k\boldsymbol{A}\qquad k\boldsymbol{A}\in S_n(R)$$

$S_n(R)$构成向量空间，且它有基 $\boldsymbol{E}_{ij},\boldsymbol{E}_{ij}+\boldsymbol{E}_{ji}(i=1,2,\cdots,n;\ j=i+1,\cdots,n)$，即

$$\boldsymbol{E}_{11},\boldsymbol{E}_{12}+\boldsymbol{E}_{21},\boldsymbol{E}_{13}+\boldsymbol{E}_{31},\cdots,\boldsymbol{E}_{1n}+\boldsymbol{E}_{n1},\boldsymbol{E}_{22},\boldsymbol{E}_{23}+\boldsymbol{E}_{32},\cdots,\boldsymbol{E}_{2n}+\boldsymbol{E}_{n2},\cdots,\boldsymbol{E}_{nn}$$

这 $n+(n-1)+\cdots+2+1=\dfrac{n(n+1)}{2}$ 个矩阵构成 $S_n(R)$的基.

（4）$TS_n(R)$也构成向量空间. 这是因为$\boldsymbol{A},\boldsymbol{B}$ 为 n 阶反对称阵，$\boldsymbol{A}+\boldsymbol{B},k\boldsymbol{A}\ (k\in\mathbf{R})$也为反对称阵. $TS_n(R)$的维数为 $(n-1)+(n-2)+\cdots+2+1=\dfrac{n(n-1)}{2}$，且

$$\boldsymbol{E}_{ij}-\boldsymbol{E}_{ji} \quad (i\neq j, i=1,2,\cdots,n; j=i+1,\cdots,n)$$

为 $TS_n(R)$之基.

（5）$LG_n(R)$不构成实数域 $\mathbf{R}$ 上向量空间. 因 $\boldsymbol{A}\in LG_n(R)$, $|\boldsymbol{A}|\neq 0$，$\boldsymbol{B}\in LG_n(R)$, $|\boldsymbol{B}|\neq 0$，但 $|\boldsymbol{A}+\boldsymbol{B}|$不一定不等于 0. 如 $\boldsymbol{B}=-\boldsymbol{A}$，显然$|\boldsymbol{A}+\boldsymbol{B}|=0$，$LG_n(R)$对矩阵加法运算不封闭，故它不构成向量空间.

二、矩阵 A 的核空间 Ker$A$

设 $\boldsymbol{A}=(a_{ij})_{m\times n}$, $a_{ij}\in\mathbf{R}$，向量 $\boldsymbol{x}$ 是 R^n 中任一列向量，则 $\boldsymbol{Ax}$ 是一个 m 维向量，$\boldsymbol{Ax}\in R^m$，即

$$R^n \longrightarrow R^m$$

$$\begin{pmatrix} x_1 \\ x_2 \\ \vdots \\ x_n \end{pmatrix} \longrightarrow \boldsymbol{A}\begin{pmatrix} x_1 \\ x_2 \\ \vdots \\ x_n \end{pmatrix} = \begin{pmatrix} y_1 \\ y_2 \\ \vdots \\ y_m \end{pmatrix}$$

显然，$y_i=\sum_{j=1}^{n} a_{ij}x_j \ (i=1,2,\cdots,m)$. 现在问：给定矩阵 $\boldsymbol{A}=(a_{ij})_{m\times n}$, $x\in R^n$，使得 $\boldsymbol{x}$ 在 $\boldsymbol{A}$ 作用下像为 R^m 中零向量的 $\boldsymbol{x}$ 集合，即

$$\mathrm{Ker}\boldsymbol{A}=\{\boldsymbol{x} \mid \boldsymbol{Ax}=\boldsymbol{0}\}$$

是否构成 R^n 的一个子空间？

答案是肯定的. 这是因为：Ker$\boldsymbol{A}$ 非空，它含有 R^n 中零向量，且$\forall x_1$，$x_2\in$Ker$\boldsymbol{A}$，有

$$\boldsymbol{A}(\boldsymbol{x}_1+\boldsymbol{x}_2)=\boldsymbol{Ax}_1+\boldsymbol{Ax}_2=\boldsymbol{0}+\boldsymbol{0}=\boldsymbol{0}$$

知 $\boldsymbol{x}_1+\boldsymbol{x}_2\in$Ker$\boldsymbol{A}$.

$$\boldsymbol{A}(k\boldsymbol{x}_1)=k\boldsymbol{Ax}_1=k\boldsymbol{0}=\boldsymbol{0} \ (k\in\mathbf{R})$$

知 $k\boldsymbol{x}_1\in$Ker$\boldsymbol{A}$.

Ker$\boldsymbol{A}$ 构成 R^n 的子空间，事实上，Ker$\boldsymbol{A}$ 就是线性方程组 $\boldsymbol{Ax}=\boldsymbol{0}$ 的解空间. 由线性方程的知识知：当 $\boldsymbol{A}$ 的秩为 r 时，核空间 Ker$\boldsymbol{A}$ 的维数 $s=n-r$.

三、矩阵 A 的列空间与像空间 AR^n

设 $\boldsymbol{A}=(a_{ij})_{m\times n}$，$a_{ij}\in\mathbf{R}$，向量 $\boldsymbol{x}$ 是 R^n 中任一列向量，则

$$R^n \longrightarrow R^m$$

$$\begin{pmatrix} x_1 \\ x_2 \\ \vdots \\ x_n \end{pmatrix} \longrightarrow \boldsymbol{A}\begin{pmatrix} x_1 \\ x_2 \\ \vdots \\ x_n \end{pmatrix} = \begin{pmatrix} y_1 \\ y_2 \\ \vdots \\ y_m \end{pmatrix}$$

问：给定实矩阵 $\boldsymbol{A}=(a_{ij})_{m\times n}$，$\forall\boldsymbol{x}\in R^n$，像 $\boldsymbol{Ax}$ 构成集合：$\boldsymbol{A}R^n=\{\boldsymbol{Ax} \mid \boldsymbol{x}\in R^n\}$是 R^m 的一个子集，问集合 $\boldsymbol{A}R^n$ 是否构成 R^m 的一个子空间？

由于$\forall\boldsymbol{x}_1$，$\boldsymbol{x}_2\in R^n$，$\boldsymbol{Ax}_1\in\boldsymbol{A}R^n$，$\boldsymbol{Ax}_2\in\boldsymbol{A}R^n$，有

$$\boldsymbol{Ax}_1+\boldsymbol{Ax}_2=\boldsymbol{A}(\boldsymbol{x}_1+\boldsymbol{x}_2)\in\boldsymbol{A}R^n, \qquad k\boldsymbol{Ax}_1=\boldsymbol{A}(k\boldsymbol{x}_1)\in\boldsymbol{A}R^n$$

所以 AR^n 构成 R^m 的一个子空间.

记 $\boldsymbol{A}_1$，$\boldsymbol{A}_2$，…，$\boldsymbol{A}_n$ 分别为矩阵 $\boldsymbol{A}$ 的第 1 列，第 2 列，…，第 n 列向量. 由于

$$\boldsymbol{A}\begin{pmatrix}1\\0\\\vdots\\0\end{pmatrix}=(\boldsymbol{A}_1,\boldsymbol{A}_2,\cdots,\boldsymbol{A}_n)\begin{pmatrix}1\\0\\\vdots\\0\end{pmatrix}=\boldsymbol{A}_1$$

$$\boldsymbol{A}\begin{pmatrix}x_1\\x_2\\\vdots\\x_n\end{pmatrix}=(\boldsymbol{A}_1,\boldsymbol{A}_2,\cdots,\boldsymbol{A}_n)\begin{pmatrix}x_1\\x_2\\\vdots\\x_n\end{pmatrix}=x_1\boldsymbol{A}_1+x_2\boldsymbol{A}_2+\cdots+x_n\boldsymbol{A}_n$$

记 $\boldsymbol{\varepsilon}_1=\begin{pmatrix}1\\0\\\vdots\\0\end{pmatrix},\boldsymbol{\varepsilon}_2=\begin{pmatrix}0\\1\\\vdots\\0\end{pmatrix},\cdots,\boldsymbol{\varepsilon}_n=\begin{pmatrix}0\\\vdots\\0\\1\end{pmatrix}$ 为 n 维基本向量组，则 $\boldsymbol{A\varepsilon}_j=\boldsymbol{A}_j\ (j=1,2,\cdots,n)$，从而知：$\boldsymbol{A}$ 的列向量 $\boldsymbol{A}_j$ 为 AR^n 中向量，那么 $\boldsymbol{A}_1,\boldsymbol{A}_2,\cdots,\boldsymbol{A}_n$ 的线性组合 $k_1\boldsymbol{A}_1+k_2\boldsymbol{A}_2+\cdots+k_n\boldsymbol{A}_n$ 为 AR^n 中向量，即 $\boldsymbol{A}$ 的列向量组生成的空间

$$L(\boldsymbol{A}_1,\boldsymbol{A}_2,\cdots,\boldsymbol{A}_n)\subset AR^n$$

其中：$L(\boldsymbol{A}_1,\boldsymbol{A}_2,\cdots,\boldsymbol{A}_n)$的维数为 $\boldsymbol{A}$ 的列秩，即 $\boldsymbol{A}$ 的秩.

又$\forall\boldsymbol{x}\in R^n$，$\boldsymbol{Ax}\in AR^n$，有

$$\boldsymbol{Ax}=\boldsymbol{A}\begin{pmatrix}x_1\\\vdots\\x_n\end{pmatrix}=x_1\boldsymbol{A}_1+x_2\boldsymbol{A}_2+\cdots+x_n\boldsymbol{A}_n\in L(\boldsymbol{A}_1,\boldsymbol{A}_2,\cdots,\boldsymbol{A}_n)$$

得

$$AR^n\subset L(\boldsymbol{A}_1,\boldsymbol{A}_2,\cdots,\boldsymbol{A}_n)$$

从而知，$\boldsymbol{A}$ 的像空间就是 $\boldsymbol{A}$ 的列向量组生成的空间，即

$$AR^n=L(\boldsymbol{A}_1,\boldsymbol{A}_2,\cdots,\boldsymbol{A}_n)$$

故

$$\dim AR^n\ (AR^n\text{ 维数})=R(\boldsymbol{A})$$

第四节　内积及应用

在 R^n 中，向量 $\boldsymbol{x}=(x_1,x_2,\cdots,x_n)^{\mathrm{T}}$，$\boldsymbol{y}=(y_1,y_2,\cdots,y_n)^{\mathrm{T}}$ 的内积定义为

$$[\boldsymbol{x},\boldsymbol{y}]=x_1y_1+x_2y_2+\cdots+x_ny_n$$

即

$$[\boldsymbol{x},\boldsymbol{y}]=\boldsymbol{x}^{\mathrm{T}}\boldsymbol{y}\quad\text{或}\quad[\boldsymbol{x},\boldsymbol{y}]=\boldsymbol{y}^{\mathrm{T}}\boldsymbol{x}$$

（1）设 $\boldsymbol{A}=(a_{ij})_{n\times n}$ 为 n 阶方阵，$\boldsymbol{Ax}\in R^n$，$\boldsymbol{A}^{\mathrm{T}}\boldsymbol{y}\in R^n$，那么

$$[\boldsymbol{Ax},\boldsymbol{y}]=\boldsymbol{y}^{\mathrm{T}}(\boldsymbol{Ax})=\boldsymbol{y}^{\mathrm{T}}\boldsymbol{Ax},\ [\boldsymbol{x},\boldsymbol{A}^{\mathrm{T}}\boldsymbol{y}]=(\boldsymbol{A}^{\mathrm{T}}\boldsymbol{y})^{\mathrm{T}}\boldsymbol{x}=\boldsymbol{y}^{\mathrm{T}}(\boldsymbol{A}^{\mathrm{T}})^{\mathrm{T}}\boldsymbol{x}=\boldsymbol{y}^{\mathrm{T}}\boldsymbol{Ax}$$

于是有

$$[\boldsymbol{Ax},\boldsymbol{y}]=[\boldsymbol{x},\boldsymbol{A}^{\mathrm{T}}\boldsymbol{y}]$$

（2）$\boldsymbol{A}$ 为实对称矩阵的充要条件：

$$[\boldsymbol{Ax},\boldsymbol{y}]=[\boldsymbol{x},\boldsymbol{Ay}]\ (\forall\boldsymbol{x},\boldsymbol{y}\in R^n)$$

事实上，$\boldsymbol{A}$ 为实对称矩阵，显然有$[\boldsymbol{Ax},\boldsymbol{y}]=[\boldsymbol{x},\boldsymbol{Ay}]$成立．反之，记 $\boldsymbol{\varepsilon}_1,\boldsymbol{\varepsilon}_2,\cdots,\boldsymbol{\varepsilon}_n$ 为 R^n 中基本向量，因

$$[\boldsymbol{A\varepsilon}_i,\boldsymbol{\varepsilon}_j]=[\boldsymbol{A}_i,\boldsymbol{\varepsilon}_j]=a_{ji}\text{（}\boldsymbol{A}_i\text{为}\boldsymbol{A}\text{的第}i\text{列向量）},\qquad[\boldsymbol{\varepsilon}_i,\boldsymbol{A\varepsilon}_j]=[\boldsymbol{\varepsilon}_i,\boldsymbol{A}_j]=a_{ij}$$

由于$[\boldsymbol{A\varepsilon}_i,\boldsymbol{\varepsilon}_j]=[\boldsymbol{\varepsilon}_i,\boldsymbol{A\varepsilon}_j]$，得 $a_{ji}=a_{ij}\ (i,j=1,2,\cdots,n)$，所以 $\boldsymbol{A}$ 为对称矩阵．

例 3　设 $\boldsymbol{A}$ 为三阶实对称矩阵，它有特征值 $\lambda_1<\lambda_2<\lambda_3$，且 $\boldsymbol{Ax}_i=\lambda_i\boldsymbol{x}_i\ (i=1,2,3)$，$\boldsymbol{x}_i\neq\boldsymbol{0}$，则 $\boldsymbol{x}_1,\boldsymbol{x}_2,\boldsymbol{x}_3$ 为 R^3 的一组两两垂直的向量．

证　因为

$$[\boldsymbol{Ax}_i,\boldsymbol{x}_j]=[\lambda_i\boldsymbol{x}_i,\boldsymbol{x}_j]=\lambda_i[\boldsymbol{x}_i,\boldsymbol{x}_j],\qquad[\boldsymbol{x}_i,\boldsymbol{Ax}_j]=[\boldsymbol{x}_i,\lambda_j\boldsymbol{x}_j]=\lambda_j[\boldsymbol{x}_i,\boldsymbol{x}_j]$$

由 $\boldsymbol{A}$ 对称有

$$[\boldsymbol{Ax}_i,\boldsymbol{x}_j]=[\boldsymbol{x}_i,\boldsymbol{Ax}_j]$$

即

$$\lambda_i[\boldsymbol{x}_i,\boldsymbol{x}_j]=\lambda_j[\boldsymbol{x}_i,\boldsymbol{x}_j]$$

$$(\lambda_i-\lambda_j)[\boldsymbol{x}_i,\boldsymbol{x}_j]=\boldsymbol{0}\ (i,j=1,2,3)$$

当 $i\neq j$ 时，$\lambda_i-\lambda_j\neq0$，$[\boldsymbol{x}_i,\boldsymbol{x}_j]=0$，$\boldsymbol{x}_i\perp\boldsymbol{x}_j$，所以 $\boldsymbol{x}_1,\boldsymbol{x}_2,\boldsymbol{x}_3$ 两两垂直．

例 4　在几何空间 R^3 中，直线 $l:\dfrac{x}{3}=\dfrac{y}{4}=\dfrac{z}{5}$，求 l 与 x 轴夹角及 l 与坐标平面 xOy 所成的角．

解　l 的方向向量 $\boldsymbol{T}=\{3,4,5\}$，x 轴的方向向量 $\boldsymbol{\varepsilon}_x=\{1,0,0\}$，$l$ 在 xOy 面投影线方向向量 $\boldsymbol{T}_1=\{3,4,0\}$．由于$[\boldsymbol{T},\boldsymbol{\varepsilon}_x]=3,[\boldsymbol{T},\boldsymbol{T}]=2\times25,|\boldsymbol{T}|=5\sqrt{2}$，所以 l 与 x 的夹角余弦

$$\cos\varphi=\frac{[\boldsymbol{T},\boldsymbol{\varepsilon}_x]}{|\boldsymbol{T}||\boldsymbol{\varepsilon}_x|}=\frac{3}{5\sqrt{2}}=\frac{3}{10}\sqrt{2}\Rightarrow\varphi=\arccos\left(\frac{3}{10}\sqrt{2}\right)$$

l 与 xOy 面夹角余弦

$$\cos\theta=\frac{[\boldsymbol{T},\boldsymbol{T}_1]}{|\boldsymbol{T}||\boldsymbol{T}_1|}=\frac{25}{5\sqrt{2}\times5}=\frac{\sqrt{2}}{2}\Rightarrow\theta=\frac{\pi}{4}$$

例 5（不等式证明）　设 $a_1,a_2,\cdots,a_n$ 与 $b_1,b_2,\cdots,b_n$ 是两组实数，证明：

（1）$(a_1b_1+a_2b_2+\cdots+a_nb_n)^2\leqslant(a_1^2+a_2^2+a_3^2+\cdots+a_n^2)(b_1^2+b_2^2+b_3^2+\cdots+b_n^2)$

且等号仅在 $a_1:b_1=a_2:b_2=\cdots=a_n:b_n$ 时成立；

（2）$\sqrt{(a_1+b_1)^2+\cdots+(a_n+b_n)^2}\leqslant\sqrt{a_1^2+a_2^2+\cdots+a_n^2}+\sqrt{b_1^2+b_2^2+\cdots+b_n^2}$

且等号仅在 $a_1:b_1=a_2:b_2=\cdots=a_n:b_n$ 时成立．

证　（1）在 n 维向量空间 R^n 中，令

$$\boldsymbol{\alpha}=(a_1,a_2,\cdots,a_n)^{\mathrm{T}},\qquad\boldsymbol{\beta}=(b_1,b_2,\cdots,b_n)^{\mathrm{T}}$$

定义内积

$$[\boldsymbol{\alpha},\boldsymbol{\beta}]=\boldsymbol{\alpha}^{\mathrm{T}}\boldsymbol{\beta}=a_1b_1+a_2b_2+\cdots+a_nb_n$$

据内积的非负性及柯西不等式

$$|[\boldsymbol{\alpha},\boldsymbol{\beta}]|\leqslant|\boldsymbol{\alpha}||\boldsymbol{\beta}|\text{（其中等号仅在}\boldsymbol{\alpha},\boldsymbol{\beta}\text{线性相关时成立）}$$

可得

$$[\boldsymbol{\alpha},\boldsymbol{\beta}]^2\leqslant[\boldsymbol{\alpha},\boldsymbol{\alpha}][\boldsymbol{\beta},\boldsymbol{\beta}]$$

即

$$(a_1b_1+a_2b_2+\cdots+a_nb_n)^2\leqslant(a_1^2+a_2^2+\cdots+a_n^2)(b_1^2+b_2^2+\cdots+b_n^2)$$

等号仅在 $a_1:b_1=a_2:b_2=\cdots=a_n:b_n$ 时成立，故得证.

（2）利用三角不等式

$$|\boldsymbol{\alpha}+\boldsymbol{\beta}|\leqslant|\boldsymbol{\alpha}|+|\boldsymbol{\beta}|$$

其中等号仅在 $\boldsymbol{\alpha},\boldsymbol{\beta}$ 线性相关时成立，即

$$\sqrt{(a_1+b_1)^2+\cdots+(a_n+b_n)^2}\leqslant\sqrt{a_1^2+a_2^2+\cdots+a_n^2}+\sqrt{b_1^2+b_2^2+\cdots+b_n^2}$$

等号仅在 $a_1:b_1=a_2:b_2=\cdots=a_n:b_n$ 时成立.

设 $x_1,x_2,\cdots,x_n$ 是一组正实数，则它的算术平均值小于等于它的平方平均值，即

$$\frac{x_1+x_2+\cdots+x_n}{n}\leqslant\sqrt{\frac{x_1^2+x_2^2+\cdots+x_n^2}{n}}$$

且等号成立当且仅当 $x_1=x_2=\cdots=x_n$. 这个结论可由例 5(1)中取 $a_1=a_2=\cdots=a_n=1$，$b_i=x_i$，两边开方即得.

例 6 在 $R[x]_5$ 中，函数 $f(x)$，$g(x)$定义内积为：$[f,g]=\int_{-1}^1 f(x)g(x)\mathrm{d}x$，求：

（1）x 的模；

（2）1 与 x，x 与 x^3，1 与 x^3 的夹角.

解 （1）由于

$$[x,x]=\int_{-1}^1 x^2\mathrm{d}x=2\int_0^1 x^2\mathrm{d}x=2\cdot\frac{1}{3}x^3\Big|_0^1=\frac{2}{3}$$

所以 x 的模 $|x|=\sqrt{[x,x]}=\dfrac{\sqrt{6}}{3}$.

（2）由于 $[1,x]=\int_{-1}^1 1\cdot x\mathrm{d}x=0$，所以 1 与 x 垂直（正交）. 又

$$[x,x^3]=\int_{-1}^1 x\cdot x^3\mathrm{d}x=\frac{1}{5}x^5\Big|_{-1}^1=\frac{2}{5}$$

$$[x,x]=\int_{-1}^1 x^2\mathrm{d}x=2\int_0^1 x^2\mathrm{d}x=\frac{2}{3},\quad [x^3,x^3]=\int_{-1}^1 x^6\mathrm{d}x=\frac{2}{7}$$

可得 x 与 x^3 的夹角余弦

$$\cos\varphi=\frac{2/5}{\sqrt{2/3}\sqrt{2/7}}=\frac{\sqrt{21}}{5}\Rightarrow\varphi=\arccos\frac{\sqrt{21}}{5}$$

因 $[1,x^3]=\int_{-1}^1 x^3\mathrm{d}x=0$，故 1 与 x^3 正交.

例 7 求积分

$$I=\int\mathrm{e}^{\alpha x}[(\boldsymbol{A}x+\boldsymbol{C})\cos\beta x+(\boldsymbol{B}x+\boldsymbol{D})\sin\beta x]\mathrm{d}x\quad(\alpha^2+\beta^2\neq0)$$

解 由于正面直接计算这种积分既难又繁，下面建立 I 与四维向量$(\boldsymbol{A},\boldsymbol{B},\boldsymbol{C},\boldsymbol{D})$的一一对应关系，为选好所需的基，先求导

$$\frac{\mathrm{d}}{\mathrm{d}x}[x\mathrm{e}^{\alpha x}\cos\beta x]=\alpha x\mathrm{e}^{\alpha x}\cos\beta x-\beta x\mathrm{e}^{\alpha x}\sin\beta x+\mathrm{e}^{\alpha x}\cos\beta x$$

$$\frac{\mathrm{d}}{\mathrm{d}x}[x\mathrm{e}^{\alpha x}\sin\beta x]=\beta x\mathrm{e}^{\alpha x}\cos\beta x+\alpha x\mathrm{e}^{\alpha x}\sin\beta x+\mathrm{e}^{\alpha x}\sin\beta x$$

$$\frac{\mathrm{d}}{\mathrm{d}x}[\mathrm{e}^{\alpha x}\cos\beta x]=\alpha\mathrm{e}^{\alpha x}\cos\beta x-\beta\mathrm{e}^{\alpha x}\sin\beta x$$

$$\frac{\mathrm{d}}{\mathrm{d}x}[\mathrm{e}^{\alpha x}\sin\beta x]=\beta\mathrm{e}^{\alpha x}\cos\beta x+\alpha\mathrm{e}^{\alpha x}\sin\beta x$$

记

$$f_1=x\mathrm{e}^{\alpha x}\cos\beta x,\ f_2=x\mathrm{e}^{\alpha x}\sin\beta x,\ f_3=\mathrm{e}^{\alpha x}\cos\beta x,\ f_4=\mathrm{e}^{\alpha x}\sin\beta x$$

即

$$\begin{pmatrix}f_1'\\f_2'\\f_3'\\f_4'\end{pmatrix}=\begin{pmatrix}\alpha&-\beta&1&0\\\beta&\alpha&0&1\\0&0&\alpha&-\beta\\0&0&\beta&\alpha\end{pmatrix}\begin{pmatrix}f_1\\f_2\\f_3\\f_4\end{pmatrix}$$

令

$$\boldsymbol{e}_1=(\alpha,-\beta,1,0),\ \boldsymbol{e}_2=(\beta,\alpha,0,1),\ \boldsymbol{e}_3=(0,0,\alpha,-\beta),\ \boldsymbol{e}_4=(0,0,\beta,\alpha)$$

则 $\boldsymbol{e}_1,\boldsymbol{e}_2,\boldsymbol{e}_3,\boldsymbol{e}_4$ 构成 R^4 的一个基，向量$(\boldsymbol{A},\boldsymbol{B},\boldsymbol{C},\boldsymbol{D})$可由基 $\boldsymbol{e}_1,\boldsymbol{e}_2,\boldsymbol{e}_3,\boldsymbol{e}_4$ 线性表示为

$$(\boldsymbol{A},\boldsymbol{B},\boldsymbol{C},\boldsymbol{D})=k_1\boldsymbol{e}_1+k_2\boldsymbol{e}_2+k_3\boldsymbol{e}_3+k_4\boldsymbol{e}_4$$

那么积分

$$I=k_1f_1+k_2f_2+k_3f_3+k_4f_4+c=[(k_1x+k_3)\cos\beta x+(k_2x+k_4)\sin\beta x]\mathrm{e}^{\alpha x}+c$$

第十一章思维导图

第十一章　实二次型理论的应用

第一节　二次曲线方程的化简

在平面解析几何中，在直角坐标系下二次曲线的一般方程为

$$a_{11}x^2 + a_{22}y^2 + 2a_{12}xy + 2b_1x + 2b_2y + d = 0$$

记

$$\boldsymbol{A} = \begin{pmatrix} a_{11} & a_{12} \\ a_{21} & a_{22} \end{pmatrix},\ a_{12} = a_{21},\ \boldsymbol{b} = \begin{pmatrix} b_1 \\ b_2 \\ b_3 \end{pmatrix},\ \boldsymbol{x} = \begin{pmatrix} x \\ y \end{pmatrix}$$

则二次曲线方程可写成

$$\boldsymbol{x}^{\mathrm{T}}\boldsymbol{A}\boldsymbol{x} + 2\boldsymbol{b}^{\mathrm{T}}\boldsymbol{x} + d = 0$$

记 $f = \boldsymbol{x}^{\mathrm{T}}\boldsymbol{A}\boldsymbol{x}$，用正交变换 $\boldsymbol{x} = \boldsymbol{P}\boldsymbol{y}$ ($\boldsymbol{y} = (x', y')^{\mathrm{T}}$)将其化为标准型

$$f = \boldsymbol{x}^{\mathrm{T}}\boldsymbol{A}\boldsymbol{x} = \boldsymbol{y}^{\mathrm{T}}(\boldsymbol{P}^{\mathrm{T}}\boldsymbol{A}\boldsymbol{P})\boldsymbol{y} = \lambda_1 x'^2 + \lambda_2 y'^2 \quad （\lambda_1, \lambda_2 \text{ 为 } \boldsymbol{A} \text{ 的特征值}）$$

于是原方程可化为

$$\lambda_1 x'^2 + \lambda_2 y'^2 + c_1x' + c_2y' + d = 0 \quad （这里，\boldsymbol{b}^{\mathrm{T}}\boldsymbol{x} = \boldsymbol{b}^{\mathrm{T}}(\boldsymbol{P}\boldsymbol{y}) = c_1x' + c_2y'）$$

由于二阶矩阵 $\boldsymbol{P}$ 为正交阵，可选用 $\boldsymbol{P}$ 为旋转变换对应的矩阵，于是正交变换可选用旋转变换. 再用坐标平移变换，将方程化为标准方程，从标准方程判断曲线类型.

例 1　化简下列曲线方程，并判断它代表什么曲线：

（1）$41x^2 + 24xy + 9y^2 + 24x + 18y - 36 = 0$

（2）$4xy + 3y^2 + 16x + 12y - 36 = 0$

（3）$9x^2 - 24xy + 16y^2 - 20x - 140y + 200 = 0$

解　（1）$\boldsymbol{A} = \begin{pmatrix} 41 & 12 \\ 12 & 9 \end{pmatrix}$，$\boldsymbol{b} = \begin{pmatrix} 12 \\ 9 \end{pmatrix}$，$d = -36$，$\boldsymbol{x} = \begin{pmatrix} x \\ y \end{pmatrix}$，$\boldsymbol{y} = \begin{pmatrix} x_1 \\ y_1 \end{pmatrix}$

$$|\lambda\boldsymbol{E} - \boldsymbol{A}| = \lambda^2 - 50\lambda + 225 = (\lambda - 5)(\lambda - 45)$$

$\lambda_1 = 5$ 时，单位特征向量 $\boldsymbol{p}_1 = \left(\frac{1}{\sqrt{10}}, -\frac{3}{\sqrt{10}}\right)^{\mathrm{T}}$；$\lambda_2 = 45$ 时，单位特征向量 $\boldsymbol{p}_2 = \left(\frac{3}{\sqrt{10}}, \frac{1}{\sqrt{10}}\right)^{\mathrm{T}}$. 令

$$\boldsymbol{P} = (\boldsymbol{p}_1, \boldsymbol{p}_2) = \begin{pmatrix} \frac{1}{\sqrt{10}} & \frac{3}{\sqrt{10}} \\ -\frac{3}{\sqrt{10}} & \frac{1}{\sqrt{10}} \end{pmatrix}$$

$$2\boldsymbol{b}^{\mathrm{T}}\boldsymbol{x} = 2\boldsymbol{b}^{\mathrm{T}}(\boldsymbol{P}\boldsymbol{y}) = 2\left(-\frac{15}{\sqrt{10}}x_1 + \frac{45}{\sqrt{10}}y_1\right)$$

笔记栏

作正交变换 $\boldsymbol{x}=\boldsymbol{P}\boldsymbol{y}$(即旋转变换)，原曲线化为

$$5x_1^2+45y_1^2+2\left(-\frac{15}{\sqrt{10}}x_1+\frac{45}{\sqrt{10}}y_1\right)-36=0$$

作适当平移变换，原方程可变为

$$\frac{x_2^2}{9}+\frac{y_2^2}{1}=1$$

原曲线方程表示椭圆.

（2） $\boldsymbol{A}=\begin{pmatrix}0&2\\2&3\end{pmatrix}$，$\boldsymbol{b}=\begin{pmatrix}8\\6\end{pmatrix}$，$d=-36$，$\boldsymbol{x}=\begin{pmatrix}x\\y\end{pmatrix}$，$\boldsymbol{y}=\begin{pmatrix}x_1\\y_1\end{pmatrix}$

$$|\lambda\boldsymbol{E}-\boldsymbol{A}|=(\lambda-4)(\lambda+1)$$

对应 $\lambda_1=4$，$\lambda_2=-1$ 的单位特征向量 $\boldsymbol{p}_1=\left(\frac{1}{\sqrt{5}},\frac{2}{\sqrt{5}}\right)^{\mathrm{T}}$，$\boldsymbol{p}_2=\left(-\frac{2}{\sqrt{5}},\frac{1}{\sqrt{5}}\right)^{\mathrm{T}}$，则

$$\boldsymbol{P}=\begin{pmatrix}\frac{1}{\sqrt{5}}&-\frac{2}{\sqrt{5}}\\\frac{2}{\sqrt{5}}&\frac{1}{\sqrt{5}}\end{pmatrix},\quad 2\boldsymbol{b}^{\mathrm{T}}(\boldsymbol{P}\boldsymbol{y})=2\left(\frac{20}{\sqrt{5}}x_1-\frac{10}{\sqrt{5}}y_1\right)$$

原方程化为

$$4x_1^2-y_1^2+2\left(\frac{20}{\sqrt{5}}x_1-\frac{10}{\sqrt{5}}y_1\right)-36=0$$

作适当坐标平移变换方程可化为

$$\frac{x_2^2}{9}-\frac{y_2^2}{36}=1$$

方程表示双曲线.

（3） $\boldsymbol{A}=\begin{pmatrix}9&-12\\-12&16\end{pmatrix}$，$\boldsymbol{b}=\begin{pmatrix}-10\\-70\end{pmatrix}$，$d=200$，$\boldsymbol{x}=\begin{pmatrix}x\\y\end{pmatrix}$，$\boldsymbol{y}=\begin{pmatrix}x_1\\y_1\end{pmatrix}$

$$|\lambda\boldsymbol{E}-\boldsymbol{A}|=\lambda(\lambda-25)$$

对应特征值 $\lambda_1=0$，$\lambda_2=25$ 的单位特征向量为 $\boldsymbol{p}_1=\left(\frac{4}{5},\frac{3}{5}\right)^{\mathrm{T}}$，$\boldsymbol{p}_2=\left(-\frac{3}{5},\frac{4}{5}\right)^{\mathrm{T}}$，则

$$\boldsymbol{P}=\begin{pmatrix}\frac{4}{5}&-\frac{3}{5}\\\frac{3}{5}&\frac{4}{5}\end{pmatrix},\quad 2\boldsymbol{b}^{\mathrm{T}}(\boldsymbol{P}\boldsymbol{y})=2(-50x_1-50y_1)$$

原方程可化为

$$0x_1^2+25y_1^2+2(-50x_1-50y_1)+200=0$$

作适当坐标平移变换

$$y_2^2=4x_2$$

方程代表抛物线.

更一般地，如果令

$$B=\begin{pmatrix} a_{11} & a_{12} & b_1 \\ a_{21} & a_{22} & b_2 \\ b_1 & b_2 & d \end{pmatrix}$$

原方程化为

$$\lambda_1 x_1^2+\lambda_2 y_1^2+c_1x_1+c_2y_1+d_1=0$$

$$\lambda_1\lambda_2\neq 0\Leftrightarrow R(A)=2，\lambda_1\lambda_2=0\Leftrightarrow R(A)\leqslant 1$$

椭圆：$R(A)=2$，$R(B)=3$，且$|A|>0$，$(a_{11}+a_{22})|B|<0$.

双曲线：$R(A)=2$，$R(B)=3$，且$|A|<0$.

抛物线：$R(A)=1$，$R(B)=3$.

如果 $R(A)=R(B)=2$，$|A|<0$，表示两相交直线；如果$|A|>0$，表示一点；如果 $R(A)=1$，$R(B)=2$，表示两平行直线；如果 $R(A)=R(B)=1$，表示两重合直线.

第二节　二次曲面方程的化简

在直角坐标系下，二次曲面的一般方程是

$$a_{11}x_1^2+a_{22}x_2^2+a_{33}x_3^2+2a_{12}x_1x_2+2a_{13}x_1x_3+2a_{23}x_2x_3+2b_1x_1+2b_2x_2+2b_3x_3+d=0$$

记

$$A=\begin{pmatrix} a_{11} & a_{12} & a_{13} \\ a_{21} & a_{22} & a_{23} \\ a_{31} & a_{32} & a_{33} \end{pmatrix}，a_{ij}=a_{ji}\ (i,j=1,2,3)，\quad b=\begin{pmatrix} b_1 \\ b_2 \\ b_3 \end{pmatrix}，\quad x=\begin{pmatrix} x_1 \\ x_2 \\ x_3 \end{pmatrix}，\quad y=\begin{pmatrix} y_1 \\ y_2 \\ y_3 \end{pmatrix}$$

则二次曲面方程可写成

$$x^{\mathrm{T}}Ax+2b^{\mathrm{T}}x+d=0$$

记 $f=x^{\mathrm{T}}Ax$，用正交变换 $x=Py$ 将其化为标准形

$$f=x^{\mathrm{T}}Ax=y^{\mathrm{T}}(P^{\mathrm{T}}AP)y^{\mathrm{T}}=\lambda_1y_1^2+\lambda_2y_2^2+\lambda_3y_3^2\text{（}\lambda_1,\lambda_2,\lambda_3\text{ 为 }A\text{ 的特征值）}$$

这时

$$2b^{\mathrm{T}}x=2b^{\mathrm{T}}(Py)=2c_1y_1+2c_2y_2+2c_3y_3$$

于是原方程可化为

$$\lambda_1y_1^2+\lambda_2y_2^2+\lambda_3y_3^2+2c_1y_1+2c_2y_2+2c_3y_3+d=0$$

（1）$\lambda_1\lambda_2\lambda_3\neq 0$ 时，作适当平移变换，方程可化为

$$\lambda_1z_1^2+\lambda_2z_2^2+\lambda_3z_3^2+d_1=0$$

依 λ_1，λ_2，λ_3，d_1 符号情况，讨论曲面类型.

（2）$\lambda_1\lambda_2\lambda_3=0$，依 $\lambda_i=0$ 个数情况讨论曲面类型.

记 $B=\begin{pmatrix} a_{11} & a_{12} & a_{13} & b_1 \\ a_{21} & a_{22} & a_{23} & b_2 \\ a_{31} & a_{32} & a_{33} & b_3 \\ b_1 & b_2 & b_3 & d \end{pmatrix}$，原曲面方程为 $(x_1,x_2,x_3,1)\,B\begin{pmatrix} x_1 \\ x_2 \\ x_3 \\ 1 \end{pmatrix}=0$.

下面讨论 $R(\boldsymbol{A})$、$R(\boldsymbol{B})$与曲面类型情况：

（1）$R(\boldsymbol{A})=3$ 时，三个特征值 $\lambda_1\lambda_2\lambda_3\neq 0$，原方程经旋转变换（正交变换 $\boldsymbol{x}=\boldsymbol{P}\boldsymbol{y}$）后再平移原点至新原点$\left(-\dfrac{c_1}{\lambda_1},-\dfrac{c_2}{\lambda_2},-\dfrac{c_3}{\lambda_3}\right)$，化简为

$$\lambda_1 x_1^2+\lambda_2 x_2^2+\lambda_3 x_3^2+d_1=0$$

1° 当 $R(\boldsymbol{B})=4$ 时，则 $d_1\neq 0$，且$|\boldsymbol{B}|=\lambda_1\lambda_2\lambda_3 d_1$，因而

$$d_1=\frac{|\boldsymbol{B}|}{\lambda_1\lambda_2\lambda_3}=\frac{|\boldsymbol{B}|}{|\boldsymbol{A}|}$$

这表示原方程经适当坐标变换可简化为

$$\lambda_1 x_1^2+\lambda_2 x_2^2+\lambda_3 x_3^2+\frac{|\boldsymbol{B}|}{|\boldsymbol{A}|}=0$$

此时曲面是一个有中心的曲面，且：若 λ_1，λ_2，λ_3 与 $d_1=\dfrac{|\boldsymbol{B}|}{|\boldsymbol{A}|}$ 异号，曲面表示椭球面；若 λ_1，λ_2，λ_3 与 $d_1=\dfrac{|\boldsymbol{B}|}{|\boldsymbol{A}|}$ 同号，曲面表示虚椭球面；若 λ_1，λ_2，λ_3 中有两个与 d_1 异号，一个与 d_1 同号，曲面表示单双曲面；若 λ_1，λ_2，λ_3 中有一个与 d_1 异号（即两个与 d_1 同号），则曲面为双叶双曲面.

2° 当 $R(\boldsymbol{B})=0$ 时，$d_1=0$，方程简化为

$$\lambda_1 x_1^2+\lambda_2 x_2^2+\lambda_3 x_3^2=0$$

这时曲面为一个锥面. 若 λ_1，λ_2，λ_3 同号，曲面退化为一点；若 λ_1，λ_2，λ_3 不全同号，曲面为椭圆锥面.

（2）$R(\boldsymbol{A})=2$ 时，三个特征值中有一个为零，另两个不为零，为不失一般性，可设 $\lambda_3=0$，$\lambda_1\lambda_2\neq 0$. 平移坐标轴使新原点为$\left(-\dfrac{c_1}{\lambda_1},-\dfrac{c_2}{\lambda_2},0\right)$，则原方程化简为

$$\lambda_1 x_1^2+\lambda_2 x_2^2+2c_3x_3+d_1=0$$

它的行列式$|\boldsymbol{B}|$为

$$|\boldsymbol{B}|=\begin{vmatrix}\lambda_1 & 0 & 0 & 0\\ 0 & \lambda_2 & 0 & 0\\ 0 & 0 & 0 & c_3\\ 0 & 0 & c_3 & d_1\end{vmatrix}=-\lambda_1\lambda_2c_3^2$$

再分 $R(\boldsymbol{B})=4$，$R(\boldsymbol{B})=3$，$R(\boldsymbol{B})=2$ 三种情况讨论.

1° 当 $R(\boldsymbol{B})=4$ 时，$c_1\neq 0$，平移坐标轴到新原点$\left(0,0,-\dfrac{d_1}{2c_3}\right)$，则方程可化简为

$$\lambda_1 x_1^2+\lambda_2 x_2^2+2c_3x_3=0$$

则 λ_1，λ_2 同号时，曲面为椭圆抛物面；λ_1，λ_2 异号时，曲面为双曲抛物面.

2° 当 $R(\boldsymbol{B})=3$ 时，$c_3=0$，且 $d_1\neq 0$；依次可讨论：λ_1，λ_2 异号时，曲面为双曲柱面；λ_1，λ_2 同号时，曲面为椭圆柱面（实的或虚的）.

其他情况这里不一一讨论，留给读者练习.

例 2 用上面的讨论方法，判定下列曲面的类型：

（1）$x^2+3y^2+5z^2+4xy+6xz+8yz+8x+10y+12z+7=0$

（2）$x^2+y^2-3z^2+4xy-4xz+4yz-2x-2y-2z+1=0$

解 （1） $\boldsymbol{A}=\begin{pmatrix}1&2&3\\2&3&4\\3&4&5\end{pmatrix}$， $\boldsymbol{B}=\begin{pmatrix}1&2&3&4\\2&3&4&5\\3&4&5&6\\4&5&6&7\end{pmatrix}$， $d=7$， $\boldsymbol{b}=\begin{pmatrix}4\\5\\6\end{pmatrix}$

$R(\boldsymbol{A})=2$，$R(\boldsymbol{B})=2$，且

$$|\lambda\boldsymbol{E}-\boldsymbol{A}|=(\lambda^2-9\lambda-6)\lambda$$

特征值 $\lambda_1=\dfrac{9+\sqrt{105}}{2}$，$\lambda_2=\dfrac{9-\sqrt{105}}{2}$，$\lambda_3=0$，于是经过适当轴旋转变换，方程可化简为

$$\lambda_1x^2+\lambda_2y^2+2c_1x+2c_2y+2c_3z+7=0$$

因而，作适当平移坐标变换，方程化简为

$$\lambda_1x^2+\lambda_2y^2+2c_3z+d_1=0$$

由于 $R(\boldsymbol{B})=2\Rightarrow c_3=d_1=0$，又 $\lambda_1\lambda_2<0$，所以曲面为二相交平面.

（2） $\boldsymbol{A}=\begin{pmatrix}1&2&-2\\2&1&2\\-2&2&-3\end{pmatrix}$， $\boldsymbol{B}=\begin{pmatrix}1&2&-2&-1\\2&1&2&-1\\-2&2&-3&-1\\-1&-1&-1&1\end{pmatrix}$

$$|\lambda\boldsymbol{E}-\boldsymbol{A}|=(\lambda-1)(\lambda-3)(\lambda+5)$$

$\boldsymbol{A}$ 的特征值 $\lambda_1=1$，$\lambda_2=3$，$\lambda_3=-5$，故原方程可化简为

$$x^2+3y^2-5z^2+d=0$$

又由于

$$|\boldsymbol{B}|=-2,\qquad |\boldsymbol{B}|=\lambda_1\lambda_2\lambda_3d=1\times3\times(-5)\times d=-15d$$

知 $d=\dfrac{2}{15}$，所以为双叶双曲面.

例 3 用直角坐标变换化简二次曲面方程

$$5x_1^2+5x_2^2+8x_3^2-10x_1x_2-4x_1x_3+4x_2x_3-3\sqrt{2}x_1-3\sqrt{2}x_2=0$$

并判明它代表什么曲面.

解 $\boldsymbol{A}=\begin{pmatrix}5&-5&-2\\-5&5&2\\-2&2&8\end{pmatrix}$， $\boldsymbol{b}=\begin{pmatrix}-\dfrac{3\sqrt{2}}{2}\\-\dfrac{3\sqrt{2}}{2}\\0\end{pmatrix}$， $\boldsymbol{x}=\begin{pmatrix}x_1\\x_2\\x_3\end{pmatrix}$， $\boldsymbol{y}=\begin{pmatrix}y_1\\y_2\\y_3\end{pmatrix}$

$$|\lambda\boldsymbol{E}-\boldsymbol{A}|=\lambda(\lambda-6)(\lambda-12)$$

特征值 $\lambda=12, 6, 0$，对应的特征向量分别为

$$\begin{pmatrix}-1\\1\\1\end{pmatrix},\ \begin{pmatrix}1\\-1\\2\end{pmatrix},\ \begin{pmatrix}1\\1\\0\end{pmatrix}$$

将它们分别单位化以后作为列向量，便得正交矩阵

$$P=\begin{pmatrix} -\frac{1}{\sqrt{3}} & \frac{1}{\sqrt{6}} & \frac{1}{\sqrt{2}} \\ \frac{1}{\sqrt{3}} & -\frac{1}{\sqrt{6}} & \frac{1}{\sqrt{2}} \\ \frac{1}{\sqrt{3}} & \frac{2}{\sqrt{6}} & 0 \end{pmatrix}$$

令 $x=Py$，代入原方程，便得

$$12y_1^2+6y_2^2-6y_3=0$$

即曲面方程为

$$y_3=2y_1^2+y_2^2$$

由此可见原曲面是椭圆抛物面.

例 4　已知二次型

$$f(x_1,x_2,x_3)=5x_1^2+5x_2^2+cx_3^2-2x_1x_2+6x_1x_3-6x_2x_3$$

的秩为 2，求：

（1）参数 c 及此二次型对应矩阵的特征值；

（2）指出方程 $f(x_1,x_2,x_3)=1$ 表示何种二次曲面.

解　（1）二次型对应矩阵为

$$A=\begin{pmatrix} 5 & -1 & 3 \\ -1 & 5 & -3 \\ 3 & -3 & c \end{pmatrix}$$

因 $R(A)=2$，故 $|A|=0$，解得 $c=3$，此时 A 的秩是 2，而

$$|\lambda E-A|=\begin{vmatrix} \lambda-5 & 1 & -3 \\ 1 & \lambda-5 & 3 \\ -3 & 3 & \lambda-3 \end{vmatrix}=\lambda(\lambda-4)(\lambda-9)$$

特征值为 $\lambda_1=0$，$\lambda_2=4$，$\lambda_3=9$.

（2）二次型 f 的标准形可表为

$$f=4y_2^2+9y_3^2=1$$

它表示的曲面是椭圆柱面.

二次型理论中的主轴定理：令

$$f=x^{\mathrm T}Ax,\qquad x=(x_1,x_2,\cdots,x_n)^{\mathrm T},\qquad A=A^{\mathrm T}=(a_{ij})_{n\times n}$$

存在正交变换 $x=Py$（P 为正交阵），使得

$$f=y^{\mathrm T}(P^{\mathrm T}AP)y=\lambda_1y_1^2+\lambda_2y_2^2+\cdots+\lambda_ny_n^2$$

其中：$\lambda_1,\lambda_2,\cdots,\lambda_n$ 是 A 的特征值.

第三节 求函数的最值应用

设有二次型

$$u = f(x) = \boldsymbol{x}^{\mathrm{T}}\boldsymbol{A}\boldsymbol{x} = \sum_{i,j} a_{ij}x_i x_j$$

$$\boldsymbol{x} = (x_1, x_2, \cdots, x_n)^{\mathrm{T}}, \qquad \boldsymbol{A} = (a_{ij})_{n\times n}\text{（实对称阵）}$$

求 $u = f(x)$在附加条件

$$\boldsymbol{x}^{\mathrm{T}}\boldsymbol{x} = x_1^2 + x_2^2 + \cdots + x_n^2 = 1$$

下的最大值及最小值.

设实对称阵 $\boldsymbol{A}$ 的特征值（都是实数）依大小排列为

$$\lambda_1 \geqslant \lambda_2 \geqslant \cdots \geqslant \lambda_n$$

则存在正交矩阵

$$\boldsymbol{P} = (\boldsymbol{p}_1, \boldsymbol{p}_2, \cdots, \boldsymbol{p}_n)$$

令 $\boldsymbol{x} = \boldsymbol{P}\boldsymbol{y}$，$\boldsymbol{y} = (y_1, y_2, \cdots, y_n)^{\mathrm{T}}$，使得

$$u = f(x) = \boldsymbol{y}^{\mathrm{T}}(\boldsymbol{P}^{\mathrm{T}}\boldsymbol{A}\boldsymbol{P})\boldsymbol{y} = \lambda_1 y_1^2 + \lambda_2 y_2^2 + \cdots + \lambda_n y_n^2$$

且

$$\boldsymbol{y}^{\mathrm{T}}\boldsymbol{y} = \boldsymbol{y}^{\mathrm{T}}(E)\boldsymbol{y} = \boldsymbol{y}^{\mathrm{T}}(\boldsymbol{P}^{\mathrm{T}}\boldsymbol{P})\boldsymbol{y} = (\boldsymbol{P}\boldsymbol{y})^{\mathrm{T}}(\boldsymbol{P}\boldsymbol{y}) = \boldsymbol{x}^{\mathrm{T}}\boldsymbol{x} = 1$$

从而 $u \leqslant \lambda_1(y_1^2 + y_2^2 + \cdots + y_n^2) = \lambda_1$，且取 $\boldsymbol{y}_1 = (1, 0, 0, \cdots, 0)^{\mathrm{T}}$ 时，u 可取得到值 λ_1，故 u 在 $\boldsymbol{x} = \boldsymbol{P}\boldsymbol{y}_1 = \boldsymbol{P}\begin{pmatrix}1\\0\\\vdots\\0\end{pmatrix} = \boldsymbol{p}_1$，即 λ_1 对应的单位特征向量 $\boldsymbol{p}_1$ 方向取得最大值 λ_1.

类似地，

$$u \geqslant \lambda_n(y_1^2 + y_2^2 + \cdots + y_n^2) = \lambda_n$$

显然，取 $\boldsymbol{y}_2 = (0, 0, \cdots, 0, 1)^{\mathrm{T}}$时，$u$ 可取得到值 λ_n. 故 u 在 $\boldsymbol{x} = \boldsymbol{P}\boldsymbol{y}_2 = \boldsymbol{p}_n$（$\lambda_n$对应的单位特征向量 $\boldsymbol{p}_n$ 方向）取得最小值 λ_n.

类似可得以下结论：

（1）设 $\boldsymbol{A}$ 为 n 阶实对称矩阵，对 $\boldsymbol{x} = (x_1, x_2, \cdots, x_n)^{\mathrm{T}} \in R^n$，$\boldsymbol{x} \neq \boldsymbol{0}$，有

$$\lambda \leqslant \frac{\boldsymbol{x}^{\mathrm{T}}\boldsymbol{A}\boldsymbol{x}}{\boldsymbol{x}^{\mathrm{T}}\boldsymbol{x}} \leqslant \mu$$

λ，μ 分别为 $\boldsymbol{A}$ 的最小特征值与最大特征值.

（2）n 阶实对称阵 $\boldsymbol{A}$ 半正定，则

$$0 \leqslant \frac{\boldsymbol{x}^{\mathrm{T}}\boldsymbol{A}\boldsymbol{x}}{\boldsymbol{x}^{\mathrm{T}}\boldsymbol{x}} \leqslant \mathrm{tr}(\boldsymbol{A})$$

其中：$\boldsymbol{x} \in R^n, \boldsymbol{x} \neq \boldsymbol{0}$，$\mathrm{tr}(\boldsymbol{A}) = a_{11} + a_{22} + \cdots + a_{nn}$ 为 $\boldsymbol{A}$ 的迹.

例 5 求函数 $f(x, y, z) = x^2 + 2y^2 + 3z^2 - 4xy + 4yz$ 在附加条件：$x^2 + y^2 + z^2 = 1$ 下的最大值及最小值.

解
$$f=(x,y,z)\begin{pmatrix}1&-2&0\\-2&2&2\\0&2&3\end{pmatrix}\begin{pmatrix}x\\y\\z\end{pmatrix},\qquad \boldsymbol{A}=\begin{pmatrix}1&-2&0\\-2&2&2\\0&2&3\end{pmatrix}$$

则 $\boldsymbol{A}$ 的特征多项式为

$$|\lambda\boldsymbol{E}-\boldsymbol{A}|=\begin{vmatrix}\lambda-1&2&0\\2&\lambda_2-2&-2\\0&-2&\lambda-3\end{vmatrix}=(\lambda+1)(\lambda-2)(\lambda-5)$$

所以 $\boldsymbol{A}$ 的特征值：$\lambda_1=5$，$\lambda_2=2$，$\lambda_3=-1$. 由前面一般结论知，最大值 $f=\lambda_1=5$，最小值 $f=\lambda_3=-1$.

可验证：对 $\boldsymbol{P}_1\left(-\frac{1}{3},\frac{2}{3},\frac{2}{3}\right)$，$\boldsymbol{M}_1\left(\frac{1}{3},-\frac{2}{3},-\frac{2}{3}\right)$，有 $f(\boldsymbol{P}_1)=f(\boldsymbol{M}_1)=\lambda_1=5$；对 $\boldsymbol{P}_3\left(\frac{2}{3},\frac{2}{3},\frac{1}{3}\right)$，$\boldsymbol{M}_3\left(-\frac{2}{3},-\frac{2}{3},\frac{1}{3}\right)$，有 $f(\boldsymbol{P}_3)=f(\boldsymbol{M}_3)=\lambda_3=-1$.

实　验　篇 >>>

第十二章　MATLAB　入　门

第十二章思维导图

MATLAB 由 matrix 和 laboratory 两个词的前三个字母组合而成的. 它是 Mathworks 公司于 1982 年推出的一套高性能的数值计算和可视化数学软件,被誉为"巨人肩上的工具". 由于使用 MATLAB 编程运算与人进行科学计算的思路和表达方式完全一致，所以不像学习其他高级语言那样难于掌握. 用 MATLAB 编写程序犹如在演算纸上排列出公式与求解问题，所以又被称为演算纸式科学算法语言. 在这个环境下，对所要求解的问题，用户只需简单地列出数学表达式，其结果便以数值或图形方式显示出来.

MATLAB 的含义是矩阵实验室（matrix laboratory），主要用于方便矩阵的存取，其基本元素是无须定义维数的矩阵. MATLAB 自问世以来，就以数值计算著称. MATLAB 进行数值计算的基本单位是复数数组（或称阵列），这使得 MATLAB 高度"向量化". 经过十几年的完善和扩充，MATLAB 现已发展成为线性代数课程的标准工具. 由于它不需定义数组的维数，并给出矩阵函数、特殊矩阵专门的库函数，使之在求解诸如信号处理、建模、系统识别、控制、优化等领域的问题时，显得大为简洁、高效、方便，这是其他高级语言所不能比拟的.

MATLAB 中包括了被称作工具箱的各类应用问题的求解工具. 工具箱实际上是对 MATLAB 进行扩展应用的一系列 MATLAB 函数（称为 M 文件），它可用来求解各类学科的问题，包括信号处理、图像处理、控制、系统辨识、神经网络等. 随着 MATLAB 版本的不断升级，其所含的工具箱的功能也越来越丰富，因此，应用范围也越来越广泛，成为涉及数值分析的各类工程师不可或缺的工具.

笔记栏

第一节　MATLAB　概　述

一、MATLAB 特点

1. 数值计算和符号计算功能

MATLAB 的数值计算功能包括：矩阵运算、多项式和有理分式运算、数据统计分析、数值积分、优化处理等. 符号计算将得到问题的解析解.

2. MATLAB 语言

MATLAB 除了命令行的交互式操作以外，还可以程序方式工作. 使用 MATLAB 可以很容易地实现 C 或 Fortran 语言的几乎全部功能，包括 Windows 图形用户界面的设计.

3. 图形功能

MATLAB 提供了两个层次的图形命令：一种是对图形句柄进行的低级图形命令，另一种是建立在低级图形命令之上的高级图形命令. 利用 MATLAB 的高级图形命令可以轻而易举地绘制二维、三维图形，并可进行图形和坐标的标识、视角和光照设计、色彩精细控制等.

4. 应用工具箱

其工具箱分为两大类：功能性工具箱和学科性工具箱. 功能性工具箱主要用来扩充其符号计算功能、可视建模仿真功能及文字处理功能等. 学科性工具箱专业性比较强，如控制系统工具箱、信号处理工具箱、神经网络工具箱、最优化工具箱、金融工具箱等，用户可以直接利用这些工具箱进行相关领域的科学研究.

二、MATLAB 集成环境

MATLAB 是一个高度集成的语言环境，在该环境下既可以进行交互式的操作，又可以编写程序、运行程序并跟踪调试程序.

1. MATLAB 的启动

与一般的 Windows XP 程序一样，启动 MATLAB 有两种常见方法：

（1）单击“开始”按钮，选择“程序”菜单项，然后打开“MATLAB”菜单中的“MATLAB”项，就可启动.

（2）利用 Windows 建立快捷方式的功能，将 MATLAB 程序以快捷方式放在桌面上，只要在桌面上双击该图标即可启动 MATLAB.

当用户启动 MATLAB 后，将会出现如图 12.1 所示的窗口.

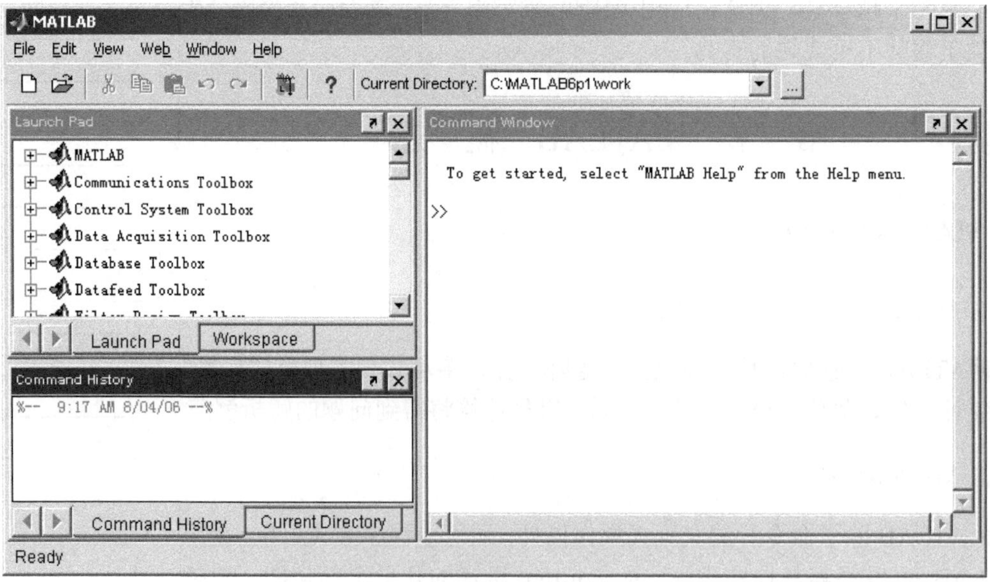

图 12.1

2. MATLAB 集成视窗环境

在默认设置情况下，集成视窗环境包括五个窗口，即主窗口、命令窗口、历史窗口、当前目录窗口和工作区管理窗口.

（1）主窗口. 主窗口不能进行任何计算，它只是用来完成一些环境参数的设置，同时它提供了一个框架载体，其他窗口都是包含在该窗口中的.

（2）命令窗口. 一般说来，MATLAB 的所有函数和命令都可以在命令窗口中输入和执行. 在 MATLAB 启动后，将显示提示符“≫”，用户就可以在提示符后面键入命令，按下回车键后，系统会解释并执行所输入的命令，最后给出计算结果. 例如：

```
≫(5*2+1.3-0.8)*10/25
```

结果为

```
ans=
    4.2000
```

在 MATLAB 中，有很多的控制键和方向键可用于命令的编辑. 例如 Ctrl + C 可以用来中止正在执行的 MATLAB 的工作，↑和↓两个箭头键可以将所用过的指令调回来重复使用. 其他键如 Home、End 等功能非常简单，一用便知.

如果输入的命令语句超过一行，或需分行输入，则可以在行尾加上三个句点（…）来表示续行. 例如：

```
≫s=1+2+…
3-5
s=
  1
```

可见使用续行符之后，系统会自动将前一行保留而不加以计算，并与下一行衔接，等待完整命令后再计算整个输入结果. 另外，“%”表示注释.

（3）历史窗口. 显示用户近期输入过的指令，并标明使用时间，以便用户查询. 如果双击某一行命令，会在命令窗口中执行该命令. 如果要清除这些历史记录，可以选择“Edit”菜单中的“Clear Command History”命令.

（4）当前目录窗口. 在该窗口中可显示或改变当前目录，还可以显示当前目录下的文件，包括文件名、文件类型、最后修改时间，以及该文件的说明信息.

（5）工作区管理窗口. 在该窗口中显示所有当前保存在内存中的 MATLAB 变量的变量名、值、类型等信息，并可对变量进行观察、编辑、保存和删除.

3. MATLAB 的退出

要退出 MATLAB 系统，有三种方法：

（1）单击 MATLAB 命令窗口的“关闭”按钮；

（2）在命令窗口“File”菜单中选“Exit MATLAB”命令；

（3）在 MATLAB 命令窗口输入 Exit 或 Quit 命令.

4. MATLAB 的帮助系统

进入帮助窗口可以通过以下三种方法：

（1）单击 MATLAB 主窗口工具栏中的 Help 按钮；

（2）在命令窗口中输入 helpwin、helpdesk 或 doc 命令；

（3）在命令窗口选择“Help”菜单中的“MATLAB Help”选项.

MATLAB 帮助命令包括 help、lookfor 以及模糊查询.

（1）help 命令. 在 MATLAB 7.0 命令窗口中直接输入 help 命令将会显示当前帮助系统中所包含的所有项目，即搜索路径中所有的目录名称. 同样，可以通过 help 加函数名来显示该函数的帮助说明.

（2）lookfor 命令. help 命令只搜索出那些与关键字完全匹配的结果，lookfor 命令对搜索范围内的 M 文件进行关键字搜索，条件比较宽松. lookfor 命令只对 M 文件的第一行进行关键字搜索. 若在 lookfor 命令加上“–all”选项，则可对 M 文件进行全文搜索.

（3）模糊查询. MATLAB 6.0 以上的版本提供了一种类似模糊查询的命令查询方法，用户只需要输入命令的前几个字母，然后按 Tab 键，系统就会列出所有以这几个字母开头的命令.

MATLAB 中还有一些其他帮助系统，如 Index 帮助索引窗、Search 搜索窗. 可以直接选择主窗口的“Help”菜单项的“MATLAB Help”子项进行操作.

第二节　MATLAB 的变量与函数

一、变量与基本运算功能

1. 变量

MATLAB 中可以自定义变量. 变量名的命名必须符合以下几条规则：

（1）变量名必须是不含空格的单个词；

（2）变量名区分大小写；

（3）变量名最多不超过 31 个字符，第 31 个字符之后的字符将被忽略；

（4）变量名必须以字母打头，之后可以是任意字母、数字或下划线，变量名中不允许使用标点符号.

如 f，f12，myfile，my_file 等都是合法的变量名，而 my；file，_f，my file 等都是不合法的变量名. 除了上述命名规则，MATLAB 还有几个特殊变量，如表 12.1 所示.

表 12.1

特殊变量	取值
ans	用于结果的缺省变量名
pi	圆周率
eps	计算机的最小数，当和 1 相加就产生一个比 1 大的数
flops	浮点运算数
inf	无穷大，如 1/0
NaN	不定量，如 0/0
i, j	$i=j=\sqrt{-1}$
nargin	所用函数的输入变量数目
nargout	所用函数的输出变量数目
realmin	最小可用正实数
realmax	最大可用正实数

在命令窗口中，同时存储着输入的命令和创建的所有变量值，它们可以在任何需要的时候被调用. 如要查看变量 a 的值，只需要在命令窗口中输入变量的名称即可，如：≫a.

2. 表达式

MATLAB 命令的通常形式为：≫变量 = 表达式. 表达式由操作符或其他特殊字符、函数和变量名组成. 执行表达式并将表达式结果显示于命令之后，同时存在变量中以留用. 如果变量名和“=”省略，即不指定返回变量，则名为 ans 的变量将自动建立. 例如：

```
≫x=[1 2 3 4 5 6]
```

系统将产生 6 维向量 $\boldsymbol{x}$，输出结果为

```
x =
    1    2    3    4    5    6
```

而键入 2006/84，结果为

```
ans =
    23.8810
```

如果不想看见语句的输出结果，可以在语句的最后加上“；”，此时尽管结果没有显示，但它依然被赋值并在 MATLAB 工作空间中分配了内存，依然可以通过变量名来查看. 例如：

```
≫y=sin(5);
≫y
```

结果为

```
y =
    -0.9589
```

3. 基本运算功能

MATLAB 的基本运算可分为三类：算术运算、关系运算和逻辑运算，分别有相应的运算符实现.

（1）算术运算. 算术运算是最基本的运算形式. 它的实现非常简单，就像在计算器上进行相应运算一样. 在 MATLAB 启动后，将显示提示符“≫”，用户就可以在提示符后面键入命令，按下回车键后，系统会解释并执行所输入的命令，最后给出计算结果. 除此之外，MATLAB 还提供了其他几种类型的算术运算，如表 12.2 所示.

表 12.2

算术运算符	意义	算术运算符	意义
+	加法运算	—	减法运算
*	乘法运算	.*	点乘运算
/	除法运算	./	数组左除
\	左除运算	.\	数组右除
^	乘幂运算	.^	点乘幂运算

在运算中，求值次序和一般的数学求值次序相同：表达式是从左到右执行的，幂次方的优先级最高，乘除次之，最后是加减，如果有括号，则括号优先级最高.

例 1 求解$[12+2\times(7-4)]\div 3^3$.

解 程序如下：

```
>>(12+2*(7-4))/3^3
```

结果为

```
ans=
    0.6667
```

（2）关系运算. 关系运算主要用于比较数值、字符串、矩阵等运算对象之间的大小或不等关系，其运算结果的类型为逻辑量，如果比较运算的结果成立，其运算结果就为真（非零量），否则为假（0 值）.

关系运算是由关系运算符来实现的，主要的关系运算符如表 12.3 所示.

表 12.3

关系运算符	意义	关系运算符	意义
>	大于	<	小于
==	等于	~=	不等于
>=	大于等于	<=	小于等于

例如：

```
>>x=2;
>>x>3
```

结果为

```
ans=
    0
```

又如：

```
>>x<=2
>>x>3
```

结果为

```
ans=
    1
```

（3）逻辑运算. 简单的关系比较是不能满足实际编程需要的，一般还需要用逻辑运算符将关系表达式或逻辑量连接起来，构成复杂的逻辑表达式. 逻辑表达式的执行结果是逻辑量（表示真或假的非 0 或 0）.

主要的逻辑运算符有如表 12.4 所示 4 种.

表 12.4

项目	逻辑运算符			
	&	~	|	Xor
意义	与	非	或	异或

例如：

```
>>x=4;
>>y=7;
>>x>=4&y>6
```

结果为

```
ans=
    1
```

又如：

```
>>x=4;
>>y=7;
>>x<4|y<7
```

结果为

```
ans=
    0
```

二、MATLAB 常见的数学函数

MATLAB 提供了丰富的运算函数，用户只需正确调用其形式就可以得到满意的结果，常见的运算函数如下所示.

1. MATLAB 常用的基本数学函数

abs(x) 数量的绝对值或向量的长度
angle(z) 复数 z 的相角（phase angle）
sqrt(x) 开平方
real(z) 复数 z 的实部
imag(z) 复数 z 的虚部
conj(z) 复数 z 的共轭复数
round(x) 四舍五入至最近整数
fix(x) 无论正负，舍去小数至最近整数
floor(x) 地板函数，即舍去正小数至最近整数
ceil(x) 天花板函数，即加入正小数至最近整数
rat(x) 将实数 x 化为分数表示
rats(x) 将实数 x 化为多项分数展开
sign(x) 符号函数 (signum function)
当 $x<0$ 时，$\mathrm{sign}(x)=-1$; 当 $x=0$ 时，$\mathrm{sign}(x)=0$; 当 $x>0$ 时，$\mathrm{sign}(x)=1$
rem(x, y) 求 x 除以 y 的余数或者用 mod(x, y)
gcd(x, y) 整数 x 和 y 的最大公因数
lcm(x, y) 整数 x 和 y 的最小公倍数
exp(x) 自然指数 e^x
pow2(x) 2 的指数 2^x
log(x) 以 e 为底的对数，即自然对数或 $\ln x$
log2(x) 以 2 为底的对数 $\log_2 x$
log10(x) 以 10 为底的对数 $\lg x$

2. MATLAB 常用的三角函数

sin(x) 正弦函数
cos(x) 余弦函数

tan(x) 正切函数
asin(x) 反正弦函数
acos(x) 反余弦函数
atan(x) 反正切函数
sinh(x) 超越正弦函数
cosh(x) 超越余弦函数
tanh(x) 超越正切函数
asinh(x) 反超越正弦函数
acosh(x) 反超越余弦函数
atanh(x) 反超越正切函数

3. MATLAB 适用于向量的常用函数

min(x) 向量 $\boldsymbol{x}$ 的元素的最小值
max(x) 向量 $\boldsymbol{x}$ 的元素的最大值
mean(x) 向量 $\boldsymbol{x}$ 的元素的平均值
median(x) 向量 $\boldsymbol{x}$ 的元素的中位数
std(x) 向量 $\boldsymbol{x}$ 的元素的标准差
diff(x) 向量 $\boldsymbol{x}$ 的相邻元素的差
sort(x) 对向量 $\boldsymbol{x}$ 的元素进行排序（sorting）
length(x) 向量 $\boldsymbol{x}$ 的元素个数
norm(x) 向量 $\boldsymbol{x}$ 的欧氏（Euclidean）长度
sum(x) 向量 $\boldsymbol{x}$ 的元素总和
prod(x) 向量 $\boldsymbol{x}$ 的元素总乘积
cumsum(x) 向量 $\boldsymbol{x}$ 的累计元素总和
cumprod(x) 向量 $\boldsymbol{x}$ 的累计元素总乘积
dot(x, y) 向量 $\boldsymbol{x}$ 和 $\boldsymbol{y}$ 的内积
cross(x, y) 向量 $\boldsymbol{x}$ 和 $\boldsymbol{y}$ 的外积

使用函数需要注意以下几点：

（1）函数一定是出现在等式的右边，写在左边将出现语法错误；

（2）每个函数对其自变量的个数和各式都有一定的要求，如使用三角函数是要注意函数自变量角度的单位是“弧度”还是“度”等等；

（3）函数允许嵌套，例如，可以使用 sqrt(1 + sin(pi/2))的形式，即 $\sqrt{1+\sin(\pi/2)}$.

例 2 求 $y=\sin x$ 在 $x=\dfrac{\pi}{5}$ 时的值.

解 程序如下：

```
>>y=sin(pi/5)
```

结果为

```
y=
   0.5878
```

例 3　设 $a=5.67$，$b=7.811$，计算：$\dfrac{e^{a+b}}{\lg(a+b)}$.

解　程序如下：

```
≫a=5.67;
≫b=7.811;
≫exp(a+b)/lg(a+b)
```

结果为

```
ans=
  6.3351e+005
```

第三节　MATLAB 图形功能

作为一个功能强大的工具软件，MATLAB 具有很强的图形处理功能，提供了大量的二维、三维图形函数. 由于系统采用面向对象的技术和丰富的矩阵运算，所以在图形处理方面既方便又高效. MATLAB 作图是通过描点、连线来实现的，故在画一个曲线图形之前，必须先取得该图形上的一系列的点的坐标（即横坐标和纵坐标），然后将该点集的坐标传给 MATLAB 函数画图.

一、二维图形

1. plot 函数

1）绘制单根二维曲线

基本调用格式为 plot(x, y)，其中 $\boldsymbol{x}$ 和 $\boldsymbol{y}$ 为长度相同的向量，分别用于存储 x 坐标和 y 坐标数据.

例 4　在 $0\leqslant x\leqslant 2\pi$ 区间内，绘制曲线 $y=2e^{-0.5x}\cos(4\pi x)$.

解　程序如下：

```
x=0:pi/100:2*pi;
y=2*exp(-0.5*x)*cos(4*pi*x);
plot(x,y)
```

结果如图 12.2 所示.

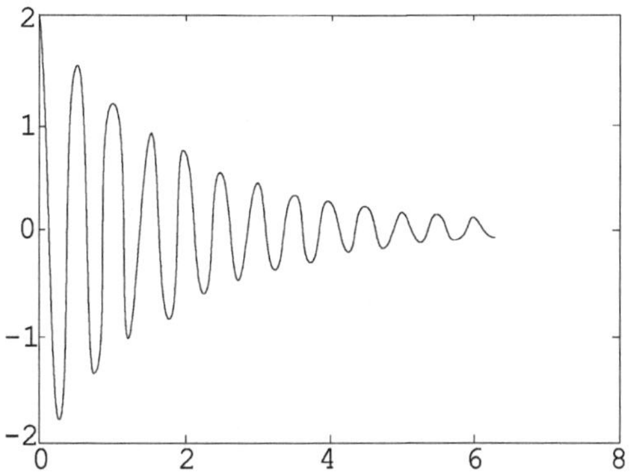

图 12.2

plot 函数最简单的调用格式是只包含一个输入参数，格式为 plot(x)，在这种情况下，当 $\boldsymbol{x}$ 是实向量时，以该向量元素的下标为横坐标、元素值为纵坐标画出一条连续曲线，这实际上是绘制折线图.

2）绘制多根二维曲线

（1）plot 函数的输入参数是矩阵形式.

① 当 $\boldsymbol{x}$ 是向量，$\boldsymbol{y}$ 是其中一维与 $\boldsymbol{x}$ 同维的矩阵时，则绘制出多根不同颜色的曲线. 曲线条数等于 $\boldsymbol{y}$ 矩阵的另一维数，$\boldsymbol{x}$ 被作为这些曲线共同的横坐标.

② 当 $\boldsymbol{x}, \boldsymbol{y}$ 是同维矩阵时，则以 $\boldsymbol{x}, \boldsymbol{y}$ 对应列元素为横、纵坐标分别绘制曲线，曲线条数等于矩阵的列数.

③ 对只包含一个输入参数的 plot 函数，当输入参数是实矩阵时，则按列绘制每列元素值相对其下标的曲线，曲线条数等于输入参数矩阵的列数. 当输入参数是复数矩阵时，则按列分别以元素实部和虚部为横、纵坐标绘制多条曲线.

（2）含多个输入参数的 plot 函数的调用格式为

```
plot(x1,y1,x2,y2,…,xn,yn)
```

① 当输入参数都为向量时，x1 和 y1，x2 和 y2, …, xn 和 yn 分别组成一组向量对，每一组向量对的长度可以不同. 每一向量对可以绘制出一条曲线，这样可以在同一坐标内绘制出多条曲线.

② 当输入参数有矩阵形式时，配对的 $\boldsymbol{x}, \boldsymbol{y}$ 按对应列元素为横、纵坐标分别绘制曲线，曲线条数等于矩阵的列数.

例 5　分析下列程序绘制的曲线.

```
x1=linspace(0,2*pi,100);
x2=linspace(0,3*pi,100);
x3=linspace(0,4*pi,100);
y1=sin(x1);
y2=1+sin(x2);
y3=2+sin(x3);
x=[x1;x2;x3]';
y=[y1;y2;y3]';
plot(x,y,x1,y1-1)
```

解　结果如图 12.3 所示.

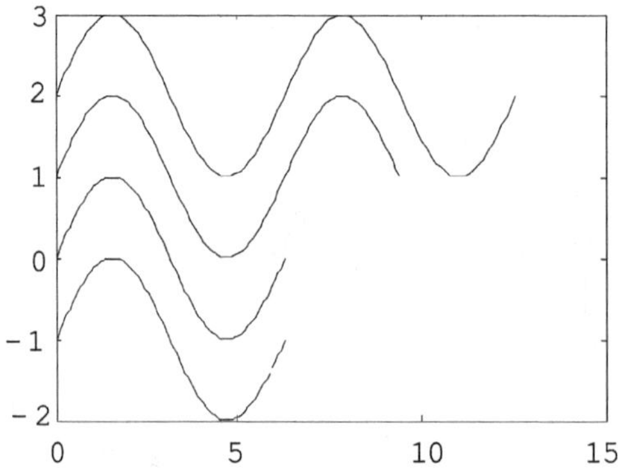

图 12.3

（3）具有两个纵坐标标度的图形. 在 MATLAB 中，如果需要绘制出具有不同纵坐标标度的两个图形，可以使用 plotyy 绘图函数. 调用格式为：plotyy(x1, y1, x2, y2)，其中 x1, y1 对应一条曲线，x2, y2 对应另一条曲线. 横坐标的标度相同，纵坐标有两个，左纵坐标用于 x1, y1 数据对，右纵坐标用于 x2, y2 数据对.

例 6 用不同标度在同一坐标内绘制曲线

$$y_1 = 0.2e^{-0.5x}\cos(4\pi x) \quad 和 \quad y_2 = 2e^{-0.5x}\cos(\pi x)$$

解 程序如下：

```
x=0:pi/100:2*pi;
y1=0.2*exp(-0.5*x). *cos(4*pi*x);
y2=2*exp(-0.5*x). *cos(pi*x);
plotyy(x,y1,x,y2);
```

结果如图 12.4 所示.

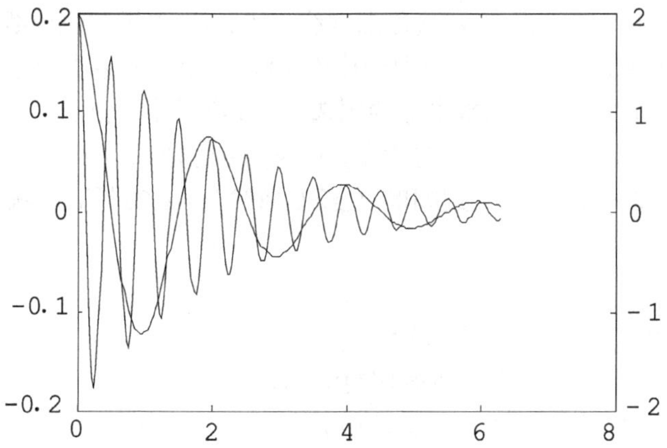

图 12.4

（4）图形保持、激活与分割. hold on/off 命令控制是保持原有图形还是刷新原有图形，不带参数的 hold 命令在两种状态之间进行切换. figure(h)命令是新建 h 窗口，激活图形使其可见，并把它置于其他图形之上. h = subplot(mrows, ncols, thisplot)命令是划分整个作图区域为 mrows*ncols 块（逐行对块访问）并激活第 thisplot 块，其后的作图语句将图形画在该块上.

例 7 采用图形保持，在同一坐标内绘制曲线

$$y_1 = 0.2e^{-0.5x}\cos(4\pi x) \quad 和 \quad y_2 = 2e^{-0.5x}\cos(\pi x)$$

解 程序如下：

```
x=0:pi/100:2*pi;
y1=0.2*exp(-0.5*x).*cos(4*pi*x);
plot(x,y1)
hold on
y2=2*exp(-0.5*x).*cos(pi*x);
plot(x,y2);
hold off
```

结果如图 12.5 所示.

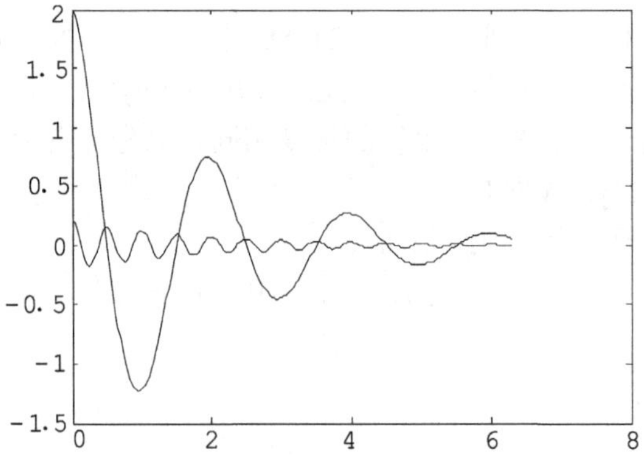

图 12.5

3）设置曲线样式

MATLAB 提供了一些绘图选项，用于确定所绘曲线的线型、颜色和数据点标记符号，它们可以组合使用. 例如，“b—.”表示蓝色点划线，“y:d”表示黄色虚线并用菱形符标记数据点. 当选项省略时，MATLAB 规定，线型一律用实线，颜色将根据曲线的先后顺序依次改变.

要设置曲线样式可以在 plot 函数中加绘图选项，其调用格式为

```
plot(x1,y1,选项1,x2,y2,选项2,…,xn,yn,选项n)
```

例 8 在同一坐标内分别用不同线型和颜色绘制曲线 $y_1=0.2\mathrm{e}^{-0.5x}\cos(4\pi x)$和 $y_2=2\mathrm{e}^{-0.5x}\cos(\pi x)$，标记两曲线交叉点.

解 程序如下：

```
x=linspace(0,2*pi,1000);
y1=0.2*exp(-0.5*x).*cos(4*pi*x);
y2=2*exp(-0.5*x).*cos(pi*x);
k=find(abs(y1-y2)<1e-2); %查找 y1 与 y2 相等点(近似相等)的下标
x1=x(k);                  %取 y1 与 y2 相等点的 x 坐标
y3=0.2*exp(-0.5*x1). *cos(4*pi*x1);
                          %求 y1 与 y2 值相等点的 y 坐标
plot(x,y1,x,y2,'k:',x1,y3,'bp');
```

结果如图 12.6 所示.

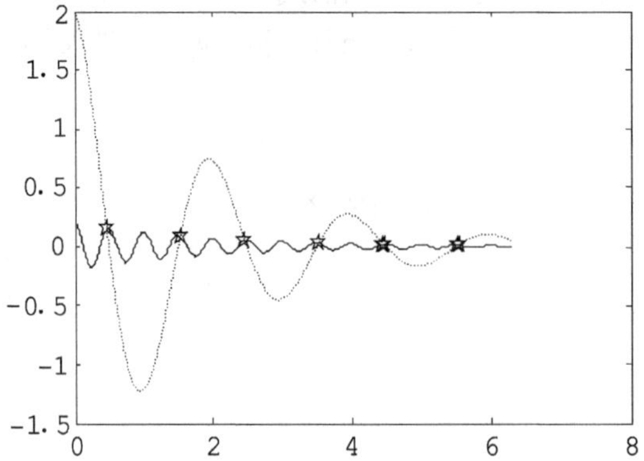

图 12.6

2. 图形标注与坐标控制

（1）图形标注. 有关图形标注函数的调用格式为

```
title(图形名称)
xlabel(x轴说明)
ylabel(y轴说明)
text(x,y,图形说明)
legend(图例1,图例2,…)
```

例 9 在 $0 \leqslant x \leqslant 2\pi$ 区间内，绘制曲线 $y_1 = 2e^{-0.5x}$ 和 $y_2 = \cos(4\pi x)$，并给图形添加图形标注.

解 程序如下：

```
x=0:pi/100:2*pi;
y1=2*exp(-0.5*x);
y2=cos(4*pi*x);
plot(x,y1,x,y2)
title('x from 0 to 2{\pi}');             %加图形标题
xlabel('Variable X');                    %加X轴说明
ylabel('Variable Y');                    %加Y轴说明
text(0.8,1.5,'曲线y1=2e^{-0.5x}');       %在指定位置添加图形说明
text(2.5,1.1,'曲线y2=cos(4{\pi}x)');
legend('y1','y2')                        %加图例
```

结果如图 12.7 所示.

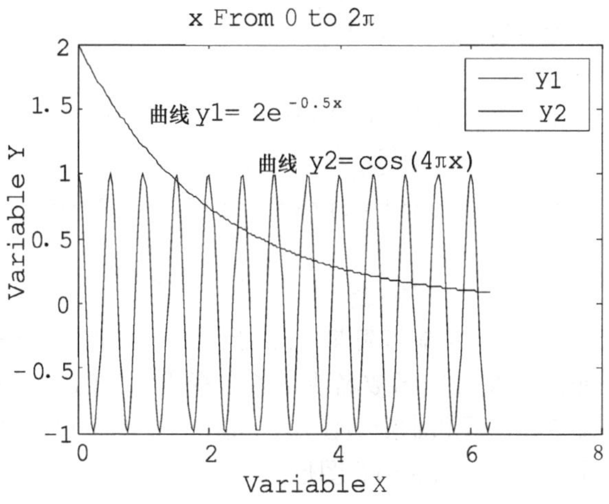

图 12.7

（2）坐标控制. axis 函数的调用格式为

```
axis([xmin xmax ymin ymax zmin zmax])
```

axis 函数功能丰富，常用的格式还有：

axis equal　　纵、横坐标轴采用等长刻度

axis square	产生正方形坐标系（缺省为矩形）
axis auto	使用缺省设置
axis off	取消坐标轴
axis on	显示坐标轴
grid on	给坐标画网格线
grid off	给坐标不画网格线
box on	给坐标加边框
box off	给坐标不加边框

3. 符号函数（显函数、隐函数和参数方程）画图

1）ezplot

`ezplot('f(x)',[a,b])` 表示在 a<x<b 绘制显函数 $f=f(x)$ 的函数图

`ezplot('f(x,y)',[xmin,xmax,ymin,ymax])`

表示在区间 minx<x<maxx 和 miny<y<maxy 绘制隐函数 $f(x,y)=0$ 的函数图.

`ezplot('x(t)','y(t)',[tmin,tmax])`

表示在区间 mint<t<maxt 绘制参数方程 x=x(t),y=y(t) 的函数图.

例 10 隐函数绘图应用举例.

解 程序如下：

```
subplot(2,2,1);
ezplot('x^2+y^2-9');axis equal
subplot(2,2,2);
ezplot('x^3+y^3-5*x*y+1/5')
subplot(2,2,3);
ezplot('cos(tan(pi*x))',[0,1])
subplot(2,2,4);
ezplot('8*cos(t)','4*sqrt(2)*sin(t)',[0,2*pi])
```

结果如图 12.8 所示.

2) fplot

`fplot('fun',lims)` 表示绘制字符串 fun 指定的函数在 lims=[xmin,xmax] 的图形

注意 （1）fun 必须是 M 文件的函数名或是独立变量为 x 的字符串；

（2）fplot 函数不能画参数方程和隐函数图形，但在一个图上可以画多个图形.

例 11 在[−1, 2]上画 $y=e^{2x}+\sin(3x^2)$的图形.

解 先建 M 文件 myfun1.m：

```
function Y=myfun1(x)
Y=exp(2*x)+sin(3*x.^2);
```

再输入命令：

```
fplot('myfun1',[-1,2])
```

结果如图 12.9 所示.

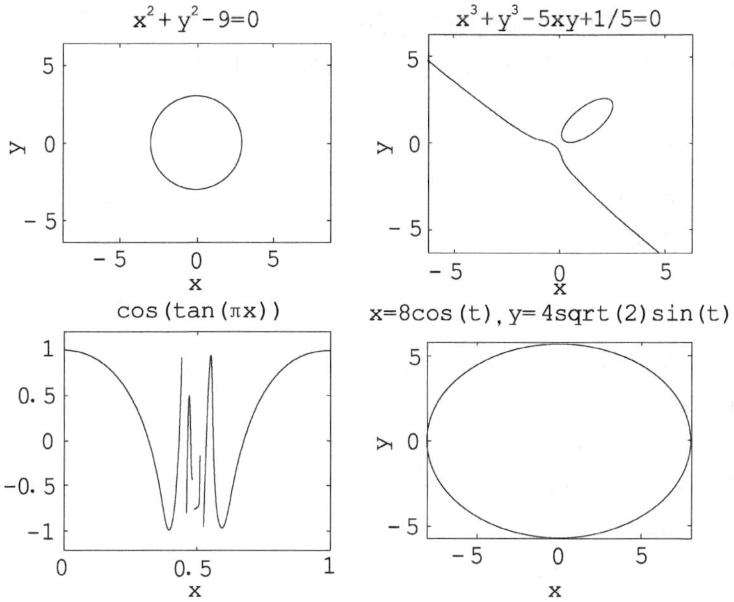

图 12.8

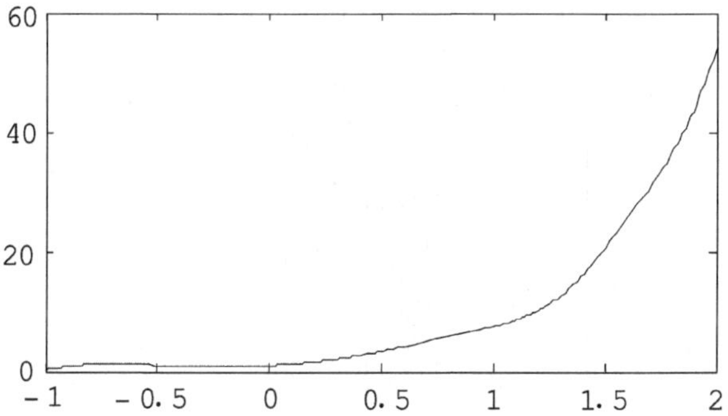

图 12.9

4. 其他二维数据曲线图

（1）对数坐标图形. MATLAB 提供了绘制对数和半对数坐标曲线的函数，调用格式为

```
semilogx(x1,y1,选项1,x2,y2,选项2,…)
semilogy(x1,y1,选项1,x2,y2,选项2,…)
loglog(x1,y1,选项1,x2,y2,选项2,…)
```

（2）极坐标图. polar 函数用来绘制极坐标图，其调用格式为

```
polar(theta,rho,选项)
```

其中：theta 为极坐标极角，rho 为极坐标矢径，选项的内容与 plot 函数相似.

（3）二维统计分析图. 在 MATLAB 中，二维统计分析图形很多，常见的有条形图、阶梯图、杆图和填充图等，所采用的函数分别为

```
bar(x,y,选项)
stairs(x,y,选项)
stem(x,y,选项)
```

```
fill(x1,y1,选项 1,x2,y2,选项 2,…)
```

例 12　绘制 $y=x^3$ 的函数图、对数坐标图、半对数坐标图.

解　程序如下：

```
x=[1:1:100];close;
subplot(2,3,1);
plot(x,x.^3);
grid on;
title 'plot-y=x^3';
subplot(2,3,2);
loglog(x,x.^3);
grid on;
title 'loglog-logy=3logx';
subplot(2,3,3);
plotyy(x,x.^3,x,x);
grid on;
title 'plotyy-y=x^3,logy=3logx';
```

结果如图 12.10 所示.

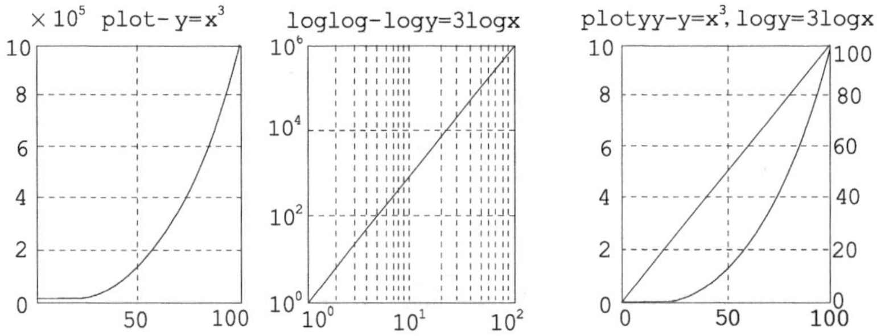

图 12.10

例 13　分别以条形图、阶梯图、杆图和填充图形式绘制曲线 $y=2\sin x$.

解　程序如下：

```
x=0:pi/10:2*pi;
y=2*sin(x);
subplot(2,2,1);bar(x,y,'g');
title('bar(x,y,''g'')');axis([0,7,-2,2]);
subplot(2,2,2);stairs(x,y,'b');
title('stairs(x,y,''b'')');axis([0,7,-2,2]);
subplot(2,2,3);stem(x,y,'k');
title('stem(x,y,''k'')');axis([0,7,-2,2]);
subplot(2,2,4);fill(x,y,'y');
title('fill(x,y,''y'')');axis([0,7,-2,2]);
```

结果如图 12.11 所示.

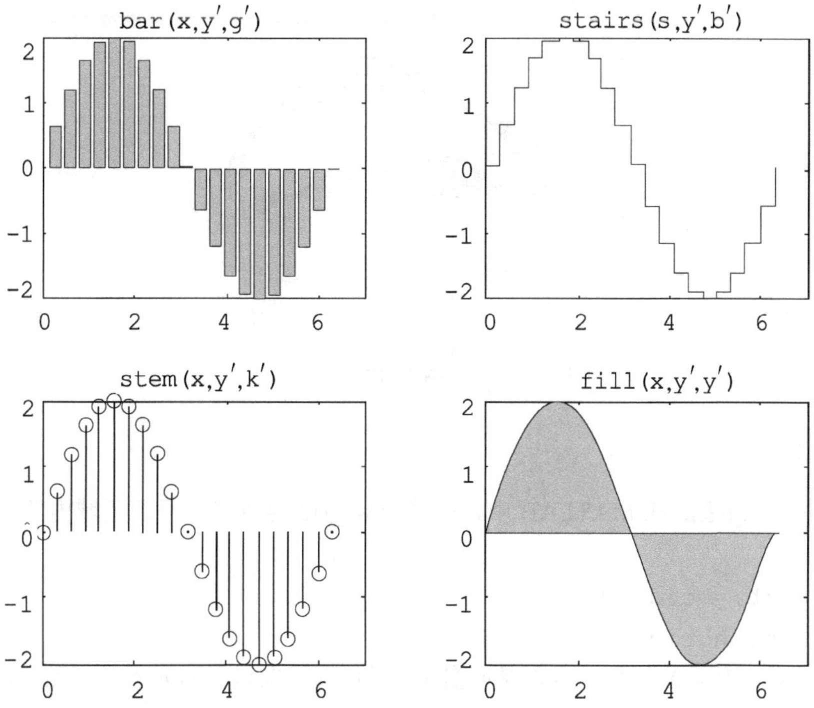

图 12.11

二、三维图形

1. 三维曲线

plot3 函数与 plot 函数用法十分相似，其调用格式为

```
plot3(x1,y1,z1,选项 1,x2,y2,z2,选项 2,…,xn,yn,zn,选项 n)
```

其中每一组 $\boldsymbol{x}$，$\boldsymbol{y}$，$\boldsymbol{z}$ 组成一组曲线的坐标参数，选项的定义和 plot 函数相同. 当 $\boldsymbol{x}$，$\boldsymbol{y}$，$\boldsymbol{z}$ 是同维向量时，则 $\boldsymbol{x}$，$\boldsymbol{y}$，$\boldsymbol{z}$ 对应元素构成一条三维曲线；当 $\boldsymbol{x}$，$\boldsymbol{y}$，$\boldsymbol{z}$ 是同维矩阵时，则以 $\boldsymbol{x}$，$\boldsymbol{y}$，$\boldsymbol{z}$ 对应列元素绘制三维曲线，曲线条数等于矩阵列数.

例 14 绘制三维曲线：$x=\sin t$，$y=\cos t$，$z=t\sin t\cos t$.

解 程序如下：

```
t=0:pi/100:20*pi;
x=sin(t);
y=cos(t);
z=t.*sin(t).*cos(t);
plot3(x,y,z);
title('Line in 3-D Space');
xlabel('X');ylabel('Y');zlabel('Z');
grid on;
```

结果如图 12.12 所示.

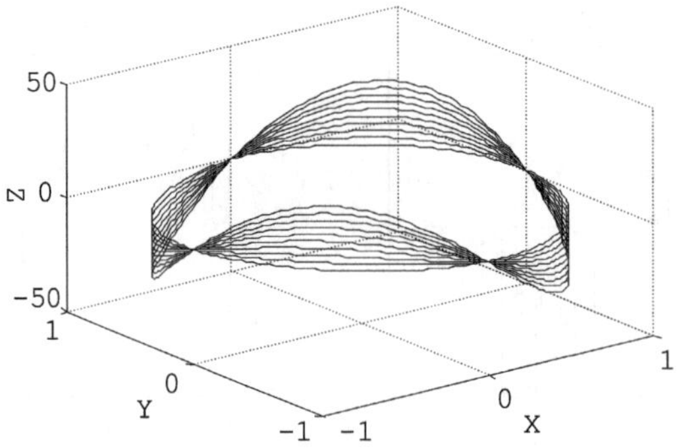

图 12.12

2. 三维曲面

（1）产生三维数据. 在 MATLAB 中，利用 meshgrid 函数产生平面区域内的网格坐标矩阵. 其格式为

```
x=a:d1:b;y=c:d2:d;
[X,Y]=meshgrid(x,y);
```

语句执行后，矩阵 $\boldsymbol{X}$ 的每一行都是向量 $\boldsymbol{x}$，行数等于向量 $\boldsymbol{y}$ 的元素的个数；矩阵 $\boldsymbol{Y}$ 的每一列都是向量 $\boldsymbol{y}$，列数等于向量 $\boldsymbol{x}$ 的元素的个数.

（2）绘制三维曲面的函数. mesh 函数和 surf 函数的调用格式为

```
mesh(x,y,z,c)
surf(x,y,z,c)
```

一般情况下，$\boldsymbol{x}$，$\boldsymbol{y}$，$\boldsymbol{z}$ 是维数相同的矩阵. $\boldsymbol{x}$，$\boldsymbol{y}$ 是网格坐标矩阵，$\boldsymbol{z}$ 是网格点上的高度矩阵，c 用于指定在不同高度下的颜色范围.

例 15 绘制三维曲面图 $z=\sin(x+\sin y)-x/10$.

解 程序如下：

```
[x,y]=meshgrid(0:0.25:4*pi);
z=sin(x+sin(y))-x/10;
mesh(x,y,z);
axis([0 4*pi 0 4*pi -2.5 1]);
```

结果如图 12.13 所示.

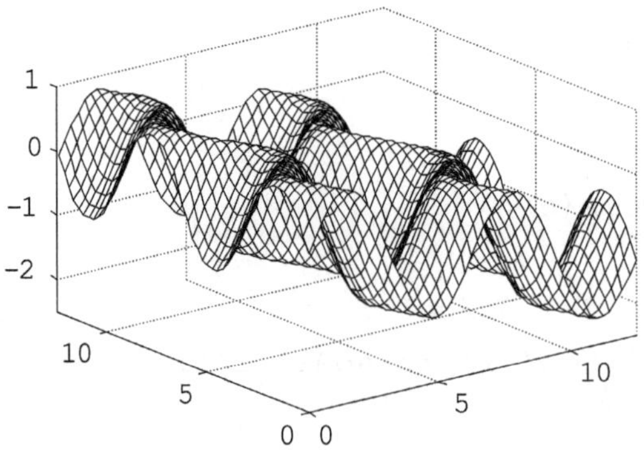

图 12.13

此外，还有带等高线的三维网格曲面函数 meshc 和带底座的三维网格曲面函数 meshz.其用法与 mesh 类似，不同的是 meshc 还在 xOy 平面上绘制曲面在 z 轴方向的等高线，meshz 还在 xOy 平面上绘制曲面的底座.

例 16 在 xOy 平面内选择区域$[-8, 8]\times[-8, 8]$，绘制 4 种三维曲面图.

解 程序如下：

```
[x,y]=meshgrid(-8:0.5:8);
z=sin(sqrt(x.^2+y.^2))./sqrt(x.^2+y.^2+eps);
subplot(2,2,1);
mesh(x,y,z);
title('mesh(x,y,z)')
subplot(2,2,2);
meshc(x,y,z);
title('meshc(x,y,z)')
subplot(2,2,3);
meshz(x,y,z)
title('meshz(x,y,z)')
subplot(2,2,4);
surf(x,y,z);
title('surf(x,y,z)')
```

结果如图 12.14 所示.

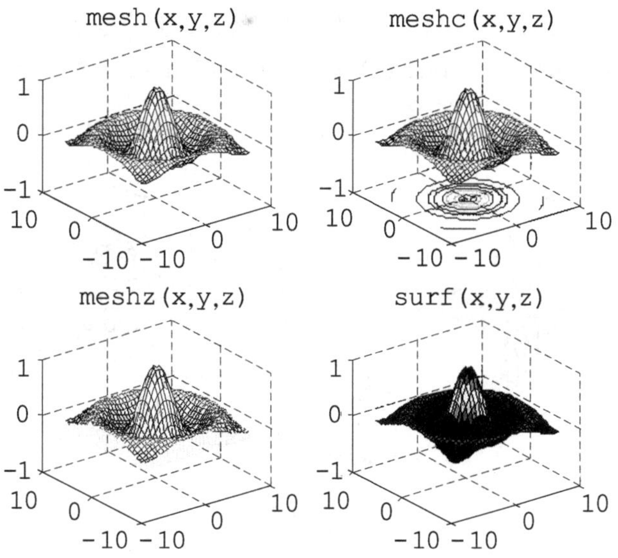

图 12.14

（3）标准三维曲面.

sphere 函数的调用格式为

```
[x,y,z]=sphere(n)
```

cylinder 函数的调用格式为

```
[x,y,z]=cylinder(R,n)
```

MATLAB 还有一个 peaks 函数，称为多峰函数，常用于三维曲面的演示.

（4）其他三维图形. 在介绍二维图形时，曾提到条形图、杆图、饼图和填充图等特殊图形，它们还可以以三维形式出现，使用的函数分别是 bar3，stem3，pie3 和 fill3.

bar3 函数绘制三维条形图，常用格式为

```
bar3(y)
bar3(x,y)
```

stem3 函数绘制离散序列数据的三维杆图，常用格式为

```
stem3(z)
stem3(x,y,z)
```

pie3 函数绘制三维饼图，常用格式为

```
pie3(x)
```

fill3 函数等效于三维函数 fill，可在三维空间内绘制出填充过的多边形，常用格式为

```
fill3(x,y,z,c)
```

例 17　绘制多峰函数的瀑布图和等高线图.

解　程序如下：

```
subplot(1,2,1);
[X,Y,Z]=peaks(30);
waterfall(X,Y,Z)
xlabel('X-axis'),ylabel('Y-axis'),zlabel('Z-axis');
subplot(1,2,2);
contour3(X,Y,Z,12,'k');  %其中 12 代表高度的等级数
xlabel('X-axis'),ylabel('Y-axis'),zlabel('Z-axis');
```

结果如图 12.5 所示.

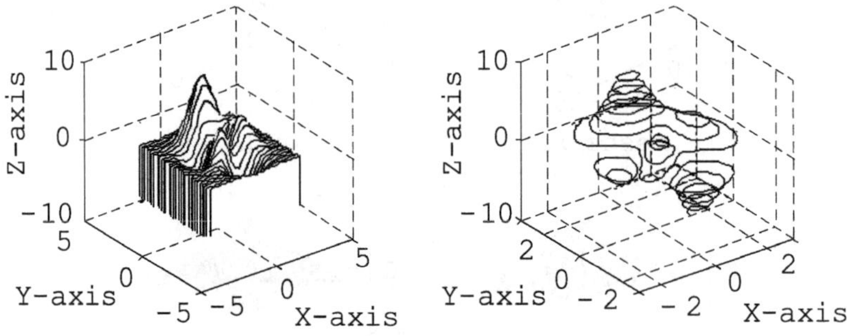

图 12.5

第四节　MATLAB 程序设计

一、M 文件

用 MATLAB 语言编写的程序，称为 M 文件. M 文件可以根据调用方式的不同分为两类：

令文件（Script File）和函数文件（Function File）. 其中命令文件没有输入参数，也不返回输出参数；而函数文件可以输入参数，也可返回输出参数.

1. M 文件的建立与打开

M 文件是一个文本文件，它可以用任何编辑程序来建立和编辑，而一般常用且最为方便的是使用 MATLAB 提供的文本编辑器.

1）建立新的 M 文件

为建立新的 M 文件，启动 MATLAB 文本编辑器有 3 种方法：

（1）菜单操作. 从 MATLAB 主窗口的“File”菜单中选择“New”菜单项，再选择“M-file”命令，屏幕上将出现 MATLAB 文本编辑器窗口.

（2）命令操作. 在 MATLAB 命令窗口输入命令 edit，启动 MATLAB 文本编辑器后，输入 M 文件的内容并存盘.

（3）命令按钮操作. 单击 MATLAB 主窗口工具栏上的“New M-File”命令按钮，启动 MATLAB 文本编辑器后，输入 M 文件的内容并存盘.

2）打开已有的 M 文件

打开已有的 M 文件，也有三种方法：

（1）菜单操作. 从 MATLAB 主窗口的“File”菜单中选择“Open”命令，则屏幕出现“Open”对话框，在“Open”对话框中选中所需打开的 M 文件. 在文档窗口可以对打开的 M 文件进行编辑修改，编辑完成后，将 M 文件存盘.

（2）命令操作. 在 MATLAB 命令窗口输入命令“edit 文件名”，则打开指定的 M 文件.

（3）命令按钮操作. 单击 MATLAB 主窗口工具栏上的“Open File”命令按钮，再从弹出的对话框中选择所需打开的 M 文件.

二、程序控制结构

1. 顺序结构

（1）数据的输入. 从键盘输入数据，则可以使用 input 函数来进行，该函数的调用格式为

```
A=input(提示信息,选项);
```

其中提示信息为一个字符串，用于提示用户输入什么样的数据.

如果在 input 函数调用时采用's'选项，则允许用户输入一个字符串. 例如，想输入一个人的姓名，可采用命令：

```
xm=input('What''s your name?','s');
```

（2）数据的输出. MATLAB 提供的命令窗口输出函数主要有 disp 函数，其调用格式为

```
disp(输出项)
```

其中：输出项既可以为字符串，也可以为矩阵.

例 18 输入 x，y 的值，并将它们的值互换后输出.

解 程序如下：

```
x=input('Input x please.');
y=input('Input y please.');
```

```
z=x;
x=y;
y=z;
disp(x);
disp(y);
```

例 19 求一元二次方程 $ax^2+bx+c=0$ 的根.

解 程序如下：

```
a=input('a=?');
b=input('b=?');
c=input('c=?');
d=b*b-4*a*c;
x=[(-b+sqrt(d))/(2*a),(-b-sqrt(d))/(2*a)];
disp(['x1=',num2str(x(1)),',x2=',num2str(x(2))]);
```

（3）程序的暂停. 暂停程序的执行可以使用 pause 函数，其调用格式为

```
pause(延迟秒数)
```

如果省略延迟时间，直接使用 pause，则将暂停程序，直到用户按任一键后程序继续执行. 若要强行中止程序的运行可使用 Ctrl + C 命令.

2. 选择结构

1）if 语句

在 MATLAB 中，if 语句有 3 种格式.

（1）单分支 if 语句：

```
if  条件
    语句组
end
```

当条件成立时，则执行语句组，执行完之后继续执行 if 语句的后继语句；若条件不成立，则直接执行 if 语句的后继语句.

（2）双分支 if 语句：

```
if  条件
    语句组 1
else
    语句组 2
end
```

当条件成立时，执行语句组 1，否则执行语句组 2，语句组 1 或语句组 2 执行后，再执行 if 语句的后继语句.

（3）多分支 if 语句：

```
if  条件 1
    语句组 1
elseif  条件 2
    语句组 2
```

```
……
elseif  条件m
    语句组m
else
    语句组n
end
```

语句用于实现多分支选择结构.

例 20 输入三角形的三条边，求面积.

解 程序如下：

```
A=input('请输入三角形的三条边:');
    if A(1)+A(2)>A(3)& A(1)+A(3)>A(2)& A(2)+A(3)>A(1)
        p=(A(1)+A(2)+A(3))/2;
        s=sqrt(p*(p-A(1))*(p-A(2))*(p-A(3)));
        disp(s);
    else
        disp('不能构成一个三角形.')
    end
```

运行：

```
请输入三角形的三条边:[4 5 6]
          9.9216
```

例 21 输入一个字符，若为大写字母，则输出其对应的小写字母；若为小写字母，则输出其对应的大写字母；若为数字字符则输出其对应的数值，若为其他字符则原样输出.

解 程序如下：

```
c=input('请输入一个字符','s');
if c>='A' & c<='Z'
  disp(setstr(abs(c)+abs('a')-abs('A')));
elseif c>='a'& c<='z'
  disp(setstr(abs(c)-abs('a')+abs('A')));
elseif c>='0'& c<='9'
  disp(abs(c)-abs('0'));
else
  disp(c);
end
```

2）switch 语句

switch 语句根据表达式的取值不同，分别执行不同的语句，其语句格式为

```
switch  表达式
  case  表达式1
    语句组1
  case  表达式2
    语句组2
```

```
  ......
 case  表达式 m
   语句组 m
 otherwise
   语句组 n
end
```

当表达式的值等于表达式 1 的值时，执行语句组 1；当表达式的值等于表达式 2 的值时，执行语句组 2……当表达式的值等于表达式 m 的值时，执行语句组 m；当表达式的值不等于 case 所列的表达式的值时，执行语句组 n. 当任意一个分支的语句执行完后，直接执行 switch 语句的下一句.

例 22 某商场对顾客所购买的商品实行打折销售，标准如下（商品价格用 price 来表示）：

price<200	没有折扣
200≤price<500	3%折扣
500≤price<1000	5%折扣
1000≤price<2500	8%折扣
2500≤price<5000	10%折扣
5000≤price	14%折扣

输入所售商品的价格，求其实际销售价格.

解 程序如下：

```
price=input('请输入商品价格');
switch fix(price/100)
case {0,1}                  %价格小于 200
 rate=0;
case {2,3,4}                %价格大于等于 200 但小于 500
 rate=3/100;
case num2cell(5:9)          %价格大于等于 500 但小于 1000
 rate=5/100;
case num2cell(10:24)        %价格大于等于 1000 但小于 2500
 rate=8/100;
case num2cell(25:49)        %价格大于等于 2500 但小于 5000
 rate=10/100;
otherwise                   %价格大于等于 5000
 rate=14/100;
end
price=price*(1-rate)        %输出商品实际销售价格
```

运行：

```
请输入商品价格 650
price =
  617.5000
```

3. 循环结构

（1）for 语句. for 语句的格式为

```
for 循环变量=表达式 1:表达式 2:表达式 3
        循环体语句
end
```

其中表达式 1 的值为循环变量的初值，表达式 2 的值为步长，表达式 3 的值为循环变量的终值. 步长为 1 时，表达式 2 可以省略.

例 23 一个三位整数各位数字的立方和等于该数本身则称该数为水仙花数. 输出全部水仙花数.

解 程序如下：

```
for m=100:999
m1=fix(m/100);              %求 m 的百位数字
m2=rem(fix(m/10),10);       %求 m 的十位数字
m3=rem(m,10);               %求 m 的个位数字
if m==m1*m1*m1+m2*m2*m2+m3*m3*m3
disp(m)
end
end
```

运行后，结果为

```
    153  370  371  407
```

（2）while 语句. while 语句的一般格式为

```
while(条件)
    循环体语句
end
```

其执行过程为：若条件成立，则执行循环体语句，执行后再判断条件是否成立；若不成立则跳出循环.

例 24 从键盘输入若干个数，当输入 0 时结束输入，求这些数的平均值和它们之和.

解 程序如下：

```
sum=0;
cnt=0;
val=input('Enter a number(end in 0):');
while(val~=0)
    sum=sum+val;
    cnt=cnt+1;
    val=input('Enter a number(end in 0):');
end
if(cnt>0)
      sum
      mean=sum/cnt
end
```

（3）break 语句和 continue 语句. 与循环结构相关的语句还有 break 语句和 continue 语句. 它们一般与 if 语句配合使用. break 语句用于终止循环的执行. 当在循环体内执行到该语句时，程序将跳出循环，继续执行循环语句的下一语句. continue 语句控制跳过循环体中的某些语句. 当在循环体内执行到该语句时，程序将跳过循环体中所有剩下的语句，继续下一次循环.

例 25 求[100, 200]之间第一个能被 21 整除的整数.

解 程序如下：

```
for n=100:200
if rem(n,21)~=0
  continue
end
break
end
n
```

结果为

```
n=105
```

（4）循环的嵌套. 如果一个循环结构的循环体又包括一个循环结构，就称为循环的嵌套，或称为多重循环结构.

例 26 若一个数等于它的各个真因子之和，则称该数为完数，如 $6 = 1 + 2 + 3$，所以 6 是完数. 求[1, 500]之间的全部完数.

解 程序如下：

```
for m=1:500
s=0;
for k=1:m/2
if rem(m,k)==0
s=s+k;
end
end
if m==s
    disp(m);
end
end
```

结果为

```
    6  28  496
```

例 27 求 $\sum_{n=1}^{10} n!$.

解 程序如下：

```
sum_1=0;
prod_1=1;
for n=1:10
    for i=1:n
```

```
        prod_1=prod_1*i;
      end
      sum_1=sum_1+prod_1;
      prod_1=1;
  end
  sum_1
```

结果为

```
  sum_1=4037913
```

三、函数文件

函数文件是另一种形式的 M 文件，每一个函数文件都定义一个函数. 事实上，MATLAB 提供的标准函数大部分都是由函数文件定义的.

1. 函数文件格式

函数文件由 function 语句引导，其格式为

```
function 输出形参表=函数名(输入形参表)
    注释说明部分
    函数体
```

注意 函数名的命名规则与变量名相同. 输入形参为函数的输入参数，输出形参为函数的输出参数. 当输出形参多于 1 个时，则应该用方括号括起来.

例 28 编写函数文件求小于任意自然数 n 的 Fibonacci 数列各项.

解 程序如下：

```
function f=ffib(n)
    f=[1,1];
    i=1;
    while f(i)+f(i+1)<n
        f(i+2)=f(i)+f(i+1);
        i=i+1;
    end
```

将以上函数文件以文件名 ffib.m 存盘，然后在 MATLAB 命令窗口输入以下命令，可求小于 2000 的 Fibonacci 数.

```
≫ffib(2000)
```

结果为

```
ans=1  1  2  3  5  8  13  21  34  55  89  144  233  377  610  987  1597
```

2. 函数调用

函数调用的一般格式为

```
[输出实参表]=函数名(输入实参表)
```

注意 函数调用时各实参出现的顺序、个数应与函数定义时形参的顺序、个数一致，否则会

出错. 函数调用时，先将实参传递给相应的形参，从而实现参数传递，然后再执行函数的功能.

例 29 利用函数的递归调用，求 $n!$.

解 $n!$本身就是以递归的形式定义的：显然，求 $n!$需要求$(n-1)!$，这时可采用递归调用. 递归调用函数文件 factor.m 如下：

```
function f=factor(n)
if n<=1
    f=1;
else
    f=factor(n-1)*n;        %递归调用求(n-1)!
end
```

将以上函数文件以文件名 factor.m 存盘，然后在 MATLAB 命令窗口输入以下命令 factor(10)，就可以求 10!.

```
>>factor(10)
```

结果为

```
ans=3628800
```

3. 函数所传递参数的可调性

MATLAB 在函数调用上有一个与众不同之处：函数所传递参数数目的可调性. 凭借这一点，一个函数可完成多种功能.

在调用函数时，MATLAB 用两个永久变量 nargin 和 nargout 分别记录调用该函数时的输入实参和输出实参的个数. 只要在函数文件中包含这两个变量，就可以准确地知道该函数文件被调用时的输入输出参数个数，从而决定函数如何进行处理.

四、全局变量和局部变量

在 MATLAB 中，全局变量用命令 global 定义. 函数文件的内部变量是局部的，与其他函数文件及 MATLAB 工作空间相互隔离. 但是，如果在若干函数中，都把某一变量定义为全局变量，那么这些函数将公用这一个变量. 全局变量的作用域是整个 MATLAB 工作空间，即全程有效. 所有的函数都可以对它进行存取和修改. 因此，定义全局变量是函数间传递信息的一种手段.

例 30 全局变量应用示例.

解 先建立函数文件 wadd.m，该函数将输入的参数加权相加.

```
function f=wadd(x,y)
  f=ALPHA*x+BETA*y;
```

然后在命令窗口中输入：

```
global ALPHA BETA
ALPHA=1;
BETA=2;
s=wadd(1,2)
```

输出为

```
s=5
```

第五节 MATLAB 的符号运算

一、符号对象

1. 建立符号对象

1）建立符号变量和符号常量

MATLAB 提供了两个建立符号对象的函数：sym 和 syms，两个函数的用法不同.

（1）sym 函数. sym 函数用来建立单个符号量，一般调用格式为

```
符号量名=sym('符号字符串')
```

该函数可以建立一个符号量，符号字符串可以是常量、变量、函数或表达式. 应用 sym 函数还可以定义符号常量，使用符号常量进行代数运算时和数值常量进行的运算不同.

（2）syms 函数. 函数 sym 一次只能定义一个符号变量，使用不方便. MATLAB 提供了另一个函数 syms，一次可以定义多个符号变量. syms 函数的一般调用格式为

```
syms  符号变量名1 符号变量名2 … 符号变量名n
```

用这种格式定义符号变量时不要在变量名上加字符串分界符（ ‘），变量间用空格而不要用逗号分隔.

2）建立符号表达式

含有符号对象的表达式称为符号表达式. 建立符号表达式有以下 3 种方法：

（1）利用单引号来生成符号表达式；

（2）用 sym 函数建立符号表达式；

（3）使用已经定义的符号变量组成符号表达式.

2. 符号表达式运算

（1）符号表达式的四则运算. 符号表达式的加、减、乘、除运算可分别由函数 symadd，symsub，symmul 和 symdiv 来实现，幂运算可以由 sympow 来实现.

（2）符号表达式的提取分子和分母运算. 如果符号表达式是一个有理分式或可以展开为有理分式，可利用 numden 函数来提取符号表达式中的分子或分母. 其一般调用格式为

```
[n,d]=numden(s)
```

该函数提取符号表达式 s 的分子和分母，分别将它们存放在 n 与 d 中.

（3）符号表达式的因式分解与展开. MATLAB 提供了符号表达式的因式分解与展开的函数，函数的调用格式为

```
factor(s)        对符号表达式 s 分解因式
expand(s)        对符号表达式 s 进行展开
collect(s)       对符号表达式 s 合并同类项
collect(s,v)     对符号表达式 s 按变量 v 合并同类项
```

（4）符号表达式的化简. MATLAB 提供的对符号表达式化简的函数有：

```
simplify(s)      应用函数规则对 s 进行化简
simple(s)        调用 MATLAB 的其他函数对表达式进行综合化简，并显示化简过程
```

（5）符号表达式与数值表达式之间的转换. 利用函数 sym 可以将数值表达式变换成它的符号表达式. 函数 numeric 或 eval 可以将符号表达式变换成数值表达式.

3. 符号表达式中变量的确定

MATLAB 中的符号可以表示符号变量和符号常量. findsym 可以帮助用户查找一个符号表达式中的符号变量. 该函数的调用格式为

```
findsym(s,n)
```

函数返回符号表达式 s 中的 n 个符号变量，若没有指定 n，则返回 s 中的全部符号变量.

4. 符号矩阵

符号矩阵也是一种符号表达式，所以前面介绍的符号表达式运算都可以在矩阵意义下进行. 但应注意这些函数作用于符号矩阵时，是分别作用于矩阵的每一个元素.

由于符号矩阵是一个矩阵，所以符号矩阵还能进行有关矩阵的运算. MATLAB 还有一些专用于符号矩阵的函数，这些函数作用于单个的数据无意义. 例如：

```
transpose(s)      返回 s 矩阵的转置矩阵
determ(s)         返回 s 矩阵的行列式值
```

其实，曾介绍过的许多应用于数值矩阵的函数，如 diag，triu，tril，inv，det，rank，eig 等，也可直接应用于符号矩阵.

二、符号微积分

1. 符号极限

limit 函数的调用格式为

limit(f,x,a)　求符号函数 f(x)的极限值，即计算当变量 x 趋近于常数 a 时，f(x)函数的极限值

limit(f,a)　求符号函数 f(x)的极限值. 由于没有指定符号函数 f(x)的自变量，则使用该格式时，符号函数 f(x)的变量为函数 findsym(f)确定的默认自变量，即变量 x 趋近于 a

limit(f)　求符号函数 f(x)的极限值. 符号函数 f(x)的变量为函数 findsym(f)确定的默认变量；没有指定变量的目标值时，系统默认变量趋近于 0，即 a=0 的情况

limit(f,x,a,'right')　求符号函数 f 的极限值. 'right'表示变量 x 从右边趋近于 a.

(5) limit(f,x,a,'left')　求符号函数 f 的极限值. 'left'表示变量 x 从左边趋近于 a.

例 31　求极限 $\lim\limits_{x\to 0}\dfrac{x(e^{\sin x}+1)-2(e^{\tan x}-1)}{\sin^3 x}$.

解　程序如下：

```
syms x;               %定义符号变量
f=(x*(exp(sin(x))+1)-2*(exp(tan(x))-1))/sin(x)^3;
```

```
                        %确定符号表达式
w=limit(f)              %求函数的极限
```

结果为

```
w=-1/2
```

例 32 求下列极限.

解 极限 1:

```
syms a m x;
f=(x*(exp(sin(x))+1)-2*(exp(tan(x))-1))/(x+a);
limit(f,x,a)
```

结果为

```
ans=(1/2*a*exp(sin(a))+1/2*a-exp(tan(a))+1)/a
```

极限 2:

```
syms x t;
limit((1+2*t/x)^(3*x),x,inf)
```

结果为

```
ans=exp(6*t)
```

2. 符号导数

diff 函数用于对符号表达式求导数. 该函数的一般调用格式为

diff(s) 没有指定变量和导数阶数，则系统按 findsym 函数指示的默认变量对符号表达式 s 求一阶导数

diff(s,'v') 以 v 为自变量，对符号表达式 s 求一阶导数

diff(s,n) 按 findsym 函数指示的默认变量对符号表达式 s 求 n 阶导数，n 为正整数

diff(s,'v',n) 以 v 为自变量，对符号表达式 s 求 n 阶导数

例 33 求 $\dfrac{\mathrm{d}\sin x^2}{\mathrm{d}x}$.

解 程序如下:

```
x=sym('x');                    %定义符号变量
t=sym('t');
diff(sin(x^2))                 %求导运算
```

结果为

```
ans=2*cos(x^2)*x
```

3. 符号积分

符号积分由函数 int 来实现. 该函数的一般调用格式为

int(s) 没有指定积分变量和积分阶数时，系统按 findsym 函数指示的默认变量对被积函数或符号表达式 s 求不定积分

int(s,v) 以 v 为自变量，对被积函数或符号表达式 s 求不定积分

int(s,v,a,b) 求定积分运算. a,b 分别表示定积分的下限和上限. 该函数求被积函数在区间[a,b]上的定积分. a 和 b 可以是两个具体的数，也可

以是一个符号表达式，还可以是无穷(inf)．当函数 f 关于变量 x 在闭区间[a,b]上可积时，函数返回一个定积分结果．当 a,b 中有一个是 inf 时，函数返回一个广义积分．当 a,b 中有一个符号表达式时，函数返回一个符号函数

例 34 求$\int\frac{1}{1+x^2}\mathrm{d}x$.

解 程序如下：

```
syms x;
int(1/(1+x^2))
```

结果为

```
ans=atan(x)
```

4. 级数求和

级数求和运算是数学中常见的一种运算. 例如：

$$f(x)=a_0+a_1x+a_2x^2+a_3x^3+\cdots+a_nx^n$$

函数 symsum 可以用于对此类符号函数 f 的求和运算. 该函数的引用时，应确定级数的通项式 s，变量的变化范围 a 和 b. 该函数的引用格式为

```
symsum(s,a,b)
```

例 35 求级数 $1/1^2+1/2^2+1/3^2+1/4^2+\cdots$ 的和.

解 程序如下：

```
syms k;
symsum(1/k^2,1,Inf)     %k 值为 1 到无穷大
```

结果为

```
ans=1/6*pi^2
```

故而

$$1/1^2+1/2^2+1/3^2+1/4^2+\cdots=\pi^2/6$$

三、符号方程求解

1. 符号代数方程求解

在 MATLAB 中，求解用符号表达式表示的代数方程可由函数 solve 实现，其调用格式为

solve(s) 求解符号表达式 s 的代数方程，求解变量为默认变量

solve(s,v) 求解符号表达式 s 的代数方程，求解变量为 v

solve(s1,s2,…,sn,v1,v2,…,vn) 求解符号表达式 $s_1,s_2,\cdots,s_n$ 组成的代数方程组，求解变量分别为 $v_1,v_2,\cdots,v_n$

例 36 解代数方程 $ax^2-bx-6=0$.

解 程序如下：

```
syms a b x
solve(a*x^2-b*x-6)
```

结果为

```
ans=
     [1/2/a*(b+(b^2+24*a)^(1/2))]
     [1/2/a*(b-(b^2+24*a)^(1/2))]
```

2. 符号常微分方程求解

在 MATLAB 中，用大写字母 `D` 表示导数. 例如，`Dy` 表示 y'，`D2y` 表示 y''，`Dy(0)=5` 表示 $y'(0)=5$. `D3y+D2y+Dy−x+5=0` 表示微分方程

$$y'''+y''+y'-x+5=0$$

符号常微分方程求解可以通过函数 dsolve 来实现，其调用格式为

```
dsolve(e,c,v)
```

该函数求解常微分方程 e 在初值条件 c 下的特解. 参数 v 描述方程中的自变量，省略时按缺省原则处理，若没有给出初值条件 c，则求方程的通解.

dsolve 在求常微分方程组时的调用格式为

```
dsolve(e1,e2,…,en,c1,…,cn,v1,…,vn)
```

该函数求解常微分方程组 $e_1, e_2,\cdots, e_n$ 在初值条件 $c_1,\cdots, c_n$ 下的特解，若不给出初值条件，则求方程组的通解，$v_1,\cdots, v_n$ 给出求解变量.

例 37 求下列微分方程的解：$y''=b+ay'$，$y(0)=b$，$y'(0)=a$.

解 程序如下：

```
syms a b;
dsolve('D2y=b+Dy','y(0)=b','Dy(0)=a')
```

结果为

```
ans=-b*t-a+(b+a)*exp(t)
```

第十三章思维导图

第十三章　用 MATLAB 求解线性代数基本问题

第一节　矩阵的输入与运算

一、矩阵的输入方法

关于矩阵的输入，在 MATLAB 语言中不必描述矩阵的维数和类型，它们是由输入的格式和内容直接确定. 常用的方法有下列三种.

1. *以直接列出元素的形式输入*

对于较小的矩阵，从键盘上直接输入矩阵是最常用、最方便的创建方法. 用这种直接法输入的矩阵由以下三个要素组成：

（1）整个输入矩阵必须以方括号“[ ]”为其首尾；

（2）矩阵的行与行之间必须用分号“；”或回车键 Enter 隔离；

（3）矩阵元素必须由逗号“，”或空格分隔，矩阵元素可以是不包含未定义变量的任何表达式.

例如输入：

```
A=[1 2 3;4 5 6;7 8 9]
```

或

```
A=[1,2,3;4,5,6;7,8,9]
```

都将得到输出结果：

```
>>A=
     1  2  3
     4  5  6
     7  8  9
```

大的矩阵可以把小的矩阵作为元素来建立. 例如输入：

```
C=[A;[10,11,12]] %可以得到矩阵 C
C=
   1    2    3
   4    5    6
   7    8    9
   10   11   12
```

小的矩阵可以通过使用“：”从大矩阵中抽取出来而建立. 如：

```
D=C(1:3,:) %C 矩阵中取前三行包括的所有列的矩阵 D
D=
   1    2    3
```

笔记栏

```
     4    5    6
     7    8    9
```

F=D(1:3,2:3) 表示取矩阵 $\boldsymbol{D}$ 的第 1 至第 3 行，第 2 至 3 列交叉点元素，组成一个新矩阵；D(i,j) 表示矩阵 $\boldsymbol{A}$ 的第 i 行，第 j 列交叉点处的元素，可用重新赋值的方法修改它的值. 例如：

```
D(2,2)=1;D
```

屏幕的显示结果：

```
D=
     1    2    3
     4    1    6
     7    8    9
```

例 1 在 MATLAB 环境下，用下面三条指令创建数值矩阵 $\boldsymbol{C}$.

解 程序如下：

```
a=-3.7346;b=3/7;                          %给变量 a,b 赋值
c=[2,3*a+i*b,b*abs(a);cos(pi/4),a+4*b,2.5+i] %创建矩阵 C
```

屏幕的显示结果：

```
C=
     2.0000    -11.2038+0.4286i    1.6005
     0.7071    -2.0203             2.5000+1.0000i
```

例 2 复数矩阵的另一种输入方式.

解 程序如下：

```
R=[3,2,1;4,5,6],I=[11,12,13;16,15,14],
CN=R+I*i
R=
     3    2    1
     4    5    6
I=
     11   12   13
     16   15   14
CN=
     3.0000+11.0000i    2.0000+12.0000i    1.0000+13.0000i
     4.0000+16.0000i    5.0000+15.0000i    6.0000+14.0000i
```

2. 利用 MATLAB 函数和语句创建数值矩阵

MATLAB 提供了许多生成和操作矩阵的函数，用户可以利用它们去创建数值矩阵，并且随着用户对 MATLAB 地不断熟悉，利用 MATLAB 现有函数和语句创建矩阵的方法就会愈多. 下面列举几个算例来说明这种矩阵创建方法，而不对指令本身作过于详细的介绍.

例 3 用指令 reshape 创建数值矩阵.

解 程序如下：

```
A=1:15,              %产生有 15 个元素的行向量 A
B=reshape(A,3,5)     %利用向量 A 创建一个 3 行 5 列的矩阵 B
```

```
A=
   1  2  3  4  5  6  7  8  9  10  11  12
B=
   1  4  7  10  13
   2  5  8  11  14
   3  6  9  12  15
zeros(size(B))      %返回一个与B同行数、列数的零矩阵
ones(size(B))       %返回一个与B同行数、列数的全1矩阵
eye(size(B))        %返回与B同阶的单位阵
C=rand(3,3)         %产生(3×3)的"0-1均匀分布"随机阵C
d=diag(C)           %用矩阵的主对角元形成向量d
diag(d)             %用向量元素构成对角阵D
C=
   0.9501  0.4860  0.4565
   0.2311  0.8913  0.0185
   0.6068  0.7621  0.8214
d=
   0.9501
   0.8913
   0.8214
   0.9501       0         0
   0            0.8913    0
   0            0         0.8214
```

例 4 由 4 元行向量(1　2.62　3.43　2)创建一个伴随阵.

解 程序如下:

```
E=[1,2.62,3.43,2];          %输入4元向量E
F=[zeros(3,1)eye(3,3);E]    %创建伴随阵F
F=
   0        1.0000      0         0
   0        0           1.0000    0
   0        0           0         1.0000
   1.0000   2.6200      3.4300    2.0000
```

说明 在上述指令中的 zeros(3, 1)是生成三元全零列向量指令; eye(3, 3)是生成三维单位阵的指令.

3. 利用 M 文件创建和保存矩阵

对于经常调用的大而复杂的矩阵，需要建立一个 M 文件，其具体步骤如下:

(1) 使用 MATLAB 中 file 下的 M-file 或 Windows 书写器(write)，敲入内容.

```
%  f.m  Creation and preservation of matrix A
A=[101,102,103,104,105,106,107,108,109;201,202,203,204,…
```

```
205,206,207,208,209;301,302,303,304,305,306,307,308,
309];
```

（2）把此内容以纯文本方式（ASCII 码）保存在用户自己目录下名为 f. m 的文件中.

（3）在 MATLAB 指令窗中，只要敲入 f，矩阵 $\boldsymbol{A}$ 就会自动生成于 MATLAB 工作内存中（即产生一个名为 $\boldsymbol{A}$ 的变量），供以后显示和调用.

说明 f. m 文件中以符号“%”开头的第一行是注释行. 注释行的格式：在“%”符号后紧接着写该 M 文件的名字(但并不是必需的)；留一定空间，再写该文件的主要功用. 注释文字不限中文和西文.

二、矩阵的基本运算

数组运算和矩阵运算在 MATLAB 语言中有较大区别，分别介绍如下.

1. 矩阵的基本运算

矩阵的运算，指线性代数中涉及的各种矩阵运算. 矩阵函数，指以矩阵为元素的各类函数.

A+B 表示矩阵相加

A–B 表示矩阵相减

A*B 表示矩阵相乘

A^n 表示矩阵 A 的 n 次幂

k*A 表示数 k 与矩阵 A 的乘法

inv(A) 表示 A 的逆矩阵

A/B 表示 AB^{-1}

A\B 表示 $A^{-1}B$

A′ 表示 A 的转置(实矩阵时)或共轭转置(复矩阵时)

2. 数组的基本运算

数组运算就是矩阵的每个对应元素分别计算，其结果仍为同阶矩阵. 数组运算符一般是在普通运算符之前加符号“.”. 数组函数是指该函数分别作用于矩阵的每个元素，其结果仍为同阶矩阵.

A.*B 表示同阶矩阵对应元素分别相乘

A./B 表示同阶矩阵对应元素分别相除

A.^n 表示对矩阵 A 各元素分别求 n 次幂

a.^A 表示以 a 为底、矩阵 A 各元素为指数分别求幂

sqrt(A) 表示对矩阵 A 每个元素分别求平方根

abs(A) 表示对矩阵 A 每个元素分别取绝对值(实数时)或求模(复数时)

例 5 设 $\boldsymbol{A}=\begin{pmatrix}1 & 2 & 3\\ 4 & 10 & 6\\ 9 & 8 & 7\end{pmatrix}$，$\boldsymbol{B}=\begin{pmatrix}1 & 2 & 0\\ 2 & 0 & 3\\ 0 & 4 & 3\end{pmatrix}$，求 $\boldsymbol{A}\cdot\boldsymbol{B}$，$\sqrt{\boldsymbol{A}}$，$\boldsymbol{A}\times\boldsymbol{B}$，$\boldsymbol{A}^{-1}$，$\boldsymbol{A}'$，$\boldsymbol{A}/\boldsymbol{B}$.

解　程序如下：

```
A=[1,2,3;4,10,6;9,8,7];B=[1,2,0;2,0,3;0,4,3];
A1=A.*B,A2=sqrt(A),A3=A*B,A4=inv(A),A5=A′ ,A6=A\B
```

显示下列结果：

$$A_1=\begin{pmatrix}1 & 4 & 0\\ 8 & 0 & 18\\ 0 & 32 & 21\end{pmatrix}\qquad A_2=\begin{pmatrix}1.0000 & 1.4142 & 1.7321\\ 2.0000 & 3.1623 & 2.4495\\ 3.0000 & 2.8284 & 2.6458\end{pmatrix}$$

$$A_3=\begin{pmatrix}5 & 14 & 15\\ 24 & 32 & 48\\ 25 & 46 & 45\end{pmatrix}\qquad A_4=\begin{pmatrix}-0.2200 & -0.1000 & 0.1800\\ -0.2600 & 0.2000 & -0.0600\\ 0.5800 & -0.1000 & -0.0200\end{pmatrix}$$

$$A_5=\begin{pmatrix}1 & 4 & 9\\ 2 & 10 & 8\\ 3 & 6 & 7\end{pmatrix}\qquad A_6=\begin{pmatrix}-0.4200 & 0.2800 & 0.2400\\ 0.1400 & -0.7600 & 0.4200\\ 0.3800 & 1.0800 & -0.3600\end{pmatrix}$$

第二节　MATLAB 在矩阵和线性方程组中的应用

MATLAB 软件在矩阵和线性方程组中有着广泛的应用，它使矩阵和线性方程组中的有关运算变得简单方便.

一、MATLAB 在矩阵中的应用

基本命令：

det(A)　表示求方阵 A 的行列式的值

rank(A)　表示求矩阵 A 的秩或 A 的行（列）向量组的秩

trace(A)　表示求矩阵 A 的迹

rref(A)　表示通过初等行变换，求矩阵 A 的标准阶梯形

syms a b c　表示 a，b，c 为符号，而不是数字

vpa(A,n)　表示求 A 的 n 位有效数字近似值

例 6　求向量组 $\boldsymbol{a}_1=(1,-2,2,3)$，$\boldsymbol{a}_2=(-2,4,-1,3)$，$\boldsymbol{a}_3=(-1,2,0,3)$，$\boldsymbol{a}_4=(0,6,2,3)$，$\boldsymbol{a}_5=(2,-6,3,4)$的秩和一个极大线性无关组，并求由该向量组为列向量的矩阵的标准阶梯形.

解　程序如下：

```
a1=[1  -2  2  3];a2=[-2  4  -1  3];a3=[-1  2  0  3];
a4=[0  6  2  3];a5=[2  -6  3  4];A=[a1;a2;a3;a4;a5]';
format rat                  %以有理格式输出
b=rank(A),B=rref(A)
```

运行后结果如下：

```
b=3
B=
```

```
1 0 1/3 0 16/9
0 1 2/3 0 -1/9
0 0  0  1 -1/3
0 0  0  0   0
```

由于秩为 3＜5（向量个数），所以向量组线性相关. 从矩阵 $\boldsymbol{B}$ 中可以得到：向量 $\boldsymbol{a}_1, \boldsymbol{a}_2, \boldsymbol{a}_4$ 是一个极大线性无关组.

例 7 验证三阶行列式公式的正确性.

解 程序如下：

```
syms a b c d e f g h i
A=[a,b,c;d,e,f;g,h,i];  %创建符号矩阵
det(A)
```

运行后结果如下：

```
i*a*e-a*f*h-i*d*b+d*c*h+g*b*f-g*c*e
```

二、MATLAB 在线性方程组中的应用

线性方程的求解分为两类：一类是方程组求唯一解或求特解，另一类是方程组求通解. 可以通过系数矩阵 $\boldsymbol{A}$ 的秩来判断：

（1）若矩阵的秩 $\mathrm{rank}(\boldsymbol{A}) = n$（$n$ 为方程组中未知变量的个数），则有唯一解；

（2）若矩阵的秩 $\mathrm{rank}(\boldsymbol{A}) < n$，则可能有无穷解.

非齐次线性方程组的通解 = 对应齐次方程组的通解 + 非齐次方程组的一个特解.

1. 已知矩阵 $\boldsymbol{A}$ 和 $\boldsymbol{R}(\boldsymbol{A}) < \boldsymbol{n}$，求方程组 $\boldsymbol{Ax} = \boldsymbol{0}$ 的基础解系

```
null(A)   求得正交矩阵的各列是 A 的基础解系
null(A,'r')  求得基础解系中的每个元都是有理数
```

2. 已知矩阵 $\boldsymbol{A}$ 和向量 $\boldsymbol{b}$，求方程组 $\boldsymbol{Ax} = \boldsymbol{b}$ 的解

如果求方程组 $\boldsymbol{Ax} = \boldsymbol{b}$ 的通解，可以先通过计算 $\mathrm{rank}(\boldsymbol{A})$与 $\mathrm{rank}([\boldsymbol{A}, \boldsymbol{b}])$，验证其是否相等来检验方程是否有解. 在确定有解后，可以求出对应齐次方程组的基础解系，再用除法求出非齐次方程组的一个解，则通解容易求出.

```
x=A\b  求出非齐次方程组的一个解
[L,U]=lu(A);U\(L\b)   用 LU 分解求出非齐次方程组的一个解,即 A=LU,L 为下三角
                      阵,U 为上三角阵
[Q,R]=qr(A);R\(Q\b)   用 QR 分解求出非齐次方程组的一个解,即 A=QR,Q 为正交矩
                      阵,R 为上三角矩阵
```

求非齐次线性方程组 $\boldsymbol{Ax} = \boldsymbol{b}$ 的通解，需要先判断方程组是否有解，若有解，再去求通解. 其求通解步骤为：

（1）由 $\mathrm{rank}(\boldsymbol{A})$，$\mathrm{rank}([\boldsymbol{A}, \boldsymbol{b}])$是否相等判断 $\boldsymbol{Ax} = \boldsymbol{b}$ 是否有解，若相等，则有解，进行第二步；若不相等，则无解.

（2）x* = A\b，求出 $\boldsymbol{Ax}=\boldsymbol{b}$ 的一个特解.

（3）z = null(A)，求 $\boldsymbol{Ax}=\boldsymbol{0}$ 的通解.

（4）x = x* + k*z′，求 $\boldsymbol{Ax}=\boldsymbol{b}$ 的通解，其中 z′表示 $\boldsymbol{z}$ 的列向量的转置.

例 8 求解方程组$\begin{cases}4x_1+2x_2-x_3=2,\\3x_1-x_2+2x_3=10,\\11x_1+3x_2=8\end{cases}$的一个特解.

解 在 MATLAB 中建立 M 文件 f1.m，程序如下：

```
A=[4,2,-1;3,-1,2;11,3,0];
b=[2,10,8]';
D=det(A)
[L,U]=lu(A)
X=U\(L\b)
```

在 MATLAB 命令窗口键入 f1，回车后显示结果如下：

```
D=
  0
L=
  0.3636  -0.5000  1.0000
  0.2727   1.0000       0
  1.0000        0       0

U=
  11.0000  3.0000        0
  0       -1.8182  2.0000
  0             0  0.0000

X=
  1.0e+016*
  -0.4053
  1.4862
  1.3511
```

例 9 求解方程组$\begin{cases}x_1+2x_2+2x_3+x_4=0,\\2x_1+x_2-2x_3-2x_4=0,\\x_1-x_2-4x_2-3x_4=0\end{cases}$的基础解系.

解 在 MATLAB 编辑器中建立 M 文件 f.m，程序如下：

```
A=[1,2,2,1;2,1,-2,-2;1,-1,-4,-3];
format rat                %指定有理式格式输出
B=null(A,'r')             %求解空间的有理基
syms k1 k2                %定义符号常数
X=k1*B(:,1)+k2*B(:,2)     %写出方程组的通解
Y=pretty(X)               %让通解表达式更加精美
```

运行后显示结果如下：

```
B=
      2   5/3
     -2  -4/3
      1     0
      0     1
X=
      2*k1 +5/3*k2
     -2*k1 -4/3*k2
                 k1
                 k2
Y=
      2k1 +5/3k2
     -2k1 -4/3k2
              k1
              k2
```

例 10　求解方程组 $\begin{cases} x_1 + x_2 - 3x_3 - x_4 = 1, \\ 3x_1 - x_2 - 3x_3 + 4x_4 = 4, \\ x_1 + 5x_2 - 9x_2 - 8x_4 = 0 \end{cases}$ 的通解.

解　在 MATLAB 中建立 M 文件 f. m，程序如下：

```
A=[1,1,-3,-1;3,-1,-3,4;1,5,-9,-8];
b=[1,4,0]';
B=[A,b];
n=4;
RA=rank(A),
RB=rank(B),
format  rat
if RA==RB&RA==n
X=A\b
  elseif RA==RB&RA<n
  X=A\b
  C=null(A,'r')
eles X='Equation has no solves'
end
```

运行后结果显示：

```
RA=
  2
RB=
  2
X=
  0
```

```
    0
    -8/15
    3/5
C=
    3/2  -3/4
    3/2   7/4
     1     0
     0     1
```

所以原方程的通解为

$$x = k_1\begin{pmatrix}3/2\\3/2\\1\\0\end{pmatrix} + k_2\begin{pmatrix}-3/4\\7/4\\0\\1\end{pmatrix} + \begin{pmatrix}0\\0\\-8/15\\3/5\end{pmatrix}$$

第三节 MATLAB 在特征值、特征向量、二次型中的应用

MATLAB 软件在特征值、特征向量、二次型中有着广泛的应用，它使有关运算变得简单方便.

一、MATLAB 在特征值和特征向量中的应用

基本命令：

P=poly(A) 表示求矩阵 A 的特征多项式,返回 A 的特征多项式的系数组成的向量

r=roots(P) 表示求特征多项式 P 的根,即矩阵 A 的特征值

eig(A) 表示求矩阵 A 的特征值

[X,D]=eig(A) 表示得到矩阵 X 各列对应的是矩阵 A 的特征向量,矩阵 D 的主对角线元素是 A 的特征值

[B,C]=eigensys(A) 表示求符号矩阵 A 的特征值与特征向量,矩阵 B 的主对角线元素是 A 的特征值,矩阵 C 的各列对应的是矩阵 A 的特征向量

numeric(A) 表示把符号矩阵 A 化为数值矩阵

sym(A) 表示把数值矩阵 A 化为符号矩阵

例 11 分别求数值矩阵和符号矩阵 $\boldsymbol{A}$ 的特征值和特征向量，其中

$$\boldsymbol{A} = \begin{pmatrix}-2 & 1 & 1\\0 & 2 & 0\\-4 & 1 & 3\end{pmatrix}$$

解 （1）求数值矩阵 $\boldsymbol{A}$ 的特征值和特征向量.

解法 1 程序如下：

A=[-2,1,1;0,2,0;-4,1,3];P=poly(A),r=roots(P) %求 A 的特征值运行后结果显示：

```
P=
  0  -3  0  4
```

```
r=
   2.0000+0.0000i
   2.0000-0.0000i
   -1.0000
```

解法 2 程序如下：

```
A=[-2,1,1;0,2,0;-4,1,3];
[X,D]=eig(A)
```

运行后结果显示：

$$X=\begin{pmatrix}-0.7071 & -0.2425 & 0.3015\\ 0 & 0 & 0.9045\\ 0.7070 & -0.9701 & 0.3015\end{pmatrix}\quad D=\begin{pmatrix}-1 & 0 & 0\\ 0 & 2 & 0\\ 0 & 0 & 2\end{pmatrix}$$

（2）求符号矩阵 $\boldsymbol{A}$ 的特征值和特征向量.

程序如下：

```
[B,C]=eigensys(A)
```

运行后结果显示：

$$X=\begin{pmatrix}1 & 0 & 1\\ 0 & 1 & 0\\ 0 & 0 & -1\end{pmatrix}\quad D=\begin{pmatrix}2 & 0 & 0\\ 0 & 2 & 0\\ 0 & 0 & -1\end{pmatrix}$$

二、MATLAB 在二次型中的应用

基本命令：

B=orth(A)　表示将矩阵 A 正交规范化，所得矩阵 B 为正交矩阵

norm(X)　表示求向量 X 的长度

[U,T]=schur(A)　表示分解 A=UTU′，当 A 为实对称矩阵时，T 为特征值对角形，U 为正交矩阵

例 12　求向量组 $\boldsymbol{a}_1=(1,1,0,0)'$，$\boldsymbol{a}_2=(1,0,1,0)'$，$\boldsymbol{a}_3=(-1,0,0,1)'$的标准正交向量组.

解　以 $\boldsymbol{a}_1$，$\boldsymbol{a}_2$，$\boldsymbol{a}_3$ 为列向量，输入矩阵：

```
A=[1,1,-1;1,0,0;0,1,0;0,0,1];
B=orth(A)    %求矩阵 A 的正交矩阵
C=sym(B)     %求矩阵 B 的符号矩阵
```

运行后结果显示：

B=

$$\begin{bmatrix}-\dfrac{1170}{1351} & 0 & 0\\ -\dfrac{390}{1351} & \dfrac{881}{1079} & 0\\ -\dfrac{390}{1351} & -\dfrac{881}{2158} & -\dfrac{985}{1393}\\ \dfrac{390}{1351} & \dfrac{881}{2158} & -\dfrac{985}{1393}\end{bmatrix}$$

C=

$$\begin{bmatrix} \text{-sqrt(3/4)} & 0 & 0 \\ \text{-sqrt(1/12)} & \text{sqrt(2/3)} & 0 \\ \text{-sqrt(1/12)} & \text{-sqrt(1/6)} & \text{-sqrt(1/2)} \\ \text{sqrt(1/12)} & \text{sqrt(1/6)} & \text{-sqrt(1/2)} \end{bmatrix}$$

请思考矩阵 $\boldsymbol{B}$ 与矩阵 $\boldsymbol{C}$ 的区别.

例 13 作一个正交变换 $\boldsymbol{X}=\boldsymbol{PY}$，把下列二次型化成标准形：

$$f(x_1, x_2, x_3, x_4) = 2x_1x_2 + 2x_1x_3 - 2x_1x_4 - 2x_2x_3 + 2x_2x_4 + 2x_3x_4$$

解 此二次型的实对称矩阵

$$\boldsymbol{A}=\begin{pmatrix} 0 & 1 & 1 & -1 \\ 1 & 0 & -1 & 1 \\ 1 & -1 & 0 & 1 \\ -1 & 1 & 1 & 0 \end{pmatrix}$$

在编辑器中建立文件 f.m，程序如下：

```
A=[0,1,1,-1;1,0,-1,1;1,-1,0,1;-1,1,1,0];
[U,T]=schur(A);
syms y1 y2 y3 y4
y=[y1;y2;y3;y4];
X=vpa(U,2)*y,
f(y1,y2,y3,y4)=y'*T*y
```

运行后结果显示：

$$\text{U}=\begin{bmatrix} \frac{780}{989} & \frac{780}{3691} & \frac{1}{2} & \frac{-390}{1351} \\ \frac{780}{3691} & \frac{780}{989} & \frac{-1}{2} & \frac{390}{1351} \\ \frac{780}{1351} & \frac{-780}{1351} & \frac{-1}{2} & \frac{390}{1351} \\ 0 & 0 & \frac{1}{2} & \frac{1170}{1351} \end{bmatrix} \quad \text{T}=\begin{bmatrix} 1 & 0 & 0 & 0 \\ 0 & 1 & 0 & 0 \\ 0 & 0 & -3 & 0 \\ 0 & 0 & 0 & 0 \end{bmatrix}$$

$$\text{X}=\begin{bmatrix} \text{0.79*y1+0.21*y2+0.50*y3-0.29*y4} \\ \text{0.21*y1+0.79*y2-0.50*y3+0.29*y4} \\ \text{0.56*y1-0.56*y2-0.50*y3+0.29*y4} \\ \text{0.50*y3+0.85*y4} \end{bmatrix}$$

```
f(y1,y2,y3,y4)=y1^2+y2^2-3*y3^2+y4^2
```

即

$$f(y_1, y_2, y_3, y_4) = y_1^2 + y_2^2 - 3y_3^2 + y_4^2$$

第四节　投入产出分析与最优化

一、投入产出分析

在一个国家或区域的经济系统中，各部门（或企业）既有投入又有产出. 生产的产品满足系统内部各部门和系统外的需求，同时也消耗系统内各部门内的产品. 应如何组织生产呢？

1. 符号说明

n——经济部门的个数；
x_i——部门 x_i 的总产出；
a_{ij}——部门 j 单位产品对部门 i 产品的消耗；
y_i——外部对部门 i 的需求；
z_j——部门 j 新创造的价值.

2. 建立数学模型

寻求数学符号之间的关系

$$x_i = \sum_{j=1}^{n} a_{ij} x_j + y_i \quad (i = 1, \cdots, n) \tag{13.1}$$

$$x_j = x_j \sum_{i=1}^{n} a_{ij} + z_j \quad (j = 1, \cdots, n) \tag{13.2}$$

其中式（13.1）为分配平衡方程组，式（13.2）为消耗平衡方程组. 令

$$\boldsymbol{A} = (a_{ij})$$
$$\boldsymbol{X} = (x_1, \cdots, x_n)'$$
$$\boldsymbol{Y} = (y_1, \cdots, y_n)'$$
$$\boldsymbol{Z} = (z_1, \cdots, z_n)'$$

则式（13.1）化为矩阵形式

$$\boldsymbol{X} = \boldsymbol{AX} + \boldsymbol{DY} \tag{13.3}$$

令 $\boldsymbol{C} = \boldsymbol{E} - \boldsymbol{A}$（$\boldsymbol{E}$ 为单位矩阵），上式化为

$$\boldsymbol{CX} = \boldsymbol{D} \tag{13.4}$$

经济学上称 $\boldsymbol{A}$ 为直接消耗矩阵，$\boldsymbol{C}$ 为里昂惕夫（Leontief）矩阵. 令

$$\boldsymbol{B} = \boldsymbol{A}\begin{pmatrix} x_1 & & \\ & \ddots & \\ & & x_n \end{pmatrix}, \quad \boldsymbol{Y} = [1, \cdots, 1]\boldsymbol{B}$$

其中经济学上称 $\boldsymbol{B}$ 为投入产出矩阵；$\boldsymbol{Y}$ 为总投入向量；$\boldsymbol{Z} = \boldsymbol{X} - \boldsymbol{Y}$ 为新创造价值向量.

例 14　某城镇有三个重要产业，一个煤矿、一个发电厂和一条地方铁路. 开采 1 元钱的煤，煤矿要支付 0.40 元的电费和 0.45 元的运输费；生产 1 元钱的电力，发电厂要支付 0.25 元的煤费、0.05 元的电费及 0.10 元的运输费；创收 1 元钱的运输费，铁路要支付 0.35 元的煤费、0.15 元的电费和 0.10 元的运输费，在某一周内煤矿接到外地金额 50 000 元订货，发电厂接到外地金额 25 000 元订货，外界对地方铁路需求为 30 000 元. 问：

（1）三个企业间一周内总产值多少才能满足自身及外界需求？

（2）三个企业间相互支付多少金额？三个企业各创造多少新价值？

（3）如果煤矿需要增加总产值 10 000 元，它对各个企业的产品或服务的完全需求分别将是多少？

（4）假定三企业的外部需求仍是用于城镇的各种消费和积累，其中用于消费的产品价值分别为 35 000 元、18 000 元和 20 000 元，而假定三个企业的新创造价值又包括支付劳动报酬（工资等）和纯收入，其中支付劳动报酬分别为 25 488 元、10 146 元和 14 258 元，试分析各企业产品使用情况的比例关系以及该星期系统的经济效益.

（5）若在以后的三周内，企业外部需求的增长速度分别是 15%，3%和 12%，那么各企业的总产值将增长多少？

解 这是投入产出分析问题.

记 x_1 为本周内煤矿总产值，x_2 为电厂总产值，x_3 为铁路总产值，则

$$\begin{cases} x_1-(0x_1+0.40x_2+0.45x_3)=50\,000 \\ x_2-(0.25x_1+0.05x_2+0.10x_3)=25\,000 \\ x_3-(0.35x_1+0.15x_2+0.10x_3)=30\,000 \end{cases} \tag{13.5}$$

$$\boldsymbol{X}=\begin{pmatrix} x_1 \\ x_2 \\ x_3 \end{pmatrix},\quad \boldsymbol{Y}=\begin{pmatrix} 50\,000 \\ 25\,000 \\ 30\,000 \end{pmatrix},\quad \boldsymbol{A}=\begin{pmatrix} 0 & 0.40 & 0.45 \\ 0.25 & 0.05 & 0.10 \\ 0.35 & 0.15 & 0.10 \end{pmatrix}$$

$$\boldsymbol{C}=\boldsymbol{E}-\boldsymbol{A}$$

此时，产出向量、外界需求向量分别为 $\boldsymbol{X}=\begin{pmatrix} x_1 \\ x_2 \\ x_3 \end{pmatrix}$，$\boldsymbol{Y}=\begin{pmatrix} 50\,000 \\ 25\,000 \\ 30\,000 \end{pmatrix}$，里昂惕夫矩阵 $\boldsymbol{C}=\boldsymbol{E}-\boldsymbol{A}$，而直接消耗矩阵 $\boldsymbol{A}=\begin{pmatrix} 0 & 0.40 & 0.45 \\ 0.25 & 0.05 & 0.10 \\ 0.35 & 0.15 & 0.10 \end{pmatrix}$.

结果投入产出分析表如表 13.1 所示.

表 13.1 （单位：元）

生产部门	消耗部门			外界需求	总产出
	煤矿	电厂	铁路		
煤矿	0	26 158	38 300	50 000	114 458
电厂	28 614	3 270	8 511	25 000	65 395
铁路	40 060	6 540	8 511	30 000	85 111
新创造价值	45 784	29 427	29 789		
总产出	114 458	65 395	85 111		

二、在最优化中的应用

例 15 任务分配问题：某车间有甲、乙两台机床，可用于加工三种工件. 假定这两台车床的可用台时数分别为 800 和 900，三种工件的数量分别为 400，600 和 500，且已知用三种不同

车床加工单位数量不同工件所需的台时数和加工费用如表 13.2 所示. 问怎样分配车床的加工任务，才能既满足加工工件的要求，又使加工费用最低？

表 13.2

车床类型	单位工件所需加工台时数			单位工件的加工费用			可用台时数
	工件 1	工件 2	工件 3	工件 1	工件 2	工件 3	
甲	0.4	1.1	1.0	13	9	10	800
乙	0.5	1.2	1.3	11	12	8	900

解　设在甲车床上加工工件 1，2，3 的数量分别为 x_1，x_2，x_3，在乙车床上加工工件 1，2，3 的数量分别为 x_4，x_5，x_6. 可建立以下线性规划模型

$$\min z = 13x_1 + 9x_2 + 10x_3 + 11x_4 + 12x_5 + 8x_6$$

$$\text{s.t.}\begin{cases} x_1 + x_4 = 400 \\ x_2 + x_5 = 600 \\ x_3 + x_6 = 500 \\ 0.4x_1 + 1.1x_2 + x_3 \leqslant 800 \\ 0.5x_4 + 1.2x_5 + 1.3x_6 \leqslant 900 \\ x_i \geqslant 0,\ i = 1,2,\cdots,6 \end{cases}$$

改写为

$$\min z = (13 \quad 9 \quad 10 \quad 11 \quad 12 \quad 8)\boldsymbol{X}$$

$$\begin{pmatrix} 0.4 & 1.1 & 1 & 0 & 0 & 0 \\ 0 & 0 & 0 & 0.5 & 1.2 & 1.3 \end{pmatrix}\boldsymbol{X} \leqslant \begin{pmatrix} 800 \\ 900 \end{pmatrix}$$

$$\begin{pmatrix} 1 & 0 & 0 & 1 & 0 & 0 \\ 0 & 1 & 0 & 0 & 1 & 0 \\ 0 & 0 & 1 & 0 & 0 & 1 \end{pmatrix}\boldsymbol{X} = \begin{pmatrix} 400 \\ 600 \\ 500 \end{pmatrix}, \quad \boldsymbol{X} = \begin{pmatrix} x_1 \\ x_2 \\ x_3 \\ x_4 \\ x_5 \\ x_6 \end{pmatrix} \geqslant 0$$

编写 M 文件 xxgh3. m 程序如下：

```
  f=[13 9 10 11 12 8];
  A=[0.4 1.1 1 0 0 0
     0 0 0 0.5 1.2 1.3];
  b=[800; 900];
  Aeq=[1 0 0 1 0 0
       0 1 0 0 1 0
       0 0 1 0 0 1];
beq=[400 600 500];
vlb=zeros(6,1);
vub=[ ];
[x,fval]=linprog(f,A,b,Aeq,beq,vlb,vub)
```

结果为

```
x=
    0.0000
  600.0000
    0.0000
  400.0000
    0.0000
  500.0000
fval=1.3800e+004
```

即在甲机床上加工 600 个工件 2，在乙机床上加工 400 个工件 1、500 个工件 3，可在满足条件的情况下使总加工费最小为 13 800.

习题参考答案

第　一　章

A　　题

1. 10　**2.** 0　**3.** 2，5　**4.** $\dfrac{D_1}{D},\dfrac{D_2}{D}$　**5.** 零解

6. B　**7.** C　**8.** A　**9.** B　**10.** C

B　　题

1.（1）5　奇排列　（2）18　偶排列

（3）k^2　当 k 为奇数时，为奇排列；当 k 为偶数时，为偶排列

2. $\dfrac{1}{2}n(n-1)-k$　**3.**（1）不是；（2）是，带正号

4.（1）$bcde$　（2）18　（3）$-2(x^3+y^3)$　（4）0　（5）0　（6）$a^2+b^2+c^2+1$

5.（1）a^n-a^{n-2}　（2）$(-m)^{n-1}\left(\sum\limits_{i=1}^{n}x_i-m\right)$

（3）$a_1a_2\cdots a_n\left(1+\sum\limits_{i=1}^{n}\dfrac{1}{a_i}\right)$　（4）$\prod\limits_{1\leqslant j<i\leqslant n+1}(i-j)$

（5）$D_2=(x_1-x_2)(y_1-y_2),\ D_n=0\ (n>2)$

6. 略

7. 当 $a_i\neq a_j\ (i\neq j)$时，$x=1-(1-a_1)(1-a_2)\cdots(1-a_n)$；

当 $a_i=a_j\ (i\neq j)$时，x 为任意数

8.（1）-12　（2）$(b^2-ac)^3+(bc-a^2)^3$　**9.** 略　**10.**（1）-7　（2）2

11.（1）$x_1=1$，$x_2=2$，$x_3=3$，$x_4=-1$　（2）$x=a$，$y=b$，$z=c$

12. $\lambda=1$ 或 $\mu=0$

13. 略　**14.** 略

自 测 题

1.（1）a^4-4a^2 （2）$\lambda^4+\lambda^3+2\lambda^2+3\lambda+4$ （3）-4 （4）$2^{n+1}-2$ （5）-5

2.（1）C （2）B （3）C （4）D （5）A

3.（1）i （2）$\frac{1}{2}[(x+a)^n-(x-a)^n]$ **4.** 略 **5.** $x=0,1,\cdots,n-2$

6. $\alpha\neq-2$，1 时，有唯一解：

$$x_1=\frac{\alpha-4}{(\alpha+2)(\alpha-1)},\quad x_2=\frac{2}{\alpha+2},\quad x_3=\frac{3\alpha}{(\alpha+2)(\alpha-1)}$$

第 二 章

A 题

1. 8 **2.** $\boldsymbol{AB}=\boldsymbol{BA}$ **3.** $a_1b_1+a_2b_2+\cdots+a_nb_n$，$\begin{pmatrix} a_1b_1 & a_1b_2 & \cdots & a_1b_n \\ a_2b_1 & a_2b_2 & \cdots & a_2b_n \\ \vdots & \vdots & & \\ a_nb_1 & a_nb_2 & \cdots & a_nb_n \end{pmatrix}$

4. $-\frac{1}{2}\boldsymbol{A}^2-\boldsymbol{A}+\frac{1}{2}\boldsymbol{E}$ **5.** $\begin{pmatrix} 1 & 0 & 0 \\ 0 & 2^k & 0 \\ 0 & 0 & 3^k \end{pmatrix}$ **6.** 3 **7.** -1

8. BCD **9.** ACD **10.** AC **11.** AD **12.** ABC **13.** C

B 题

1.（1）$\begin{pmatrix} 1 & -1 & -3 \\ 5 & 7 & -11 \\ 3 & -13 & 1 \end{pmatrix}$ （2）$\begin{pmatrix} 6 & 1 & 6 \\ 0 & -7 & 4 \\ 2 & 5 & -4 \end{pmatrix}$

2.（1）$\begin{pmatrix} 3 & 6 & 9 \\ 2 & 4 & 6 \\ 1 & 2 & 3 \end{pmatrix}$ （2）10 （3）$\begin{pmatrix} 3 & -5 & 4 \\ 1 & 4 & -6 \\ 6 & 2 & -1 \end{pmatrix}$

（4）$a_{11}x_1^2+a_{22}x_2^2+a_{33}x_3^2+2a_{12}x_1x_2+2a_{13}x_1x_3+2a_{23}x_2x_3$ （5）$\begin{pmatrix} -6 & 29 \\ 5 & 32 \end{pmatrix}$

3. $\boldsymbol{A}^k=\begin{pmatrix} \lambda^k & k\lambda^{k-1} & \frac{k(k-1)}{2}\lambda^{k-2} \\ 0 & \lambda^k & k\lambda^{k-1} \\ 0 & 0 & \lambda^k \end{pmatrix}$

4. 略

5.（1）$\begin{pmatrix} \cos\theta & \sin\theta \\ -\sin\theta & \cos\theta \end{pmatrix}$　　（2）$\begin{pmatrix} -2 & 1 & 0 \\ -\dfrac{13}{2} & 3 & -\dfrac{1}{2} \\ -16 & 7 & -1 \end{pmatrix}$

（3）$\begin{pmatrix} \dfrac{1}{3} & 0 & \dfrac{1}{3} \\ -\dfrac{2}{3} & 1 & -\dfrac{2}{3} \\ -1 & 1 & 0 \end{pmatrix}$　　（4）$\begin{pmatrix} 1 & -2 & 0 & 0 \\ -2 & 5 & 0 & 0 \\ 0 & 0 & 2 & -3 \\ 0 & 0 & -5 & 8 \end{pmatrix}$

（5）$\begin{pmatrix} \dfrac{1}{n} & 0 & 0 & 0 & \cdots & 0 & 0 \\ 0 & \dfrac{1}{n-1} & 0 & 0 & \cdots & 0 & 0 \\ 0 & 0 & 0 & 0 & \cdots & 0 & \dfrac{1}{n-2} \\ \vdots & \vdots & \vdots & \vdots & & \vdots & \vdots \\ 0 & 0 & 0 & \dfrac{1}{2} & \cdots & 0 & 0 \\ 0 & 0 & 1 & 0 & \cdots & 0 & 0 \end{pmatrix}$

6.（1）$\begin{cases} x_1 = 0 \\ x_2 = -2 \\ x_3 = -5 \end{cases}$　　（2）$\begin{cases} x_1 = -35 \\ x_2 = 30 \\ x_3 = 15 \end{cases}$

7.（1）$\boldsymbol{x} = \begin{pmatrix} -2 & 2 & 1 \\ -\dfrac{8}{3} & 5 & -\dfrac{2}{3} \\ -\dfrac{10}{3} & 3 & \dfrac{5}{3} \end{pmatrix}$　　（2）$\boldsymbol{x} = \begin{pmatrix} 2 & -1 & 0 \\ 1 & 3 & -4 \\ 1 & 0 & -2 \end{pmatrix}$

8. $\boldsymbol{B} = \begin{pmatrix} 3 & -8 & -6 \\ 2 & -9 & -6 \\ -2 & 12 & 9 \end{pmatrix}$　　**9.** $\boldsymbol{A}^{11} = \dfrac{1}{3}\begin{pmatrix} 2^{13}-1 & 2^{13}-4 \\ 1-2^{11} & 4-2^{11} \end{pmatrix}$

10. $\boldsymbol{A}^{-1} = \dfrac{1}{2}(\boldsymbol{A}-\boldsymbol{E})$，$(\boldsymbol{A}+2\boldsymbol{E})^{-1} = \dfrac{1}{4}(3\boldsymbol{E}-\boldsymbol{A})$

11.（1）$a=0$

（2）$\boldsymbol{X} = \begin{pmatrix} 3 & 1 & -2 \\ 1 & 1 & -1 \\ 2 & 1 & -1 \end{pmatrix}$.（提示：$(\boldsymbol{E}-\boldsymbol{A})\boldsymbol{X}(\boldsymbol{E}-\boldsymbol{A}^2)=\boldsymbol{E}$，而经计算知 $\boldsymbol{E}-\boldsymbol{A}, \boldsymbol{E}-\boldsymbol{A}^2$ 可逆）

自 测 题

1.（1）0 （2）$\begin{pmatrix} \frac{1}{10} & 0 & 0 \\ \frac{3}{10} & \frac{1}{5} & 0 \\ \frac{3}{10} & \frac{2}{5} & \frac{1}{2} \end{pmatrix}$ （3）$\begin{pmatrix} 1 & -2 & 0 & 0 \\ -2 & 5 & 0 & 0 \\ 0 & 0 & \frac{1}{3} & \frac{2}{3} \\ 0 & 0 & -\frac{1}{3} & \frac{1}{3} \end{pmatrix}$

2.（1）C （2）C （3）C （4）D

3. $-\frac{16}{27}$ **4.** 1 **5.** $\boldsymbol{A}=\boldsymbol{A}^5=\begin{pmatrix} 1 & 0 & 0 \\ 2 & 0 & 0 \\ 6 & -1 & -1 \end{pmatrix}$

6. 0 **7.** 略

8. $3^{n-1}\begin{pmatrix} 1 & \frac{1}{2} & \frac{1}{3} \\ 2 & 1 & \frac{2}{3} \\ 3 & \frac{3}{2} & 1 \end{pmatrix}$ **9.** $\begin{pmatrix} 1 & 2 & 5 \\ 0 & 1 & 2 \\ 0 & 0 & 1 \end{pmatrix}$ **10.**（1）略 （2）$\begin{pmatrix} 0 & 2 & 0 \\ -1 & -1 & 0 \\ 0 & 0 & -2 \end{pmatrix}$

第 三 章

A 题

1. D **2.** B **3.** C

4. $\boldsymbol{A}=\begin{pmatrix} 1 & 0 & 2 & 1 \\ 0 & 1 & \frac{1}{2} & \frac{3}{2} \\ 0 & 0 & 0 & 0 \end{pmatrix}$

5.（1）$\boldsymbol{A}_1=\begin{pmatrix} 3 & 4 & 1 & 2 \\ 2 & 3 & 4 & 1 \\ 1 & 2 & 3 & 4 \end{pmatrix}$，$\boldsymbol{E}(1,3)=\begin{pmatrix} 0 & 0 & 1 \\ 0 & 1 & 0 \\ 1 & 0 & 0 \end{pmatrix}$

（2）$\boldsymbol{A}_2=\begin{pmatrix} 3 & 2 & 1 & 4 \\ 4 & 3 & 2 & 1 \\ 1 & 4 & 3 & 2 \end{pmatrix}$，$\boldsymbol{E}(1,3)=\begin{pmatrix} 0 & 0 & 1 & 0 \\ 0 & 1 & 0 & 0 \\ 1 & 0 & 0 & 0 \\ 0 & 0 & 0 & 1 \end{pmatrix}$

（3）$\boldsymbol{A}_3=\begin{pmatrix} 1 & 2 & 3 & 4 \\ 2 & 3 & 4 & 1 \\ 1 & 0 & -5 & -6 \end{pmatrix}$，$\boldsymbol{E}(1(-2),3)=\begin{pmatrix} 1 & 0 & 0 \\ 0 & 1 & 0 \\ -2 & 0 & 1 \end{pmatrix}$

（4）$\boldsymbol{A}_4=\begin{pmatrix}-5&2&3&4\\-6&3&4&1\\1&4&1&2\end{pmatrix}$，$\boldsymbol{E}(1(-2),3)=\begin{pmatrix}1&0&0&0\\0&1&0&0\\-2&0&1&0\\0&0&0&1\end{pmatrix}$

6.（1）$\boldsymbol{A}_1=\begin{pmatrix}a_1&a_2&a_3&a_4\\c_1&c_2&c_3&c_4\\b_1&b_2&b_3&b_4\end{pmatrix}$，$\boldsymbol{A}_2=\begin{pmatrix}a_1&a_2&a_3&a_4\\b_1&b_2&b_3&b_4\\c_1-2b_1&c_2-2b_2&c_3-2b_3&c_4-2b_4\end{pmatrix}$

$\boldsymbol{A}_3=\begin{pmatrix}a_1&a_2&a_3&a_4\\3b_1&3b_2&3b_3&3b_4\\c_1&c_2&c_3&c_4\end{pmatrix}$

（2）$\boldsymbol{B}_1=\begin{pmatrix}a_1&a_3&a_2&a_4\\b_1&b_3&b_2&b_4\\c_1&c_3&c_2&c_4\end{pmatrix}$，$\boldsymbol{B}_2=\begin{pmatrix}a_1&a_2-2a_3&a_3&a_4\\b_1&b_2-2b_3&b_3&b_4\\c_1&c_2-2c_3&c_3&c_4\end{pmatrix}$

$\boldsymbol{B}_3=\begin{pmatrix}a_1&3a_2&a_3&a_4\\b_1&3b_2&b_3&b_4\\c_1&3c_2&c_3&c_4\end{pmatrix}$

7.（1）$\boldsymbol{E}^{-1}(1,3)=\boldsymbol{E}(1,3)=\begin{pmatrix}0&0&1&0\\0&1&0&0\\1&0&0&0\\0&0&0&1\end{pmatrix}$

（2）$\boldsymbol{E}^{-1}(2(-2),3)=\boldsymbol{E}(2(2),3)=\begin{pmatrix}1&0&0&0\\0&1&0&0\\0&2&1&0\\0&0&0&1\end{pmatrix}$

（3）$\boldsymbol{E}^{-1}(2(3))=\boldsymbol{E}\left(2\left(\dfrac{1}{3}\right)\right)=\begin{pmatrix}1&0&0&0\\0&\dfrac{1}{3}&0&0\\0&0&1&0\\0&0&0&1\end{pmatrix}$

8. $\begin{pmatrix}0&3&0&0\\1&0&0&0\\0&-2&1&0\\0&0&0&1\end{pmatrix}$，$\boldsymbol{E}(2(2),3)\,\boldsymbol{E}\left(2\left(\dfrac{1}{3}\right)\right)\boldsymbol{E}(1,2)$

9. $\boldsymbol{A}=\boldsymbol{E}(1(1),2)\boldsymbol{E}(1(1),3)\boldsymbol{E}(3(3),1)\boldsymbol{E}(2(3),1)$（答案不唯一）

B　题

1. 提示：设 $x_1=c_1,x_2=c_2,\cdots,x_n=c_n$ 是(Ⅰ)的解，代入(Ⅱ)成立，故它也是(Ⅱ)的解，反之，也成立

2. 提示：

（1）$mk\neq 0$，讨论 $\frac{c}{m}=\frac{d}{k}$ 和 $\frac{c}{m}\neq\frac{d}{k}$ 情况

（2）$mk=0$，讨论 $m=0$ 或 $k=0$ 及 c，d 变化情况

3.（1）$A^{-1}=\begin{pmatrix}-2&0&1\\0&-3&4\\1&2&-3\end{pmatrix}$　　（2）$A^{-1}=\begin{pmatrix}22&-6&26&17\\-17&5&20&-13\\-1&0&2&-1\\4&-1&-5&3\end{pmatrix}$

（3）$A^{-1}=\begin{pmatrix}\frac{1}{4}&\frac{1}{4}&\frac{1}{4}&\frac{1}{4}\\\frac{1}{4}&\frac{1}{4}&-\frac{1}{4}&-\frac{1}{4}\\\frac{1}{4}&-\frac{1}{4}&\frac{1}{4}&-\frac{1}{4}\\\frac{1}{4}&-\frac{1}{4}&-\frac{1}{4}&\frac{1}{4}\end{pmatrix}$，即 $A^{-1}=\frac{1}{4}A$

（4）$A^{-1}=\begin{pmatrix}1&-3&11&-38\\0&1&-2&7\\0&0&1&-2\\0&0&0&1\end{pmatrix}$

（5）$A^{-1}=\begin{pmatrix}\frac{1}{2}&-\frac{1}{4}&\frac{1}{8}&-\frac{1}{16}&\frac{1}{32}\\0&\frac{1}{2}&-\frac{1}{4}&\frac{1}{8}&-\frac{1}{16}\\0&0&\frac{1}{2}&-\frac{1}{4}&\frac{1}{4}\\0&0&0&\frac{1}{2}&-\frac{1}{2}\\0&0&0&0&\frac{1}{2}\end{pmatrix}$

（6）$A^{-1}=\begin{pmatrix}\frac{1}{2}&-1&0&\cdots&0\\0&1&-1&\cdots&0\\\vdots&\vdots&&\vdots&\vdots\\0&0&\cdots&1&-1\\0&0&\cdots&0&1\end{pmatrix}$

4.（1）本题答案表现形式不唯一.

$$A^{-1}=E(3(-1))E(2,(-1))E(2,3)E(1(-2),2)$$
$$A=E(1(2),2)E(2,3)E(2(-1))E(3(-1))$$

（2） $A^{-1}=E\left(1\left(\frac{1}{a}\right)\right)E(2(a))$， $A=E\left(2\left(\frac{1}{a}\right)\right)E(1(a))$

（3） $A^{-1}=E(1,5)E(2,4)E\left(5\left(\frac{1}{5}\right)\right)E\left(4\left(\frac{1}{4}\right)\right)E\left(3\left(\frac{1}{3}\right)\right)E\left(2\left(\frac{1}{2}\right)\right)$

$A=E(2(2))E(3(3))E(4(4))E(5(5))E(2,4))E(1,5)$

5. 提示： $\begin{pmatrix} O & B \\ C & O \end{pmatrix}^{-1}=\begin{pmatrix} O & C^{-1} \\ B^{-1} & O \end{pmatrix}$， $A^{-1}=\begin{pmatrix} 0 & 0 & \cdots & 0 & a_n^{-1} \\ a_1^{-1} & 0 & \cdots & 0 & 0 \\ 0 & a_2^{-1} & \cdots & 0 & 0 \\ \vdots & \vdots & & \vdots & \vdots \\ 0 & 0 & \cdots & a_{n-1}^{-1} & 0 \end{pmatrix}$

$A^{-1}=E(1,2)E(2,3)\cdots E(n-1,n)E\left(1\left(\frac{1}{a_1}\right)\right)E\left(2\left(\frac{1}{a_2}\right)\right)\cdots E\left(n\left(\frac{1}{a_n}\right)\right)$

$A=E(n(a_n))\cdots E(2(a_2))E(1(a_1))E(n,n-1)\cdots E(3,2)E(2,1)$

6. 略

7.（1） $X=\begin{pmatrix} 2 & -23 \\ 0 & 8 \end{pmatrix}$ （2） $X=\begin{pmatrix} \frac{11}{6} & \frac{1}{2} & 1 \\ -\frac{1}{6} & -\frac{1}{2} & 0 \\ \frac{2}{3} & 1 & 0 \end{pmatrix}$

（3） $X=\begin{pmatrix} 1 & -1 & -1 & 0 & \cdots & 0 & 0 \\ 1 & 1 & -1 & -1 & \cdots & 0 & 0 \\ \vdots & \vdots & \vdots & \vdots & & \vdots & \vdots \\ 0 & 0 & 0 & 0 & \cdots & 1 & -1 \\ 0 & 0 & 0 & 0 & \cdots & 1 & 2 \end{pmatrix}$

8.（1） $\begin{cases} x_1=-8 \\ x_2=3 \\ x_3=6 \\ x_4=0 \end{cases}$

（2） $\begin{cases} x_1=12+x_4+\frac{33}{4}x_5 \\ x_2=-4-4x_5 \\ x_3=-6-\frac{19}{4}x_5 \end{cases}$ （x_4，x_5为自由未知量） （3） $\begin{cases} x_1=1 \\ x_2=2 \\ x_3=2 \\ x_4=1 \end{cases}$

（4） $\begin{cases} x_1=\frac{3}{17}x_3-\frac{13}{17}x_4 \\ x_2=\frac{19}{17}x_3-\frac{20}{17}x_4 \end{cases}$ （x_3，x_4为自由未知量）

（5）$\begin{cases} x_1 = -x_4 \\ x_2 = -2x_4 \\ x_3 = x_4 \\ x_5 = 0 \end{cases}$ （x_4为自由未知量）

9. $f(x) = x^4 - 3x^3 - 5x + 5$

10. 设A，B，C重量分别为x，y，z，则$\begin{cases} x+y+z=20 \\ 8x+9.7y+5z=150 \\ x+\dfrac{y}{0.8}+\dfrac{z}{1.1}=20 \end{cases}$，然后解方程组得$\begin{cases} x=\dfrac{1870}{131}\approx 14.3 \\ y=\dfrac{200}{131}\approx 1.5 \\ z=\dfrac{550}{131}\approx 4.2 \end{cases}$，

即A，B，C分别取约14.3 kg、1.5 kg、4.2 kg.

自 测 题

1.（1）A

（2）$E(3(-2),1)=\begin{pmatrix} 1 & 0 & -2 & 0 \\ 0 & 1 & 0 & 0 \\ 0 & 0 & 1 & 0 \\ 0 & 0 & 0 & 1 \end{pmatrix}$，　$E^{-1}(3(-2),1)=\begin{pmatrix} 1 & 0 & 2 & 0 \\ 0 & 1 & 0 & 0 \\ 0 & 0 & 1 & 0 \\ 0 & 0 & 0 & 1 \end{pmatrix}$

（3）$X = E(1,2)BE(2,3) = \begin{pmatrix} b_{21} & b_{23} & b_{22} \\ b_{11} & b_{13} & b_{12} \\ b_{31} & b_{33} & b_{32} \end{pmatrix}$

（4）$a \neq \dfrac{1}{2}$，$a = \dfrac{1}{2}$，$\begin{cases} x_1 = 2 - x_3 \\ x_2 = 2 \end{cases}$ (x_3 自由未知量)

（5）B　（6）−27　（7）D　（8）B　（9）B

2.（1）$\begin{cases} x_1 = -8 \\ x_2 = -3 + x_4 \\ x_3 = 6 - 2x_4 \end{cases}$ （x_4为自由未知量）

（2）$\begin{cases} x_1 = -x_3 + 2x_5 \\ x_2 = x_3 + 2x_5 \\ x_4 = x_5 \end{cases}$ （x_3，x_5为自由未知量）

3. $A^{-1} = \begin{pmatrix} 1 & -4 & -3 \\ 1 & -5 & -3 \\ -1 & 6 & 4 \end{pmatrix}$

4. $A = E(1(1),2)E(1(1),3)E(2(1),3)E(2(-4),1)E(2(-1))$（答案不唯一）

5.（1）$B = E(i,j)A$，$|B| = -|A| \neq 0$，B可逆

（2）$AB^{-1} = A[A^{-1}E^{-1}(i,j)] = E(i,j)$

第 四 章

A 题

1.（4，5，−1） **2.** $a=2$，$b=4$

3.（1）√ （2）× （3）× （4）× （5）× （6）√ （7）√ （8）×

4. $abc\neq 0$ **5.** C **6.** A **7.** C **8.** C **9.** A **10.** A **11.** A **12.** D **13.** C **14.** A **15.** A **16.** A

B 题

1. $\boldsymbol{\alpha}=\left(\frac{1}{3},-\frac{5}{6},-\frac{5}{6}\right)$

2.（1）是，表示过原点的平面 （2）不是，表示不过原点的平面

（3）是，表示过原点的直线

3.（1）线性相关 （2）线性无关

4. 略

5. 当 $a=5$ 时，$\boldsymbol{\alpha}_3=\frac{11}{7}\boldsymbol{\alpha}_1+\frac{1}{7}\boldsymbol{\alpha}_2$

6. 略

7.（1）秩为 2，$\boldsymbol{\alpha}_1$，$\boldsymbol{\alpha}_2$ 为其一个极大线性无关组

（2）秩为 3，$\boldsymbol{\alpha}_1$，$\boldsymbol{\alpha}_2$，$\boldsymbol{\alpha}_4$ 为一个极大无关组

（3）秩为 3，$\boldsymbol{\alpha}_1$，$\boldsymbol{\alpha}_2$，$\boldsymbol{\alpha}_4$ 为一个极大无关组

8. 略

9. $\boldsymbol{\gamma}_1=4\boldsymbol{\alpha}_1+4\boldsymbol{\alpha}_2-17\boldsymbol{\alpha}_3$，$\boldsymbol{\gamma}_2=23\boldsymbol{\alpha}_2-7\boldsymbol{\alpha}_3$

10. 提示：反证法．若 $k_i=0$，推出矛盾

11. 提示：两向量组等价，用本章定理 9

12. 提示：由定义及定理 9 即得证

13. 提示：两向量组等价，用定理 9

14. 略

15.（1）$R(\boldsymbol{A})=2$，$\boldsymbol{\alpha}_1$，$\boldsymbol{\alpha}_2$ 为一组极大无关组

（2）$R(\boldsymbol{A})=3$，$\boldsymbol{\alpha}_1$，$\boldsymbol{\alpha}_2$，$\boldsymbol{\alpha}_4$ 为一组极大无关组

16.（1）$\boldsymbol{\alpha}_1$，$\boldsymbol{\alpha}_2$ 为一组极大无关组，$\boldsymbol{\alpha}_3=3\boldsymbol{\alpha}_1-2\boldsymbol{\alpha}_2$，$\boldsymbol{\alpha}_4=\boldsymbol{\alpha}_1-\boldsymbol{\alpha}_2$

（2）$\boldsymbol{\alpha}_1$，$\boldsymbol{\alpha}_3$ 为一组极大无关组，$\boldsymbol{\alpha}_2=2\cdot\boldsymbol{\alpha}_1+0\cdot\boldsymbol{\alpha}_3$，$\boldsymbol{\alpha}_4=\frac{1}{2}\boldsymbol{\alpha}_2+\frac{1}{2}\boldsymbol{\alpha}_3$

17. 略 **18.**（1）$a=3,b=2,c=-2$ （2）$\boldsymbol{\alpha}_2,\boldsymbol{\alpha}_3,\boldsymbol{\beta}$ 到 $\boldsymbol{\alpha}_1,\boldsymbol{\alpha}_2,\boldsymbol{\alpha}_3$ 的过渡矩阵为 $\begin{pmatrix}1 & 1 & 0\\ -\frac{1}{2} & 0 & 1\\ \frac{1}{2} & 0 & 0\end{pmatrix}$

19. 略 **20.** 提示：$R(\boldsymbol{A})=R(-\boldsymbol{A})$，左边$\geqslant R(-\boldsymbol{A}+\boldsymbol{A}+\boldsymbol{E})=R(\boldsymbol{E})=n$

21. 提示：用结论 $\boldsymbol{AB}=\boldsymbol{0}$，$R(\boldsymbol{A})+R(\boldsymbol{B})\leqslant n$

22～23. 略

自 测 题

1.（1）C （2）A （3）C （4）B （5）B （6）B （7）C （8）A （9）B

2.（1）2 （2）2 （3）1 （4）1 （5）n （6）2 （7）2 （8）6

3.（1）$p\neq 2$ 时，$\boldsymbol{\alpha}=2\boldsymbol{\alpha}_1+\dfrac{3p-4}{p-2}\boldsymbol{\alpha}_2+\boldsymbol{\alpha}_3+\dfrac{1-p}{p-2}\boldsymbol{\alpha}_4$

（2）$p=2$ 时，秩为 3，$\boldsymbol{\alpha}_1$，$\boldsymbol{\alpha}_2$，$\boldsymbol{\alpha}_3$ 为一个极大线性无关组

4. 提示：用 $R(\boldsymbol{AB})\leqslant R(\boldsymbol{B})$证

5.（1）$a=1$

（2）$\boldsymbol{\alpha}_1$，$\boldsymbol{\alpha}_2$，$\boldsymbol{\alpha}_3$ 为极大无关组，$\boldsymbol{\alpha}_4=\dfrac{1}{2}\boldsymbol{\alpha}_1+\dfrac{1}{2}\boldsymbol{\alpha}_2+0\cdot\boldsymbol{\alpha}_3$，$\boldsymbol{\alpha}_5=0\cdot\boldsymbol{\alpha}_1+\boldsymbol{\alpha}_2+\boldsymbol{\alpha}_3$

第 五 章

A 题

1. -3

2. ① $\lambda\neq 1$，-2 ② $\lambda=1$ ③ $\lambda=-2$

3. $a_1+a_2+a_3+a_4=0$ **4.** 2，2，2

5. 1 **6.** C **7.** C **8.** D **9.** C **10.** D **11.** D **12.** B **13.** B **14.** A **15.** D **16.** C

B 题

1.（1）$\boldsymbol{\eta}_1=\begin{pmatrix}2\\1\\0\\0\\0\end{pmatrix}$，$\boldsymbol{\eta}_2=\begin{pmatrix}-3\\0\\-1\\1\\0\end{pmatrix}$，$\boldsymbol{\eta}_3=\begin{pmatrix}4\\0\\1\\0\\1\end{pmatrix}$；

通解 $\boldsymbol{x}=k_1\boldsymbol{\eta}_1+k_2\boldsymbol{\eta}_2+k_3\boldsymbol{\eta}_3$（$k_1$，$k_2$，$k_3$ 为任意常数）

（2）$\boldsymbol{\eta}_1=(-2,1,1,0,0)^{\mathrm{T}}$，$\boldsymbol{\eta}_2=(-1,-3,0,1,0)^{\mathrm{T}}$，$\boldsymbol{\eta}_3=(2,1,0,0,1)^{\mathrm{T}}$；

通解 $\boldsymbol{x}=k_1\boldsymbol{\eta}_1+k_2\boldsymbol{\eta}_2+k_3\boldsymbol{\eta}_3$（$k_1$，$k_2$，$k_3$ 为任意常数）

（3）无基础解系，它只有零解

（4）$\boldsymbol{\eta}=(4,-9,4,3)^{\mathrm{T}}$，通解 $\boldsymbol{x}=k\boldsymbol{\eta}$（$k$ 为任意常数）

2. （1）$\begin{pmatrix} x_1 \\ x_2 \\ x_3 \end{pmatrix} = \begin{pmatrix} 4 \\ -10 \\ 6 \end{pmatrix}$ （2）$\begin{pmatrix} x_1 \\ x_2 \\ x_3 \\ x_4 \end{pmatrix} = k_1\begin{pmatrix} 1 \\ -2 \\ 1 \\ 0 \end{pmatrix} + k_2\begin{pmatrix} 1 \\ -2 \\ 0 \\ 1 \end{pmatrix} + \begin{pmatrix} -5 \\ 3 \\ 0 \\ 0 \end{pmatrix}$（$k_1,k_2$为任意常数）

（3）$\begin{pmatrix} x_1 \\ x_2 \\ x_3 \end{pmatrix} = \begin{pmatrix} 5 \\ -2 \\ 1 \end{pmatrix}$

（4）$\boldsymbol{x} = k_1\begin{pmatrix} 1 \\ 1 \\ 1 \\ 0 \end{pmatrix} + k_2\begin{pmatrix} -1 \\ 1 \\ 0 \\ 1 \end{pmatrix} + \begin{pmatrix} -3 \\ -4 \\ 0 \\ 0 \end{pmatrix}$（$k_1$，$k_2$为任意常数）

3. $a=1$，$b=3$，$\boldsymbol{x} = k_1\boldsymbol{\eta}_1 + k_2\boldsymbol{\eta}_2 + k_3\boldsymbol{\eta}_3 + \boldsymbol{\eta}^*$，其中 $\boldsymbol{\eta}_1 = (1,-2,1,0,0)^{\mathrm{T}}$

$\boldsymbol{\eta}_2 = (1,-2,0,1,0)^{\mathrm{T}}$, $\boldsymbol{\eta}_3 = (5,-6,0,0,1)^{\mathrm{T}}$, $\boldsymbol{\eta}^* = (-2,3,0,0,0)^{\mathrm{T}}$

4. （1）$a \neq 2$ 时，$R(\boldsymbol{A}) = R(\boldsymbol{B}) = 4$，有唯一解

（2）$a=2$，$b \neq 3$ 时，$R(\boldsymbol{A}) = 3 < R(\boldsymbol{B}) = 4$，无解

（3）$a=2$，$b=3$ 时，$R(\boldsymbol{A}) = R(\boldsymbol{B}) = 3$，有无穷多解，通解

$$\boldsymbol{x} = k(0,-2,1,0)^{\mathrm{T}} + (-8,3,0,2)^{\mathrm{T}} \quad （k \text{ 为任意常数}）$$

5. （1）$\lambda \neq 1$ 且 $\lambda \neq 10$ 时，$|\boldsymbol{A}| \neq 0$，有唯一解

（2）$\lambda = 1$，$R(\boldsymbol{A}) = R(\boldsymbol{B}) = 1 < 3$，有无穷多解

（3）$\lambda = 10$，$R(\boldsymbol{A}) = 2 < R(\boldsymbol{B}) = 3$，无解

6. 不一定．$R(\boldsymbol{A}) = r < n$，$R(\boldsymbol{A}) = R(\boldsymbol{B})$ 有无穷多解；$R(\boldsymbol{A}) < R(\boldsymbol{B})$ 无解

7. $\boldsymbol{b}$ 为任意三维向量

8. 提示：$R(\boldsymbol{A}) \leqslant R(\boldsymbol{A}, \boldsymbol{b}) \leqslant R\begin{pmatrix} \boldsymbol{A} & \boldsymbol{b} \\ \boldsymbol{b}^{\mathrm{T}} & 0 \end{pmatrix} = R(\boldsymbol{C})$

9～11. 略

12. $\boldsymbol{x} = k_1\left(1,-\frac{1}{2},\frac{1}{4},0\right)^{\mathrm{T}} + k_2\left(0,-3,-\frac{1}{2},1\right)^{\mathrm{T}} + (0,-1,-1,0)^{\mathrm{T}}$，其中 k_1，k_2 为任意常数

13. $\boldsymbol{y} = k(-1,1,1)^{\mathrm{T}} + (0,-3,2)^{\mathrm{T}}$，$k$ 为任意常数

14. （1）$a=0$ （2）通解为 $\boldsymbol{x} = k\begin{pmatrix} 0 \\ -1 \\ 1 \end{pmatrix} + \begin{pmatrix} 1 \\ -2 \\ 0 \end{pmatrix}$，其中 k 为任意常数

15. （1）$\lambda = -1, a = -2$

（2）通解为 $\boldsymbol{x} = k(1,0,1)^{\mathrm{T}} + \left(\frac{3}{2},-\frac{1}{2},0\right)^{\mathrm{T}}$，其中 k 为任意常数

16. （1）$1-a^4$ （2）$a=-1$，通解 $\boldsymbol{x} = k(0,0,1,1)^{\mathrm{T}} + (0,-1,0,0)^{\mathrm{T}}$，其中 k 是任意常数

17. 当 $a=-2$ 时，无解；当 $a=1$ 时，有无穷多解，$\boldsymbol{X} = \begin{pmatrix} 3 & 3 \\ -k_1-1 & -k_2-1 \\ k_1 & k_2 \end{pmatrix}$，其中 k_1,k_2 为任

意常数；当 $a\neq-2$ 且 $a\neq1$ 时，有唯一解，$\boldsymbol{X}=\begin{pmatrix}1 & \dfrac{3a}{a+2}\\ 0 & \dfrac{a-4}{a+2}\\ -1 & 0\end{pmatrix}$

18. $a=-1,b=0$，$\boldsymbol{C}=\begin{pmatrix}1+k_1+k_2 & -k_1\\ k_1 & k_2\end{pmatrix}$，其中 k_1,k_2 为任意常数

19.（1）提示：$(\boldsymbol{\beta}_1,\boldsymbol{\beta}_2,\boldsymbol{\beta}_3)=(\boldsymbol{\alpha}_1,\boldsymbol{\alpha}_2,\boldsymbol{\alpha}_3)\begin{pmatrix}2 & 0 & 1\\ 0 & 2 & 0\\ 2k & 0 & k+1\end{pmatrix}$，$\begin{vmatrix}2 & 0 & 1\\ 0 & 2 & 0\\ 2k & 0 & k+1\end{vmatrix}=4\neq0$

（2）$k=0,\xi=k_1\boldsymbol{\alpha}_1-k_1\boldsymbol{\alpha}_3$，其中 k_1 为非零常数

20.（1）$a=-1,b\neq0$

（2）$a\neq-1,b\neq0$ 时，$\boldsymbol{\beta}$ 有 $\boldsymbol{\alpha}_1,\boldsymbol{\alpha}_2,\boldsymbol{\alpha}_3,\boldsymbol{\alpha}_4$ 的唯一的线性表示式，此时 $\boldsymbol{\beta}=\dfrac{-2b}{a+1}\boldsymbol{\alpha}_1+\dfrac{a+1+b}{a+1}\boldsymbol{\alpha}_2+\dfrac{b}{a+1}\boldsymbol{\alpha}_3+0\cdot\boldsymbol{\alpha}_4$

21. $a=1$

22. $a=1,\boldsymbol{\beta}_3=(3-2k)\boldsymbol{\alpha}_1+(k-2)\boldsymbol{\alpha}_2+k\boldsymbol{\alpha}_3$，其中 k 为任意常数

自 测 题

1.（1）$\boldsymbol{x}=k(1,1,\cdots,1)^{\mathrm{T}}$，其中 k 为任意常数　（2）$\boldsymbol{\beta}=\boldsymbol{\alpha}_1+\dfrac{1}{2}\boldsymbol{\alpha}_2-\dfrac{1}{2}\boldsymbol{\alpha}_4$

（3）$k\neq0$ 且 $k\neq-3$　（4）$a=-1$　（5）1　（6）$\boldsymbol{x}=k(1,-2,1)^{\mathrm{T}}$，其中 k 为任意常数

2.（1）C　（2）A　（3）D　（4）B　（5）D　（6）B　（7）D　（8）A　（9）D　（10）D

3.（1）$\lambda=-\dfrac{4}{5}$，$R(\boldsymbol{A})=2<R(\boldsymbol{B})=3$，无解

（2）$\lambda\neq1$，$\lambda\neq-\dfrac{4}{5}$，$R(\boldsymbol{A})=R(\boldsymbol{B})=3$，有唯一解

（3）$\lambda=1$，$R(\boldsymbol{A})=2$，有无穷多解 $\boldsymbol{x}=(1,-1,0)^{\mathrm{T}}+k(0,1,1)^{\mathrm{T}}$，其中 k 为任意常数

4.（1）$\boldsymbol{\eta}_1=(0,0,1,0)^{\mathrm{T}}$，$\boldsymbol{\eta}_2=(-1,1,0,1)^{\mathrm{T}}$

（2）有非零公共解；非零公共解为 $k(-1,1,1,1)^{\mathrm{T}}$，其中 k 为任意常数

5.（1）$\boldsymbol{x}=(-2,-4,-5,0)^{\mathrm{T}}+k(1,1,2,1)^{\mathrm{T}}$，其中 k 为任意常数

（2）$m=2$，$n=4$，$t=6$

6.（Ⅱ）的通解为

$$Y=k_1(a_{11},a_{12},\cdots,a_{1,2n})^{\mathrm{T}}+k_2(a_{21},a_{22},\cdots,a_{2,2n})^{\mathrm{T}}+\cdots+k_n(a_{n1},a_{n2},\cdots,a_{n,2n})^{\mathrm{T}}$$

其中 $k_1,k_2,\cdots,k_n$ 为任意常数.

提示：记 $\boldsymbol{A},\boldsymbol{B}$ 为方程组（Ⅰ），（Ⅱ）的系数矩阵，有 $\boldsymbol{AB}^{\mathrm{T}}=\boldsymbol{0}$，从而 $\boldsymbol{BA}^{\mathrm{T}}=\boldsymbol{0}$

第六章

A 题

1. $\frac{3}{7}$ **2.** 1，1，−1 **3.** 0，1 **4.** $\frac{1}{\sqrt{3}},\frac{1}{\sqrt{2}},\frac{1}{\sqrt{6}}$ **5.** $\begin{pmatrix} 1 & 0 \\ 1-2^{10} & 2^{10} \end{pmatrix}$

6. D **7.** A C **8.** D **9.** B **10.** A **11.** C **12.** B **13.** A **14.** B **15.** D **16.** A

B 题

1.（1）$\lambda_1=1+\sqrt{2},\lambda_2=1-\sqrt{2}$；对应于$\lambda_1,\lambda_2$的特征向量分别为$k_1(1,1+\sqrt{2})^{\mathrm{T}},k_2(1,1-\sqrt{2})^{\mathrm{T}}$，其中$k_1,k_2$为非零常数

（2）$\lambda_1=\lambda_2=0,\lambda_3=1$；对应于$\lambda_1=\lambda_2=0$的特征向量为$k_1(1,2,3)^{\mathrm{T}}$，对应于$\lambda_3=1$的特征向量为$k_2(1,1,1)^{\mathrm{T}}$，其中$k_1,k_2$为非零常数

（3）$\lambda_1=0,\lambda_2=-1,\lambda_3=9$；对应于$\lambda_1,\lambda_2,\lambda_3$的特征向量分别为$k_1(1,1,-1)^{\mathrm{T}},k_2(1,-1,0)^{\mathrm{T}}$，$k_3(1,1,2)^{\mathrm{T}}$，其中$k_1,k_2,k_3$为非零常数

（4）$\lambda_1=\lambda_2=\lambda_3=1$；对应的特征向量为$k(3,1,1)^{\mathrm{T}}$，其中$k$为非零常数

（5）$\lambda_1=\lambda_2=1,\lambda_3=-1$；对应于$\lambda_1=\lambda_2=1$的特征向量为$k_1(1,0,1)^{\mathrm{T}}+k_2(0,1,0)^{\mathrm{T}}$，其中$k_1,k_2$不全为零；对应于$\lambda_3=-1$的特征向量为$k_3(1,0,-1)^{\mathrm{T}}$，其中$k_3$为非零常数

2. $\begin{pmatrix} 3^{10}+2(2^{10}-2) & 2-2^{10}-3^{10} & 3^{10}-1 \\ 2(2^{10}+3^{10})-4 & 4-2^{10}-2\cdot 3^{10} & 2(3^{10}-1) \\ 2(3^{10}-1) & 2(1-3^{10}) & 2\cdot 3^{10}-1 \end{pmatrix}$ **3.** 7

4.（1）都不是 （2）都是

5.（1）(1, 0)，(0, 1) （2）$\left(\frac{3}{5},\frac{4}{5}\right)$，$\left(-\frac{4}{5},\frac{3}{5}\right)$

（3）$\left(\frac{2}{\sqrt{14}},\frac{-1}{\sqrt{14}},\frac{-3}{\sqrt{14}}\right)$，$\left(\frac{3}{\sqrt{973}},\frac{30}{\sqrt{973}},\frac{-8}{\sqrt{973}}\right)$，$\left(\frac{14}{\sqrt{278}},\frac{1}{\sqrt{278}},\frac{9}{\sqrt{278}}\right)$

（4）(1, 0, 0)，$\left(0,\frac{1}{\sqrt{2}},-\frac{1}{\sqrt{2}}\right)$，$\left(0,\frac{1}{\sqrt{2}},\frac{1}{\sqrt{2}}\right)$

6.（1）否 （2）是 **7.** 略

8.（1）$\boldsymbol{A}=\begin{pmatrix} \frac{9}{10} & \frac{2}{5} \\ \frac{1}{10} & \frac{3}{5} \end{pmatrix}$ （2）与λ_1，λ_2相应的特征值分别是$\lambda_1=1$，$\lambda_2=\frac{1}{2}$

（3）$\frac{1}{10}\begin{pmatrix} 8-3\cdot\left(\frac{1}{2}\right)^n \\ 2+3\cdot\left(\frac{1}{2}\right)^n \end{pmatrix}$

9.（1）A 的特征值为$-1, 1, 0$，其中-1 对应的特征向量为 $k_1(1\quad 0\quad -1)$，1 对应的特征向量为 $k_2(1\quad 0\quad 1)$，0 对应的特征向量为 $k_3(0\quad 1\quad 0)$，其中 $k_i \neq 0, i=1,2,3$

（2）$A=\begin{pmatrix} 0 & 0 & 1 \\ 0 & 0 & 0 \\ 1 & 0 & 0 \end{pmatrix}$

10. $a=-1$；取 $Q=\begin{pmatrix} \frac{1}{\sqrt{6}} & -\frac{1}{\sqrt{2}} & \frac{1}{\sqrt{3}} \\ \frac{2}{\sqrt{6}} & 0 & -\frac{1}{\sqrt{3}} \\ \frac{1}{\sqrt{6}} & \frac{1}{\sqrt{2}} & \frac{1}{\sqrt{3}} \end{pmatrix}$，则 $Q^{\mathrm{T}}AQ=\begin{pmatrix} 2 & & \\ & -4 & \\ & & 5 \end{pmatrix}$

11.（1）设三阶矩阵 A 有三个不同的特征值 $\lambda_1,\lambda_2,\lambda_3$，则 $A\sim\begin{pmatrix} \lambda_1 & & \\ & \lambda_2 & \\ & & \lambda_3 \end{pmatrix}$，而 $\lambda_1,\lambda_2,\lambda_3$ 中至少有两个不为 0，故 $r(A)\geqslant 2$；又由 $\alpha_3=\alpha_1+2\alpha_2$ 知 $r(A)\leqslant 2$；所以 $r(A)=2$

（2）方程组 $Ax=\beta$ 的通解为 $x=k\begin{pmatrix} 1 \\ 2 \\ -1 \end{pmatrix}+\begin{pmatrix} 1 \\ 1 \\ 1 \end{pmatrix}$，其中 k 为任意常数

12.（1）$a=4,b=5$ （2）$P=\begin{pmatrix} 2 & -3 & -1 \\ 1 & 0 & -1 \\ 0 & 1 & 1 \end{pmatrix}$，使 $P^{-1}AP=\begin{pmatrix} 1 & & \\ & 1 & \\ & & 5 \end{pmatrix}$

13.（1）$x=3,y=-2$ （2）$P=\begin{pmatrix} 1 & 1 & 1 \\ -2 & -1 & -2 \\ 0 & 0 & -4 \end{pmatrix}$

14.（1）因为 α 是非零向量且不是 A 的特征向量，所以 $A\alpha\neq k\alpha$，其中 k 为任意实数，这样 $A\alpha$ 与 α 线性无关，从而 $R(P)=2$，故 P 为可逆矩阵

（2）$P^{-1}AP=\begin{pmatrix} 0 & 6 \\ 1 & -1 \end{pmatrix}$；$A$ 能相似于对角矩阵

15. 当 $a=-1,b=3$ 时，可取 $P=\begin{pmatrix} 1 & 0 & -1 \\ 1 & 0 & 1 \\ 0 & 1 & 1 \end{pmatrix}$，使 $P^{-1}AP=\begin{pmatrix} 3 & & \\ & 3 & \\ & & 1 \end{pmatrix}$；

当 $a=1,b=1$ 时，可取 $P=\begin{pmatrix} -1 & 0 & 1 \\ 1 & 0 & 1 \\ 0 & 1 & 1 \end{pmatrix}$，使 $P^{-1}AP=\begin{pmatrix} 1 & & \\ & 1 & \\ & & 3 \end{pmatrix}$

16.（1）$A^{99}=\begin{pmatrix} -2+2^{99} & 1-2^{99} & 2-2^{98} \\ -2+2^{100} & 1-2^{100} & 2-2^{99} \\ 0 & 0 & 0 \end{pmatrix}$

（2）$\boldsymbol{\beta}_1=(-2+2^{99})\boldsymbol{\alpha}_1+(-2+2^{100})\boldsymbol{\alpha}_2,\boldsymbol{\beta}_2=(1-2^{99})\boldsymbol{\alpha}_1+(1-2^{100})\boldsymbol{\alpha}_2,$

$\boldsymbol{\beta}_3=(2-2^{98})\boldsymbol{\alpha}_1+(2-2^{99})\boldsymbol{\alpha}_2$

自 测 题

1.（1）$n, 0, 0, \cdots, 0$ (n–1 个 0)　　（2）$\left(\frac{|\boldsymbol{A}|}{\lambda}\right)^2+1$

（3）$\begin{pmatrix} \frac{1}{\sqrt{2}} & -\frac{1}{\sqrt{2}} & 0 \\ \frac{1}{\sqrt{2}} & \frac{1}{\sqrt{2}} & 0 \\ 0 & 0 & 1 \end{pmatrix}$　（4）0　（5）21　（6）–1　（7）2　（8）$\frac{3}{2}$　（9）2

（10）–1　（11）2

2.（1）×　（2）√　（3）×　（4）√　（5）√

3. $\boldsymbol{A}=\frac{1}{3}\begin{pmatrix} -1 & 0 & 2 \\ 0 & 1 & 2 \\ 2 & 2 & 0 \end{pmatrix}$　　**4.** $\boldsymbol{A}=\begin{pmatrix} 4 & 1 & 1 \\ 1 & 4 & 1 \\ 1 & 1 & 4 \end{pmatrix}$

5.（1）$\boldsymbol{\beta}=2\xi_1-2\xi_2+\xi_3$　　（2）$\boldsymbol{A}^n\boldsymbol{\beta}=\begin{pmatrix} 2-2^{n+1}+3^n \\ 2-2^{n+2}+3^{n+1} \\ 2-2^{n+3}+3^{n+2} \end{pmatrix}$

6. 略

第 七 章

A 题

1. $\begin{pmatrix} 1 & 1 & -\frac{1}{2} \\ 1 & 0 & 0 \\ -\frac{1}{2} & 0 & 2 \end{pmatrix}$　　**2.** $(x,y,z)\begin{pmatrix} 1 & 2 & 1 \\ 2 & 4 & 2 \\ 1 & 2 & 1 \end{pmatrix}\begin{pmatrix} x \\ y \\ z \end{pmatrix}$

3. (0.8，0)　　**4.** $\boldsymbol{A}=\boldsymbol{P}^{\mathrm{T}}\boldsymbol{B}\boldsymbol{P}$　　**5.** 2

6. D　**7.** D　**8.** AB　**9.** AB　**10.** AC　**11.** C　**12.** B　**13.** A　**14.** B　**15.** C

B 题

1.（1）$(x,y,z)\begin{pmatrix} 1 & 2 & 1 \\ 2 & 4 & 4 \\ 1 & 4 & 3 \end{pmatrix}\begin{pmatrix} x \\ y \\ z \end{pmatrix}$　　（2）$(x,y,z)\begin{pmatrix} 1 & -1 & -2 \\ -1 & 1 & -2 \\ -2 & -2 & -7 \end{pmatrix}\begin{pmatrix} x \\ y \\ z \end{pmatrix}$

（3）$(x_1,x_2,x_3,x_4)\begin{pmatrix}1&-1&2&-1\\-1&1&3&-2\\2&3&1&0\\-1&-2&0&1\end{pmatrix}\begin{pmatrix}x_1\\x_2\\x_3\\x_4\end{pmatrix}$

2.（1）$\begin{pmatrix}x_1\\x_2\\x_3\end{pmatrix}=\begin{pmatrix}1&0&0\\0&\frac{1}{\sqrt{2}}&\frac{1}{\sqrt{2}}\\0&\frac{1}{\sqrt{2}}&-\frac{1}{\sqrt{2}}\end{pmatrix}\begin{pmatrix}y_1\\y_2\\y_3\end{pmatrix}$，$f=2y_1^2+5y_2^2+y_3^2$

（2）$\begin{pmatrix}x_1\\x_2\\x_3\\x_4\end{pmatrix}=\begin{pmatrix}\frac{1}{2}&\frac{1}{2}&\frac{1}{\sqrt{2}}&0\\-\frac{1}{2}&\frac{1}{2}&0&\frac{1}{\sqrt{2}}\\-\frac{1}{2}&-\frac{1}{2}&\frac{1}{\sqrt{2}}&0\\\frac{1}{2}&-\frac{1}{2}&0&\frac{1}{\sqrt{2}}\end{pmatrix}\begin{pmatrix}y_1\\y_2\\y_3\\y_4\end{pmatrix}$，$f=-y_1^2+3y_2^2+y_3^2+y_4^2$

3.（1）负定　（2）正定

4.（1）当 $x=-1$，$y=-2$，$z=3$ 时，$f_{极小}=-14$

（2）当 $x=\frac{1}{2}$，$y=1$，$z=1$ 时，$f_{极小}=4$

5～6. 略

7.（1）$a=4,b=1$

（2）$\boldsymbol{Q}=\begin{pmatrix}\frac{4}{5}&-\frac{3}{5}\\-\frac{3}{5}&-\frac{4}{5}\end{pmatrix}$

8. $a=2$；存在一个正交阵 $\boldsymbol{Q}=\begin{pmatrix}\frac{\sqrt{3}}{3}&-\frac{\sqrt{2}}{2}&\frac{\sqrt{6}}{6}\\-\frac{\sqrt{3}}{3}&0&\frac{\sqrt{6}}{3}\\\frac{\sqrt{3}}{3}&\frac{\sqrt{2}}{2}&\frac{\sqrt{6}}{6}\end{pmatrix}$，使原二次型在正交变换 $\boldsymbol{x}=\boldsymbol{Q}\boldsymbol{y}$ 下的标准形为 $-3y_1^2+6y_2^2$.

9.（1）$a=-1$

（2）取正交阵 $\boldsymbol{Q}=\begin{pmatrix}\frac{\sqrt{2}}{2}&\frac{\sqrt{6}}{6}&\frac{\sqrt{3}}{3}\\-\frac{\sqrt{2}}{2}&\frac{\sqrt{6}}{6}&\frac{\sqrt{3}}{3}\\0&-\frac{\sqrt{6}}{3}&-\frac{\sqrt{3}}{3}\end{pmatrix}$，在正交变换 $\boldsymbol{x}=\boldsymbol{Q}\boldsymbol{y}$ 将 f 化为标准形 $2y_1^2+6y_2^2$.

10.（1）$\boldsymbol{A}=\begin{pmatrix} \frac{1}{2} & 0 & -\frac{1}{2} \\ 0 & 1 & 0 \\ -\frac{1}{2} & 0 & \frac{1}{2} \end{pmatrix}$

（2）由矩阵 $\boldsymbol{A}$ 的特征值是 1,1,0 得，$\boldsymbol{A}+\boldsymbol{E}$ 的特征值是 2,2,1，即 $\boldsymbol{A}+\boldsymbol{E}$ 的特征值是全大于 0，所以 $\boldsymbol{A}+\boldsymbol{E}$ 正定.

11.（1）当 $a=2$ 时，$f(x_1,x_2,x_3)=0$ 的解为 $x=k(-2,-1,1)^{\mathrm{T}}$，其中 k 为任意常数；当 $a\neq 2$ 时，$f(x_1,x_2,x_3)=0$ 只有零解

（2）当 $a\neq 2$ 时，$f(x_1,x_2,x_3)$ 的规范形为 $y_1^2+y_2^2+y_3^2$；当 $a=2$ 时，$f(x_1,x_2,x_3)$ 的规范形为 $z_1^2+z_2^2$

12.（1）略　（2）提示：记 $\boldsymbol{A}=2\boldsymbol{\alpha}\boldsymbol{\alpha}^{\mathrm{T}}+\boldsymbol{\beta}\boldsymbol{\beta}^{\mathrm{T}}$，想办法证明 $\boldsymbol{A}$ 有三个特征值 2,1,0

自 测 题

1.（1）$\begin{pmatrix} 0 & \frac{1}{2} & -\frac{1}{2} & 0 \\ \frac{1}{2} & 0 & 1 & 0 \\ -\frac{1}{2} & 1 & 0 & 0 \\ 0 & 0 & 0 & 1 \end{pmatrix}$　（2）$(x_1,x_2,x_3)\begin{pmatrix} 1 & -1 & \frac{3}{2} \\ -1 & -2 & 4 \\ \frac{3}{2} & 4 & 3 \end{pmatrix}\begin{pmatrix} x_1 \\ x_2 \\ x_3 \end{pmatrix}$

（3）$a>2$　（4）4　（5）$z_1^2-z_2^2-z_3^2$　（6）2　（7）$[-2,2]$　（8）$3y_1^2$　（9）1

2. 配方法：$\begin{pmatrix} x_1 \\ x_2 \\ x_3 \end{pmatrix}=\begin{pmatrix} 1 & -1 & -1 \\ 1 & 1 & -1 \\ 0 & 0 & 1 \end{pmatrix}\begin{pmatrix} z_1 \\ z_2 \\ z_3 \end{pmatrix}$，$f=z_1^2-z_2^2-z_3^2$

初等变换法：$\begin{pmatrix} x_1 \\ x_2 \\ x_3 \end{pmatrix}=\begin{pmatrix} 1 & -\frac{1}{2} & -1 \\ 1 & \frac{1}{2} & -1 \\ 0 & 0 & 1 \end{pmatrix}\begin{pmatrix} y_1 \\ y_2 \\ y_3 \end{pmatrix}$，$f=y_1^2-\frac{1}{4}y_2^2-y_3^2$

3. $\begin{pmatrix} x_1 \\ x_2 \\ x_3 \end{pmatrix}=\begin{pmatrix} \frac{2}{3} & -\frac{1}{\sqrt{5}} & -\frac{1}{3\sqrt{5}} \\ \frac{1}{3} & \frac{2}{\sqrt{5}} & -\frac{2}{3\sqrt{5}} \\ \frac{2}{3} & 0 & \frac{5}{3\sqrt{5}} \end{pmatrix}\begin{pmatrix} y_1 \\ y_2 \\ y_3 \end{pmatrix}$，$f=-4y_1^2+5y_2^2+5y_3^2$　**4.** 正定

5～6. 略